Pulvermetallurgische Fertigungstechnik

Paul Beiss

Pulvermetallurgische Fertigungstechnik

Springer Vieweg

Paul Beiss
Institut für Werkstoffanwendungen im Maschinenbau
RWTH Aachen
Aachen
Deutschland

ISBN 978-3-642-32031-6 ISBN 978-3-642-32032-3 (eBook)
DOI 10.1007/978-3-642-32032-3

Die Deutsche Nationalbibliothek verzeichnet diese Publikation in der Deutschen Nationalbibliografie; detaillierte bibliografische Daten sind im Internet über http://dnb.d-nb.de abrufbar.

Springer Vieweg

Springer Vieweg ist eine Marke von Springer DE. Springer DE ist Teil der Fachverlagsgruppe Springer Science+Business Media.
www.springer-vieweg.de

Inhaltsverzeichnis

Produkte der Pulvermetallurgie

1

Man ist geneigt, unter dem Begriff Pulvermetallurgie die Herstellung und Verarbeitung von metallischen Pulvern zu verstehen. Bedingt durch die Entwicklung der großen überregionalen Fachverbände und ihren prägenden Einfluss gibt es jedoch keine allgemein akzeptierte Definition, die Abgrenzungen zu anderen Fertigungstechniken sind inkonsistent und pragmatisch festgelegt sowie ständigem Wandel unterworfen. Pulvermetallurgie bezeichnet deshalb eine unübersichtliche Vielfalt völlig verschiedener Methoden oder Verarbeitungsschritte für jedes betrachtete Material. Die Grenzen zur Verarbeitung keramischer Stoffe sind fließend. In Abb. 1.1 wird versucht, einen groben Überblick über diese Vielfalt zu geben.

Die prinzipiellen Fertigungsschritte gliedern sich in Pulverherstellung, Formgebung des Pulvers und Konsolidierung zum metallischen Verbund. Bei manchen Verfahren bestehen Formgebung und Konsolidierung aus einem Arbeitsgang. Oft schließen sich an die Konsolidierung konventionelle oder material- und verfahrensspezifische Folgearbeitsgänge an. Die Übersicht in Abb. 1.1 ist keineswegs vollständig, sondern beschränkt sich auf wenige industriell besonders wichtige Aspekte, die Strukturwerkstoffe zum Ziel haben. Funktionsmaterialien, bei denen weniger die Geometrie und das mechanische Verhalten als chemische und physikalische Eigenschaften im Blickpunkt der Anwendung stehen, sollen nicht behandelt werden. Auch die Verarbeitung von Pulvern oder pulverhaltigen Pasten zum Löten, für Auftragsschweißungen oder mittels der verschiedenen Spritzverfahren wird hier nicht betrachtet. Ebenso sollen die Verfahren des rapid prototyping durch lagenweises Übereinanderschichten und lokales Sintern mittels Strahlverfahren oder der Aufbau von geschichteten Material- oder Eigenschaftsgradienten auf funktionalen Oberflächen keine Rolle spielen. Die Herstellung metallischer Hohlkugel- oder Schaumwerkstoffe aus Pulvern wird aus dieser Betrachtung ausgeschlossen, und ebenso wenig wird auf die Anwendung von Metallpulvern in Pulverform eingegangen, etwa für die magnetische Reinigung von Saatgut, als Dünger, als Futterzusatz in der Viehhaltung, als Festtreibstoff für Raketenantriebe, für Feuerwerkskörper, in der Umhüllung von Schweißelektroden, beim Thermitschweißen, als Pigment in Druckfarben oder als Flitter in Metallic-Lackierungen u. v. a. m.

P. Beiss, *Pulvermetallurgische Fertigungstechnik*,
DOI 10.1007/978-3-642-32032-3_1,

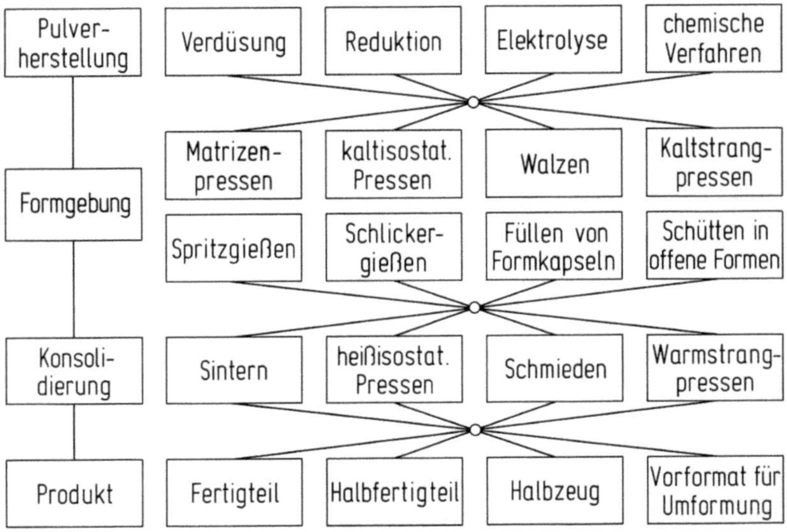

Abb. 1.1 Fertigungsschritte in der Pulvermetallurgie

Im Folgenden wird vielmehr anhand einiger Beispiele gezeigt, wie die große Flexibilität der Pulvermetallurgie industriell genutzt wird, um technische Aufgabenstellungen mit meist vergleichsweise geringem Produktionsvolumen zu lösen. Da der pulvermetallurgische Herstellweg für schmelz-, gieß- und umformbare Werkstoffe stets teurer ist, als mit konventioneller Formgebung zu arbeiten, muss es für die Anwendung der pulvermetallurgischen Fertigung gute Gründe geben. Darauf soll jeweils kurz eingegangen werden.

Größere Bedeutung in der Technik erlangten pulvermetallurgische Verfahren und Werkstoffe hauptsächlich mit der Herstellung von Wolframwendeln für Glühbirnen, Abb. 1.2. Wolfram und Molybdän lassen sich am einfachsten in Pulverform durch eine Reduktion ihrer Oxide in Wasserstoff herstellen. Für die Fertigung von Wendeln wird das Wolframpulver gepresst, in einer H_2-Atmosphäre gesintert und in einer Abfolge von Umformstufen und Zwischenglühungen schließlich zum Draht gezogen. Sinngemäß werden W- und Mo-Halbzeuge für Hochtemperaturanwendungen unter Schutzgas oder im Vakuum auch heute nach diesem Verfahren gefertigt.

Ursprünglich wurden die Wolframdrähte in Ziehsteinen aus Einkorndiamanten gezogen. Aus Kostengründen wurden dazu Alternativen gesucht. Wegen der hohen Verschleißbeanspruchung beim Ziehen experimentierte man mit pulvermetallurgischen Methoden, um Ziehsteine aus metallgebundenen Hartstoffen zu erzeugen, was letztlich zur Werkstofffamilie der Hartmetalle führte, die heute für Draht-, Rohr- und Stangenziehwerkzeuge sehr weit verbreitet sind. Die meisten Hartmetalle bestehen aus sehr feinkörnigem hexagonalen Wolframmonokarbid WC in einer Kobaltbindephase. Als weiterer Hartstoff wird oft kubisch-raumzentriertes Mischkristallmonokarbid (Ti-Ta-Nb)C, so genannte Mischkarbide, in WC-Kobalt-Hartmetallen zugesetzt. Hartmetalle finden Verwendung in der Metallzerspanung, meist in Form von Wendeschneidplatten, Abb. 1.3, und als Verschleißteile mit hoher Korrosionsresistenz in wässriger Umgebung, Abb. 1.4. Alleine in einem

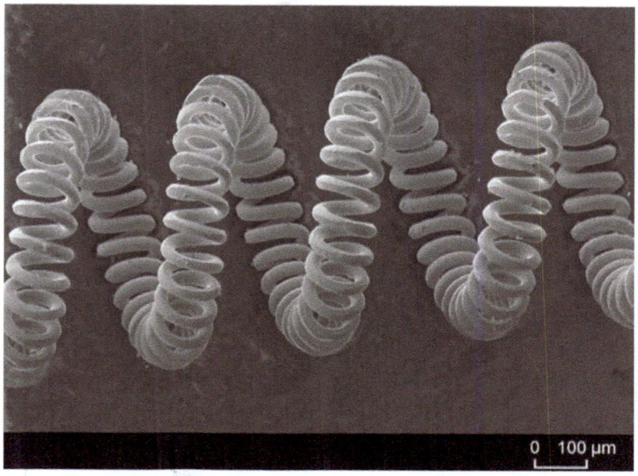

Abb. 1.2 Wolframwendel einer Glühbirne

Abb. 1.3 Wendeschneidplatten aus beschichteten und unbeschichteten Hartmetallen und Keramiken (Kennametal Widia)

europäischen Betrieb werden jährlich etwa sechs Milliarden Kugeln für Kugelschreiberminen verarbeitet.

Neben Wolframkarbid-Kobalt-Hartmetallen, eventuell mit Mischkarbiden, gibt es eine Reihe von Sonderwerkstoffen, z. B. reines TiC in einem Nickel-Molybdän-Binder für einige Anwendungen in der Stahlzerspanung, Cr_3C_2 in Nickelbinder bei bestimmten korrosiven Belastungen oder TiC in höher legiertem härtbaren Stahlbinder für extreme abrasive und adhäsive Verschleißbeanspruchung.

Teilchenverbundwerkstoffe können schmelzmetallurgisch oft nicht mit dem erforderlichen Eigenschaftsspektrum hergestellt werden. Deshalb liegt hier eine der Domänen der Pulvermetallurgie. Nach der prinzipiellen Vorgehensweise bei Hartmetallen werden die

Abb. 1.4 Verschleißteile aus Hartmetall (Kennametal Widia)

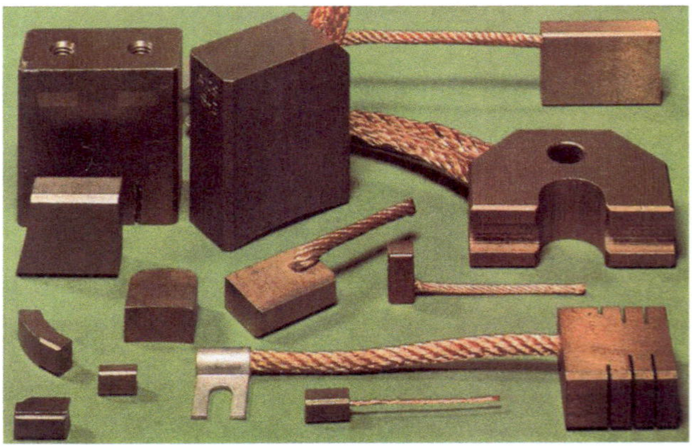

Abb. 1.5 Einfache Kohlebürsten für Schleifkontakte bei niedriger Spannung (Norddeutsche Affinerie)

nach Menge und Partikelgröße gewünschten Bestandteile miteinander gemischt, in geeigneter Weise verpresst und bei so hohen Temperaturen wärmebehandelt, dass es durch Diffusion zu einer metallischen Verbindung zwischen sich berührenden Partikelchen kommt. Diese Verbindungsbildung kann durch Überlagerung äußeren Drucks und durch Aufschmelzen eines Gefügebestandteils unterstützt werden.

Klassische Vertreter der Teilchenverbundwerkstoffe sind Kohlebürsten für elektrische Gleitkontakte, über die z. B. an Lichtmaschinen im Auto Strom abgegriffen oder bei Anlassern zugeführt wird. Auch der kontinuierliche elektrische Kontakt auf Schleifringen wird bei niedrigen Spannungen mit Kohlebürsten geschlossen, Abb. 1.5.

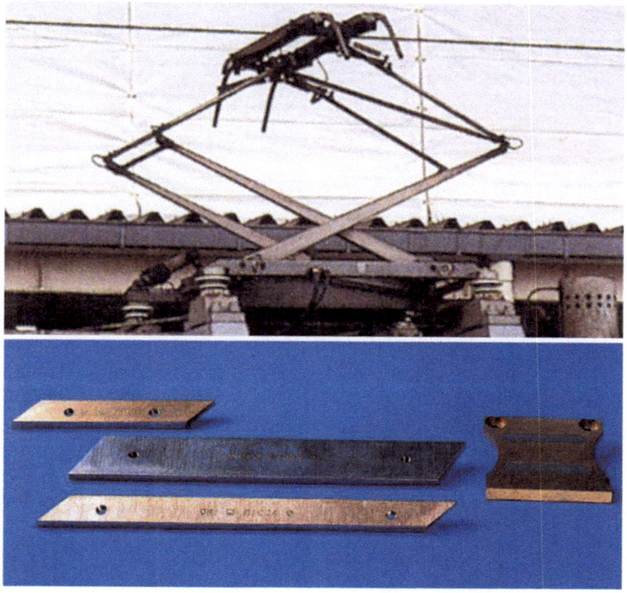

Abb. 1.6 Schleifstücke von Stromabnehmern für Hochgeschwindigkeitszüge (Japan Powder Metallurgy)

Kohlebürsten werden aus Mischungen von Kupfer, Bronze oder Silber mit Graphit hergestellt, wobei Graphit die Reibung mindert und Fressen der Gleitpartner verhindert. Der Metallanteil sorgt für ausreichende elektrische Leitfähigkeit.

Die Schleifstücke der Stromabnehmer von Hochgeschwindigkeitszügen werden aus mehrphasigen, komplexer zusammengesetzten Teilchenverbundwerkstoffen hergestellt, Abb. 1.6, um der hohen Verschleißbeanspruchung bei diesem Einsatzfall standhalten zu können.

Elektrische Kontakte in Schaltsystemen aller Art bestehen aus einem elektrisch sehr gut leitenden Basismaterial mit nicht löslichen Einlagerungen aus Partikeln von Stoffen, die Verschweißungen verhindern sollen und den Abbrand verringern. Man unterscheidet Kupfer- und Silberbasiskontakte. Typische Werkstoffe sind reines Kupfer und niedriglegierte ausscheidungshärtbare Kupfersorten mit eingelagertem Wolfram, Wolframkarbid, Chrom oder Metalloxiden. Abbildung 1.7 gibt ein Beispiel: Zum Schalten hoher Ströme wird zunächst aus relativ grobem Wolframpulver ein poröser Skelettwerkstoff gesintert, der anschließend unter Nutzung der Kapillarkräfte der Porosität mit flüssigem Kupfer infiltriert wird. Ähnlich wie bei Kupferbasismaterialien wird auch bei Silberkontakten gearbeitet, jedoch spielen Nickel, das in Kupfer vollständig löslich, in Silber unlöslich ist, sowie Graphit als Einlagerungspartikel eine große Rolle. Der hohe Materialpreis von Silber beschränkt die Verwendung auf die eigentliche Kontaktfläche, die z. B. auf verkupferte Stahlträger aufgelötet, genietet oder geschweißt wird, Abb. 1.8. Silberbasiskontakte bewähren sich besonders in oxidierender Umgebung und bei niedrigeren Spannungen. Weltweit werden jährlich etwa 2000 t Silber für Kontaktwerkstoffe verarbeitet.

Zur großen Gruppe der Teilchenverbundwerkstoffe gehören auch die so genannten Wolframschwermetalle. Dabei handelt es sich um metallisches Wolfram, das in eine duktile Bindephase eingelagert ist. Typische Zusammensetzungen enthalten etwa 90–95 %

Abb. 1.7 Kontaktstücke aus Wolfram-Kupfer zum Schalten hoher Ströme (AMI Doduco)

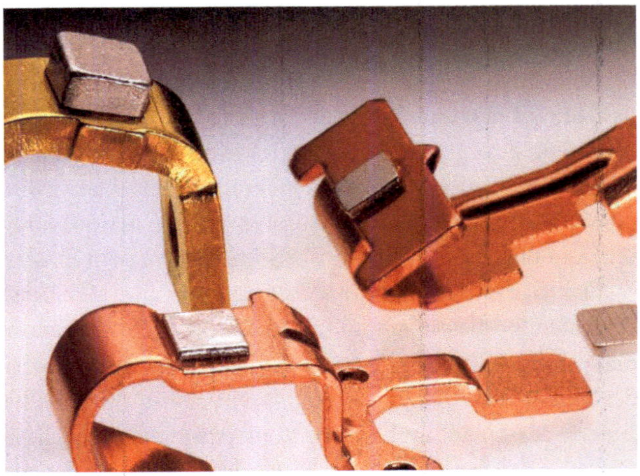

Abb. 1.8 Schaltelemente aus verkupfertem Stahl mit Silberbasiskontakten (AMI Doduco)

Wolfram in einem Nickel-Eisen- oder Nickel-Kupfer-Binder. Beim Sintern schmilzt das Bindemetall und ermöglicht schnelle Diffusion des Wolframs, dessen Partikelgröße von etwa 5 µm auf ungefähr 100 µm zunimmt und kugelig einformt. Das Ergebnis sind Werkstoffe mit Dichten von 17–18 g/cm^3, typischen E-Moduln von etwa 350 kN/mm^2 und Zugfestigkeiten von 1.000 N/mm^2 bei 20 % Bruchdehnung. Bei den Anwendungen steht meist die hohe Dichte im Vordergrund. Komplexe Formen werden oft spanend hergestellt. Hervorzuheben sind lange Bohrgestänge und weit auskragende Werkzeughalter für Werkzeugmaschinen, wobei die hohe elastische Steifigkeit in Kombination mit großer Masse genutzt wird, Ausgleichs- und Dämpfungsgewichte aller Art, Kreiselemente in Kompassen und in kreiselstabilisierten Flugkörpern, Röntgenschutzschilde und Wuchtmunition, Abb. 1.9.

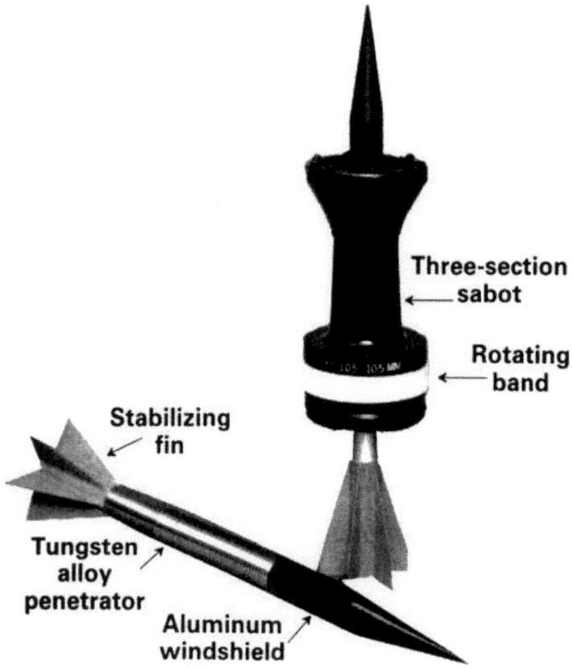

Abb. 1.9 Panzerbrechendes Wuchtgeschoss aus Wolframschwermetall (Metals Handbock, 9th Ed., Vol. 7, S. 689; ASM, Metals Park, OH, 1984)

Auch Reibwerkstoffe zur Übertragung höchster Reibleistungen bestehen aus einem metallischen Bindemetall mit eingelagerten Festschmierstoffen und so genannten Reibungsstabilisatoren. Das Bindemetall ist meistens ein Kupferbasiswerkstoff, etwa Zinnbronze, kann aber auch aus Eisenbasis- oder anderen metallischen Materialien gefertigt werden.

Als Festschmierstoffe dienen vorwiegend grobe Kohle- und Graphitkörnungen, Sulfide, hexagonales Bornitrid etc., als Reibungsstabilisatoren oxidische und andere keramische Partikelchen, in manchen Fällen auch hochlegierte oder hochschmelzende metallische Partikel, die in der Matrix nicht gelöst werden. Es gibt zwei wesentliche Anwendungsfelder, Nass- und Trockenlauf. Nasslaufende Reibbeläge brauchen große Volumenanteile offener Porosität, damit sich keine hydrodynamischen Schmierfilme bilden können. Abbildung 1.10 gibt ein Beispiel für den komplexen Gefügeaufbau eines trockenlaufenden Reibwerkstoffs mit geringer Porosität. Benutzt werden diese Materialien zum Bremsen von Flugzeugen, Hochgeschwindigkeitszügen, Rennwagen und einigen Motorrädern. Weil der Anteil nichtmetallischer Bestandteile sehr hoch sein kann, haben diese Werkstoffe nur geringe Festigkeit. Deshalb werden die aktiven Reibwerkstoffe in solchen Fällen in Näpfchen zusammengehalten und beim Sintern auf einem Stahlträger verlötet.

Das andere Anwendungsgebiet sind gesinterte Reibbeläge auf Kupplungselementen für den Betrieb unter Öl bei hohen Belastungen, Abb. 1.11. Der Reibbelag wird dazu mit großem Volumenanteil an offener Porosität auf dem Stahlträger aufgesintert. Nach dem Sintern prägt man zur besseren Ölabfuhr ein Rillenmuster in den Belag. Anwendungen finden sich vor allem in Kupplungen von schweren Baumaschinen und in Militärfahrzeugen, ebenso in der Synchronisierung von Pkw-Schaltgetrieben.

Abb. 1.10 Gefüge eines Bremsbelags einer Hochleistungsbremse; unten Stahlträger, schwarz Graphit, helle Einschlüsse Chromkarbid, Bindemetall Kupfer, Lot zum Stahlträger Silberlot

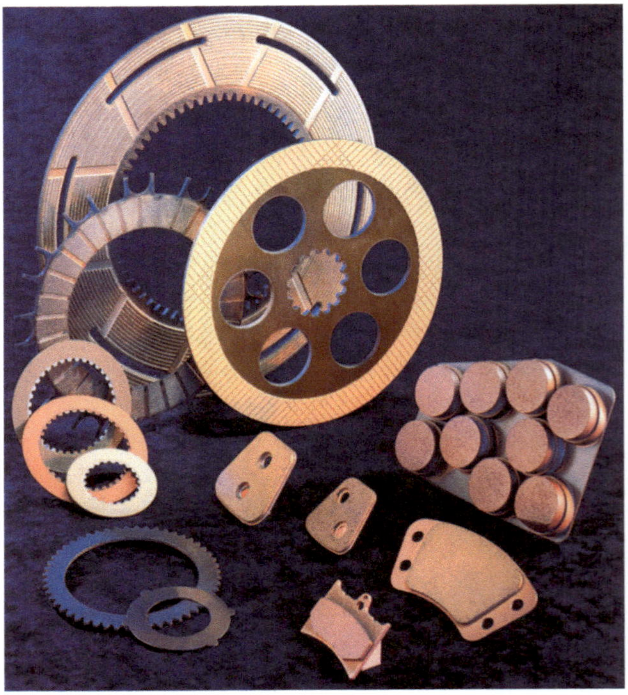

Abb. 1.11 Metallische Reibbeläge für Kupplungen und Bremsen (MIBA)

Ähnliche Techniken wie bei der Fertigung von Reibbelägen wendet man auch an, um Gleitlagerwerkstoffe herzustellen. Gewöhnlich werden dazu größere Mengen Festschmierstoffe in eine Matrix aus Kupferlegierungen eingelagert. Der häufigste Festschmierstoff ist Graphit, für manche Zwecke eignen sich Sulfide hochschmelzender Metalle besser. Das Gefüge eines Bronze-Graphit-Gleitlagers ist in Abb. 1.12 wiedergegeben. Solche Lagerun-

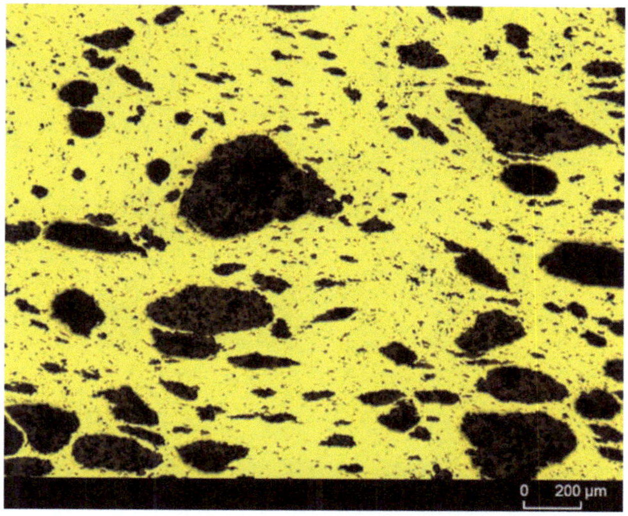

Abb. 1.12 Gefüge eines Bronzewerkstoffs mit Graphiteinlagerungen

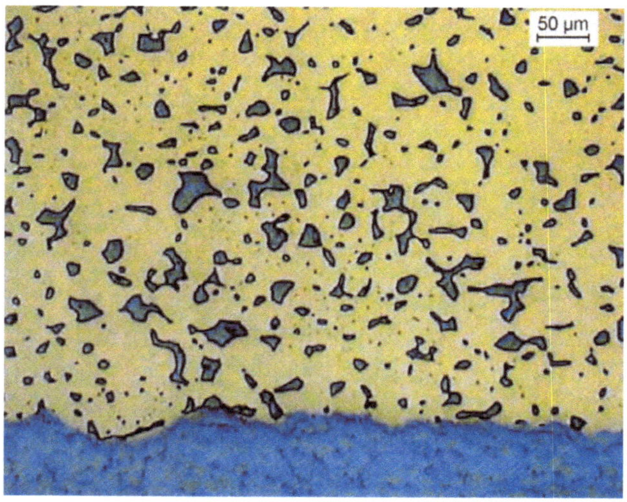

Abb. 1.13 Gefüge eines Verbundlagers aus CuSn10 mit 10 % eingelagertem Blei; unten Stahlblechträger (KS Kolbenschmidt)

gen zeigen ausgezeichnete Notlaufeigenschaften bei Mangelschmierung oder Trockenlauf. Viele dünnwandige Gleitlager werden als kontinuierliche Stahlbänder mit aufgesintertem Lagermetall gefertigt. Dazu lässt man die Bestandteile des Lagermetalls aus einem Breitschlitztrichter als dünne Schicht auf das Stahlband rieseln, sintert das Pulver auf den Stahl auf, walzt das vorgesinterte poröse Verbundmaterial kalt zu voller Dichte, lässt das gewalzte verdichtete Material einen weiteren Sinterofen passieren, worauf gegebenenfalls ein zweiter Walzstich folgt.

In der Vergangenheit waren besonders Bleibronzen, Abb. 1.13, für diese Lager sehr gängig. Aus Umweltgründen wird Blei mehr und mehr durch Wismut ersetzt.

Abb. 1.14 Gleitlager aus Metall-Kunststoff-Verbundwerkstoffen (GGB Bearing Technology)

Bei einer anderen Art von Gleitlagern wird nach einer vergleichbaren Methode kugelige Bronze auf Stahlblech aufgesintert und nur leicht zur Glättung der Oberfläche gewalzt. Die dabei verbleibende Porosität wird mit Kunststoff, meisten mit Polytetrafluoräthylen gefüllt, um adhäsive Reibung zu senken. Eine Auswahl an Gleitlagermaterialien mit Kunststoffeinlagerungen ist in Abb. 1.14 dargestellt.

Neben vielen anderen Matrixmetallen mit Hartstoffeinlagerungen zur Verbesserung des Verschleißverhaltens und statischer Festigkeitskennwerte besonders unter Druck gibt es eine Gruppe von Werkzeugwerkstoffen, bei denen Diamanten oder kubisches Bornitrid in einem metallischen Binder gehalten werden. Bei sehr hohem Anteil an Hartstoff und Bindergehalten unter etwa 5 % verwendet man die Materialien in Form von Wendeschneidplatten in der Zerspanung von Metallen. Mit groben Einlagerungen von etwa 10 bis 30 Vol-% in Kobalt- oder Kupferbasismetall dienen diese Stoffe eher zur Bearbeitung und zum Trennen von Glas, Mineralien und Baustoffen. Dazu werden relativ einfache Segmente auf Werkzeuggrundkörper aus Stahl aufgelötet. Eine Auswahl zeigt Abb. 1.15. Zum Aussägen großer Blöcke aus Steinbrüchen oder zum Zersägen von Bauwerken werden z. B. Perlen aus Metallbinder mit grobem Diamantkorn auf Stahlseile aufgefädelt und als Endlosschleife unter Spannung durch das zu trennende Material gezogen.

Diese Anordnung wird Seilsäge genannt und vielfältig bei schwierigen Abbrucharbeiten eingesetzt. Aufgelötete Segmente spielen eine wichtige Rolle bei Kreissägeblättern, bei Bohrkronen für Kernlochbohrungen, für Fräser zum Abarbeiten verschlissener oder unebener Straßendecken, für Trennscheiben oder bei Werkzeugen für die Glasbearbeitung. In Abb. 1.16 ist ein Ausschnitt aus einer Bohrkrone wiedergegeben. In Bearbeitungsrichtung ist der kantige Diamant freigelegt, hinter dem Diamantkorn bildet sich während der Benutzung ein Strömungsschatten aus Bindemetall, der den Diamant abstützt.

Bei einer weiteren Familie pulvermetallurgischer Materialien belässt man den Werkstoff offenporig, um die Porosität technisch zu nutzen. Bei der einen Anwendungsgruppe wird das Porenvolumen mit Schmieröl getränkt. Man erhält selbstschmierende Gleitla-

Abb. 1.15 Trenn- und Schleifwerkzeuge mit Segmenten oder Belägen aus superharten Schleifmitteln in Bindemetall auf Stahlträgern (Saint-Gobain Abrasives)

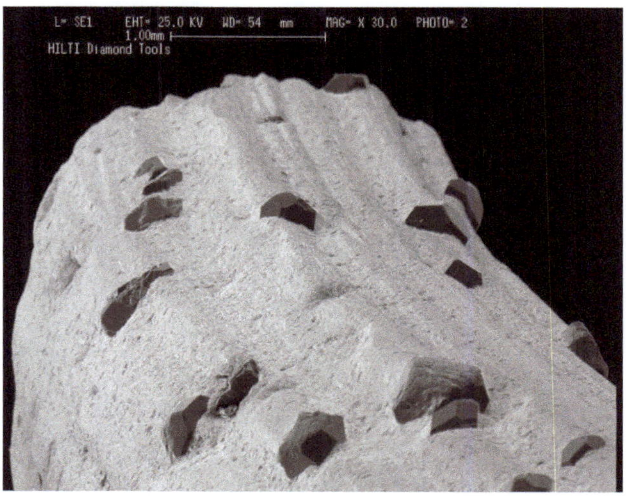

Abb. 1.16 Bohrkronensegment nach Benutzung (Hilti)

gerwerkstoffe, die bei sachgemäßer Verwendung über mehrere Jahrzehnte wartungsfrei betrieben werden können, Abb. 1.17. Typische Werkstoffe sind Bronzen mit 10 % Zinn und niedriglegierte oder unlegierte Stähle, die auch nach Einsatzhärten und Schleifen verwendet werden. Anwendungen finden sich in Phonogeräten, Heimwerker- und Küchenmaschinen sowie in der Automobiltechnik.

Abb. 1.17 Selbstschmierende Gleitlager aus Bronze und Stahl (Ames)

Abb. 1.18 Filterelemente aus kugeliger Bronze (GKN Sinter Metals)

Bei der anderen Anwendungsgruppe hochporöser Werkstoffe handelt es sich um metallische Filtermedien, die aus kugeligem Bronzegranulat, Abb. 1.18, aus unregelmäßigen rostfreien Stahlpulvern, Abb. 1.19, oder aus Stahlfaservlies, Abb. 1.20, das auf ein abstützendes rostfreies Stahlgewebe aufgesintert wird, hergestellt werden. Außer rostfreien Stählen kommen auch für besonders hohe Temperaturen Nickelbasislegierungen oder für extremen Korrosionsangriff Titan zum Einsatz.

Abb. 1.19 Filterelemente aus rostfreiem Stahlpulver (GKN Sinter Metals)

Abb. 1.20 Filter aus rostfreiem Stahlfaservlies (GKN Sinter Metals)

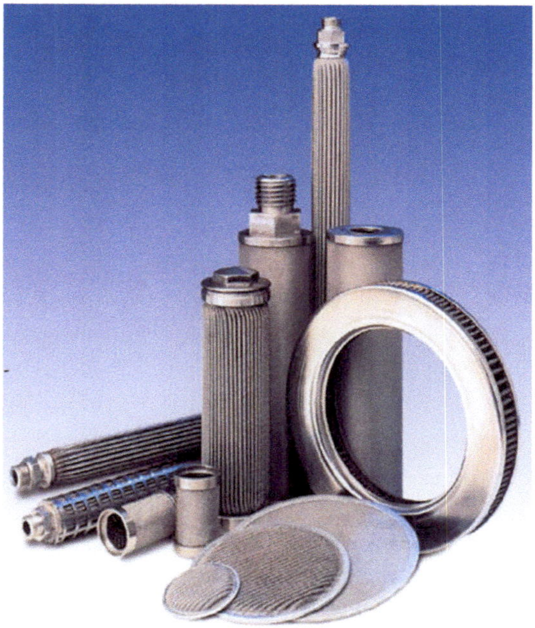

Hart- und Weichmagnete werden für viele Anwendungen aus Pulvern gefertigt, wobei sich die Charakterisierung hart und weich nicht auf mechanische, sondern auf magnetische Eigenschaften bezieht. Unter Hartmagneten versteht man Permanentmagnete, die einer Umpolarisierung einen möglichst großen Widerstand entgegensetzen sollen. Im Gegensatz dazu sollen sich Weichmagnete mit möglichst geringen Verlusten ummagnetisieren lassen.

Die Rohstoffe für die meisten hartmagnetischen Werkstoffe sind nicht plastisch verformbar. Vor dem Pressen werden die einzelnen Pulverpartikelchen im Werkzeug elektromagnetisch ausgerichtet, die Formgebung ist überwiegend geometrisch einfach. Bei kleineren Stückzahlen werden die Bauteile aus Blöcken herausgetrennt. Abbildung 1.21 zeigt einige gesinterte hartmagnetische Bauteile.

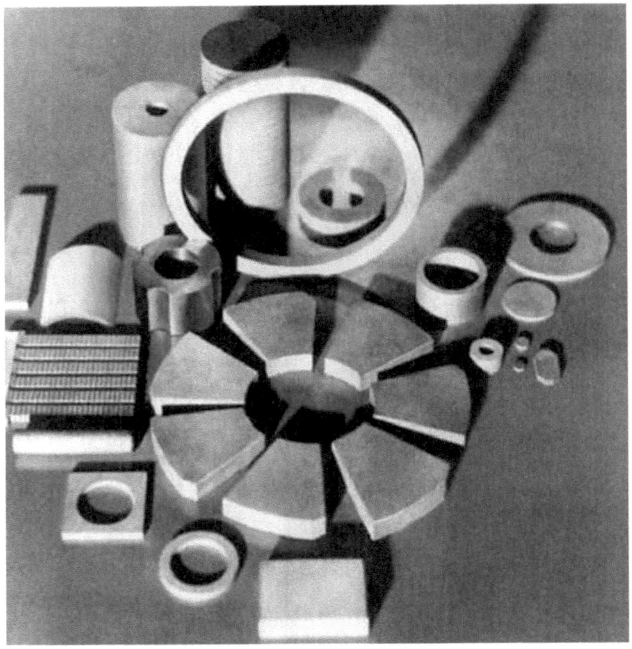

Abb. 1.21 Beispiele für gesinterte hartmagnetische Bauteile (Vacuumschmelze)

Anhand der wenigen Beispiele wird deutlich, welchen Bogen die Pulvermetallurgie spannt. Pulvermetallurgische Werkstoffanwendungen finden sich überall in der Technik, ohne dass man sich dessen bewusst ist. Besondere Stärken hat die Verfahrensfamilie auf dem Gebiet komplexer mehrphasiger Materialien, bei der homogenen und isotropen Verteilung von Phasen, bei der Herstellung von Werkstoffen aus nicht ineinander löslichen Bestandteilen, für die Erzeugung hochschmelzender Metalle, in der Fertigung poröser, permeabler Strukturen oder von Strukturen mit sehr großen spezifischen Oberflächen und in der Massenproduktion wiederholgenauer Formteile. Soweit keine großen Werkzeugkosten erforderlich sind, eignen sich pulvermetallurgische Verfahren für Kleinserien oder Einzelfertigung, z. B. bei sehr hohen Materialkosten. Vor allem bei der Entwicklung neuer maßgeschneiderter Werkstoffe für Sonderanwendungen sind pulvermetallurgische Fertigungstechniken unverzichtbar.

Pulverherstellung und -charakterisierung

2

2.1 Pulverherstellung

Es gibt zahlreiche Methoden, Metallpulver herzustellen, von denen hier nur einige besonders wichtige kurz besprochen werden können. Große industrielle Bedeutung hat die Verdüsung einer Schmelze mit Wasser. Im einfachsten Fall lässt man einen flüssigen Metallstrom aus einer Keramikdüse im Boden eines Gießtrichters im freien Fall ausströmen, Abb. 2.1. In kurzem Abstand unter dem Ende der Schmelzedüse trifft aus einer konzentrisch angeordneten Ringdüse Wasser mit hohem Druck unter einem Winkel von ungefähr 30° aus, wodurch die Schmelze mechanisch zerlegt wird und sehr rasch erstarrt. Alternativ zu Ringdüsen werden in manchen Anlagen zwei bis vier Einzeldüsen auf die Schmelze gerichtet. Den entstehenden Partikelchen verbleibt dabei keine Zeit, sich unter dem Einfluss der Oberflächenspannung zur Kugel zusammenzuziehen. Deshalb entstehen bei der Wasserverdüsung Pulver von unregelmäßiger Gestalt. Der Wasserdruck und die Überhitzung der Schmelze sind ausschlaggebend für die mittlere Partikelgröße. Heiße Schmelzen ergeben wegen der verringerten Viskosität und Oberflächenspannung feinere Pulver. Als Faustformel gilt, dass eine Verdopplung des Wasserdrucks die mittlere Partikelgröße um etwa 40 % senkt [DUNK03]. Für Eisen- und niedrig legierte Stahlschmelzen betragen die Wasserdrücke etwa 100–200 bar, pro kg Pulver verbraucht man 6–8 l Wasser, übliche Durchsätze liegen bei 100–1.000 kg Eisen pro Minute. Mit diesen Parametern erhält man mittlere Partikeldurchmesser unter 100 μm mit einem Grobanteil oberhalb von 200 μm von etwa 10 % [DUNK03].

Beim Kontakt der frisch geschaffenen Metalloberfläche mit dem Verdüsungswasser entsteht Metalloxid aus der Zerlegung von Wassermolekülen. Dadurch wird Wasserstoff freigesetzt, der nicht zu Knallgasexplosionen führen darf. Zu diesem Zweck kann man die Anlage unter Stickstoff setzen oder mit soviel Luft spülen, dass der Wasserstoffanteil an der Atmosphäre stets unterhalb der Zündgrenze von etwa 5 % bleibt.

Der typische Materialfluss einer Eisenverdüsungsanlage ist in Abb. 2.2 wiedergegeben [ŠALA95, HÖGA97a]. Besonders für die Herstellung von hoch kompressiblen Eisenpul-

P. Beiss, *Pulvermetallurgische Fertigungstechnik*,
DOI 10.1007/978-3-642-32032-3_2, © Springer-Verlag Berlin Heidelberg 2013

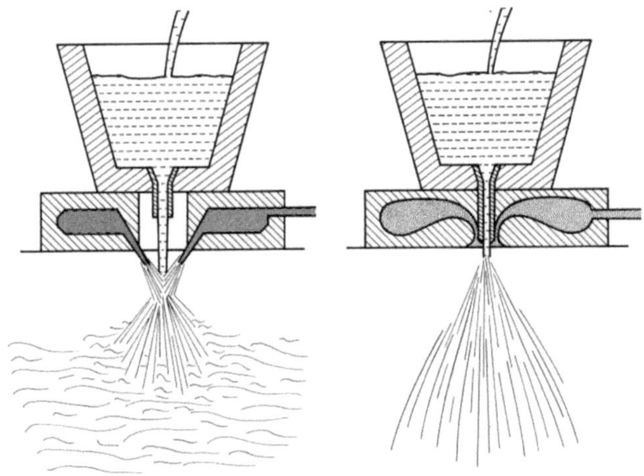

Abb. 2.1 Wasserverdüsung mit frei fallendem Schmelzestrahl, links, und Gasverdüsung mit anliegender Ringdüse, rechts, schematisch

vern werden im Wesentlichen Karosserieblechabfälle oder andere Tiefziehbleche mit sehr niedrigem Kohlenstoffstoffgehalt als Ausgangsstoffe verwendet und im Elektroofen erschmolzen.

Nach dem schlackefreien Bodenabstich des flüssigen Eisens in eine Pfanne wird Sauerstoff in die Schmelze geblasen, um Kohlenstoff, Schwefel oder eventuelle Reste sauerstoffaffiner Legierungselemente zu verbrennen. Als einzige Verunreinigung verbleibt etwa 0,08 % Mangan im Material. Anschließend lässt man die hochreine Schmelze bei etwa 1.680 °C genau dosiert aus dem Boden der Pfanne in einen Gießtrichter oberhalb der Verdüsungsanlage ausströmen. Die Pulverpartikel sammeln sich am Boden der Anlage und werden mit Schlammpumpen abgesaugt. Es folgen eine erste magnetische Abscheidung grober keramischer Partikel im nassen Zustand, eine Entwässerung sowie eine Trocknung im Drehrohrofen, eine weitere Magnetseparation im trockenen Zustand und eine Absiebung des Grobanteils.

Bei der Wasserabschreckung wird Eisenpulver trotz der sehr geringen Kohlenstoffgehalte martensitisch und hat schlechte Kompressibilität. Um die Pressbarkeit zu verbessern, muss das Pulver martensitfrei geglüht werden. Das geschieht auf Stahl- oder Nickelbasisblechbändern in kontinuierlichen Durchlauföfen bei 800–900 °C in einer reinen Wasserstoffatmosphäre oder in gespaltenem Ammoniak mit 75 % H_2 und 25 % N_2. Der Sauerstoffgehalt der Oberflächenoxide von etwa 1 %, die sich bei der Verdüsung gebildet haben, wird bei dieser Behandlung auf Werte unter 0,1 % reduziert, eventuelle Kohlenstoffreste reagieren zu CO. Das Pulver versintert dabei zu einem losen Partikelkuchen, der gebrochen und abgesiebt wird. Abschließend werden größere Pulvermengen auf einheitliche Verarbeitungseigenschaften homogenisiert und zwischengelagert oder kundenspezifisch zu pressfertigen Mischungen konfektioniert, automatisch verpackt und verschifft.

In anderen Anlagen zur Wasserverdüsung von Eisen wird von Roheisen mit 3,5 % Kohlenstoff ausgegangen. Bei der Verdüsung und Abkühlung wird ein hoher Sauerstoffgehalt

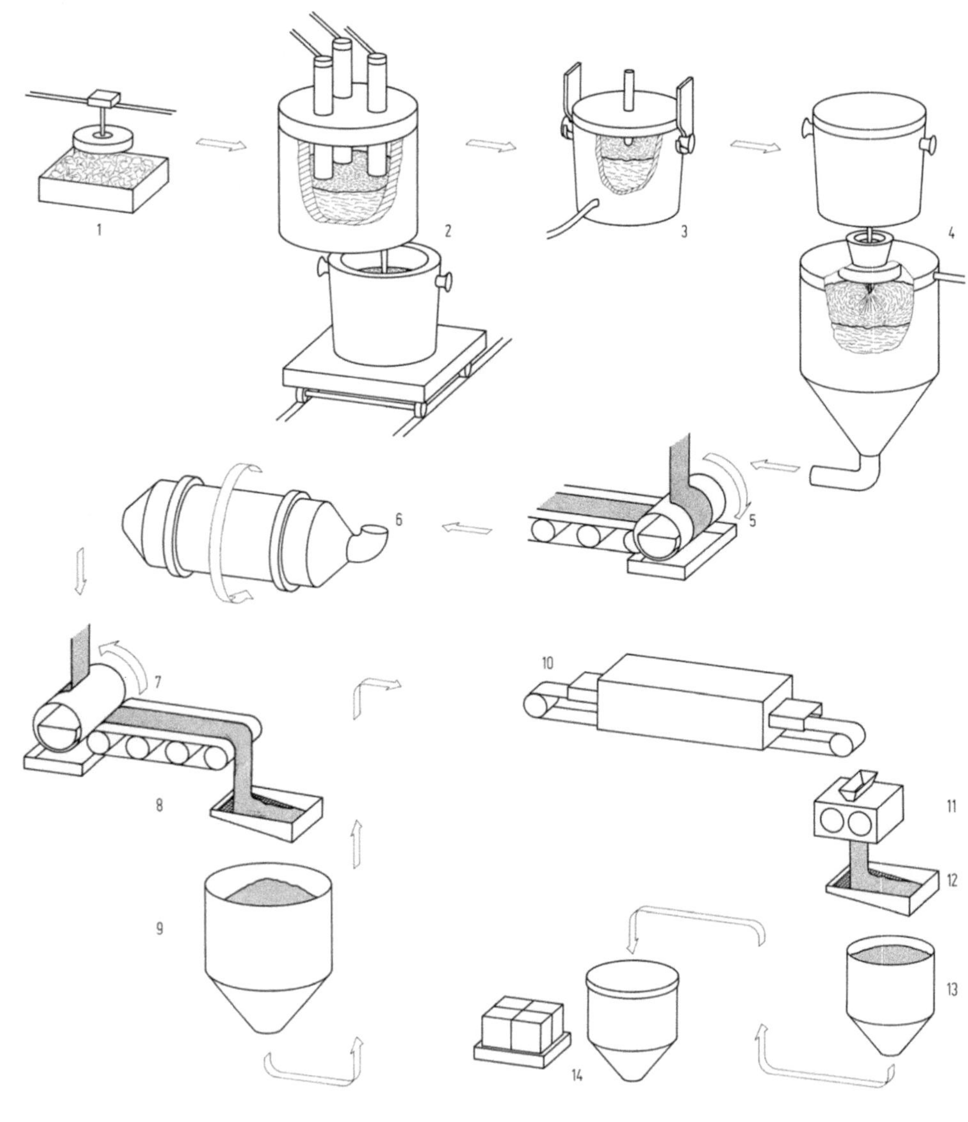

Abb. 2.2 Prinzipieller Ablauf einer Wasserverdüsungsanlage für Eisenpulver aus hochreinem Schrott. *1* Ausgewählte Eisenschrotte. *2* Elektrolichtbogenofen mit Bodenabstich. *3* Stopfenpfanne. *4* Wasserverdüsung. *5* Magnetseparation im nassen Zustand und Entwässerung. *6* Trocknen. *7* Magnetseparation. *8* Sieben. *9* Homogenisieren. *10* Reduktionsglühung. *11* Brechen. *12* Sieben. *13* Homogenisierung. *14* Verpacken, Zwischenlagern

in Form von Oberflächenoxiden angestrebt, damit bei der Reduktionsglühung möglichst stöchiometrisch aus dem C-Gehalt des Pulvers und dem Sauerstoffgehalt der Oberflächenoxide CO_2 entsteht. Die Reduktion wird durch den hohen Wasserstoffanteil einer NH_3-Spaltgasatmosphäre bei etwa 1.000 °C unterstützt. Reicht die Oxidbildung bei Verdüsung und Abkühlung nicht aus, das Pulver vollständig zu entkohlen, kann man vor der Glühung gemahlenen Walzzunder untermischen, um die Stöchiometrie einzustellen [ASM98].

Außer Eisen werden auch niedriglegierte Stähle, rostfreie Stähle, hochlegierte Werkzeugstähle, Nickel und Kupfer sowie ihre Legierungen, Silber und Zink wasserverdüst. Entscheidend ist, dass die Oxide aus der Verdüsung wirtschaftlich reduziert werden können oder, z. B. bei der Verarbeitung von rostfreien Stählen, im weiteren Prozessablauf reduziert werden. Neben Wasser verwendet man bei sehr sauerstoffaffinen Legierungen in Sonderfällen auch flüssige Kohlenwasserstoffe zur Verdüsung. Dabei nehmen die Pulveroberflächen keinen nennenswerten Sauerstoff auf, was Vorteile bei der Weichglühung von Stählen haben kann, vor allem bei höheren Gehalten an Chrom, Mangan oder Vanadium, bei denen die Reduktion von Oxiden ohne feste Versinterung nur im Vakuum abläuft.

Als Verdüsungsmedium kommen auch Gase in Frage, die meistens mit dem Metall der Schmelze innerhalb der kurzen Einwirkdauer bis zum Erkalten nicht merklich reagieren sollen. Auf diese Weise erhält man sehr sauerstoffarme Pulver, die gewöhnlich im weiteren Prozess niemals mit Feuchtigkeit oder Luftsauerstoff in Kontakt kommen dürfen. Als Verdüsungsgase werden bei hochlegierten Werkzeugstählen Stickstoff, für Nickelbasislegierungen Argon eingesetzt.

Eine Besonderheit stellt Luft als Verdüsungsgas dar, weil sich im Kontakt mit dem Luftsauerstoff bei einigen Metallen, besonders Aluminium, Zink und zinkhaltigen Kupferlegierungen, sehr schnell eine feste Oxidschale um jedes Partikelchen bildet. Die Oberflächenspannung der Schmelze reicht nicht aus, die oxidierten Partikel kugelig einzuformen, so dass Pulver mit unregelmäßiger Morphologie entstehen. Dies hat bei der Handhabung von Aluminiumpulver große Vorteile, weil das unregelmäßige Pulver beim Pressen Grünfestigkeit entwickelt und die Oxidhaut aus der Verdüsung Explosionen bei Luftkontakt verhindert. Um Explosionen bei der Verdüsung zu vermeiden, muss stets mit großem Luftüberschuss gearbeitet werden, damit die Oxidation aller Partikeloberflächen abgeschlossen ist, ehe das Pulver in Sammelbehältern aufgefangen wird.

Die Konstruktion der Düsen zur Gasverdüsung unterscheidet sich etwas von der bei Wasserverdüsung. Das Gas trifft in einem wesentlich flacheren Winkel auf den Schmelzestrahl. Da bei technischen Anlagen stets Überschallgeschwindigkeiten im Gasstrom auftreten, übt das expandierende Verdüsungsgas starke Scherspannungen auf die Schmelze aus. Der Schmelzestrahl ist bei Gasverdüsung dünner als bei Wasserverdüsung, und die Gasdrücke überschreiten kaum 15 bar, weil oberhalb dieses Wertes keine nennenswerte Verringerung des mittleren Partikeldurchmessers mehr erreicht wird. Statt Ringdüsen werden auch Anlagen eingesetzt, in denen das Verdüsungsgas aus einzelnen Öffnungen austritt, die kreisförmig um den Strahl des flüssigen Metalls angeordnet sind. In anderen Fällen verwendet man asymmetrische Anordnungen oder senkrecht zur Schmelze auftreffende Gasströme, um horizontal zu verdüsen. Die genauen Einzelheiten sind meistens Betriebsgeheimnis, da die Düsenkonstruktion und die Führung des Verdüsungsmediums entscheidenden Einfluss auf den Prozess ausüben.

Wird in den Folgearbeitsgängen eine möglichst große Packungsdichte des Pulvers benötigt, lässt man die Partikelchen im freien Fall erstarren, damit die Oberflächenspannung der Schmelze jedes Pulverkorn zur Kugel einformen kann. Feine Partikelchen erstarren schnell und werden durch Gasverwirbelungen in Schwebe gehalten. Dadurch kommt es zu Kollisionen mit großen Teilchen, die noch teilflüssig sind und die feinen Partikelchen oberflächlich binden und verschweißen lassen. Große Pulverkörner sind deshalb überwiegend mit einer Vielzahl eingefangener feiner Satellitenpartikel dekoriert, die die Fließeigenschaften des Pulvers beeinträchtigen und die Schüttdichte herabsetzen.

Metalle mit mäßiger Sauerstoffaffinität wie Cu, Ni, Fe, Mo, W lassen sich durch Reduktion im festen Zustand mit H_2 oder CO aus ihren Oxiden gewinnen. Die Summenreaktionen lauten für ein Metalloxid mit der Stöchiometrie M_mO_n

$$M_m O_n + nH_2 \quad \longleftrightarrow \quad mM + nH_2O \tag{2.1}$$

bzw.

$$M_m O_n + nCO \quad \longleftrightarrow \quad mM + nCO_2. \tag{2.2}$$

Dabei steht M für das betrachtete Metall, m und n sind die beteiligten Mole. Ob die Reaktion abläuft, ergibt sich aus der Verringerung der freien Enthalpie bei der Reaktion. Darauf wird im Abschnitt über Schutzgase beim Sintern näher eingegangen. Starke Karbidbildner eignen sich nicht zur Reduktion in Kohlenmonoxid, da sich statt des Metalls Karbide bilden.

Zur Reduktion sehr sauerstoffaffiner Metalle, z. B. bei der Gewinnung von Seltenerdmetallen aus ihren Oxiden für Permanentmagnete, muss man stärkere Reduktionsmittel als H_2 oder CO einsetzen, etwa metallisches Kalzium, um den Sauerstoff zu binden.

Die bekannteste Verfahrensgruppe zur Festphasenreduktion von Metallen aus ihren Oxiden ist die Herstellung von Eisenpulvern aus hochreinen oxidischen Erzen oder aus Walzzunder, der bei der Aufheizung z. B. großer Brammen vor der Warmumformung entsteht. Ein solches Verfahren ist der Schwammeisenprozess von Höganäs AB in Schweden, Abb. 2.3 [HÖGA97a].

Ausgangsstoff ist ein gemahlenes, schwefel- und phosphorarmes vulkanisches Fe_3O_4-Erz, das nach einer Trocknung in Magnetseparatoren von grober Gangart getrennt wird. Parallel wird eine feinkörnige Mischung aus 85 % Koksgrus und 15 % gemahlenem Kalkstein aufbereitet, die mit dem Erz konzentrisch in rohrformige SiC-Retorten eingefüllt wird, Abb. 2.4. Bis zu 36 dieser Retorten befinden sich auf einem Herdwagen, der auf Schienen durch einen gasbeheizten Tunnelofen von 260 m Länge gefahren wird. In der Hochtemperaturzone des Ofens herrschen etwa 1.260 °C. Aus dem Kalkstein und dem Koksgrus und dem Sauerstoff des Erzes bilden sich CO_2 bzw. CO, das unter weiterer Reduktion des Erzes zu CO_2 oxidiert. Im Kontakt mit dem Koks entsteht daraus erneut CO, bis der Koks bzw. der Sauerstoffgehalt des Erzes verbraucht sind. Der Schwefelgehalt des Kokses wird an das Kalksteinmehl der Reduktionsmischung gebunden. In der Kühlzone

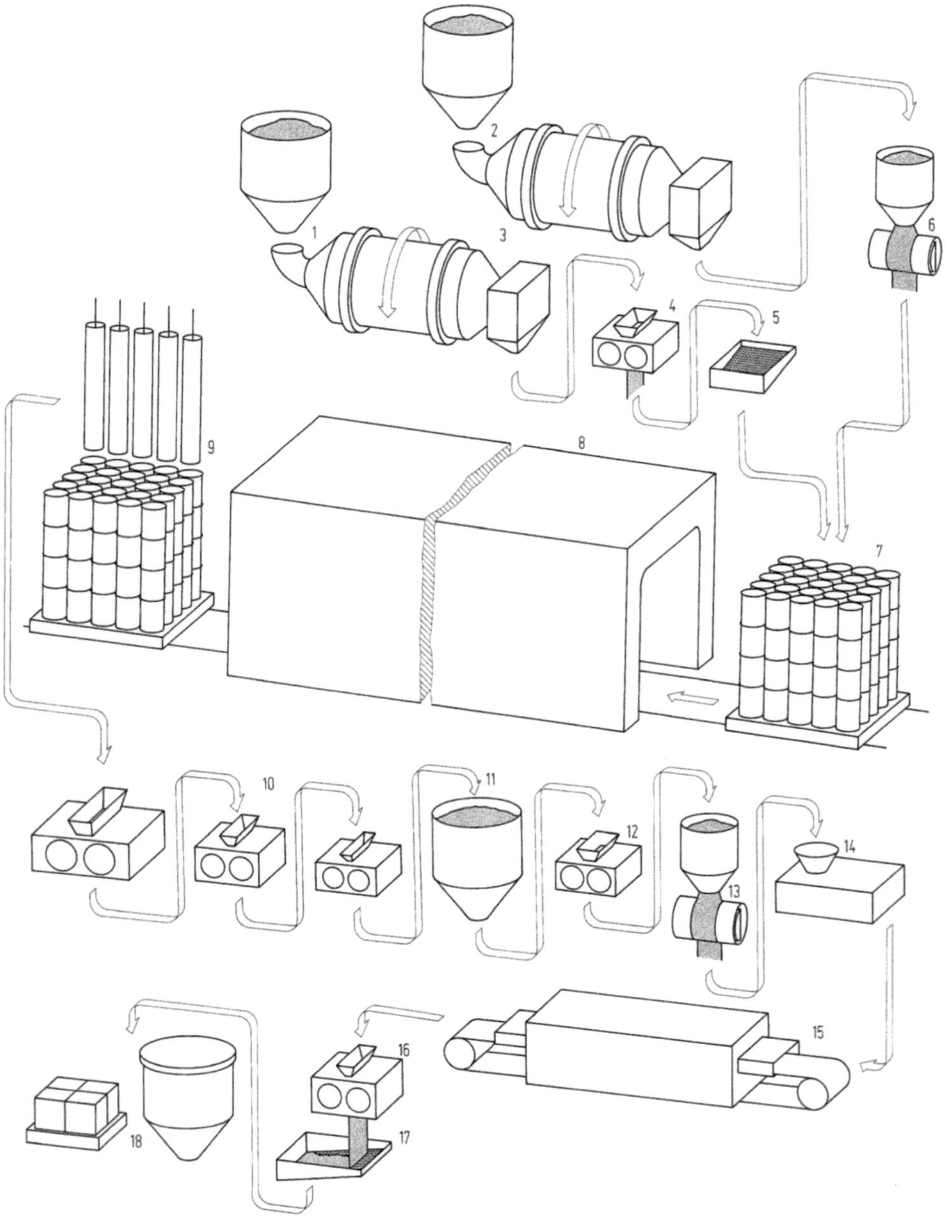

Abb. 2.3 Herstellung von Schwammeisen nach dem Höganäs-Verfahren. *1* Reduktionsmischung aus Koksgrus und Kalkstein. *2* Eisenerz. *3* Trocknen. *4* Brechen. *5* Sieben. *6* Magnetseparation. *7* Füllen der SiC-Rohre. *8* Reduktion des Erzes im Tunnelofen. *9* Entnahme des Eisenschwamms. *10* Mehrstufiges Zerkleinern. *11* Zwischenlagerung. *12* Brechen. *13* Magnetseparation. *14* Kollern und Sieben. *15* Weichglühung und Nachreduktion. *16* Brechen. *17* Sieben. *18* Verpacken, Zwischenlagern

Abb. 2.4 Schichtenfolge innerhalb der SiC-Retorten beim Höganäs-Verfahren

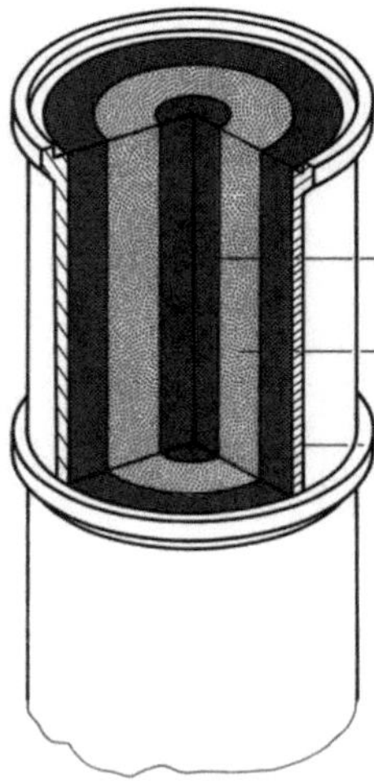

des Ofens geht die Temperatur auf etwa 250 °C zurück. In den Retorten ist während der Ofenreise von etwa 68 h eine dickwandiges Rohr aus Schwammeisen mit einer Dichte von ungefähr 1,8 g/cm^3 entstanden, daneben finden sich Koksreste und eine schwefelreiche Asche. Das Schwammeisenrohr wird entnommen, die Retorte von Koks und Asche gesäubert und neu befüllt. Der Eisenschwamm wird in mehreren Stufen zerkleinert, gebrochen, gereinigt und abgesiebt, ehe in einem Glühvorgang bei etwa 900 °C in Wasserstoff Reste von Oxiden und Kohlenstoff reduziert bzw. verbrannt werden. Der entstehende Partikelkuchen wird abschließend gebrochen und abgesiebt. Schwammeisenpulver haben höhere Grünfestigkeit, aber geringere Pressbarkeit als wasserverdüste Eisenpulver.

Einige Metalle, für pulvermetallurgische Zwecke vor allem Kupfer, Silber und Eisen, können mit vertretbaren Kosten in Pulverform elektrolytisch aus wässrigen Lösungen abgeschieden werden, indem man eine Anode des Metalls in einem geeigneten Bad auflöst und auf einer Kathode auskristallisieren lässt. Damit sich auf der Kathode kein zusammenhängender Film, sondern diskrete Partikelchen abscheiden, muss die Konzentration der Metallionen in der wässrigen Lösung gering gehalten werden. Die elektrische Leitfähigkeit der Lösung wird durch Säurezusätze erhöht. Die Stromdichte an der Kathode muss hoch sein, die Bäder werden auf Temperaturen unter 60 °C gekühlt und nur sehr wenig bewegt [SCHA94, DUNK03].

Das Hauptprodukt ist elektrolytisches Kupferpulver. Das Bad besteht aus Kupfersulfat mit einem Schwefelsäurezusatz. Die Stromdichte an der Anode beträgt 300–700 A/m^2, an der Kathode 2.000–4.000 A/m^2, die Badspannung 1–2 V. Dazu muss die Kathodenoberfläche entsprechend kleiner sein als die Anodenfläche. Für höchste metallurgische Reinheit des Pulvers muss bereits die Anode eine hohe Reinheit haben. Nur so lassen sich bei Kupfer und Silber höchste elektrische Leitfähigkeiten erreichen. Die Kathode in Form von Stäben oder Streifen besteht aus Kupfer, einer Blei-Antimon-Legierung, Aluminium oder rostfreiem Stahl. Das Arbeitsprinzip ist schematisch in Abb. 2.5 dargestellt.

Abb. 2.5 Prinzipieller Aufbau einer Elektrolysezelle zur Metallpulvererzeugung

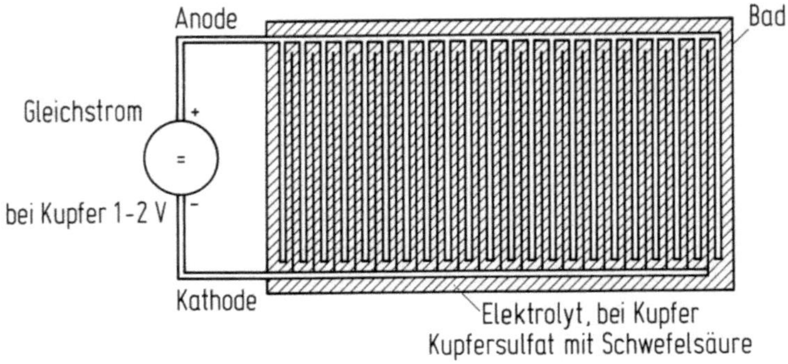

Die Kupferkonzentration im Bad, die zwischen 5 und 35 g/l liegt, sowie die chemische Zusammensetzung des Bades bestimmen die Pulvermorphologie. Dabei werden Schwefelsäuregehalte von 100 bis 250 g/l verwendet. Ausgeprägt dendritische Pulver mit Schüttdichten von etwa 0,5 g/cm^3 verlangen niedrige Metallkonzentration und einen Chlorzusatz zum Bad. Weitere Additive können Borsäure, Glukose u. a. sein, um die Pulverform zu beeinflussen. Mit der Badchemie und der Kupferkonzentration lässt sich die Schüttdichte, die ein Maß für die Unregelmäßigkeit der Morphologie ist, zwischen 0,5 und etwa 3,5 g/cm^3 variieren. Die Partikelgröße und die Schüttdichte werden durch das Ernteintervall mitbestimmt. Da die Haftung an der Kathode nicht besonders groß ist, reicht es, die Kathode periodisch zu rütteln, abzustreifen oder zu bürsten. Im vollautomatischen Betrieb sammelt sich das Pulver auf dem Boden der elektrolytischen Zelle und wird nach einigen Tagen geborgen. Daran schließen sich Waschen, Trocknen, Sieben und eventuell eine Reduktionsglühung bei 480–760 °C in Stickstoff mit geringen Gehalten an CO und H_2 an. Der Energieverbrauch beträgt im Mittel etwa 2 kWh/kg Kupferpulver [DUNK03].

Feine, kugelige Metallpulver lassen sich als Eisen, Nickel, Kobalt und Molybdän, bei dem allerdings die H_2-Reduktion aus Molybdänoxid erheblich größere Bedeutung hat, aus Karbonyldämpfen ausfällen. Für pulvermetallurgische Anwendungen haben Karbonyleisenpulver großen Marktanteil bei den spritzfähigen Vorprodukten des Metallpulverspritzgusses und Karbonylnickel als Feinpulver für Legierungszwecke in vielen Sinterstählen.

Beim Karbonylprozess überführt man kostengünstige metallische Ausgangsstoffe bei materialspezifischen Drücken und Temperaturen im Kontakt mit Kohlenmonoxid exotherm in den dampfförmigen Karbonylzustand. Eisen kann mehrere Karbonyle bilden, angestrebt wird Eisenpentakarbonyl $Fe(CO)_5$:

$$Fe + 5CO \longleftrightarrow Fe(CO)_5 \tag{2.3}$$

Nickel bildet nur ein Karbonyl, Nickeltetrakarbonyl $Ni(CO)_4$:

$$Ni + 4CO \longleftrightarrow Ni(CO)_4. \tag{2.4}$$

Beide Karbonyle sind sehr giftig, so dass der Prozess gekapselt ablaufen muss. Je nach metallischen Einsatzmaterialien bilden sich beide Karbonyle gleichzeitig. Unter Druck kondensieren die Gase und können durch Destillation getrennt werden, da bei Umgebungsdruck $Fe(CO)_5$ einen Siedepunkt von 103 °C, $Ni(CO)_4$ einen Siedepunkt von 43 °C hat. Der flüssige Zustand ist zur Zwischenlagerung gut geeignet. Zur Gewinnung des Metalls muss das Karbonyl zersetzt werden, wobei es sich um eine endotherme Reaktion handelt.

Großtechnisch wird $Ni(CO)_4$ bei etwa 70 bar und 180 °C als Flüssigkeit hergestellt. Zur Zersetzung wird die Flüssigkeit verdampft und in Zersetzungsbehälter geleitet, deren Wände auf 250–350 °C beheizt sind. Dabei entstehen im Temperaturbereich um 200 °C Keime, um die metallisches Nickel kugelig ankristallisiert. Bei höheren Temperaturen und Karbonylkonzentrationen entstehen viele Keime und damit sehr feine Pulverpartikelchen. Zur Steuerung der Partikelgröße wird auch der Druck, bei dem die Karbonylzersetzung stattfindet, variiert. Die feinsten Partikelchen von nur etwa 3 µm stellen sich bei Zersetzungsdrücken von etwa 250 bar ein. Das bei der Zerlegung freiwerdende Kohlenmonoxid wird wiederverwendet. Der Niederschlag wird gesammelt, in Wasserstoff reduziert, zur Vermeidung von Bränden gezielt rückoxidiert und verpackt [ASM98]. Für pulvermetallurgische Zwecke sind Karbonylnickelpulver mit mittleren Partikeldurchmessern von 3 bis etwa 15 µm handelsüblich.

Eisenkarbonyl für die Pulverherstellung wird typischerweise bei etwa 220 °C und 170 bar als Flüssigkeit erzeugt. Die Zersetzung der verdampften Flüssigkeit findet bei etwa 250–300 °C in einer NH_3-Atmosphäre statt. Eisen katalysiert die beteiligten Gase, wodurch Kohlenstoff, Sauerstoff, Stickstoff und Wasserstoff in das Gitter der wachsenden Partikelchen eingebaut werden. Die Ammoniakatmosphäre mindert vor allem den Kohlenstoffgehalt des entstehenden Pulvers. Die hohe Defektdichte führt zu einer Mikrohärte von etwa 850 HV, die für Formgebungsverfahren ohne plastische Verformung des Pulvers belassen werden kann. Wenn plastische Verformbarkeit gefragt ist, wird eine Glühung bei 500 °C in Wasserstoff angeschlossen, bei der der Sauerstoff- und der Kohlenstoffgehalt sowie die Pulverhärte verringert werden.

Beim Karbonylverfahren können Stoffe, die keine Karbonyle bilden, aus dem Endprodukt ferngehalten werden. Das trifft besonders auf S, P, Mn, Si, Cu, As und Sb zu, die nicht in Lösung gehen können. Karbonyleisen ist darüber hinaus sehr arm an Cr, Ni, V and Mo. Hoher Prozessdruck unterstützt die chemische Trennwirkung bei der Herstellung. Karbonyleisen ist in mittleren Partikeldurchmessern von etwa 3 bis 8 µm erhältlich und mit niedrigen C-, N- und O-Gehalten sowie in unreduzierten Zuständen verfügbar [DUNK03].

2.2 Pulvermorphologie

Wesentliche Merkmale von Pulvern sind Form und Größe der Partikel sowie deren Verteilung, die sich bei der Herstellung ergeben. Größe und Morphologie können durch statistische Auswertung von Schattenrissen einer großen Anzahl von Partikelchen in Zahlen gefasst werden. Diese Technik ist noch recht jung und industriell zur Formcharakterisierung

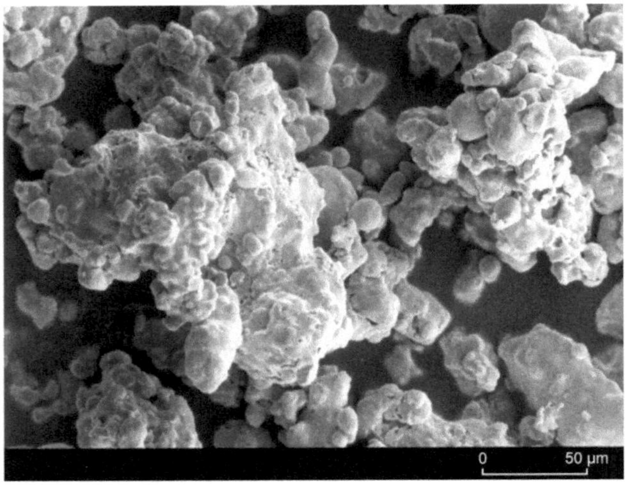

Abb. 2.6 Typisches Aussehen von wasserverdüstem Reineisenpulver

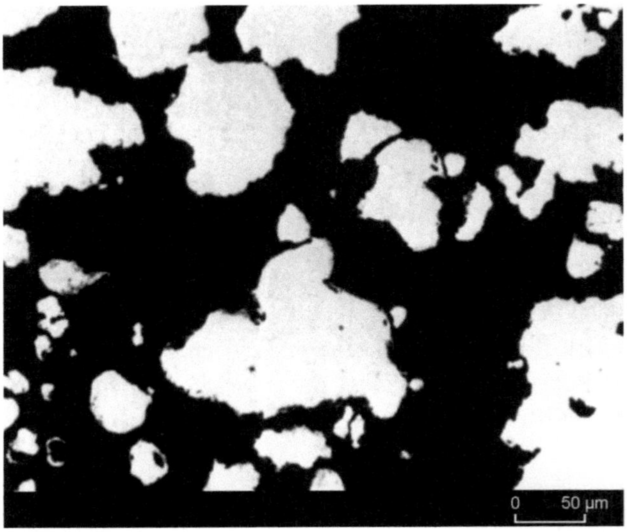

Abb. 2.7 Querschliff durch wasserverdüstes Reineisenpulver

noch nicht sehr verbreitet, zur Größenbestimmung dagegen gut etabliert. Metallographische Schliffe von Pulvern vermitteln einen Eindruck von der Pulvergestalt, auch hierbei sind quantitative Aussagen über die Form mit Hilfe bildanalytischer Verfahren möglich. Zur Veranschaulichung eignet sich jedoch die Rasterelektronenmikroskopie am besten. In den Abb. 2.6–2.9 werden wasserverdüstes Reineisen und ein Schwammeisenpulver miteinander verglichen. Das Schwammeisen stammt aus einer Reduktion bei hoher Temperatur von mehr als 1.200 °C. Das wasserverdüste Pulver sieht knollig aus und hat eine unregelmäßige Gestalt. An der Partikeloberfläche haften kleinere Teilchen, teilweise finden sich Partikelagglomerate, die beim Brechen nach der Reduktionsglühung nicht zerteilt wurden. Insgesamt ist die Partikeloberfläche verhältnismäßig glatt. Im metallographischen Querschliff, Abb. 2.7, erkennt man nur wenige kleine innere Poren, im Wesentlichen sind

Abb. 2.8 Gekollertes Schwammeisenpulver

Abb. 2.9 Metallographischer Schliff durch ein gekollertes Schwammeisenpulver

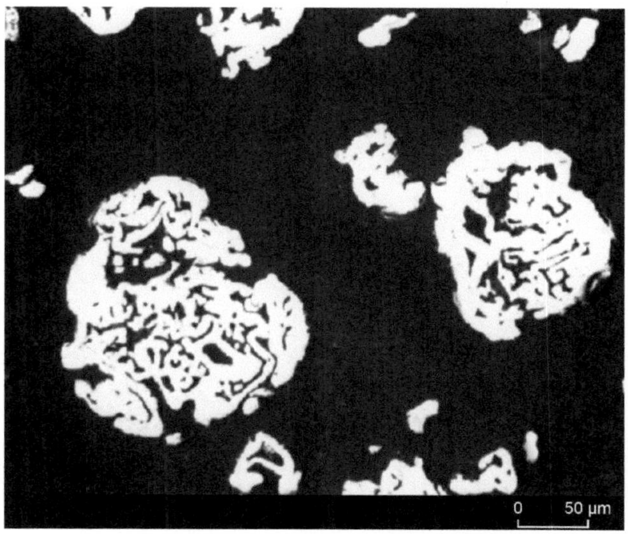

die Partikelchen massiv. Die Unregelmäßigkeit des Pulvers bewirkt bei einer Verdichtung unter Druck den Zusammenhalt des Presslings durch mechanische Verhakungen und Verklammerungen infolge plastischer Verformungen.

Das Schwammeisenpulver in den Abb. 2.8 und 2.9 wurde nach dem Brechen des Schwamms durch einen Kollerarbeitsgang oberflächlich verrundet und plastisch verdichtet, um die Fließeigenschaften zu verbessern. Die Pulveroberfläche ist tief von offenen Poren zerklüftet, soweit die Porosität nicht durch plastische Verformung zugedrückt ist. Im Pulverschliff wird an größeren Partikeln die innere Porosität gut sichtbar, die aus der Reduktion der Oxide stammt.

Abb. 2.10 Wasserstoffreduziertes Wolframpulver als Einkristallagglomerat

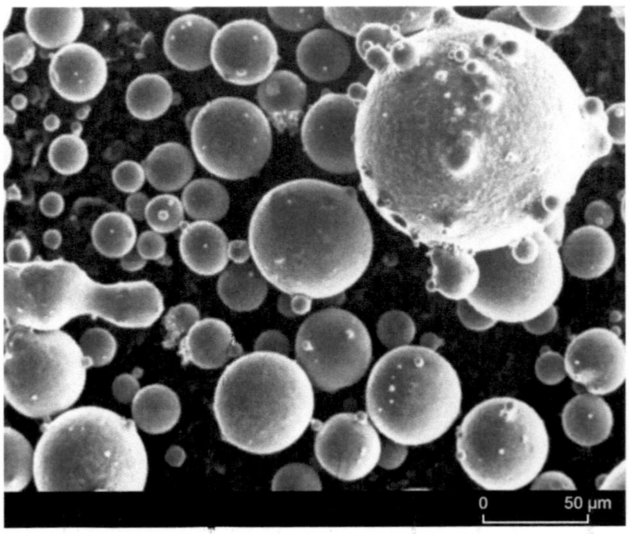

Abb. 2.11 Stickstoffverdüstes Pulver eines hochlegierten Schnellarbeitsstahls

Je nach Prozessführung entstehen bei der Reduktion von Oxiden auch einkristalline Pulver oder Agglomerate einzelner Kristalle, z. B. bei der Herstellung hochschmelzender Metallpulver durch Wasserstoffreduktion, Abb. 2.10.

Die meisten in Inertgas gasverdüsten Metallpulver lässt man im freien Fall kugelig erstarren. Abbildung 2.11 zeigt ein stickstoffverdüstes Pulver aus einem hochlegierten Schnellarbeitsstahl für die Verdichtung durch heißisostatisches Pressen, das in Abschn. 2.3 kurz erläutert wird. Bei diesem Verfahren wird eine möglichst hohe Schüttdichte gewünscht, die durch Satelliten an größeren Pulverpartikeln beeinträchtigt wird. Offenbar

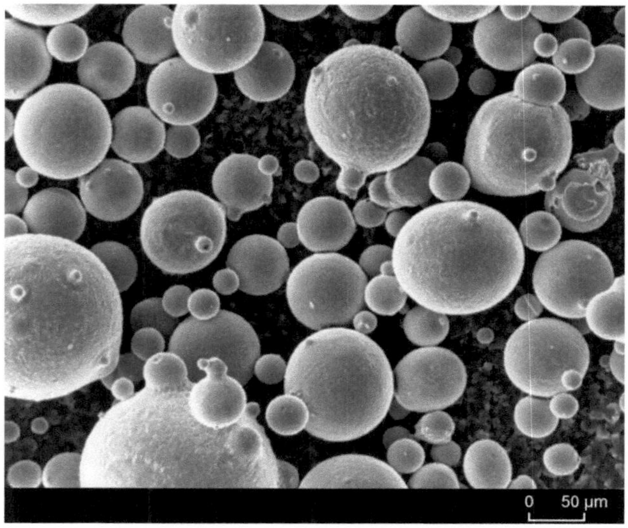

Abb. 2.12 Luftverdüstes Bronzepulver

Abb. 2.13 Feines dendritisches elektrolytisch hergestelltes Kupferpulver

sind Satelliten an der Oberfläche großer Pulverkörner nicht ganz zu verhindern, obschon die Anlagenhersteller an dieser Aufgabe arbeiten.

Die Kugelgestalt stellt sich bei entsprechenden Verdüsungsbedingungen mit Gasen als Verdüsungsmedium und Werkstoffen ohne die Bildung einer harten Oxidschale werkstoffunabhängig ein. In Abb. 2.12 ist ein luftverdüstes Bronzepulver der Legierung CuSn10 wiedergegeben. Wesentliche Unterschiede sind im Vergleich mit dem Schnellarbeitsstahlpulver nicht zu erkennen.

In den Abb. 2.13 und 2.14 sind zwei elektrolytische Kupferpulver miteinander verglichen, die unter sehr unterschiedlichen Bedingungen hergestellt wurden. Neben den

Abb. 2.14 Grobes, knollig verästeltes elektrolytisches Kupferpulver

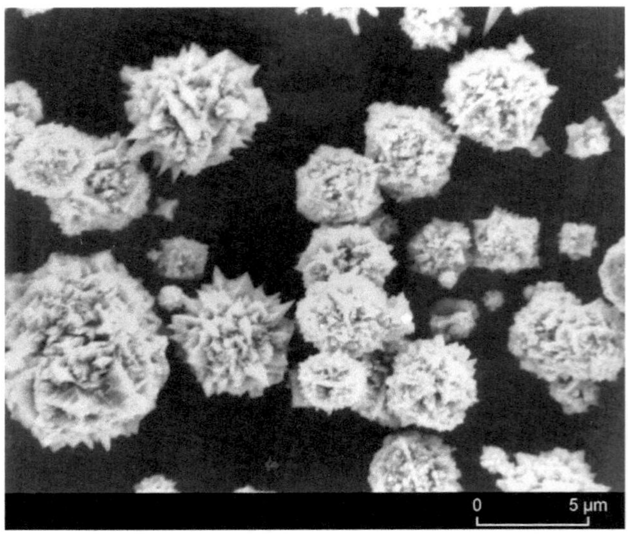

Abb. 2.15 Karbonylnickel für die Eisenpulvermetallurgie

Größenunterschieden fallen die Unterschiede im Wachstum der Verästelungen aus dem Elektrolyten auf. Das dendritische Pulver ist nicht fließfähig und hat sehr niedrige Schüttdichte, das knollige Pulver hat hohe Schüttdichte und fließt gut.

Das typische Karbonylnickel als feinkörniger Legierungszusatz zu Eisenpulver ist aufgrund seiner Herstellung von kugeliger Gestalt, Abb. 2.15. Die Partikeloberfläche ist von spitzen Wachstumsprotrusionen übersäht und sieht daher sehr rauh aus. Diese Art von Karbonylnickel aus separierten Einzelkörnern ist für matrizengepresste Formteile und Bauteile des Metallpulverspritzgusses weltweit sehr verbreitet.

2.3 Pulveraufbereitung und Legierungstechniken

Viele Metallpulver bedürfen – abhängig von der Weiterverarbeitung – als Reinpulver oder morphologiebedingt einer Aufbereitung. Eine umfassende Darstellung der vielfältigen Möglichkeiten und verschiedenen Verfahren ist nicht möglich, einige besonders wichtige, industriell übliche Verfahren mögen kurz geschildert werden.

Oft presst man Metallpulver in massiven Presswerkzeugen in die gewünschte Geometrie. Bei plastisch verformbaren Materialien strebt man in solchen Fällen eine hohe Pressdichte an, was gute Kompressibilität des Pulvers voraussetzt. Um Mischkristallverfestigung des Pulvers zu vermeiden und damit die Pressbarkeit nicht zu beeinträchtigen, setzt man Legierungselemente, vor allem bei der Formteilfertigung von Eisen und Aluminium, dem Pulver in Form elementarer Feinpulver oder hoch legierter Legierungsträger, so genannter Meisterlegierungen, zu. Eine schematische Übersicht über die gebräuchlichsten Legierungstechniken gibt Abb. 2.16.

Die kostengünstigste und am weitesten verbreitete Methode ist das Mischen der elementaren Legierungszuschläge mit einem hoch kompressiblen Grundpulver. Die Legierungspulver müssen sehr fein sein, falls die Verteilung während des Sinterns nur durch Festphasendiffusion abläuft. Bei aufschmelzenden Legierungsbestandteilen, die sich zunächst durch Benetzung des Basispulvers verteilen, können grobere Pulver zugelassen werden. Am Ort, wo ein solches Pulverkorn schmilzt, verbleibt eine Sekundärpore, die bei Werkstoffen, die nicht zu voller Dichte sintern, eine bimodale Porenverteilung aus großen Sekundärporen und feinen Poren aus der normalen Pulververdichtung verursachen. Aus bruchmechanischer Sicht sind solche Gefüge ungünstig. Leider entmischen feinere, runde Pulver leicht bei Transport und Handhabung, deshalb muss man bei gemischtlegierten Pulvern oft Kompromisse eingehen. Entmischungen sind vermeidbar, wenn die Legierungsbestandteile an das Basispulver angebunden werden. Für leichte Bestandteile, etwa feinen Graphit, reicht eine geringe Menge öliger oder organischer Klebemittel, die die Pressbarkeit nicht merklich verschlechtert. Will man größere Mengen metallischer Partikel an das Basispulver organisch ankleben, verliert man an Pressbarkeit, so dass solche Mischungen nicht so gut für höchste Pressdichten geeignet sind. Kommerziell hat sich deshalb bei Eisen- und Stahlpulvern für Formteile hoher Dichte und Legierungsgehalte die Anbindung metallischer Partikel durch eine Diffusionsglühung bei Temperaturen von etwa 900 °C in reduzierender Atmosphäre durchgesetzt. Man nennt diese Pulver anlegiert oder diffusionslegiert, obschon die Diffusionstiefe keine merkliche Mischkristallverfestigung und Beeinträchtigung der Pressbarkeit verursacht. Kohlenstoff und andere leichte Zusätze werden nach Diffusionsglühen, Brechen und Sieben eingemischt oder organisch gebunden. Statt elementarer Legierungszuschläge sind auch Meisterlegierungen als Legierungsträger im Einsatz, allerdings derzeit nur bei sehr wenigen Teileherstellern.

Neben elementaren Grundpulvern gibt es in der Schmelze legierte, so genannte fertiglegierte Basispulver für die Formteilfertigung. Hier sind vor allem rostfreie Stähle und andere hochlegierte Stähle zu nennen, ebenso viele Kupferlegierungen und niedriglegierte

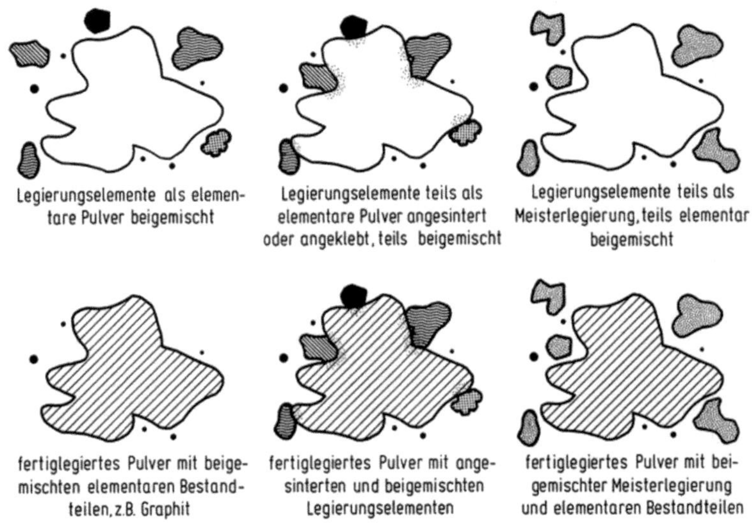

Abb. 2.16 Legierungstechniken für Formteile, schematisch

Stähle. Die Pressbarkeit sinkt durch Fertiglegieren messbar, so dass man die Legierungsgehalte niedriglegierter Stähle gering hält. Am meisten wird bei Stahlpulvern für das Matrizenpressen von dem Legierungselement Molybän bis zu Gehalten von 1,5 % Gebrauch gemacht, weil die Mischkristallverfestigung von Eisen durch geringe Mo-Gehalte nicht sehr ausgeprägt ist. Daneben gibt es mehrfach legierte Stahlpulver mit Cr und Mo oder mit Mn, Cr, Ni, Mo und V in unterschiedlichen Kombinationen. Selbstverständlich sind alle Legierungstechniken, die bei unlegierten Basispulvern angewandt werden, auf fertiglegierte Basispulver übertragbar. Solche Rezepturen mit elementaren metallischen Zusätzen heißen Hybridpulver. Kohlenstoff wird, von wenigen Ausnahmen abgesehen, stets als feinflockiger Graphit zugesetzt, wenn die Pulver für die Presstechnik vorgesehen sind. Ausnahmen gibt es bei wasserverdüsten, karbothermisch vakuumreduzierten Schnellarbeitsstahlpulvern, bei denen auch der Kohlenstoffgehalt in der Schmelze eingestellt wird. Bei Pulvern, die sich unter dem Druck des Formgebungsverfahrens nicht plastisch verformen müssen, z. B. bei der Metallpulverspritzgusstechnik, wird überwiegend ebenfalls der Kohlenstoffgehalt fertiglegiert.

Zur Verarbeitung im Formgebungsschritt bedarf es weiterer Zusätze zum Pulver. Für das Matrizenpressen wird dem Material ein Schmiermittel zugesetzt, das häufig aus feinflockigem niedermolekularem Wachs oder Metallseifen besteht, neuerdings auch aus höhermolekularen langkettigen Polymeren und Monomeren, um spezielle Effekte zu erzielen. Zum Beispiel kann durch die Erwärmung, die sich aufgrund der mechanischen Arbeit beim Pressen ergibt, eine Polymerisation eingeleitet werden, die dem gepressten Bauteil eine außergewöhnlich hohe Grünfestigkeit verleiht. Damit eignen sich die Bauteile besonders gut für die Grünlingszerspanung. Traditionell arbeitet man beim Matrizenpressen mit 1 Gew.-% Festschmierstoff. Das Volumen, das das Schmiermittel einnimmt, kann beim Pressen nicht mit Metall gefüllt werden, so dass die erreichbare Pressdichte nach oben durch die theoretische Dichte der Mischung aus Metall und Schmiermittel begrenzt

Abb. 2.17 Extrudiertes Granulat für die Metallpulverspritzgusstechnik

ist. Deshalb geht der Trend zu geringeren Schmiermittelgehalten, die dann aber chemisch nicht mehr den herkömmlichen Rezepturen entsprechen. Zu dieser Thematik gibt es eine umfangreiche Patentliteratur.

Nicht plastisch verformbare Pulver und Pulver für drucklose oder druckarme Formgebung werden häufig mit einem großen Volumenanteil organischer Massen plastifiziert, z. B. Keramiken, Hartmetalle, Rohstoffe für den Metallpulverspritzguss, oder sogar verflüssigt, etwa für den Schlickerguss oder das Foliengießen, die Verarbeitung durch Sprühen oder durch Siebdruck. Die Plastifizierung metallischer Pulver erfordert eine intensive Mischung aller Bestandteile, die zum Aufbrechen aller Agglomerate führt. Bei Massen für den Metallpulverspritzguss geschieht dies bei kleineren Mengen in Knetern, bei großem Bedarf in Doppelschneckenextrudern mit anschließender Granulation. Abbildung 2.17 zeigt ein extrudiertes Granulat für den Metallpulverspritzguss mit etwa 50 Vol.-% organischem Binder.

Für Hartmetalle und Keramiken wird oft die Sprühtrocknung, Abb. 2.18, zur Granulation eingesetzt. Die Pulver fallen aus der Mahlung ohnehin meist als nasser Schlamm an, wobei als Mahlflüssigkeit üblicherweise Azeton oder andere Alkohole verwendet werden. Zusammen mit einem Granulierhilfsmittel, bei Hartmetallen z. B. Paraffinwachs, das beim Matrizenpressen auch als Presshilfsmittel benötigt wird, setzt man daraus eine sprühbare Suspension an, die unter Gasdruck in einen Sprühturm eingeleitet und fein verdüst wird. Im Gegenstrom wird mit einem heißen Gas, bei Hartmetallen Stickstoff, bei Keramiken eher Luft, der flüchtige, alkoholische Teil der Suspension verdampft, die Sprühtropfen sind zur Kugel zusammengezogen und sedimentieren als Agglomerate aus tausenden Feinpartikeln in einen Sammelbehählter. Feinanteil wird aus dem Trockengas in einem Zyklon abgeschieden, in einer Kühlstrecke wird der Alkohol auskondensiert. Anschließend wird das Gas wieder erhitzt und in den Sprühturm zurückgeleitet. Abbildung 2.19 zeigt ein sprüh-

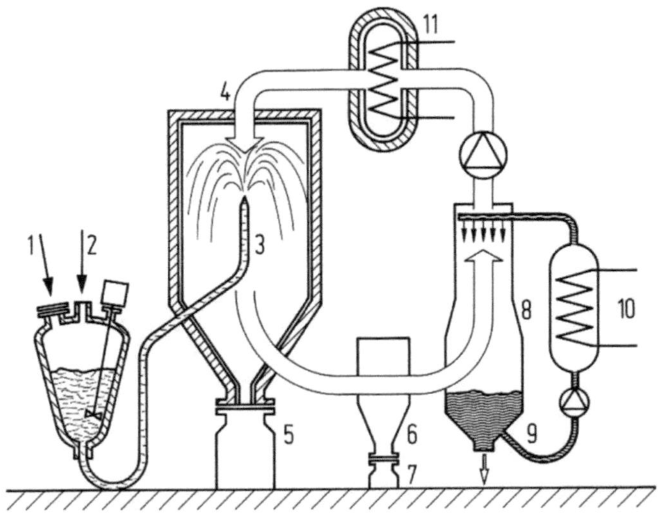

Abb. 2.18 Schemaskizze einer Sprühtrocknungsanlage für Hartmetall- oder Keramikgranulat [SCHE88]. *1* Pulversuspension. *2* Schutzgas unter Druck. *3* Sprüh- und Trockenturm. *4* heißes Trocknungsgas. *5* Granulat. *6* Zyklon. *7* Feinanteil. *8* Waschkühler. *9* auskondensierte Mahlflüssigkeit. *10* Kühler. *11* Gaserhitzer

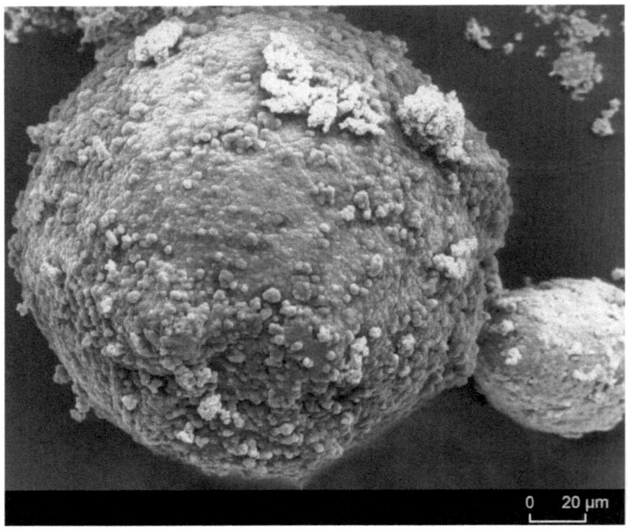

Abb. 2.19 Sprühgetrocknetes Hartmetallgranulat

getrocknetes Hartmetallgranulat, Abb. 2.20 gibt einen Ausschnitt aus der Granulatoberfläche wieder, aus dem man die einzelnen sehr feinen Pulverkörner gut erkennen kann. Die kugeligen sprühgetrockneten Granulate sind sehr gut rieselfähig, was für die gleichmäßige Werkzeugfüllung wichtig ist.

Außer organischen Bestandteilen, die die Reibung im Presswerkzeug herabsetzen oder Pulver im plastifizierten Zustand oder flüssig verarbeitbar machen sollen, werden für andere Effekte Feststoffe bei der Pulveraufbereitung zugefügt. Viele Formteile müssen zur Einstellung von Toleranzen an Funktionsflächen oder zur Herstellung presstechnisch nicht darstellbarer Geometrieelemente spanend nachgearbeitet werden. Vor allem poröse Sinterformteile aus Eisen und Stahl sind schwieriger zu zerspanen als konventionelle,

Abb. 2.20 Oberfläche eines sprühgetrockneten Hartmetallgranulats, Ausschnitt aus Abb. 2.19

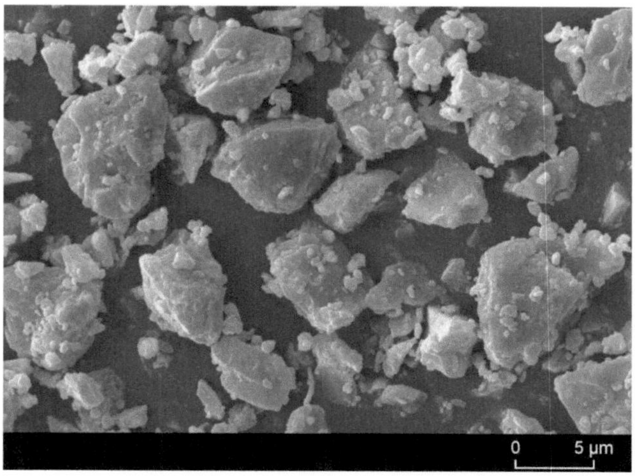

Abb. 2.21 Feines Mangansulfidpulver

porenfreie Stähle. Durch Zusätze so genannter Zerspanungshilfsmittel zum Pulver kann man die Schnittgeschwindigkeiten erhöhen und die Oberflächengüte verbessern. Das bekannteste und am weitesten verbreitete Zerspanungshilfsmittel für Sinterstähle ist Mangansulfid MnS, das oft mit Gehalten von etwa 0,5 % in Eisenpulvermischungen enthalten ist. Abbildung 2.21 gibt ein typisches, mechanisch zerkleinertes MnS-Pulver wieder. Es gibt nur wenige Anbieter, die Pulver unterschiedlicher Granulometrie und Reinheit im Lieferprogramm führen. Bei dem Pulver in Abb. 2.21 handelt es sich um eine feine Granulometrie. Eine Alternative zum Beimischen von MnS ist das Legieren der Schmelze bei wasserverdüsten Eisenpulvern mit stöchiometrisch genau dosierten Mengen an Mangan und Schwefel, die während der Erstarrung in perfekter Feinverteilung auskristallisieren und ähnlich wie zugemischtes MnS in geringen Mengen die Pressbarkeit nur unmerklich verschlechtern. Andere, weniger häufig verwendete Zerspanungshilfsmittel in Pulvermischungen sind Molydän- und Wolframdisulfid, feines Kalziumfluorid und hexagonales

Abb. 2.22 Flittriges Aluminiumpulver (*silver dollars*)

Bornitrid. MoS_2 und WS_2 sind im Gegensatz zu MnS thermisch nicht so stabil, dass sie bei den üblichen Sintertemperaturen erhalten blieben. Bei Anwesenheit von Kupfer entsteht Kupfersulfid Cu_2S, ohne Kupfer Eisensulfid FeS, der Mo- bzw. W-Anteil geht in Lösung, soweit die Diffusionsmöglichkeiten reichen. Da Cu_2S und FeS ebenfalls gute Eigenschaften als Festschmierstoffe haben, wird der Zweck der Zerspanungserleichterung trotzdem erreicht, falls sich nicht durch Martensitbildung infolge des Legierens mit Mo bzw. W harte Gefügebestandteile bei der Abkühlung einstellen.

Festschmierstoffe, vor allem grobe Graphitsorten, Sulfide und hexagonales Bornitrid, werden oft den Pulvern für selbstschmierende Gleitlager untergemischt, um die Notlaufeigenschaften zu verbessern. Pulver für Reibwerkstoffe enthalten neben Festschmierstoffen abrasive Mineralien und keramische Partikel, Phosphide und niedrig schmelzende, unlösliche Metalle, damit die Reibeigenschaften sich möglichst wenig mit der Reibgeschwindigkeit und dem Anpressdruck ändern. Dem Mischen von unterschiedlichen Bestandteilen bei der Pulveraufbereitung sind kaum Grenzen gesetzt.

Manche Pulver werden in verschiedenen Arten von Kugelmühlen behandelt, ehe sie weiter verarbeitet werden. Dabei werden unterschiedliche Zwecke verfolgt. Spröde Pulver zerbrechen und werden durch Mahlen zerkleinert. Diese Technik wird in der Keramik und in der Hartmetallindustrie angewandt, um grobe Partikel auf mittlere Größen unter etwa 1 µm zu zertrümmern. Eine wesentliche Unterschreitung unter 1 µm ist mit Kugelmühlen nicht zu erreichen. Vor allem gelingt es durch Mahlen nicht, Partikel mit mittleren Abmessungen von 100 nm oder weniger zu erzielen. Andere Anwendungen verlangen flittrige Pulvermorphologie, Abb. 2.22, z. B. um Lichtreflexe in Metalliclackierungen zu erzeugen. Erreicht wird dies ebenfalls durch eine Behandlung in Kugelmühlen, allerdings muss das Ausgangspulver sehr gut verformbar sein und sich durch eine Vielzahl von Ku-

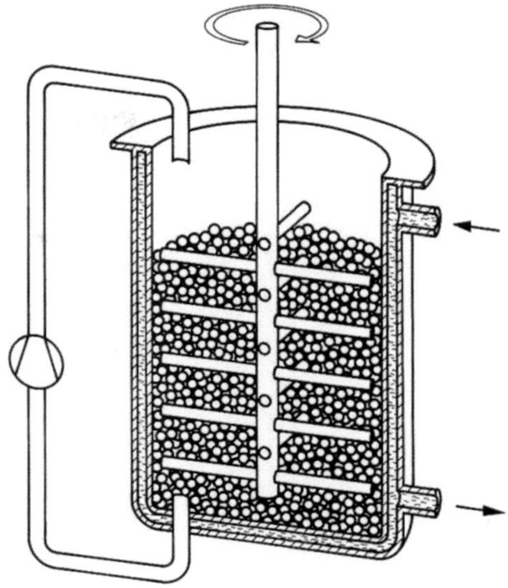

Abb. 2.23 Schemaskizze eines Attritors

geleinschlägen plastisch umformen zu lassen. Der Mahlvorgang wird abgebrochen, ehe das Material durch zunehmende Kaltverfestigung brüchig wird. Kugelmühlen werden auch benutzt, um nicht lösliche Dispersoide in duktile Matrixwerkstoffe einzubringen. Angestrebt wird dabei eine gleichmäßige Verteilung submikroskopischer Partikelchen, die die Gleitung von Versetzungen verhindern bzw. Rekristallisation unterbinden. Solche Mahlarbeitsgänge werden mechanisches Legieren oder Reaktionsmahlen genannt. Der gewünschte Effekt tritt nach längeren Mahlzeiten durch wiederholtes Zerbrechen und erneutes Kaltverschweißen der Pulverpartikel unter dem Druck der Kugelkollisionen ein. Sauerstoffaffine Pulver oder Legierungsbestandteile bilden auf frisch gebrochenen Oberflächen dünne Oxidschichten, die in den Grundwerkstoff eingeknetet werden und nach langen Behandlungsdauern als feinste Dispersoide im Gefüge vorliegen. Neben der Reaktion mit Stoffen aus der Umgebung kann man auch durch Zugabe zweiter und weiterer Substanzen beim Mahlen erwünschte chemische Reaktionen erzielen, z. B. die Bildung von Dispersoiden als Al_4C_3 durch Zugabe von Ruß oder als TiB_2 durch Zugabe von Ti und B zu Reinaluminium. Ziel ist dabei stets, rekristallisations- und damit kriechbeständige Werkstoffe zu erzeugen.

Als Geräte kommen für diese Zwecke außer konventionellen Kugelmühlen vor allem Hochenergiekugelmühlen in Betracht, um die langen Behandlungszeiten abzukürzen. Eine sehr bekannte Bauart ist etwa der Attritor, Abb. 2.23, in dem sich das Mahlgut, eine Kugelschüttung und ein einfaches Rührwerk zusammen mit einer später zu verdampfenden Mahlflüssigkeit befinden. Das Rührwerk wird motorisch angetrieben und wälzt die Kugeln um. Durch die Kugelbewegung werden die Pulverpartikel gequetscht, verformt oder zertrümmert. Die entstehende Wärme muss durch eine Wasserkühlung des Behälters abgeführt werden. In Planetenmühlen lässt man Mahlbehälter auf einer sich drehenden Scheibe entgegengesetzt rotieren, Abb. 2.24.

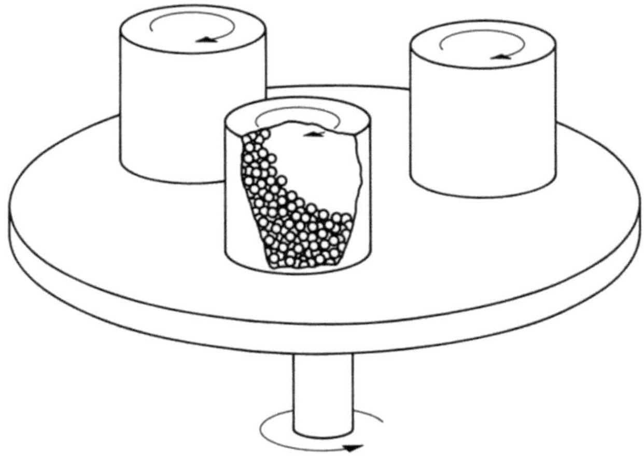

Abb. 2.24 Funktionsprinzip der Planetenmühle

Die periodisch wechselnden Fliehkräfte im Behälter üben Druck und Scherung auf das Pulver aus, wodurch eine intensive Durchknetung plastischer Materialien bzw. eine schnelle Zerkleinerung spröder Pulver eintritt. Die Zeiten beim Aufbereiten durch Mahlen liegen zwischen einigen Stunden und mehreren Tagen je nach zu verarbeitendem Material und gewünschtem Effekt. Entsprechend unterschiedlich fallen auch die beim Mahlen entstehenden Produkte aus, die zwischen spröden Feinstpulvern bei Hartmetall und Keramik und makroskopischen Granulaten bei Aluminium-, Kupfer- oder Nickelbasiswerkstoffen mit Dispersoiden variieren können.

2.4 Pulvercharakterisierung und -eigenschaften

Pulver sollen sich bei der Formgebung und in der nachgeschalteten Fertigung ohne Probleme verarbeiten lassen. An dieser generellen Forderung orientieren sich die meisten Methoden zur Charakterisierung, die deshalb durch den Verarbeitungsweg vorgegeben sind.

Partikelgrößenverteilung Wenn man Schüttungen aus losen Pulvern sintert und anschließend zerbricht, um die Anzahl gebrochener Kontakte zu Nachbarpartikeln zu zählen, stellt man einige merkliche Partikelgrößeneffekte fest: Zum einen ist die Dichte einer Schüttung aus groben Partikeln geringer als die einer Schüttung aus feinerem Pulver. Damit geht eine deutliche Zunahme der Bindungsflächen zu Nachbarn bei feinen Pulvern einher. Zum anderen wird relativ zum Partikeldurchmesser der Durchmesser der versinterten Kontakte umso kleiner, je größer die Partikel sind. Diese Effekte müssen zu einer Beeinträchtigung der mechanischen Eigenschaften führen. Bei schüttgesinterten kugeligen Bronzepulvern, die zwischen ∅ 8 μm und ∅ 200 μm Partikeldurchmesser für Filteranwendungen handelsüblich sind, werden die Zugfestigkeiten z. B. von etwa

Tab. 2.1 Zusammenhang zwischen Maschenweite und Anzahl Drähte/in. (auszugsweise)

Mesh size	40	45	50	60	70	80	100	120
Maschenweite (µm)	425	355	300	250	212	180	150	125

Mesh size	140	170	200	230	270	325	400	450
Maschenweite (µm)	106	90	75	63	53	45	38	32

24 N/mm^2 bei ∅ 200 µm auf mehr als 120 N/mm^2 bei ∅ 8 µm kontinuierlich gesteigert. Die Partikelgröße hat aber nicht nur einen Einfluss auf die mechanischen Eigenschaften, sondern bestimmt auch wesentliche Verarbeitungseigenschaften. Zum Beispiel fließen feine unregelmäßige Pulver nicht und lassen sich damit nur mit Sonderverfahren in enge Werkzeugspalte füllen. Für reproduzierbare Arbeitsergebnisse und Verarbeitungseigenschaften muss deshalb die Partikelgrößenverteilung geeignet sein und reproduzierbar geliefert werden können. Das genormte Prüfverfahren für Pulver, die nicht überwiegend kleiner als 45 µm sind, ist in DIN ISO 4497 dargestellt. Prüfsiebe, die nach einer Normreihe in der Maschengröße gestaffelt sind, werden zu einer Siebsäule, in der sich die größte Maschenweite oben und die kleinste unten befindet, zusammengesteckt und auf einer vibrierenden oder leicht rüttelnden Maschine befestigt. Die Maschenweiten in der Siebkolonne sind auf das zu untersuchende Pulver abgestimmt. Die Pulverprobe, meist 100 g, wird oben auf das gröbste Sieb geschüttet, das mit einem Deckel verschlossen wird, ehe die Maschine angeschaltet wird. Die Siebung wird für eine zu vereinbarende Zeitspanne, oft 30 min, fortgesetzt oder nach einem anderen Kriterium beendet. Nach dem Sieben werden die Rückstände in jedem Sieb gewogen, ebenso der Feinanteil, der das engste Sieb passiert hat und in einem Auffangbehälter gesammelt wird. Ein kleiner Teil der Partikel bleibt in den Maschen der Siebe hängen. Deshalb erhält man aus 100 g Einwaage meistens eine geringere Ausbeute. Die Differenz darf höchstens 2 % betragen; die Wägeergebnisse werden zur besseren Vergleichbarkeit als Prozentsätze der aufsummierten Gesamtmenge ausgedrückt. Graphisch wird das Ergebnis gewöhnlich als Summenhäufigkeit über der Maschenweite dargestellt.

Pulver unter 45 µm Partikeldurchmesser lassen sich trocken nicht mit vertretbaren Zeiten sieben. Deshalb gibt es für Sonderfälle spezielle Siebkolonnen, mit denen unter Alkohol mechanisch bis etwa 10 µm gesiebt werden kann. Wegen des experimentellen Aufwands werden diese Geräte kaum benutzt. Die Siebe sind nach einer geometrischen Reihe mit dem Faktor $2^{1/4} = 1{,}19$ in der Maschenweite gestuft. Dabei werden auch in Europa zwei unterschiedliche Bezeichnungen nebeneinander benutzt, die nominelle Maschenweite in µm und die Anzahl Drähte pro inch, die als mesh size bezeichnet oder quasi als Dimension mesh der Drahtzahl angehängt wird. Es gilt die Umwertung nach Tab. 2.1.

Wegen des geringeren Aufwandes und der höheren Genauigkeit wird die Granulometrie von Pulvern heute mehr und mehr mittels Laserbeugung gemessen. Dazu muss das Pulver dispergiert werden, bei feinen Pulvern z. B. in einer klaren Flüssigkeit, der eventuell oberflächenaktive Dispergiermittel zugegeben werden, oder etwa durch Ultraschallzerteilung.

Abb. 2.25 Partikelgrößenverteilung eines verdüsten, nicht gesiebten Stahlpulvers, gemessen mit einem Lasergranulometer

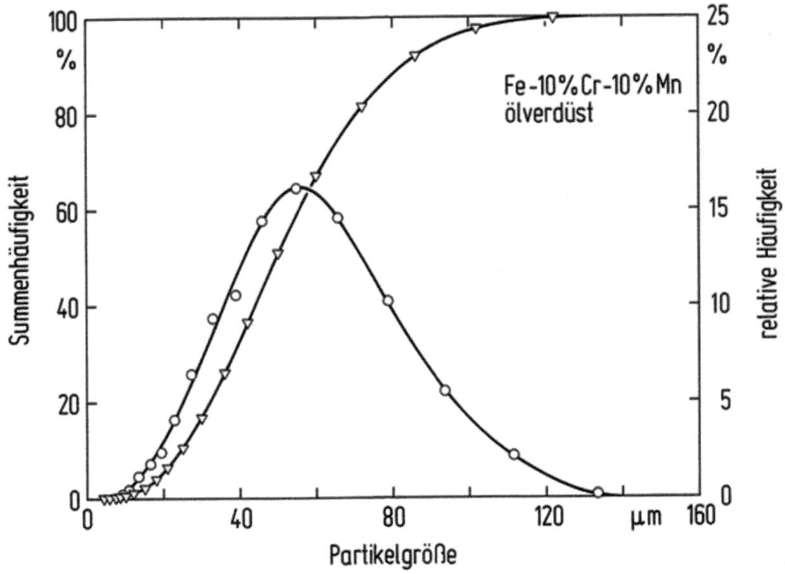

Viele Formteilpulver lassen sich in einem trockenen Gasstrom ausreichend dispergieren. Durch das dispergierte Pulver wird ein Laserstrahl geschickt, der an den Konturkanten der Partikel gebeugt wird. Mit Photodioden als Detektoren wird die individuelle Partikelgröße aus dem Winkel und der Intensität der Streuung errechnet. Vollautomatisierte Geräte nach diesem Funktionsprinzip sind für Messbereiche von 10 nm bis zu mehreren mm Partikelgröße im Handel. Ein Beispiel für die Größenverteilung eines kerosinverdüsten Legierungsstahlpulvers ist in Abb. 2.25 wiedergegeben. Außer der Verteilungskurve ist auch die Summenhäufigkeit aufgetragen. Ähnlich wie hier sind viele verdüste Pulver in ihrer Partikelgröße näherungsweise logarithmisch normalverteilt.

Fülldichte Das meist angewandte Verfahren zur Messung der Fülldichte von frei fließenden losen Pulvern ist in DIN ISO 3923, Teil 1, festgeschrieben. Man benutzt einen genormten und in vielen Einzelheiten definierten Trichter von 60° Öffnungswinkel und einer Ausflussöffnung von ∅ 2,54 mm Durchmesser. Der Trichter wird in einem kleinen Stativ gehalten. 25 mm unterhalb der Ausflussöffnung befindet sich ein Becher aus einem nicht magnetisierbaren Metall von 25 cm^3 Fassungsvermögen. Abbildung 2.26 zeigt die genormte Anordnung. Der Trichter wird mit etwa 30–35 cm^3 Pulver gefüllt, das man in den Becher fließen und überlaufen lässt. Überschüssiges Pulver wird über den Becherrand abgestreift, ohne das Pulver in den Becher hineinzudrücken. Die im Becher verbleibende Menge wird auf einer Präzisionswaage gewogen. Die Masse dividiert durch das Volumen von 25 cm^3 ergibt einen ersten Wert der Fülldichte. Die Prüfung wird mit frischem Pulver aus der gleichen Probennahme zweimal wiederholt. Der Mittelwert der drei Messungen ist die Fülldichte nach DIN ISO 3923, Teil 1.

Abb. 2.26 Ermittlung der Fülldichte mit der Trichtermethode nach DIN ISO 3923, Teil 1 (Hall flow meter) (Norddeutsche Affinerie)

Schlecht fließende Pulver strömen durch eine Öffnung von ∅ 2,54 mm nicht aus. In solchen Fällen wird auf einen Trichter mit einer Ausflussöffnung von ∅ 5,08 mm Durchmesser zurückgegriffen.

Die Fülldichte eines gegebenen Pulvers wird durch Zusätze beeinflusst, vor allem durch das Presshilfsmittel. Dazu gibt Abb. 2.27 ein Beispiel für zwei sehr gebräuchliche Eisenpulver. Die Fülldichte steigt mit der Zugabe von Presshilfsmitteln generell an, weil die innere Reibung in der Partikelschüttung verringert wird. Während diese Zunahme für Mikrowachs nicht sehr ausgeprägt ist, macht Zinkstearat als internes Schmiermittel die Pulvermischung schwer. Die Fülldichte bleibt nach dem Mischen aber nicht konstant, sondern ändert sich zu höheren Werten mit zunehmender Liegezeit. Dieses Setzverhalten von etwa 0,05 bis 0,1 g/cm^3 innerhalb von 24 h wird bei allen Formteilpulvern für das Matrizenpressen beobachtet. Die Fülldichte eines abgestandenen Pulvers kann wieder auf den ursprünglichen Wert gebracht werden, indem man das Pulver erneut kurz durchmischt, um Setzerscheinungen rückgängig zu machen. Außer der Gleitmittelart hat auch die Gleitmittelmenge einen messbaren Einfluss auf die Fülldichte. Bis zu Schmiermittelgehalten von etwa 0,3 bis 0,4 % steigt die Fülldichte steil an und fällt oberhalb dieser Menge flach ab. Dieser Effekt ist geometrieabhängig und betrifft eher die Füllung realer Werkzeuge als die Fülldichte nach Norm.

Aus einer Vielzahl von Untersuchungen [RICE86, BOCC87, VIDA01, ENGS06, OZAK06] ist bekannt, dass die Fülldichte nach Norm nicht völlig mit der Fülldichte in realen Werkzeu-

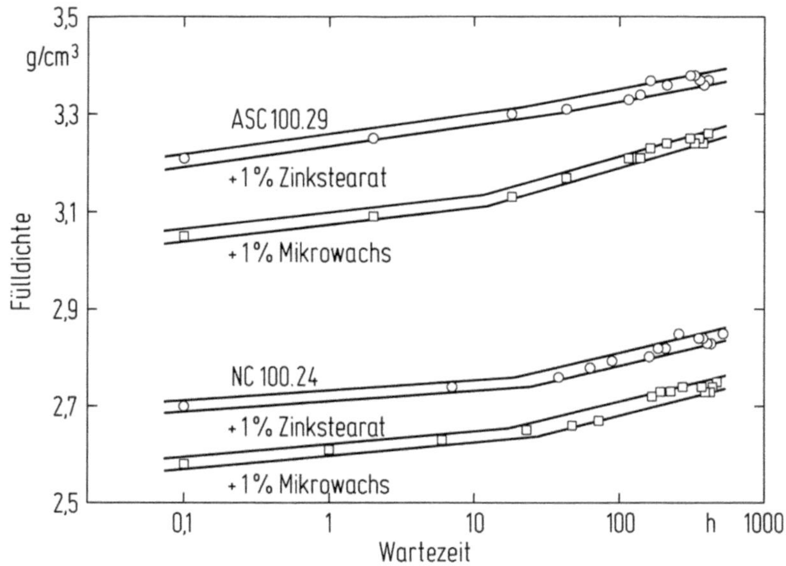

Abb. 2.27 Abhängigkeit der Fülldichte zweier Eisenpulver von der Art des Presshilfsmittels und von der Liegezeit

gen übereinstimmt, sondern in nicht vernachlässigbarem Umfang von der Spaltbreite der zu füllenden Werkzeuge mitbestimmt wird. Als Grundsatz gilt, dass die Füllung enger Werkzeugdurchmesser oder -spalte geringer bleibt und deutlich größeren Streuungen unterliegt als die Füllung breiter Spalte oder Durchmesser. Zunehmende Füllraumhöhe wirkt ähnlich wie abnehmende Spaltbreite. Abhängig vom Fließverhalten des Pulvers und von der Füllhöhe des Werkzeugs können Spalte von weniger als 1,5 bis 0,5 mm Breite überhaupt nicht mit normalen Methoden gefüllt werden, so dass die Herstellbarkeit eines entsprechenden Bauteils in Frage gestellt sein kann. Zur Untersuchung der Geometrieabhängigkeit der Fülldichte wurden spezielle Versuchswerkzeuge gebaut, Abb. 2.28, bei denen Werkzeugeinsätze unterschiedlicher Spaltbreiten oder Durchmesser in eine Schiene eingelassen sind und mit einem mechanisierten Füllschuh, ähnlich wie in einer Pulverpresse, überfahren werden. Nach einem Hin- und Rücklauf des Füllschuhs wird die Menge Pulver für die unterschiedlichen Werkzeughöhlungen ausgewogen und durch das bekannte Volumen dividiert. Ein typisches Ergebnis ist in Abb. 2.29 wiedergegeben [BOCC87]. Hier wurden Spaltwerkzeuge mit 20 mm Länge und etwa 18 mm Füllhöhe und Breiten von 1 bis 5 mm quer und längs zur Füllschuhbewegung mit einem elektrolytischen Kupferpulver ohne Gleitmittel und mit einem Bronzepulver, das 0,5 % Gleitmittel enthielt, gefüllt. Die Fülldichte im Werkzeug nimmt mit der Breite des gefüllten Schlitzes zu; Werkzeuge, die quer zur Füllschuhbewegung liegen, enthielten in dieser Untersuchung stets mehr Pulver als parallel liegende.

Um die Geometrieabhängigkeit der Fülldichte erklären zu können, muss man das Verhalten des Pulvers an der Werkzeugwandung betrachten. Stapelt man gedanklich einzelne Pulverpartikel einer repräsentativen Partikelgrößenverteilung in ein Werkzeug fortlaufend ein, stellt man sofort fest, dass es an der Werkzeugwandung nur Punktberührung zum Pulver gibt. Demnach ist die lokale Fülldichte unmittelbar an der Wand Null. Beim konti-

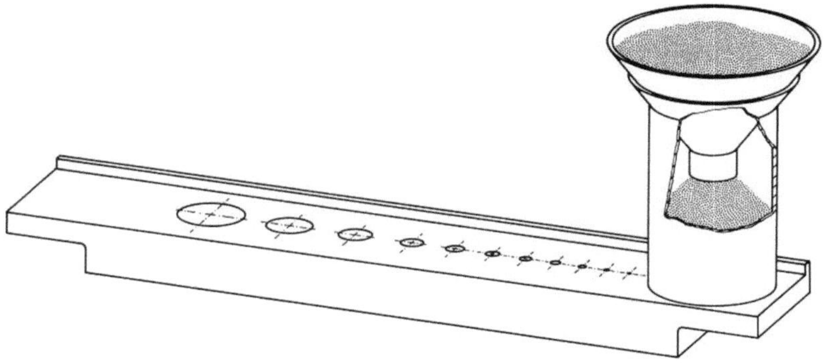

Abb. 2.28 Versuchswerkzeug zur Untersuchung der Geometrieabhängigkeit der Fülldichte, schematisch

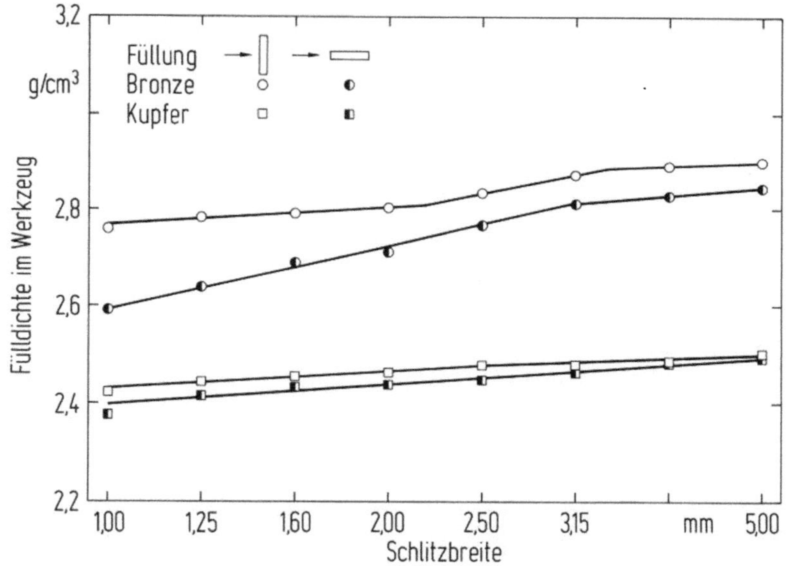

Abb. 2.29 Abhängigkeit der Fülldichte im Werkzeug von der Spaltbreite eines Schlitzwerkzeuges und von der Orientierung zur Füllschuhbewegung

nuierlichen Einstapeln erkennt man weiterhin, dass unterhalb besonders großer Partikel, die mit der Wand in Berührung kommen, Hohlräume zurückbleiben. Dadurch liegt in Wandnähe eine gestörte Schicht verminderter Dichte ρ_1 vor. Weit ab von der Wand nimmt die Fülldichte im Werkzeug einen konstanten Wert ρ_2 an, der oberhalb der Fülldichte nach DIN ISO 3923, Teil 1, liegt. Schematisch ist dies in Abb. 2.30 gezeigt. Innerhalb der Randzone mit der Dicke $r_1 - r_2$ möge die verminderte mittlere Randdichte ρ_1 herrschen, in der Kernzone liegt die Grenzdichte ρ_2 vor. In einem beliebigen Zylinder erhält man dann die Fülldichte ρ zu

$$\rho = \rho_1 + (\rho_2 - \rho_1) \cdot (r_2/r_1)^2 \tag{2.5}$$

oder bei einer allgemeinen Geometrie mit den Flächen A_1 und A_2

$$\rho = \rho_1 + (\rho_2 - \rho_1) \cdot A_2/A_1 \tag{2.6}$$

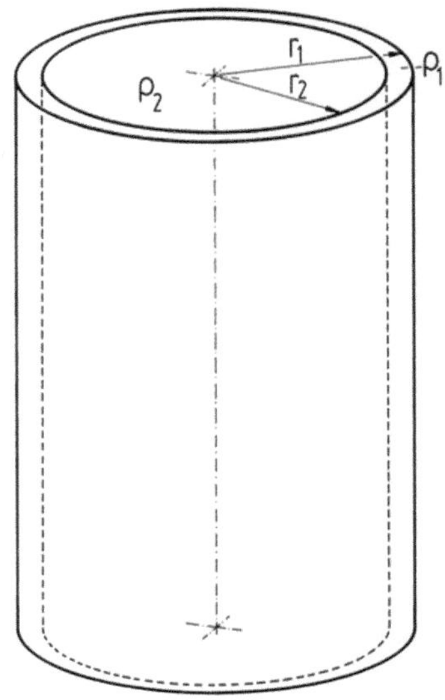

Abb. 2.30 Aufteilung eines Füllraums in Rand- und Kernzone

Mit dieser Überlegung ist es möglich, gemessene Fülldichten in Werkzeugen angemessen zu beschreiben. Ergebnisse aus [RICE86] sind in Abb. 2.31 dargestellt. In dieser Arbeit wurden zylindrische Werkzeuge mit verschiedenen Reineisenpulvern befüllt. Nach werkstoffspezifischer Anpassung der Dichte ρ_1 und der Randschichtdicke $r_1 - r_2$ ergeben sich die Kurven in Abb. 2.31. Als Kerndichte ρ_2 wurde die Dichte beim größten Werkzeugdurchmesser gewertet. Für Abschätzungen kann die Dicke der gestörten Randschicht zu 0,4 mm angenommen werden. In dieser Zone ist die Dichte im Mittel etwa 0,35 g/cm^3 geringer als im Kern.

Auswirkungen hat dieser Effekt stets an Bauteilen, in denen enge und weite Querschnitte kombiniert sind, z. B. an spanlos gefertigten Probestäben mit engem Querschnitt in der Messlänge und größeren Breiten in den Einspannköpfen. In Abb. 2.32 sind Ergebnisse gemessener lokaler Dichten als Abweichung von der mittleren Gesamtdichte eines Probestabes über der Probenlänge aufgetragen. Die Dichtedifferenz zwischen den Probenköpfen und der Meßlänge beträgt etwa 0,15 g/cm^3. Bei sehr hohen Pressdrücken können durch lateralen Materialfluss die Unterschiede etwas abgemildert werden. Hohe Gehalte an Gleitmittel im Pulver zur Minderung der Reibung üben ebenfalls einen egalisierenden Einfluss aus, werden aber wegen anderer negativer Effekte selten angewandt.

Klopfdichte Beim Füllen von Kapseln oder Werkzeugen zum Schüttsintern und kaltisostatischen Pressen werden die Formen auf Vibrations- oder Rütteltischen befüllt, damit sich die Pulverpartikel zur möglichst dichtesten Packung umorientieren können. Die maximale Dichte, die sich beim Rütteln oder unter Vibration einstellt, wird mit der Klopfdichteprüfung nach DIN ISO 3953 ermittelt. Die erforderliche Apparatur besteht aus einer Nockenwelle, die einen Absatz von 3 mm Höhe hat. Über eine Halterung, die in einer Buchse geführt wird, hebt die Nockenwelle einen gläsernen Messzylinder von 25 oder

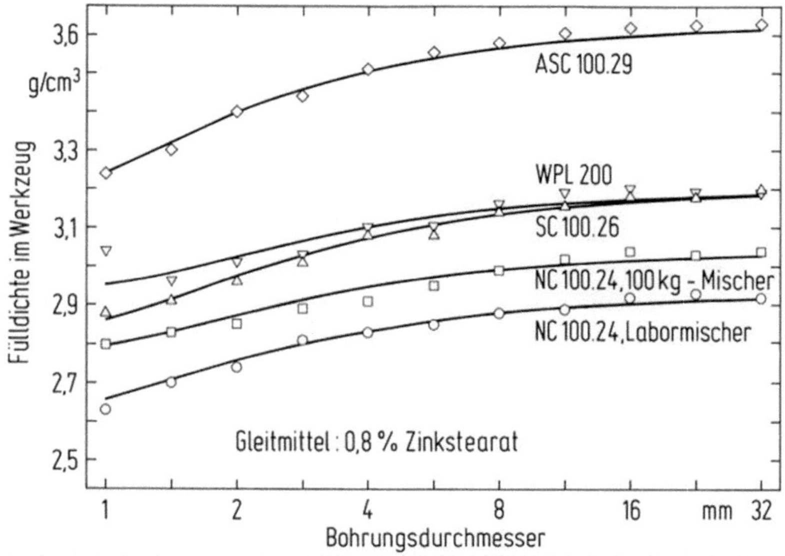

Abb. 2.31 Berechnete Geometrieabhängigkeit der Fülldichte von Reineisenpulvern mit Gleitmittel

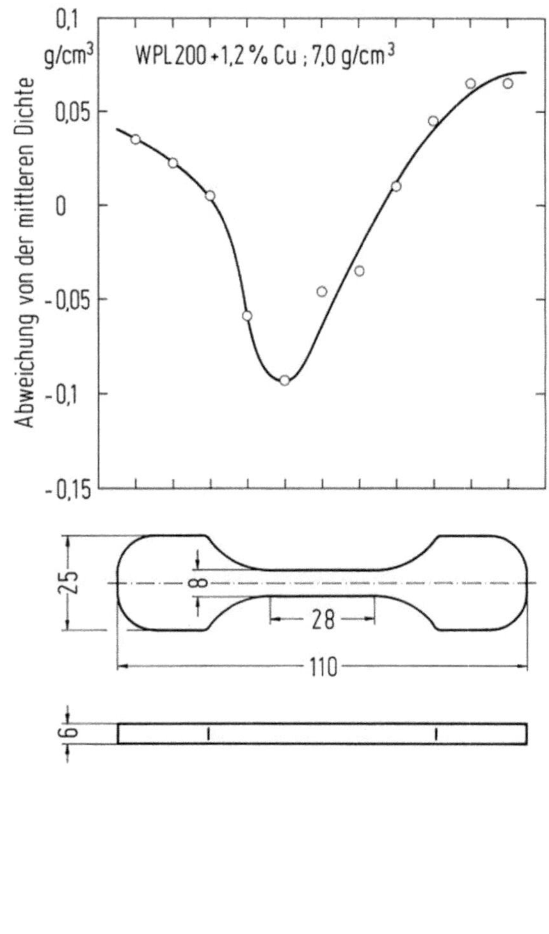

Abb. 2.32 Dichteunterschiede entlang einer Hundeknochenprobe

100 cm³ Fassungsvermögen an und lässt ihn beim Überschreiten des Nockens gegen einen Anschlag fallen. Gewöhnlich wird eine Pulvermasse von 50 g in den Messzylinder gefüllt, Einzelheiten regelt die Norm. Die Nockenwelle dreht sich mit 100–300 Umdrehungen pro Minute. Zunächst wird die Anzahl der Schläge N ermittelt, die benötigt wird, um an der Skala des Messzylinders keine Änderung der Höhe der Pulversäule mehr erkennen zu können. Die Prüfung wird mit der Schlagzahl 2N durchgeführt und zweimal mit frischem Pulver wiederholt. Das Volumen der Pulversäule mit bekannter Masse wird an der Skala des Messzylinders abgelesen, und aus den drei Einzelwerten bildet man den Mittelwert.

Mit logarithmisch normalverteilten kugeligen Pulvern ohne übermäßige Satellitenbildung erreicht man Klopfdichten von etwa 65 bis 67 % der theoretischen Dichte. Formteilpulver mit ihrer unregelmäßigen Morphologie haben meist Klopfdichten, die um etwa 0,8–1,0 g/cm³ oberhalb der Fülldichten nach DIN ISO 3923 liegen. Die Klopfdichte spielt bei der Formteilfertigung durch Matrizenpressen oder Metallpulverspritzguss keine Rolle, da die Pulver im Prozess nicht eingerüttelt werden.

Fließverhalten Die Fließfähigkeit von Pulvern ist bei der Verarbeitung durch Schütten oder gravimetrisches Füllen eine wichtige Größe. Die Messung des Fließverhaltens ist in DIN ISO 4490 genormt. Das Messgerät ist, wie bei der Ermittlung der Fülldichte, der in DIN ISO 3923, Teil 1, festgelegte Trichter in Abb. 2.26. Der Trichter ist mit einem international genormten Pulver, türkischem Schmirgelkorn von 106 μm Partikeldurchmesser, zu kalibrieren, indem nach einer Trocknung 50 g des Kalibrierpulvers in den Trichter mit ∅ 2,54 mm Ausflussöffnung gefüllt werden. Dabei hält man die Ausflussöffnung geschlossen. Nach Freigabe der Öffnung fließt das Kalibrierpulver innerhalb von 40 s vollständig aus. Dieser Versuch wird viermal wiederholt, wobei die Zeit mit einer Stoppuhr gemessen wird. Der Mittelwert muss innerhalb von 40±0,5 s liegen und ist auf dem Trichter eingestempelt. Die Kalibrierung muss regelmäßig wiederholt werden, um Oberflächenveränderungen im Trichter oder in der Ausflussöffnung erkennen zu können. Kleinere Veränderungen im Lauf der Benutzungszeit werden zur Umrechnung mit einem Korrekturfaktor berücksichtigt, der sich als Quotient aus der Sollzeit und der Istzeit ergibt.

Von dem zu prüfenden Pulver wird eine repräsentative Probe von etwa 200 g genommen, aus der drei Einzelproben von je 50 g abgewogen werden. Die Fließzeit der Einzelproben wird genauso gemessen wir die des Kalibrierpulvers, anschließend wir der Mittelwert gebildet, der – falls erforderlich – mit dem Korrekturfaktor multipliziert wird. Fließt das Pulver nicht, wenn die Auslassöffnung freigegeben wird, darf der Trichter einmal leicht angeklopft werden. Die Zeitzählung beginnt dann mit dem Ausfließen des Pulvers. Bleibt das Pulver im Trichter stecken, ohne zu fließen, wird es als nicht fließfähig gekennzeichnet oder mit dem alternativen Trichter nach DIN ISO 3923 mit ∅ 5,08 mm Ausflussöffnung erneut geprüft. Das Fließvermögen von Pulvern nach DIN ISO 4490 hat die Dimension s/50 g.

Grünbiegefestigkeit Unter Grünbiegefestigkeit oder Grünfestigkeit versteht man die Dreipunktbiegefestigkeit von Probekörpern nach dem Pressen oder Spritzgießen des Pulvers. Nach DIN ISO 3995 soll dazu ein Quader von 30 × 12 × 6 mm für gepresste Pulver verwendet werden. Der Quader wird mit einem Auflagerabstand L = 25 mm mittig in Dreipunktbiegung quasistatisch zerbrochen. Dabei registriert man die Kraft F beim Bruch, aus der die Grünbiegefestigkeit σ_{Gb} berechnet wird:

$$\sigma_{Gb} = \frac{3FL}{2bh^2} \tag{2.7}$$

(b: Probenbreite, h: Probendicke). Die Norm empfiehlt, mit einem Pressdruck von 400 N/mm^2 zu pressen, und nennt das Ergebnis Presskörperfestigkeit. Diese Bezeichnung ist jedoch unüblich und hat sich nicht durchgesetzt, wie insgesamt von DIN ISO 3995 nicht flächendeckend Gebrauch gemacht wird. Oft wird statt mit dem vorgeschriebenen Quader mit den Probestäben für Zugversuche nach DIN ISO 2740 gearbeitet, die mit Auflagerabständen von 50 bis 70 mm in Dreipunktbiegung zerbrochen werden. Der Grund für die Abweichung von der Norm ist das vergleichsweise schlechte Differenzierungsvermögen der recht kompakten Normprobe. Die Grünfestigkeit ist ein wichtiges Kriterium für die Handhabungsmöglichkeiten gepresster Teile und wird durch die Art des Grundpulvers, durch die Art und Menge des Gleitmittels sowie sonstige Pulverzusätze und durch den Pressdruck sehr beeinflusst. Beim Zerbrechen langer schlanker Stäbe löst man diese Unterschiede viel feiner auf als mit kurzen kompakten Quadern. Daneben gibt es zahlreiche weitere nicht oder nicht in Deutschland genormte Versuche, die Grünfestigkeit von Presslingen zu charakterisieren. Einer davon ist der so genannte Scheibendruckversuch, bei dem eine zylindrische Probe des Durchmessers D und der Dicke t mit der Bedingung $D \geq 5\,t$ zwischen ebenen Platten zerdrückt wird. Entlang der Belastungsrichtung entwickelt sich dabei unter der Kraft F eine homogene quergerichtete Zugspannung σ_d der Größe

$$\sigma_d = \frac{2F}{\pi D t}, \tag{2.8}$$

die die Scheibe idealerweise vom Scheibenzentrum ausgehend in zwei gleiche Teile zerlegt. Die Kraft im Augenblick des Bruchs wird registriert und in Gl. 2.8 eingesetzt. Die Grünfestigkeit σ_d ist geeignet, Unterschiede zwischen verschiedenen Pulvern und Pressbedingungen aufzuzeigen.

Matrizengepresste Grünlinge verhalten sich mechanisch nicht isotrop, besonders dann nicht, wenn die Pulverpartikel plastisch verformt werden. Mit Scherversuchen quer und längs zur Pressrichtung an einfachen zylindrischen oder quaderförmigen Proben kann man diese Anisotropie einfach ermitteln. Als Faustformel gilt, dass die Grünlingsscherfestigkeit von Eisen parallel zur Pressrichtung etwa um den Faktor 2 höher ist als quer zur Pressrichtung. Ein Beispiel für ein in Europa häufig verwendetes Schwammeisen findet sich in Abb. 2.33.

Verpressbarkeit und Dichtemessung Die Verdichtbarkeit von Formteilpulvern in Matrizen ist in DIN ISO 3927 geregelt. Vor dem Verpressen soll dem Pulver ein Gleitmittel in Mengen von etwa 1 % zugemischt oder die Matrizenwandung geschmiert werden. Zylin-

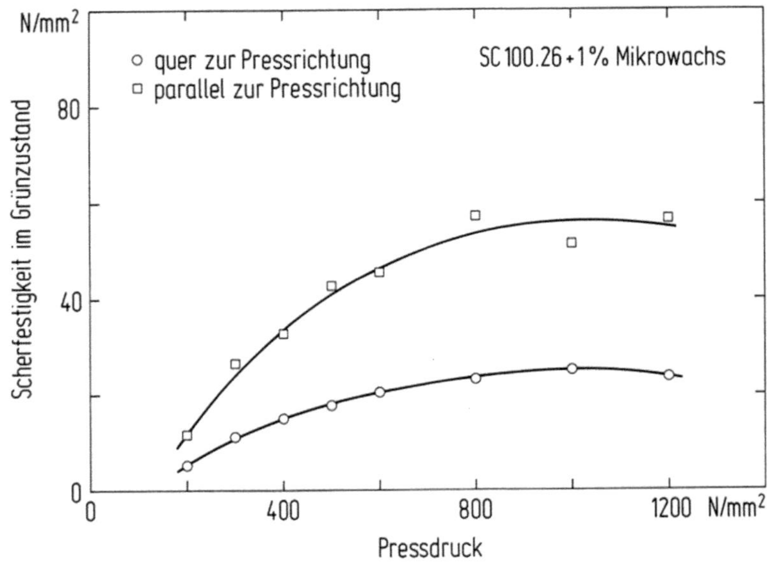

Abb. 2.33 Scherfestigkeit an Grünlingen aus einem schwedischen Schwammeisenpulver parallel und quer zur Pressrichtung

drische Matrizen sollen Durchmesser von 20 bis 26 mm haben und ein Verhältnis aus Probenhöhe und -durchmesser von 0,8 bis 1 erlauben. Alternativ kann das Quaderwerkzeug mit 30 × 12 × 6 mm aus DIN ISO 3995 zur Ermittlung der Grünfestigkeit auch für die Pressbarkeit benutzt werden. Das Pulver wird in der Matrize von oben und von unten mit gleichem Druck gepresst. Zu jedem Pressdruck werden drei Parallelproben gefertigt, empfohlen werden Drücke von 200 bis 800 N/mm². Die Dichte der Proben wird geometrisch oder archimdisch bestimmt und für gleiche Pressbedingungen als Mittelwert über dem Pressdruck aufgetragen.

Ähnlich wie bei der Messung der Grünfestigkeit wird aus praktischen Gründen oft nicht nach Norm verfahren, wenn die Pressbarkeit gemessen werden soll, weil mit den geometrischen Anforderungen der Norm bei Pressdrücken von 800 N/mm² Kräfte von mehr als 250 kN erforderlich sind. In vielen Labors sind so hohe Presskräfte nicht verfügbar.

Es ist deshalb nicht unüblich, die Pressbarkeit an kleinen Zylinderproben von ∅ 11,284 mm Durchmesser und etwa 10 mm Höhe zu messen. Die Probe hat eine gepresste Querschnittsfläche Q von 100 mm², erfordert nur ein kleines, kostengünstiges Werkzeug und lässt sich auf jeder Universalprüfmaschine von 100 bis 200 kN mit den erforderlichen Pressdrücken herstellen. Beidseitig gleichen Pressdruck, wie es die Norm vorschreibt, erhält man mit einer so genannten schwimmenden Matrize nach Abb. 2.34. Dazu kann die Matrize in Füllstellung durch Federn unterstützt werden. Beim Pressen entwickeln sich unter dem wachsenden Axialdruck Reibungskräfte zwischen Matrizenwand und Pulver, die viel größer sind als die Federkraft. Mit zunehmender Verdichtung wandert deshalb die Matrize um den halben Verdichtungsweg des Oberstempels nach unten ab. Die Reibkräfte über dem Unterstempel und unterhalb des Oberstempels sind deshalb entgegengesetzt gleich, so dass auch die axialen Presskräfte oben und unten gleich sind. Dies

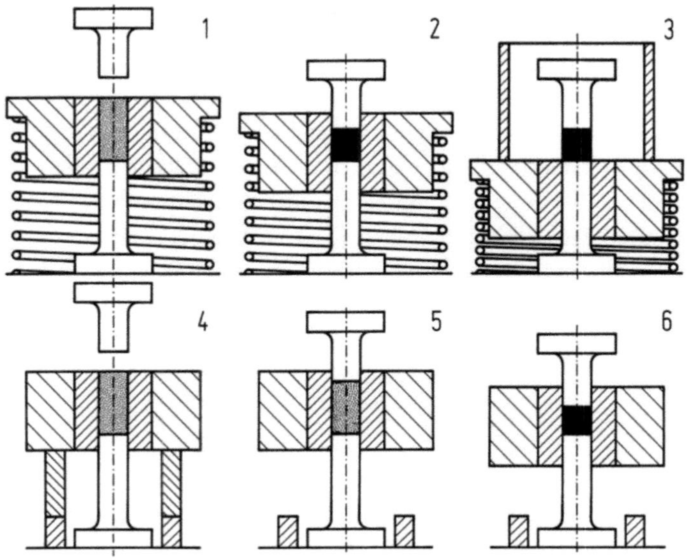

Abb. 2.34 Schwimmende Matrize mit Federunterstützung, oben, oder Anpressen gegen Festanschlag, unten. *1* Füllen. *2* Pressen. *3* Ausformen mit Distanzstücken. *4* Füllen. *5* Anpressen und Wegnahme des Festanschlags. *6* Pressen; Ausformen wie 3

führt zu einer sehr gleichmäßigen Verdichtung des Pulvers. Nach dem Aufbringen des Pressdrucks drückt man zum Ausformen die Matrize mit Distanzstücken, z. B. mit planparallelen Zylinderhalbschalen, nach unten über den Unterstempel, bis der Pressling freiliegt und entnommen werden kann.

Statt mit einer Federunterstützung kann man die Gleichheit der Reibkräfte in Pressstellung auch mit einem mechanischen Festanschlag erzielen. Nach dem Füllen wird das Pulver in der abgestützten Matrize angepresst. Dabei entwickeln sich genügend große Reibungskräfte, um die Matrize in Position zu halten, wenn man den Festanschlag wegnimmt. Beim Anpressen wird das Pulver über dem Unterstempel nur wenig verdichtet und hat deshalb nur einen geringen Verformungswiderstand. Während des anschließenden Fertigpressens wird diese Zone mithin mehr zusammengedrückt als das bereits weiter vorverdichtete Pulver unter dem Oberstempel. Während des Fertigpressens herrschen zunächst in der Nähe des Unterstempels geringere Reibungskräfte, und die Matrize wandert bevorzugt nach unten ab, bis oben und unten gleiche Dichten und damit auch gleiche Kräfte herrschen. Beim Ausformen geht man genauso vor wie bei federunterstützten Matrizen, muss die fallende Matrize am Ende des Ausformvorgangs aber auf einem Anschlag auffangen, um Beschädigungen des Unterstempelfußes oder der Matrizenunterkante zu vermeiden.

Zur Ermittlung der erreichten Pressdichten bedient man sich meistens des archimedischen Auftriebsprinzips, das für poröse Werkstoffzustände in DIN EN ISO 2738 mit den erforderlichen Modifikationen festgelegt ist. Wenn die Masse pro Volumeneinheit bestimmt werden soll, muss man außer der Masse m_1 auch das Volumen präzise bestimmen können. Bei offener Porosität infiltriert das Auftriebsmedium, nach Norm Wasser, die Poren, so dass man nach vollständiger Tränkung der Porosität mit dem Auftriebsmittel immer die Feststoffdichte als Messergebnis erhielte, was nicht dem Sinn der Messung entspricht. Deshalb müssen die oberflächlichen Poren versiegelt werden, ohne das äußere Volumen zu verändern. Dies erreicht man durch Tränkung der Porosität mit einem Stoff, der in Wasser unlöslich ist, z. B. mit flüssigem Paraffin. Nach der Paraffintränkung wird die Probe im heißen Zustand mit saugfähigem Material von anhaftenden Paraffinresten sorgfältig gesäubert, um das Volumen nicht zu verfälschen. Die infiltrierte Probe wird an Luft und in Wasser gewogen und liefert die Werte m_2 und m_3, wobei m_2 die Masse des uninfiltrierten Rohteils mit der Masse m_1 zuzüglich der Masse des aufgenommenen Paraffins ist, m_3 ergibt sich aus m_2 abzüglich der Masse des verdrängten Wassers. Vor dem Eintauchen in das Wasserbad taucht man die Probe in ein Benetzungsmittel, z. B. in Alkohol oder verdünntes Spülmittel, um zu verhindern, dass anhaftende Luftbläschen die Auftriebskraft im Wasser verfälschen. Das Volumen der Probe V beträgt somit

$$V = \frac{m_2 - m_3}{\rho_w}, \tag{2.9}$$

wobei ρ_w die Dichte des Wassers ist, die bei Raumtemperatur etwa 0,998 g/cm³ beträgt, die genaue Temperaturabhängigkeit der Wasserdichte ist in der Norm enthalten. Damit erhält man die Dichte ρ zu

$$\rho = \frac{m_1}{V} = \frac{m_1 \cdot \rho_w}{m_2 - m_3} \tag{2.10}$$

Metallurgisch hängt die Verdichtbarkeit hochgradig vom Gehalt an fertiglegierten Elementen im Pulver ab. Dazu gibt Abb. 2.35 ein Beispiel, in dem ein hochreines wasserverdüstes Pulver mit zwei fertiglegierten Stahlpulvern verglichen wird. Das Reineisen ASC 100.29 hat außer etwa 0,08 % Mn kaum messbare Mengen an Verunreinigungen. Diese Reinheit verleiht dem Pulver hervorragende Verformbarkeit. Das einzelne Pulverkorn ist so weich, dass man mit vergleichsweise geringen Pressdrücken hohe Dichten erreicht. Der Stahl MSP4 ist in der Schmelze mit 4 % Ni und 0,5 % Mo legiert, Cu und C waren zugemischt. Im Vergleich mit dem Reineisenpulver ist die Pressbarkeit schon erheblich eingeschränkt. Mit 600 N/mm² Pressdruck, was für viele Formteile ein betriebsüblicher Druck ist, stellt sich hier nur eine Dichte von 6,85 g/cm³ ein, während ASC 100.29 unter diesen Bedingungen reproduzierbar 7,1 g/cm³ liefert. Bei sehr hohen Pressdrücken, die aber wegen der Werkzeugbruchgefahr nur bei einfachen Bauteilen anwendbar sind, nähern sich die Pressdichten der beiden Pulvern einander an.

430 LHC ist ein besonders kohlenstoffarmes wasserverdüstes rostfreies Stahlpulver mit 17 % Cr. Der hohe Legierungsgehalt dieses Stahls erlaubt es selbst mit 1.200 N/mm² Pressdruck nicht, eine Dichte von 7,0 g/cm³ zu erzielen. Allerdings bewirkt eine Drucksteigerung von 900 auf 1.200 N/mm² hier noch eine merkliche Dichtesteigerung, während bei ASC 100.29 mit 900 N/mm² bereits ein Dichteniveau von ungefähr 7,15 g/cm³ erreicht ist, dass sich mit höherem Druck nicht mehr steigern lässt.

Von allen Legierungselementen in fertiglegierten Stahlpulvern beeinträchtigt Kohlenstoff die Pressbarkeit am meisten. Die geringste Mischkristallverfestigung bewirken Molybdän und Nickel in niedrigen Gehalten.

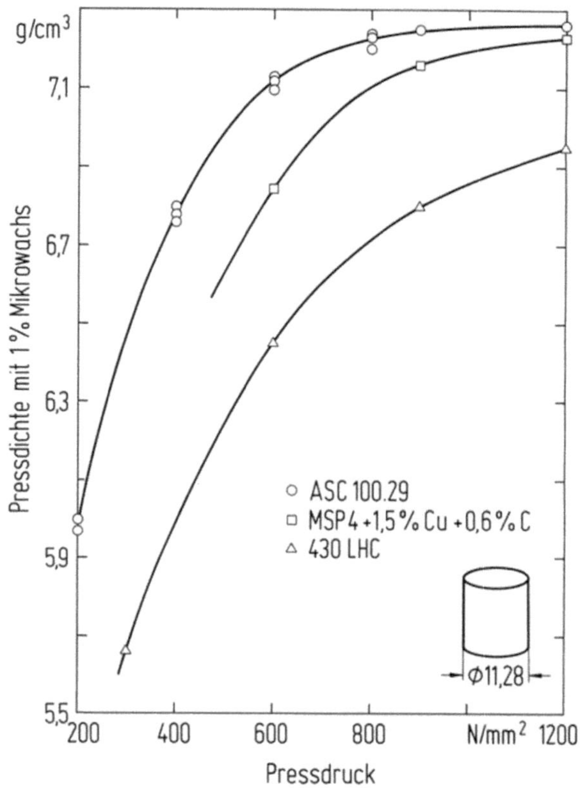

Abb. 2.35 Pressbarkeitskurven von zwei fertiglegierten Stahlpulvern im Vergleich mit einem hoch kompressiblen Eisenpulver

Die Dichteobergrenze, die für ASC 100.29 bei einem Pressdruck von ungefähr 900 N/mm² sichtbar wurde, beruht auf der Menge des zugemischten Gleitmittels. Die üblichen Gleitmittel sind mit einer Feststoffdichte von ungefähr 1 g/cm³ sehr leicht und nehmen deshalb im Pressling viel Raum ein, der nicht mit Metallpulver aufgefüllt werden kann. Für eine Mischung aus i Komponenten erhält man die theoretische Dichte ρ_{th} der mechanischen Mischung ohne Legierungseffekte zu

$$\rho_{th} = \frac{m_1 + m_2 \quad \ldots + m_i}{\frac{m_1}{\rho_1} + \frac{m_2}{\rho_2} \ldots + \frac{m_i}{\rho_i}} = \frac{\sum m_i}{\sum (m_i/\rho_i)} \qquad (2.11)$$

wobei die ρ_i die Feststoffdichten der beteiligten Komponenten sind.

Legt man für ein Reineisenpulver, dessen Partikeloberfläche leicht oxidiert ist, eine theoretische Dichte von 7,85 g/cm³ und für das Gleitmittel eine von 1,0 g/cm³ zugrunde, so ergibt sich aus Gl. 11 eine theoretische Dichte der Mischung mit 1 % Gleitmittelzusatz von ρ_{th}=7,35 g/cm³. Mit anderen Gleitmittelmengen und -arten erhält man die theoretische Dichte in Abb. 2.36.

Leichte Gleitmittel setzen die Dichte des porenfreien Zustandes weiter herab, ebenso hohe Gleitmittelgehalte. Weitere oft verwendete Zusätze zu Pulvermischungen, die die

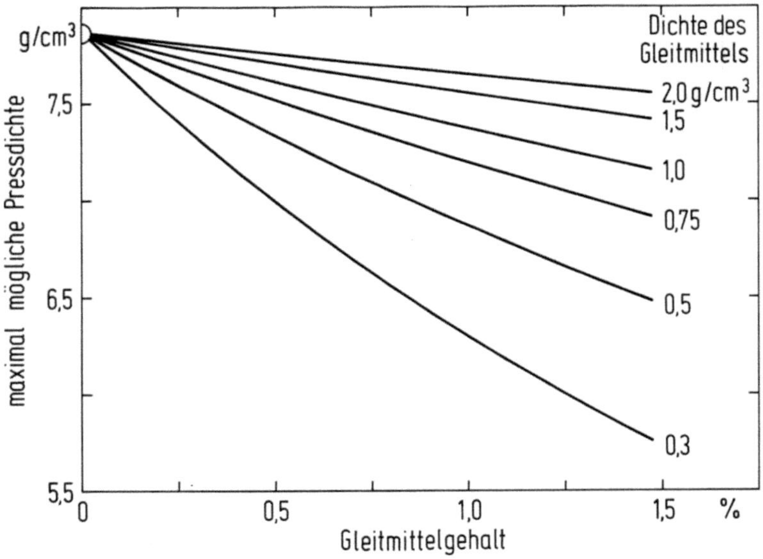

Abb. 2.36 Einfluss der Gleitmittelmenge und -dichte auf die theoretische Dichte einer Mischung auf Reineisenbasis

Pressdichte senken, sind Graphit mit $\rho_{th} = 2{,}26\,g/cm^3$ und Mangansulfid mit $\rho_{th} = 3{,}99\,g/cm^3$. Elementar zugesetzte Elemente wie Kupfer, Nickel und Molybdän erhöhen die theoretische Dichte einer Mischung mit Eisen geringfügig, da Kupfer und Nickel mit $\rho_{th} = 8{,}93$ bzw. $8{,}96\,g/cm^3$ und Molybdän mit $\rho_{th} = 10{,}22\,g/cm^3$ schwerer sind als Eisen. Diffusions- oder anlegierte Pulver können wie elementare Mischungen behandelt werden. Abbildung 2.37 gibt einige Beispiele für die Höhe der zu erwartenden Effekte. Kupfer und Nickel dürfen dabei als Summe behandelt werden, weil ihre Feststoffdichten nahezu gleich sind. Die Veränderungen der theoretischen Dichten durch den Gehalt an elementaren Zusätzen sind innerhalb der industriell üblichen Legierungsgrenzen näherungsweise linear von der jeweils zugesetzten Menge abhängig.

Für überschlägige Schätzungen kann man deshalb die Zu- oder Abnahmen der theoretischen Dichte von Mischungen mit Eisenpulver ansetzen nach Tab. 2.2. Bei den gängigen handelsüblichen Pulvern beträgt der größte Fehler, den man mit den Näherungen der Tab. 2.2 macht, etwa $0{,}03\,g/cm^3$ Abweichung von den Ergebnissen aus Gl. 2.11.

Nach Abb. 2.35 erreicht man mit hoch kompressiblem Reineisenpulver, dem 1 % Gleitmittel zugemischt ist, eine maximale Pressdichte von wenig mehr als $7{,}15\,g/cm^3$. Die theoretische Dichte einer solchen Mischung liegt bei $7{,}35\,g/cm^3$. Der Unterschied zwischen der erreichbaren Pressdichte und der theoretischen Pressdichte beträgt typischerweise etwa 2 %. Diese Diskrepanz ist auf die elastischen Verformungen des Werkzeugs unter dem maximalen Pressdruck und auf die elastische Auffederung des Grünlings beim Ausformen aus der Matrize zurückzuführen. Die theoretische Dichte der Mischung liegt nur unter dem Pressdruck vor. Ehe man bei komplexeren Mischungen den Pressdruck erhöht, weil die Anwendung eine hohe Dichte verlangt, sollte man zunächst prüfen, ob die vorliegende Dichte nicht bereits die Obergrenze von 98 % der theoretischen Dichte erreicht hat. Steigerungen des Drucks führen dann nämlich nur noch zu einer Gefährdung der Werkzeuge.

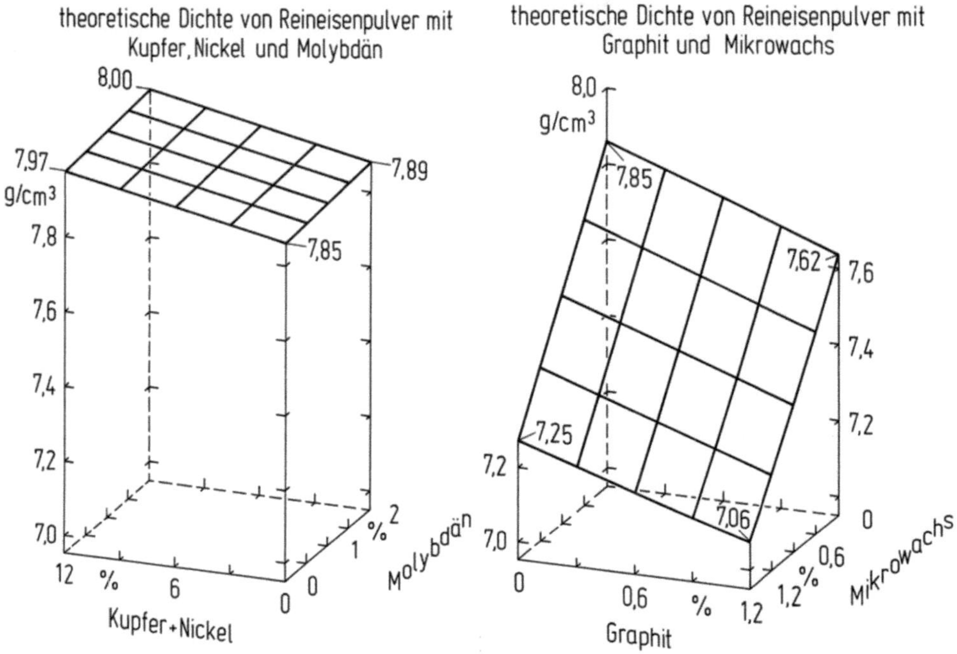

Abb. 2.37 Theoretische Dichte von Reineisenpulver mit Zusätzen von Graphit, Mikrowachs, Kupfer, Nickel und Molybän

Tab. 2.2 Änderung der theoretischen Dichte einer Eisenpulvermischung je Prozent Zusatzstoff

Stoff	GM[a]	C	MnS	Cu	Ni	Mo
Feststoffdichte, g/cm³	≈ 1,0	2,26	3,99	8,93	8,96	10,22
Änderung von ρ_{th} der Mischung, g/cm³	−0,489	−0,165	−0,065	+0,0096	+0,0097	+0,0185

[a] Gleitmittel als Festschmierstoff

Die Abnahme der erreichbaren Dichten durch leichte Pulverzusätze ist in Abb. 2.38 für ein Reineisenpulver illustriert, dem 4 % Ni, 1,5 % Cu und 0,5 % Mo anlegiert sowie 1 % Mikrowachs als Gleitmittel beigemischt waren. Über dem Pressdruck ist die Dichte unten als Pressdichte, oben als Raumerfüllung ρ/ρ_{th} aufgetragen. Die gestrichelte waagerechte Linie deutet die theoretische Dichte der Mischung nach Gl. 2.11 an. Links in Abb. 2.38 wurde das Pulver ohne weitere Zusätze gepresst, die theoretische Dichte beträgt 7,406 g/cm³. Im mittleren Teilbild war ein Graphitzusatz von 0,5 %, rechts außer Graphit auch Mangansulfid zugefügt worden, so dass die theoretische Dichte von 7,406 g/cm³ auf 7,282 g/cm³ absank. Entsprechend geringer wird die Pressdichte, während sich die Raumerfüllung von etwa 98 % nicht ändert.

Die Dichte im gepressten Zustand hängt außer von der Zusammensetzung der Mischung auch von der Geometrie des Presslings und von der Reibung im Werkzeug ab.

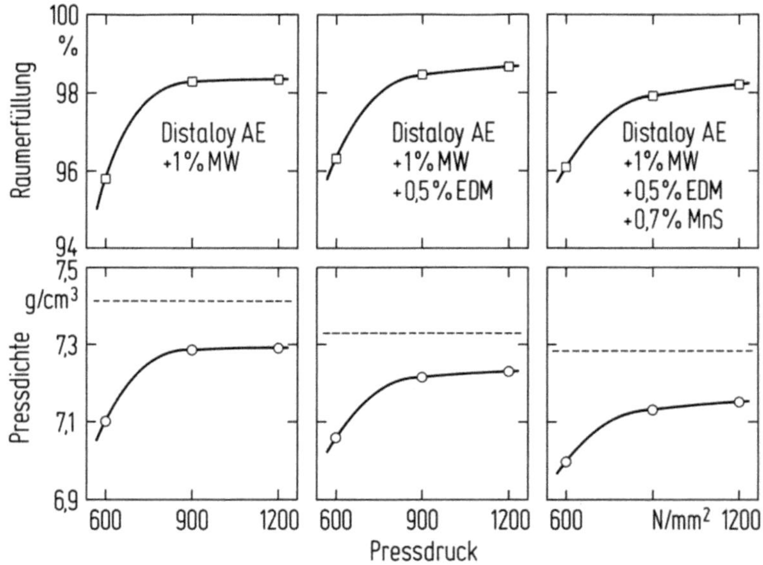

Abb. 2.38 Pressdichte und Raumerfüllung für ein anlegiertes Reineisenpulver mit 1 % Mikrowachs und Zusätzen von EDM-Graphit und Mangansulfid

Beim beidseitigen Pressen nach Abb. 2.39 sind die Drücke an Ober- und Unterstempel idealerweise entgegengesetzt gleich. Mit zunehmendem Abstand von den Stempelstirnflächen fallen der lokale Axial- und damit auch der Radialdruck zur Bauteilmitte hin ab, weil durch die Reibung des Pulvers an der Matrizenwand ein Teil der Presskraft verbraucht wird. Der Kraftanteil, der zur Überwindung der Reibung benötigt wird, steht für die Pulververdichtung nicht zur Verfügung, so dass sich in der schubspannungsfreien Bauteilmitte eine Zone verminderter Dichte einstellt, die als neutrale Zone oder Pressneutrale bezeichnet wird. Am Bauteil kann man die neutrale Zone oft durch ihr geringes Reflexionsvermögen, vor allem im Inneren von Bohrungen, makroskopisch erkennen. Den Axialdruck in der Pressneutralen kann man messen, indem man die Gesamthöhe des Presslings halbiert und nur einseitig presst, also keine Relativbewegung zwischen der Matrize und dem Unterstempel zulässt. Die Summe aus Unter- und Oberstempelkraft und der Reibkraft muss beim einseitigen Pressen Null sein. Das Kräftegleichgewicht an einem Volumenelement mit dem Querschnitt Q, dem Umfang U und der Dicke dx lautet mit der Druckverteilung in Abb. 2.39

$$p_a Q = (p_a - dp_a)Q + \tau U dx, \tag{2.12}$$

wobei p_a der lokale Axialdruck und τ die lokale Reibschubspannung sind.

Nimmt man einen Coulombschen Reibmechanismus an, kann man formal τ als Produkt aus Radialdruck p_r und einem Reibungskoeffizienten μ angeben. Dabei werden zwei einfache Konzepte verfolgt, um einen Zusammenhang zwischen Axial- und Radialdruck zu formulieren. Im ersten Fall wird ein konstanter Druckübertragungskoeffizient q angenommen, mit dem man den örtlichen Radialdruck $p_r = qp_a$ abschätzt. Alternativ kann man den Radialdruck schätzen, indem man vom Axialdruck den Umformwiderstand k abzieht,

Abb. 2.39 Einseitiges Pressen als Halbmodell des beidseitigen Pressens zur Messung der Reibkräfte

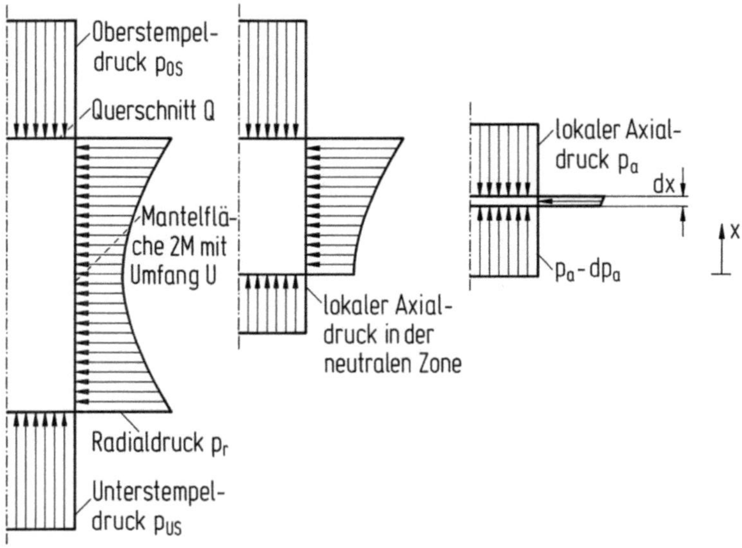

$p_r = p_a - k$. In beiden Fällen müssen μ, q und k konstant, also orts- und damit druckunabhängig sein, um Gl. 2.12 zu integrieren. Mit konstantem q und $p_r = qp_a$ liefert Gl. 2.12 für das einseitige Pressen

$$p_{US} = p_{OS} \cdot exp(-q\mu M/Q). \tag{2.13}$$

Mit konstantem k und $p_r = p_a - k$ erhält man aus der Integration

$$p_{US} = (p_{OS} - k)exp(-\mu M/Q) + k. \tag{2.14}$$

Mit beiden Annahmen stellt sich das Verhältnis aus Mantel- und Querschnittsfläche als die entscheidende geometrische Größe für den Druckabfall zwischen Ober- und Unterstempel beim einseitigen, bzw. zwischen Oberstempel und neutraler Zone beim beidseitigen Pressen heraus. Abbildung 2.40 beweist im Rahmen experimenteller Streuungen, dass Gl. 2.13 beim Pressen von Zylinderbuchsen aus Reineisen mit 1 % Mikrowachs eine brauchbare Beschreibung des Unterstempeldrucks liefert. Allerdings kann man durch Messung von Ober- und Unterstempeldruck nur das Produkt qμ ermitteln, das mit steigendem Pressdruck abnimmt. Die Bestimmung eines Reibungskoeffizienten ist auf diesem Weg nicht möglich.

Aus mehreren Untersuchungen [ERNS92, GUYO01, BREW08] ist bekannt, dass die Annahmen bei der Integration von Gl. 2.12 zu einfach sind, denn der Radialdruck steht beim Matrizenpressen von Eisen- und Stahlpulver keineswegs in einem konstanten Verhältnis zum Axialdruck, und auch der Verformungswiderstand eines Presslings steigt während der Verdichtung an. Deshalb können Gl. 2.13 und 2.14 nur Näherungen für die lokalen Axialdrücke beim Pressen liefern.

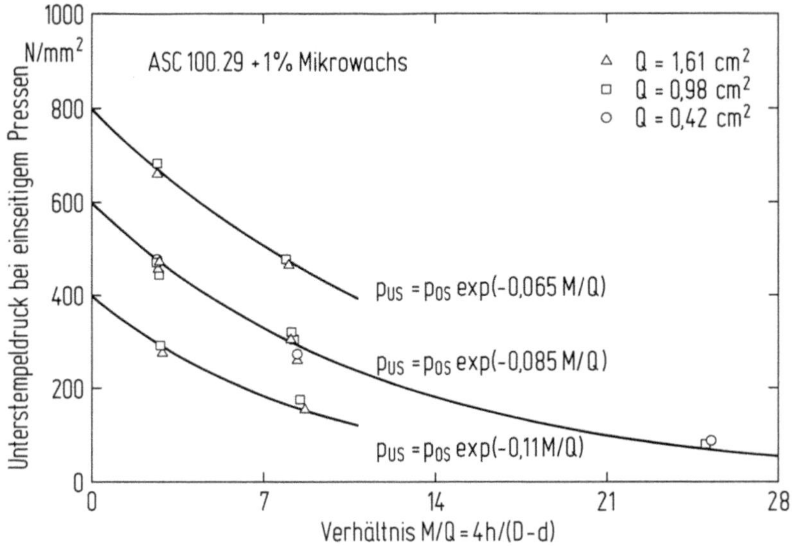

Abb. 2.40 Abhängigkeit des Unterstempeldrucks vom M/Q-Verhältnis und vom Oberstempeldruck beim einseitigen Pressen eines Reineisenpulvers in Hartmetallwerkzeugen

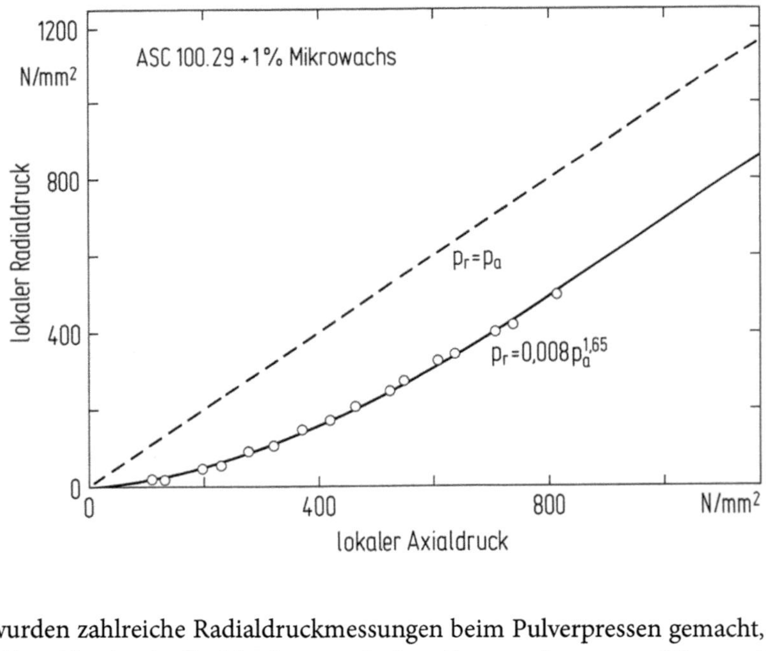

Abb. 2.41 Abhängigkeit des lokalen Radialdrucks vom Axialdruck beim Verdichten eines Reineisenpulvers nach [ERNS92]

In [ERNS92] wurden zahlreiche Radialdruckmessungen beim Pulverpressen gemacht, indem radiale Fühlerstifte durch die Matrizenwand eines Presswerkzeuges geführt und mit Lastzellen abgestützt wurden. Die Radialdruckabhängigkeit vom Axialdruck aus dieser Arbeit ist für ein Reineisenpulver mit 1 % Mikrowachs in Abb. 2.41 wiedergegeben. Bis etwa 200 N/mm² Axialdruck entwickelt sich nur ein geringer Radialdruck auf die Werkzeugwand. Jenseits von 200 N/mm² steigt der Radialdruck allmählich an, bis er bei ungefähr 800 N/mm² in eine Parallele zu $p_r = p_a$ zu münden scheint. Messwerte liegen hierzu nicht mehr vor. Die gemessenen Radialdrücke lassen sich nahezu streuungsfrei durch eine Parabel mit den Parametern a = 0,008 und b = 1,65 beschreiben

$$p_r = a p_a^b, \tag{2.15}$$

so dass mit $\tau = \mu p_r$ Gl. 2.12 auch mit den Randbedingungen aus Gl. 2.15 integriert werden kann, wenn der Reibungskoeffizient unabhängig vom Radialdruck ist:

$$p_{US}^{1-b} - p_{OS}^{1-b} = a(b-1)\,\mu \frac{M}{Q} \tag{2.16}$$

Auch nach Gl. 2.16 ist das Verhältnis M/Q die einzige geometrische Einflussgröße auf den Unterstempeldruck.

Die Gültigkeit von Gl. 2.15 muss bei

$$\frac{dp_r}{dp_a} = 1 \tag{2.17}$$

enden, denn sonst müsste der Radialdruck schneller als der Axialdruck steigen. Mit den Parametern a = 0,008 und b = 1,65 ist diese Bedingung bei etwa 780 N/mm² erfüllt. Oberhalb dieses Axialdrucks nimmt die Dichte des Presslings nicht mehr wesentlich zu, und der Verformungswiderstand k kann in diesem Beispiel als Differenz aus Axial- und Radialdruck mit k = 307 N/mm² als konstant angesehen werden. Bis 780 N/mm² kann mit Messwerten für Ober- und Unterstempeldruck aus einseitigen Pressversuchen bei bekanntem M/Q-Verhältnis der Reibungskoeffizient aus Gl. 2.16 errechnet werden. Oberhalb von 780 N/mm² liefert Gl. 2.14 mit k = 307 N/mm² überzeugendere Werte.

In [WASS08] wurde diese Überlegung angewandt, um den Reibungskoeffizienten zwischen einem Reineisenpulver mit 1 % Kenolube und einer Matrize aus einem hochlegierten Werkzeugstahl zu bestimmen. Dabei wurden zu jedem Oberstempeldruck mehrere M/Q-Verhältnisse untersucht. Die Einzelergebnisse wurden zu einem mittleren Reibungskoeffizienten zusammengefasst, Abb. 2.42.

Der Reibungskoeffizient ist bei niedrigem Axialdruck sehr hoch, fällt aber bei betriebsüblichen Bedingungen auf Werte unter 0,2. Bei mehr als 800 N/mm² nimmt μ nahezu konstante Werte von etwa 0,08 an. Die Betrachtung bleibt gültig, wenn sich bei den unterschiedlichen Schmierbedingungen in [ERNS92] und [WASS08] keine abweichende Radialdruckverteilung im Werkzeug einstellt. Aus [ERNS92] kann man allerdings schließen, das Gleitmittelart und vor allem -menge sehr wohl einen Einfluss auf die Radialdruckverteilung haben, es fehlen jedoch systematische Messergebnisse. Problematischer ist die Druckabhängigkeit des Reibungskoeffizienten. Bei der Integration von Gl. 2.12 muss unabhängig von den Annahmen zur Radialdruckverteilung immer vorausgesetzt werden, dass der Reibungskoeffizient μ keine Orts- oder Druckfunktion ist. Beim einseitigen Pressen mit einem Axialdruckgradienten ist diese Bedingung zumindest bis etwa 800 N/mm² Axialdruck nach Abb. 2.42 nicht gut erfüllt. Einen Näherungswert kann man demnach nur mit geringem M/Q-Verhältnis ermitteln, weil unter diesen Bedingungen die Axialdruck-

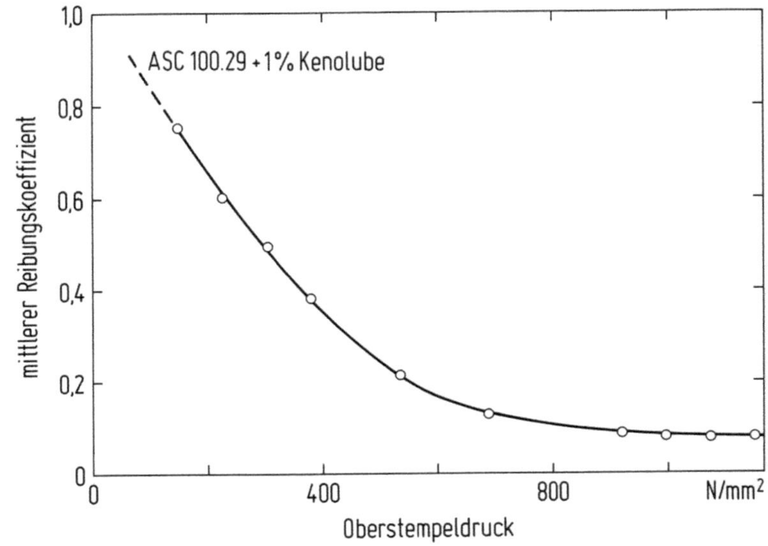

Abb. 2.42 Reibungskoeffizient zwischen einem Reineisenpulver mit 1 % Kenolube und einer Werkzeugstahlmatrize unter Annahme der Radialdruckverteilung in Abb. 2.41

gradienten gering sind und die Ortsabhängigkeit von μ vernachlässigt werden darf. Damit ist der Kurvenverlauf in Abb. 2.42 nur eine Schätzung, wobei der prinzipielle Verlauf des Reibungskoeffizienten über dem Axialdruck mit großem μ bei kleinem Druck und umgekehrt aufgrund anderer Überlegungen auch in [ERNS92] gefunden wurde.

In [ERNS92] wurde auch der Einfluss des Gehaltes an Schmiermittel sowie der Einfluss der Gleitmittelart auf die Radialdruckverteilung im Presswerkzeug untersucht. Abbildung 2.43 gibt exemplarisch für Mikrowachs die Abhängigkeit des örtlichen Radialdrucks von der Gleitmittelmenge wieder. Ohne Schmierung sind radiale Umverteilungen der Pulverpartikel beim Pressen offenbar sehr erschwert, so dass nur sehr wenig Radialdruck entsteht. Der Verformungswiderstand des Presslings gegen Querfließen ist sehr groß. Bereits kleine Schmiermittelmengen von 0,7 % lassen den Druck auf die Matrizenwand ungefähr um den Faktor 3 ansteigen. Weitere Erhöhungen der Gleitmittelmenge reduzieren den inneren Verformungswiderstand weiter, doch kommt es nur noch zu einer Verdopplung des Radialdrucks, selbst wenn nur reines Gleitmittel ohne Eisenpulver verpresst wird.

Nach Abb. 2.44 ist auch die Art des Gleitmittels für den Radialdruck von Bedeutung. Für drei verschiedene Oberstempeldrücke und drei konventionelle Gleitmittel sind hier lokale Radialdrücke über dem lokalen Wert von M/Q aufgetragen. Da der Radialdruck in dieser Untersuchung beim Pressen mit Mikrowachs systematisch höher war als mit den anderen untersuchten Gleitmitteln, kann man schlussfolgern, dass Mikrowachs die innere Reibung im Pulver besonders wirkungsvoll herabsetzt. Mit Zinkstearat ergaben sich die niedrigsten Radialdrücke. Der Radialdruckabfall über M/Q wird steiler mit zunehmendem Oberstempeldruck und verläuft näherungsweise linear.

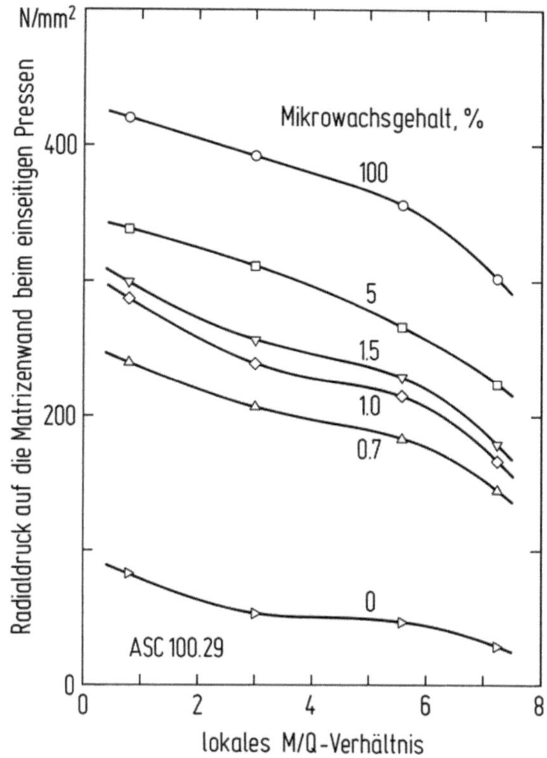

Abb. 2.43 Einfluss der Gleitmittelmenge in einem Reineisenpulver auf die Entwicklung des Radialdrucks beim einseitigen Pressen mit 600 N/mm²

Nach Abb. 2.39 macht man beim Pressen sehr flacher Teile keinen großen Fehler, wenn man für Vergleiche die Reibkraft auf die Mantelfläche M der beteiligten Werkzeugelemente bezieht. Mit entsprechend aufwändiger Messtechnik kann man beim Pressen von Zylinderbuchsen zwischen Reibung am Dorn und Reibung in der Matrize unterscheiden [ERNS92]. Die über die Bauteilhöhe gemittelte Reibschubspannung in der Matrize ergibt sich als Kraft auf die Matrize in Pressstellung bezogen auf die zugehörige Matrizenmantelfläche. Sinngemäß das Gleiche gilt für die mittlere Schubspannung am Dorn. Ergebnisse finden sich in Abb. 2.45 für Reineisenbuchsen mit einem Matrizendurchmesser von Ø 14,3 mm und einem Dorndurchmesser von Ø 8,95 mm. Die Pulvermenge wurde für jeden Versuch konstant gehalten, so dass sich je nach Schmierwirkung und Pressdruck Bauteilhöhen von 3,55 bis 3,9 mm einstellten. Der Dorn bestand aus einem pulvermetallurgischen Schnellarbeitsstahl, die Matrize aus einem Wolframkarbidhartmetall mit 15 % Kobalt. Pressdruck, Gleitmittelart und -menge wurden variiert. Die Unterschiede zwischen den Gleitmitteln scheinen auf den ersten Blick gering zu sein. Höhere Gleitmittelgehalte reduzieren die Reibung, hoher Pressdruck wirkt sich reibungssteigernd aus. In allen Fällen erweist sich bei den konventionellen Gleitmitteln ein Gehalt von 0,7 % gegen Stahl als schädlich, wenn ein Pressdruck von 600 N/mm² überschritten wird. Hartmetall verhält sich toleranter gegen Gleitmittelmangel.

Abb. 2.44 Einfluss von Gleitmittelart und Pressdruck auf die Radialdruckverteilung beim einseitigen Pressen von Reineisen

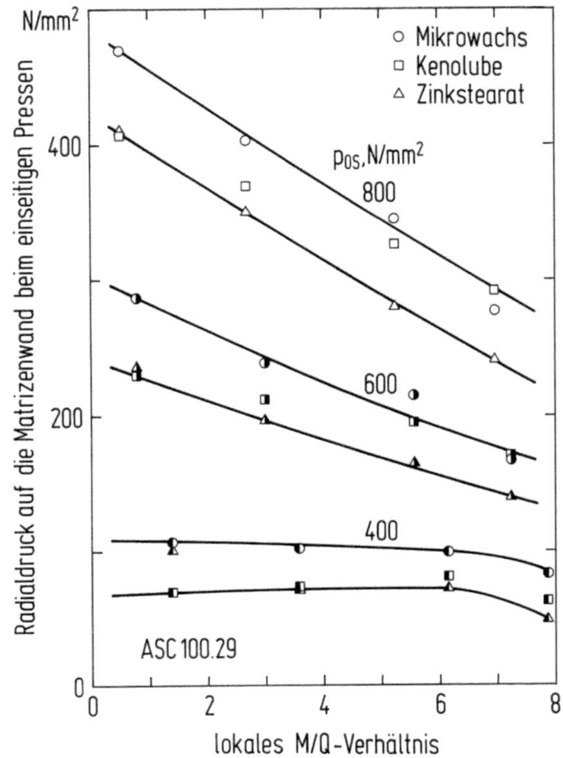

Abb. 2.45 Mittlere Matrizen- und Dornschubspannungen beim einseitigen Pressen flacher Buchsen mit unterschiedlichen Gleitmitteln

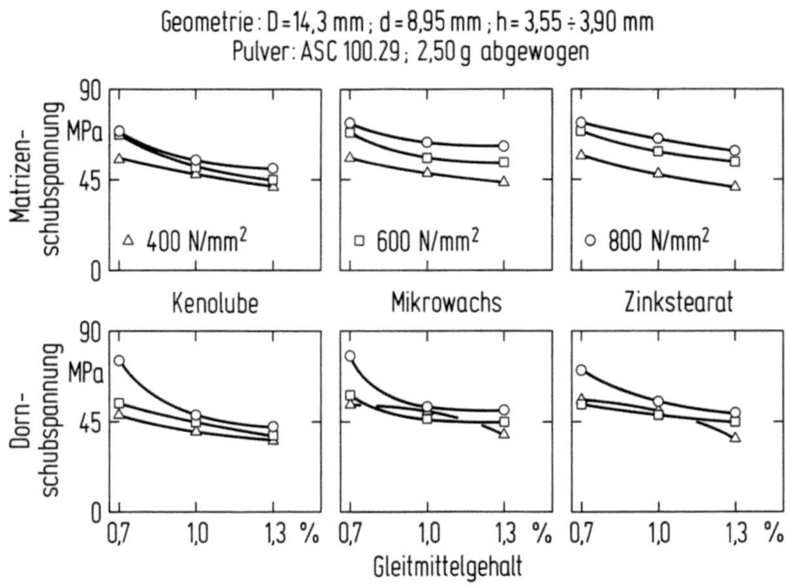

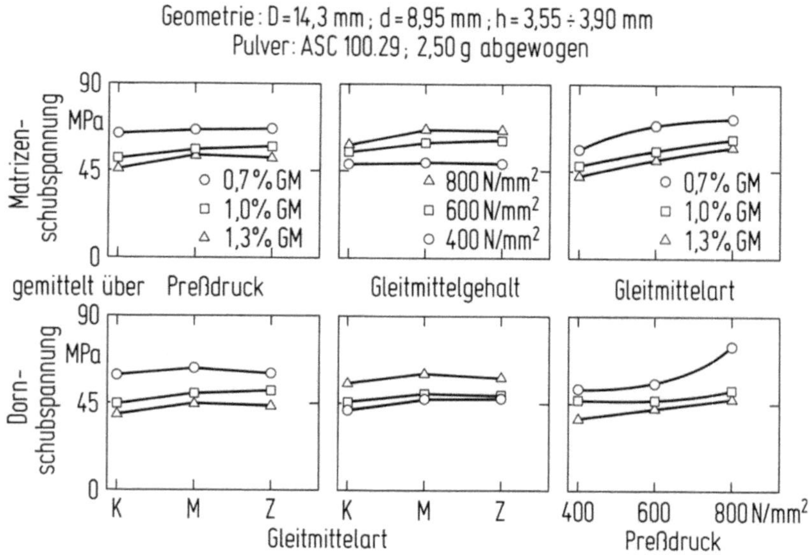

Abb. 2.46 Messwerte aus Abb. 2.45 zu Mittelwerten über Pressdruck, Gleitmittelgehalt und Gleitmittelart zusammengefasst (*K* Kenolube, *M* Mikrowachs, *Z* Zinkstearat)

Eine deutlichere Unterscheidung der Einflussgrößen erhält man, wenn man die gleichen Messergebnisse zu Mittelwerten über je eine Einflussgröße zusammenfasst, Abb. 2.46. Die Anhebung des Gleitmittelgehaltes von 0,7 auf 1 % hat prozentual eine größere Reibungsminderung zur Folge als eine weitere Steigerung von 1 auf 1,3 %. Unter allen Bedingungen ergibt Kenolube geringere Schubspannungen als Mikrowachs oder Zinkstearat. Der Einfluss des Oberstempeldrucks ist nicht sehr ausgeprägt, fällt am Stahldorn aber merklich anders aus als an der Hartmetallmatrize. Typische mittlere Schubspannungen liegen zwischen 50 und 60 N/mm^2, minimale Werte von 40 N/mm^2 sind unter günstigen Bedingungen möglich.

Die lokale Axialspannung, aus der die Pulververdichtung resultiert, wird von der Reibschubspannung und vom M/Q-Verhältnis bestimmt. Beim einseitigen Pressen kann unter ungünstigen Reibbedingungen die Axiallast am Unterstempel während des Pressens sehr gering sein, was für einen ausgeprägten Dichteabfall zwischen Ober- und Unterstempel sorgt. Beim Ausstoßen können dann die Unterstempelkräfte zur Überwindung der Reibung zwischen Pressling und Matrize größer werden als während des Pressens. Dadurch werden Bauteile, z. B. mit hohem M/Q-Verhältnis, beim Ausstoßen unterstempelseitig nachverdichtet. Beispiele für Dichteabfall und unterstempelseitige Nachverdichtung beim Ausstoßen geben die Abb. 2.47 und 2.48 [MAIR91, BORT93]. Hier wurden Zylinderbuchsen aus einem wasserverdüsten Reineisen mit 1 % Mikrowachs einseitig mit einem mittleren und einem sehr großen M/Q-Verhältnis gepresst. Mit γ-Strahlenabsorption wurden die örtlichen Dichten gemessen und über dem Abstand von der oberstempelseitigen Stirnseite aufgetragen. Bei einem M/Q-Verhältnis von ungefähr 7 beträgt der Dichteabfall von

Abb. 2.47 Dichteverteilung an einseitig gepressten Zylinderbuchsen aus Reineisen mit mittlerem M/Q-Verhältnis

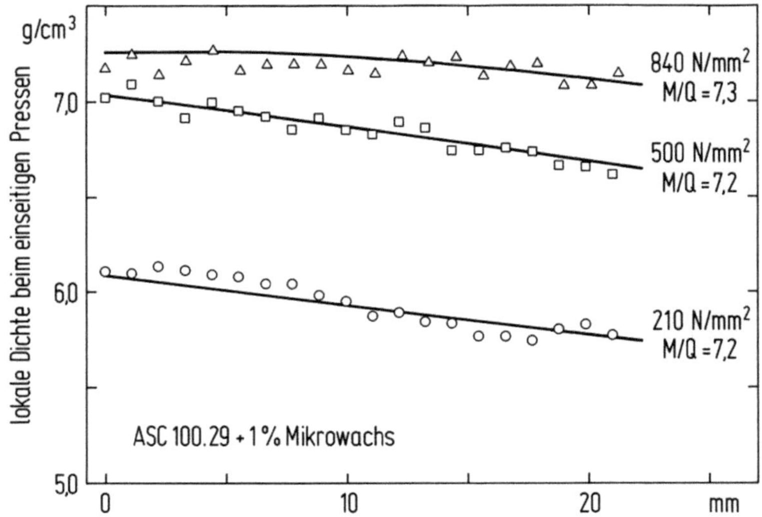

Abb. 2.48 Dichteverteilung an einseitig gepressten Zylinderbuchsen aus Reineisen mit sehr großem M/Q-Verhältnis und unterstempelseitiger Nachverdichtung beim Ausstoßen

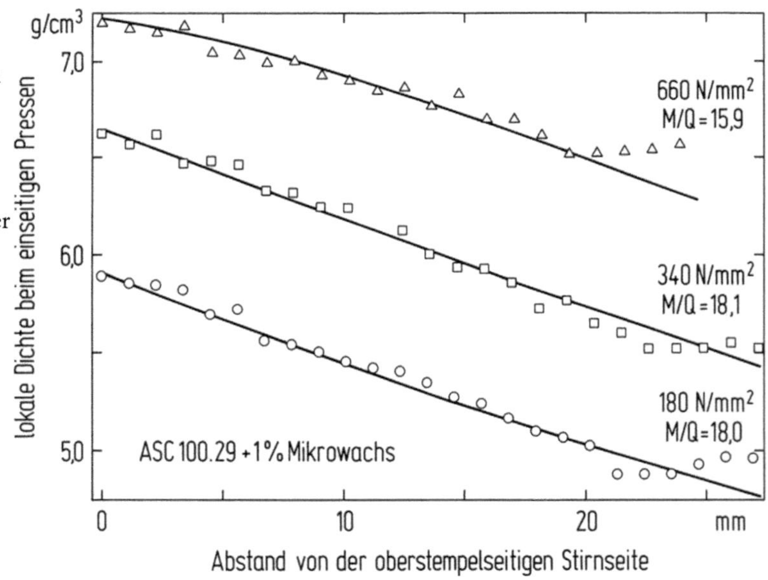

oben nach unten etwa 0,2 g/cm³ mit niedrigeren Pressdrücken und egalisiert sich, wenn man sich der theoretischen Dichte nähert. Die Unterschiede bei großem M/Q nehmen die Größenordnung von 1 g/cm³ an. Wie Abb. 2.48 erkennen lässt, wurde beim Ausstoßen dieser Buchsen unterstempelseitig nachverdichtet.

Einen merklichen Einfluss auf die Reibung im Werkzeug hat die Mischzeit des Pulvers. In Abb. 2.49 sind die Unterstempeldrücke beim einseitigen Pressen und Ausstoßen hoher Zylinderbuchsen aus einem Schwammeisenpulver über der Mischzeit aufgetragen.

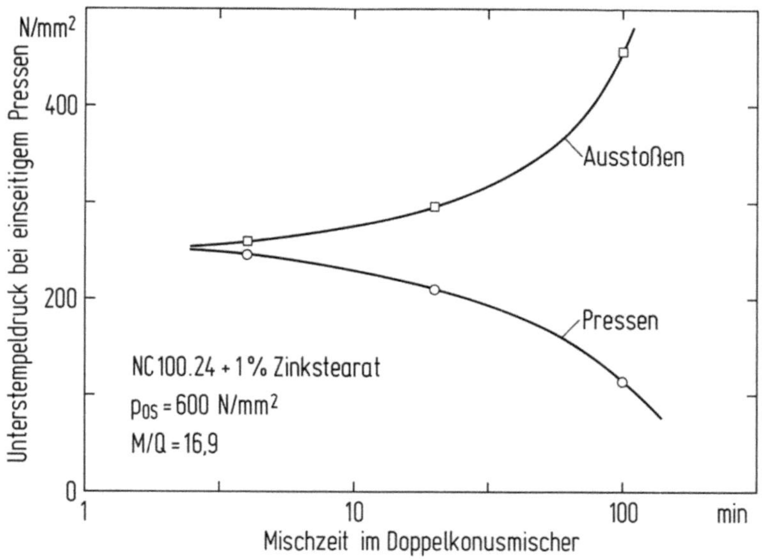

Abb. 2.49 Unterstempeldruck beim einseitigen Pressen eines Schwammeisenpulvers in Abhängigkeit von der Mischzeit des Pulvers

Der Pressdruck betrug 600 N/mm². Das Eisenpulver wurde mit dem Gleitmittel in einem industriellen Doppelkonusmischer mit 500 kg Fassungsvermögen unterschiedlich lange gemischt [ERNS92]. Mit zunehmender Mischzeit geht der Druck am Unterstempel in Pressstellung immer mehr zurück, weil die Werkzeugreibung zunimmt. Das Gleitmittel verliert mit längerer Mischzeit offenbar mehr und mehr seine Schmierwirkung. Die größere Matrizenreibung verursacht Ausstoßdrücke, die bis zu 75 % des Oberstempeldrucks beim Verdichten ausmachen. Der Unterstempeldruck beim Ausstoßen ist für die gewählte Geometrie stets größer als beim Pressen, so dass unterstempelseitig nachverdichtet wird.

Eine Besonderheit, die schematisch in Abb. 2.50 skizziert ist, wird bei sehr geringen M/Q-Werten unter 2 beobachtet. Je flacher ein Bauteil wird, desto mehr macht sich die Reibung des Pulvers an den Stempelstirnseiten bemerkbar, während der Einfluss der Wandreibung dagegen vernachlässigbar wird. An flachen, scheiben- oder ringförmigen Teilen behindert die Stempelstirnflächenreibung, neben der inneren Reibung im Pulver, den radialen oder lateralen Ausgleich von Füllungleichmäßigkeiten, die stets vorhanden sind. An Stellen erhöhter Fülldichte bauen sich dadurch sehr große lokale Drücke auf, die bis zum Spalten der Stempel führen können, ohne dass sich die Gesamtdichte wesentlich erhöhen ließe. Flache Ringgeometrien mit hohen Dichteanforderungen sind deshalb ausgesprochen problematisch in der Fertigung.

Ein reales Beispiel ist in Abb. 2.51 gezeigt. Hierzu wurden zylindrische Stopfen mit schwimmender Matrize beidseitig gepresst. Die Höhe wurde variiert, um unterschiedliche M/Q-Werte einzustellen, Parameter der Darstellung ist der Pressdruck. Bei geringen Drücken erhält man eine maximale Dichte für M/Q ≈ 2. Mit geringerem M/Q stellt sich ein erheblicher Dichteabfall durch Stirnflächenreibung ein, bei größerem M/Q fällt die Dichte

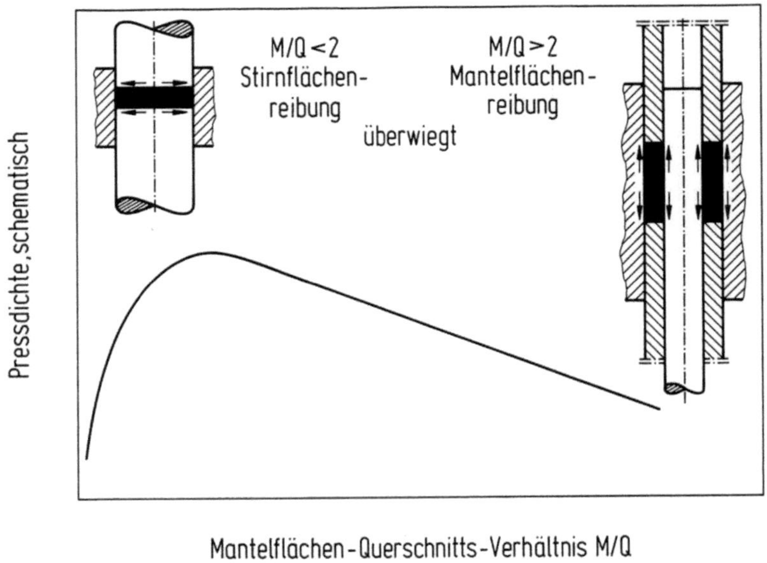

Abb. 2.50 Abhängigkeit der Pressdichte vom M/Q-Verhältnis, schematisch

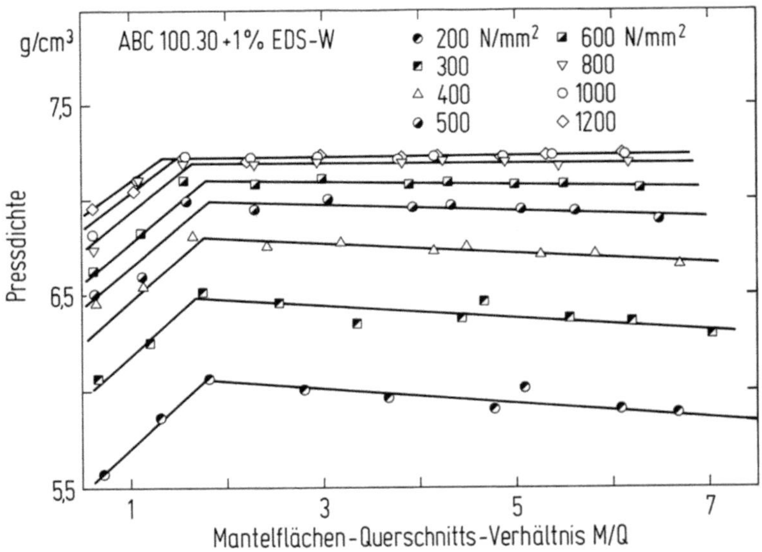

Abb. 2.51 Abhängigkeit der Pressdichte vom M/Q-Verhältnis und vom Pressdruck beim beidseitigen Pressen eines wasserverdüsten Reineisens

langsam wegen zunehmender Wandreibung ab. Mit Pressdrücken von mehr als 800 N/mm² lässt sich die Dichte des hier verwendeten wasserverdüsten Reineisens mit 1 % Gleitmittel kaum noch steigern, die Drücke genügen, um bei M/Q > 2 im gesamten Presskörper die theoretische Dichte der Mischung zu erreichen. Bei geringen M/Q-Werten gelingt es jedoch auch mit 1.200 N/mm² nicht, die Stirnflächenreibung der Stempel zu überwinden. An besonders flachen Scheiben oder Ringen erreicht man nicht einmal eine Pressdichte von 7,0 g/cm³.

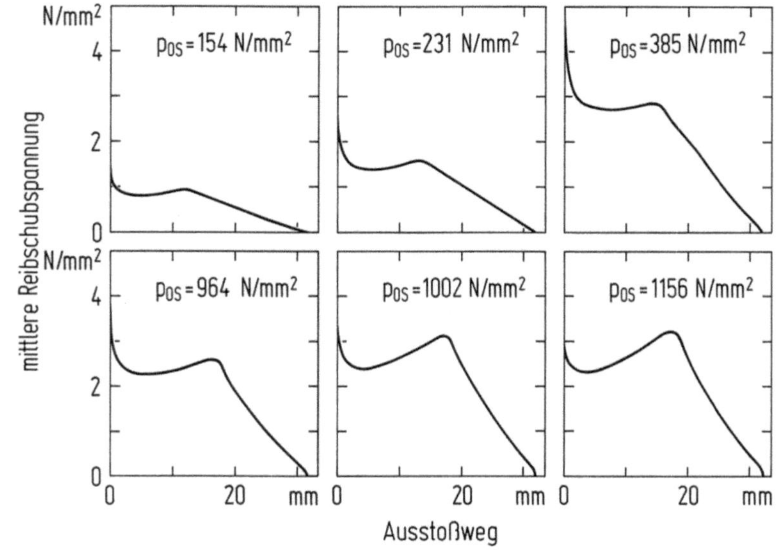

Abb. 2.52 Reibschubspannung beim Ausstoßen einseitig gepresster Reineisenstopfen mit 1 % Kenolube und ungefähr gleichem M/Q-Verhältnis

Nach dem Pressen bleibt der Pressling in der Matrize eingeklemmt, weil die Matrize nach Wegnahme des Oberstempeldrucks elastisch zurückfedert. Der radiale Verformungswiderstand des Presslings verhindert die vollständige Rückfederung, so dass sich beim axialen Entlasten ein neues Gleichgewicht zwischen Pressling und Matrizenwand einstellt. Zum Ausstoßen müssen die Haltekräfte zwischen den Werkzeugwandungen und dem Pressling überwunden werden. Dies ist stets mit einem ausgeprägten Übergang von der Haftreibung in die Gleitreibung verbunden, sobald der Pressling begonnen hat, in der Matrize zu gleiten, Abb. 2.52. Der Unterstempeldruck wirkt auf den Querschnitt Q, die mittlere Reibschubspannung $\overline{\tau}$ in der Mantelfläche M muss damit im Gleichgewicht stehen. Damit folgt

$$\overline{\tau} = \frac{Q}{M} p_{US}. \tag{2.18}$$

Da man die Radialdruckverteilung entlang der Höhe des Presslings genauso wenig kennt wie den örtlichen Reibungskoeffizienten, genügt es, mittlere integrale Schubspannungen zu bestimmen.

Beim Überwinden der Haftreibung sinkt die Reibschubspannung ab. Das Gleitmittel ist während der Verdichtung bevorzugt in die erhöhte Oberflächenporosität verdrängt worden und wird beim Gleiten des Presslings in der Matrize mehr und mehr verbraucht. Deshalb kann es im Lauf des Ausstoßens zu einem zweiten Maximum von $\overline{\tau}$ kommen, das die Haftreibungsspitze übertreffen kann. Bei Gleitmittelmangel ist dieses zweite Maximum gegebenenfalls von stick-slip-Effekten begleitet, die zu Knirsch- oder Quietschgeräuschen führen [HÖGA97b]. Sobald die Oberkante des Presslings die Matrizenoberkante passiert hat, fällt $\overline{\tau}$ linear mit fortschreitendem Ausstoßweg ab, soweit ausreichende Schmierung herrscht. Ist die Schmierung unzureichend, überlagert sich der geringer werdenden Überdeckung von Pressling und Matrize die zunehmende Reibung, die mit dem Gleitweg größer wird. Die Haftreibungsschubspannung in Abb. 2.52 ist bei niedrigem Pressdruck gering,

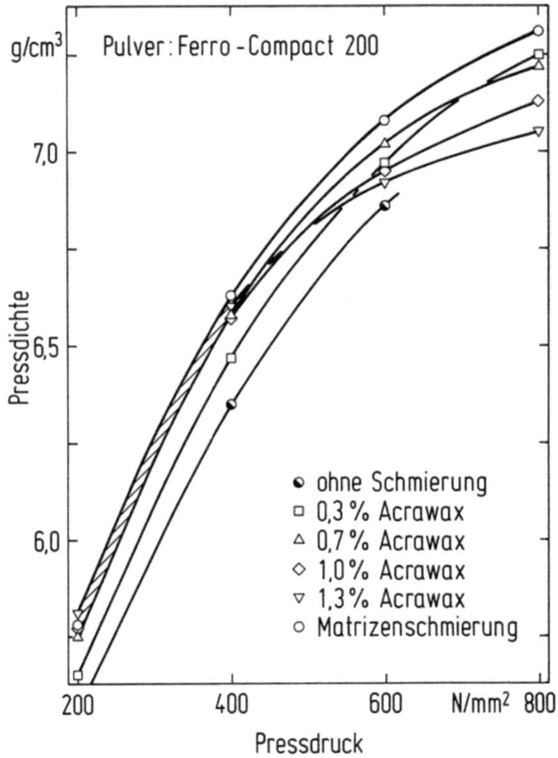

Abb. 2.53 Kompressibilität eines Eisenpulvers bei unterschiedlichen Schmierbedingungen

weil kaum Radialdruck aufgebaut wird. Sie steigt unter den hier vorliegenden Bedingungen bis zu einem Pressdruck von etwa 400 N/mm² an und fällt bei höheren Pressdrücken asymptotisch auf einen geringeren Wert ab. Dieser Verlauf mit einem ausgeprägten Maximum ergibt sich, da erst oberhalb eines Mindestdrucks das Schmiermittel vermehrt in die Oberflächenporosität verdrängt wird. Nach dem Erreichen der theoretischen Dichte ergeben sich keine Veränderungen mehr. Das Niveau der Haftreibungsschubspannung hängt sehr von der Art und der Menge des Gleitmittels ab.

Die Pressbarkeit von Pulvern ist also im Wesentlichen eine Funktion der Verformungsfähigkeit und Härte des Pulvers, des Volumens, das das Gleitmittel einnimmt, des Verhältnisses aus Mantel- und Querschnittsfläche und der Reibschubspannungen im Werkzeug. Sollen Pressbarkeiten für Vergleiche herangezogen werden, sollte man den M/Q-Wert, die Gleitmittelart und -menge möglichst konstant halten, weil Gleitmittelmenge, Werkzeugreibung und Pressdruck in enger Wechselwirkung miteinander stehen. Gleichzeitig darf das M/Q-Verhältnis nicht zu klein sein. Mit zylindrischen Stopfenwerkzeugen und beidseitiger Verdichtung durch eine schwimmende Matrize beträgt M/Q zwischen den Stempelstirnseiten und der neutralen Zone genau 2, wenn die Gesamthöhe des Stopfens gleich dem Stopfendurchmesser ist. Bei $M/Q \approx 2$ liegt üblicherweise die maximal erreichbare Dichte, so dass diese Geometrie für Vergleiche gut geeignet ist.

Mit einer solchen Werkzeuganordnung wurden die Verdichtungskurven in Abb. 2.53 aufgenommen. Dazu wurde ein Reineisenpulver mittlerer Kompressibilität unter ver-

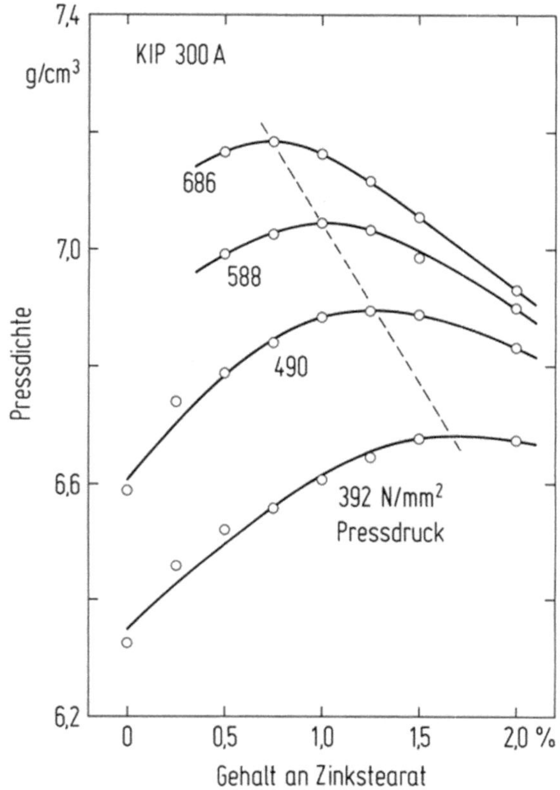

Abb. 2.54 Einfluss des Gleitmittelgehaltes auf die erreichbare Dichte bei einem Reineisenpulver

schiedenen Schmierbedingungen verdichtet [SMK74]. Ohne Schmierung sind die Wandreibung an der Matrize und die innere Reibung im Pulver zu hoch, so dass das Pulver der Verdichtung großen Widerstand entgegen setzt. Bei höheren Pressdrücken kommt es zu Kaltverschweißungen mit der Matrizenwand. Die Dichte bleibt ohne Schmierung sehr gering. Bereits mit 0,3 % Acrawax, einem verbreiteten handelsüblichen Mikrowachs, wird der innere Verformungswiderstand im Pulver geringer, auch sinkt die Wandreibung. Außer bei hohen Pressdrücken erreicht man mit 0,3 % Schmiermittel immer noch niedrige Dichten. Vorteile hat der niedrige Gehalt an Organik, weil bei hohem Druck nur ein kleiner Volumenanteil in Anspruch genommen wird. Die Schmierwirkung ist jedoch unzureichend. Große Gleitmittelmengen schmieren bei niedrigem Pressdruck sehr gut, behindern aber die Verdichtung bei hohem Druck wegen des großen Volumenbedarfs. Die höchsten Dichten wurden in dieser Untersuchung mit Matrizenschmierung erzielt. Matrizenschmierung vom Labormaßstab in die industrielle Praxis umzusetzen, ist deshalb seit Jahrzehnten eine wichtige Entwicklungsaufgabe der Formteilhersteller, ohne dass größere Fortschritte dazu veröffentlicht worden wären.

Solange Matrizenschmiersysteme noch nicht mit der notwendigen Zuverlässigkeit und Geschwindigkeit verwendbar sind, bleiben untergemischte Festschmierstoffe unverzichtbar. Idealerweise müsste man für höchste Dichten die Schmiermittelmenge dem Pressdruck nach Abb. 2.54 [KAIP89] anpassen. Beim Pressen eines Reineisenpulvers mit ver-

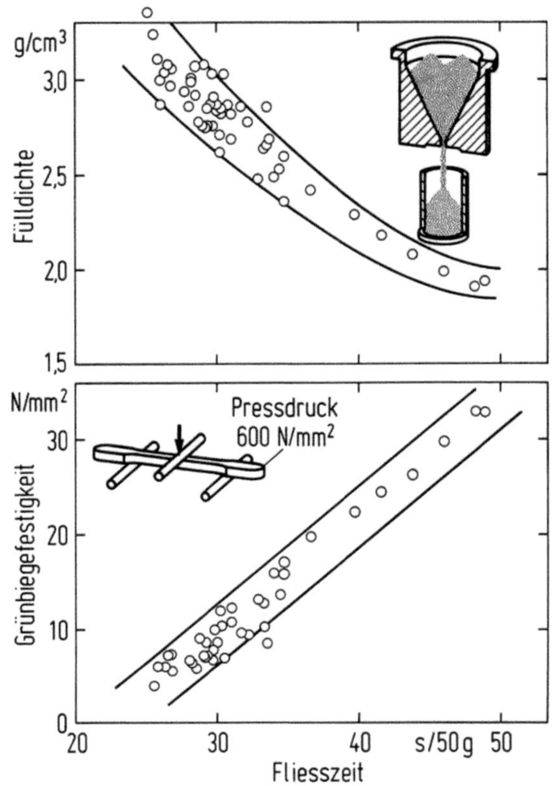

Abb. 2.55 Zusammenhang zwischen Fülldichte, Fließzeit und Grünbiegefestigkeit für Eisenpulver mit 1 % Mikrowachs

schiedenen Gehalten an Zinkstearat wurde hier die höchste Dichte bei hohem Pressdruck mit geringerem Gehalt an Gleitmittel erreicht als bei niedrigem Pressdruck. Die gestrichelte Linie in Abb. 2.54 gibt die Gleitmittelmenge an, bei der sich in dieser Untersuchung die höchste Dichte einstellte. Bei Pressdrücken von 600 N/mm^2 sind Gehalte von 1 % ein guter Kompromiss. Aus Gründen der internen Lagerhaltung und Logistik wird man deshalb nur in Ausnahmefällen pressdruckabhängige Gleitmittelgehalte im Pulver zulassen können.

Zusammenhänge zwischen Fließzeit, Fülldichte, Grünfestigkeit und Pressdruck Einige Pulvereigenschaften bedingen sich gegenseitig, z. B. wenn sie unterschiedliche Aspekte der Pulvermorphologie widerspiegeln. In Abb. 2.55 sind für verschiedene Eisenpulver die Zusammenhänge zwischen Fließzeit, Fülldichte und Grünbiegefestigkeit wiedergegeben. Alle Pulver in Abb. 2.55 enthielten 1 % Mikrowachs und waren frei von Graphitbeimengungen, die das Fließverhalten beeinträchtigen, ohne die Grünfestigkeit zu verbessern. Pulver, die langsam fließen, haben offenbar auch niedrige Fülldichte und hohe Grünfestigkeit, die hier an Zugproben nach DIN ISO 2740 gemessen wurde, die mit 600 N/mm^2 gepresst worden waren. Die meisten Pulver für Formteile liegen zwischen 26 und 33 s/50 g Fließzeit, haben Fülldichten von 2,5 bis 3,1 g/cm^3 und Grünbiegefestigkeiten zwischen 6 und 14 N/mm^2. Beste Grünfestigkeiten haben ungekollerte Schwammeisenpulver, bestes

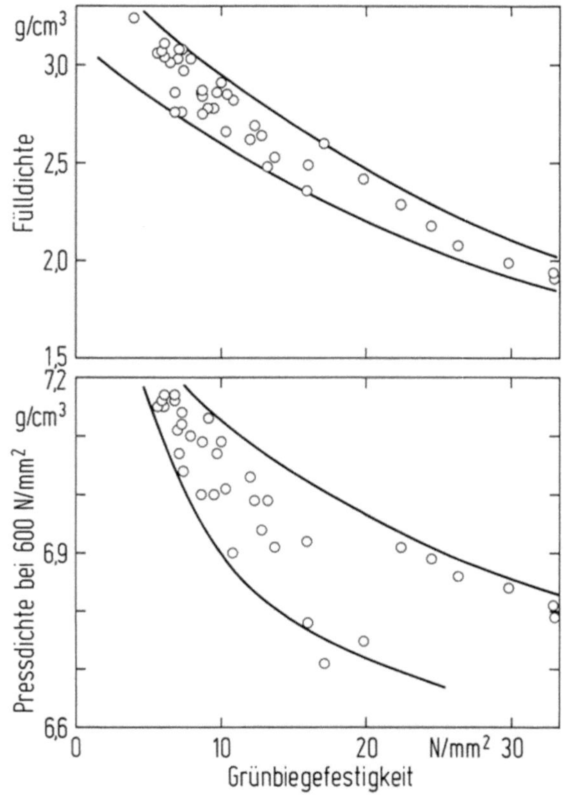

Abb. 2.56 Zusammenhang zwischen Fülldichte, Grünbiegefestigkeit und Pressbarkeit für Eisenpulver mit 1 % Mikrowachs

Fließvermögen die höchst kompressiblen, rundlichen doppeltreduzierten wasserverdüsten Reinsteisenpulver. Es ist ohne polymerisierende Binder nicht möglich, hohe Grünfestigkeit mit gutem Fließvermögen zu kombinieren. Ursache für diese Zusammenhänge ist die Pulvermorphologie. Unregelmäßige Pulver fließen schlecht und lassen sich nicht ohne Brückenbildung zwischen den Partikeln in ein Werkzeug einstapeln. Dafür verhaken sie bei der Verdichtung fest mit benachbarten Pulverteilchen. Runde, glatte Pulver lassen sich gut stapeln und fließen ohne größere Behinderungen durch Nachbarn, verhaken aber beim Pressen nur wenig. In Abb. 2.56 ist der Gesichtspunkt der Pressbarkeit in die Zusammenhänge einbezogen. Zwar ist die Korrelation zwischen der Pressdichte und der Fließzeit, Grünbiegefestigkeit oder der Fülldichte, also die Korrelation mit der Unregelmäßigkeit des Pulvers, nicht sehr ausgeprägt, doch wird deutlich, dass unregelmäßige Pulver schlechtere Pressbarkeiten haben als rundere Eisenpulver.

Für Bedingungen, die von denen der Abb. 2.55 und 2.56 abweichen, sind in Abb. 2.57 die Auswirkungen geänderter Parameter angedeutet. Die Neigung der Pfeile in Abb. 2.57 gibt qualitativ die Änderung der vier aufgeführten Merkmale im Vergleich zu Reineisenpulver mit 1 % Mikrowachs an.

Generell führt abnehmende Fließzeit zu höherer Fülldichte. Erhöhte Gleitmittelmengen und Graphitzusätze senken die Fülldichte ab. Mit einer Verbesserung der Fließzeit er-

Abb. 2.57 Einfluss verschiedener Parameter auf die Pulvereigenschaften im Vergleich zu Reineisen mit 1 % Mikrowachs

	Fließzeit	Fülldichte	Grünbiegefestigkeit	Werkzeugreibung
Zinkstearat	↘	↗	↘	→
Kenolube	↘	↗	↗	↘
Gleitmittelmenge	↗	↘	↘	↘
Graphit	↗	↘	↘	→
Mangansulfid	→	→	→	→
Recyclingpulver	↘	↗	↘	→
Mischzeit	↘	↗	↘	→

wartet man schlechtere Grünbiegefestigkeit, Kenolube wirkt umgekehrt. Gleitmittelmenge und Graphit verschlechtern gleichzeitig die Fließzeit und die Grünbiegefestigkeit. Merkliche Verbesserungen der Werkzeugreibung erhält man mit höheren Gleitmittelgehalten und mit dem Schmiermittel Kenolube, Graphitzusätze wirken praktisch nicht reibungsmindernd. Sortenreine eingemahlene Grünlinge in Pulverform können bei einfacheren Bauteilen dem frischen Pulver in Gehalten von 5 bis 20 % zugemischt werden. Ähnlich wie bei langen Mischvorgängen verliert das Gleitmittel, dass in Grünlingen enthalten ist, während des Einmahlens seine Schmierfähigkeit. In Mischungen aus frischem Pulver und Recyclingpulver muss deshalb je nach zugemischter Menge etwa 0,1 % Gleitmittel nachchargiert werden.

Formgebung von Pulvern

3

Konventionelle metallische Werkstoffe werden bei aller Variantenvielfalt der Formgebung mehr oder weniger stets nach dem gleichen Verfahrensablauf verarbeitet, nämlich Schmelzen, Gießen, Warm- und Kaltumformen sowie abschließend Zerspanen. Im Gegensatz dazu gibt es bei der Formgebung pulverförmiger Stoffe eine große Vielfalt von unterschiedlichen Verfahren, von denen viele als Nischenprozess oder Problemlöser für Spezialanwendungen nur an einem einzigen Standort in der Welt betrieben werden.

Grundsätzlich kann die Formgebung in zwei Verfahrenszweige aufgeteilt werden, je nachdem, ob das Pulver, z. B. unter Druck, Grünfestigkeit entwickelt oder nicht. Pulver mit Grünfestigkeit bedürfen keiner unterstützenden äußeren Hülle für die Weiterverarbeitung nach dem Pressen. Pulver ohne Grünfestigkeit müssen für den Konsolidierungsschritt in Behälter gefüllt werden oder durch Binder in den frühen Stadien der Konsolidierung zusammen gehalten werden. Dabei gibt es jedoch keine dogmatisch festgelegten Grenzen, selbstverständlich können auch Pulver mit Grünfestigkeit in Behältern verarbeitet werden. Der Verarbeitungsweg muss sich aus den speziellen Bedingungen der Anwendung ergeben.

Das Produkt des Formgebungsschrittes innerhalb eines Herstellverfahrens kann deshalb ein Grünling mit Endabmessungen, ein endkonturnaher Rohling, der nach der Konsolidierung noch zerspant werden muss, ein Halbzeug oder ein Vorformat für die Warm- oder Kaltverformung sein. Die Teilegewichte bei der Formgebung können zwischen wenigen mg und etwa 10 t liegen.

Das Verfahren mit der größten wirtschaftlichen Bedeutung zur Formgebung von Pulvern mit Grünfestigkeit ist das Matrizenpressen, dessen Ablauf schematisch in der Abb. 3.1 wiedergegeben ist. Das Werkzeug besteht aus einem fest mit dem Pressenrahmen verbundenen Unterstempel, einer beweglichen Matrize und einem beweglichen Dorn sowie einem beweglichen Oberstempel. Matrize, Dorn und Unterstempel bilden in Füllposition eine Werkzeugkavität, die durch einen maschinenbetätigten Füllschuh unter Schwerkraft mit Pulver gefüllt wird. Beim Pressen des Pulvers mit dem Oberstempel wandert die Matrize um den halben Verpressungsweg des Oberstempels abwärts, so dass ober- und unterstempelseitig gleiche Reibschubspannungen zwischen Pulver und senkrechten

P. Beiss, *Pulvermetallurgische Fertigungstechnik*,
DOI 10.1007/978-3-642-32032-3_3,

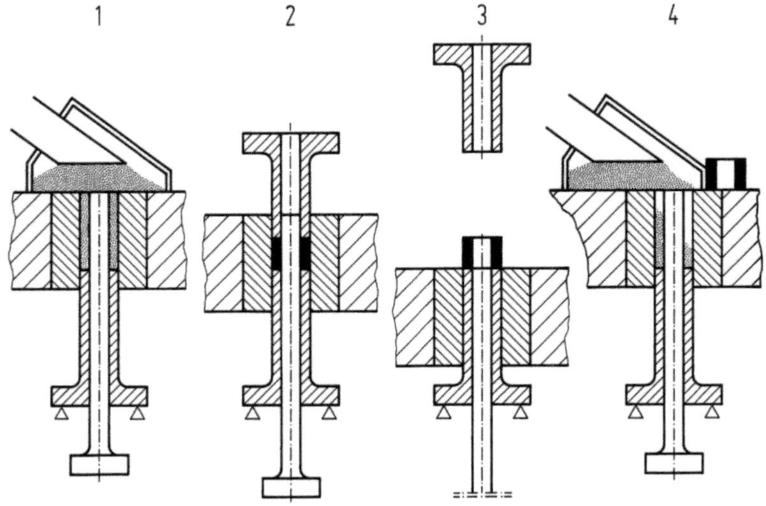

Abb. 3.1 Prinzip des Matrizenpressens. *1* Füllen des Werkzeugs. *2* Pressen des Pulvers. *3* Ausformen durch Abziehen von Matrize und Dorn. *4* Abschieben des Grünlings und erneutes Füllen

Werkzeugwandungen an Matrize und Dorn herrschen. Nach dem Pressen werden Matrize und Dorn nach unten über den Unterstempel abgezogen, bis sie mit der Unterstempelstirnseite bündig stehen und der gepresste Grünling freigelegt ist. Matrize und Dorn werden zur Füllstellung angehoben und das Werkzeug erneut gefüllt. Einfache Bauteile können dabei mit dem Füllschuh von der Matrizenplatte abgeschoben werden, komplexere Formteile werden mit Handhabungsgeräten aus dem Pressenraum entnommen. Der gesamte Zyklus läuft vollautomatisch mit hoher Produktivität ab. Die Grünlinge müssen mit großer Sorgfalt gehandhabt werden, weil die Grünfestigkeit nur wenige N/mm^2 beträgt. Wegen der großen Bedeutung des Matrizenpressverfahrens ist diesem Thema ein eigenes Kapitel gewidmet, so dass hier nicht auf Einzelheiten eingegangen wird.

3.1 Matrizenpressen mit Konsolidierung

Das klassische Verfahren für das Matrizenpressen bei gleichzeitigem Konsolidieren ist das axiale Heißpressen. Matrize und Stempel bestehen aus hitzebeständigen Materialien, oft aus Graphit, und sind als Presswerkzeug in einem geeigneten Ofen angeordnet, Abb. 3.2 [SCHA94]. Man kann indirekt durch Konvektion und Strahlung heizen oder im direkten Stromdurchgang über die Stempel oder die Matrize; auch Induktionsheizungen haben sich bewährt. Die Werkzeugwerkstoffe dürfen nicht mit der umgebenden Schutzgasatmosphäre oder dem Material des Presslings reagieren. Diese Gefahr besteht besonders bei erhöhten Temperaturen.

Obschon axiales Heißpressen ein altes Verfahren ist, wird es auch heute noch vielfältig eingesetzt, z. B. für keramische Werkstoffe, metallgebundene Diamanten, metallische Reibbeläge für Bremsen und Kupplungen oder Wolframrohlinge zum anschließenden Rundhämmern und Drahtziehen von Glühlampenwendeln. Wolframrohlinge werden ge-

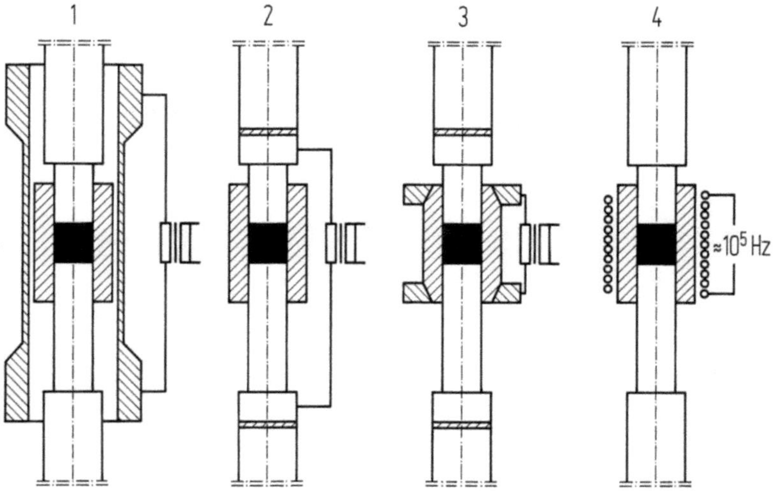

Abb. 3.2 Heizsysteme zum axialen Heißpressen. *1* Indirekt durch Konvektion oder Strahlung. *2* Direkter Stromdurchgang über die Stempel, die gegen die Presse isoliert sind. *3* Direkter Stromdurchgang über die elektrisch leitende Matrize mit Isolierung gegen die Presse. *4* Induktive Erwärmung von Matrize und Pressling

wöhnlich im direkten Stromdurchgang über die Stempel erhitzt, was mit der Mehrheit keramischer Materialien nicht möglich wäre. Wirtschaftliche und zuverlässige Heizsysteme zum axialen Heißpressen sind auch gegenwärtig noch Gegenstand von Fortentwicklungen [SUNA99].

Eine Sonderform des Heißpressens ist das Vakuum-Heißpressen von Strangpressbolzen, überwiegend aus extrem legierten Aluminiumwerkstoffen [BENJ81, KAWA93, KAWA97], Abb. 3.3. Hierzu wird ein großes Presswerkzeug in ein Vakuumgefäß gebaut. Die Stempel des Werkzeugs werden vakuumdicht geführt und von außen belastet. In die Matrize wird normalerweise ein kaltisostatisch vorverdichteter Block eingesetzt und zu voller Dichte unter Einwirkung von Temperatur und konstantem Druck gepresst. Der Zyklus dauert mehrere Stunden.

Vakuum-Heißpressen ergibt von allen Fertigungswegen für Halbzeuge aus pulvermetallurgischem Aluminium die geringsten Wasserstoffgehalte.

Seit einigen Jahrzehnten wird versucht, Pulver während des Pressens zu konsolidieren, indem Stromimpulse unter Druck durch das Pulver geleitet werden. Anfänglich wurde dieses Verfahren als eine Variante des axialen Heißpressens betrachtet und als spark sintering bezeichnet. Als Stromquellen wurden umgebaute Punktschweißmaschinen oder Kondensatorentlade-Schweißmaschinen benutzt [GOET84, GROZ98]. In verschiedenen Weiterentwicklungen der zugrunde liegenden Idee wird heute meistens in Graphitwerkzeugen das zu verdichtende Pulver durch eine Aufheizung mit hohen Gleichstromimpulsen und niedriger Spannung zu näherungsweise voller Dichte gepresst. In einigen Ausführungen kann vor der Verdichtung wahlweise zunächst die Oberfläche der Partikel mit Funkenent-

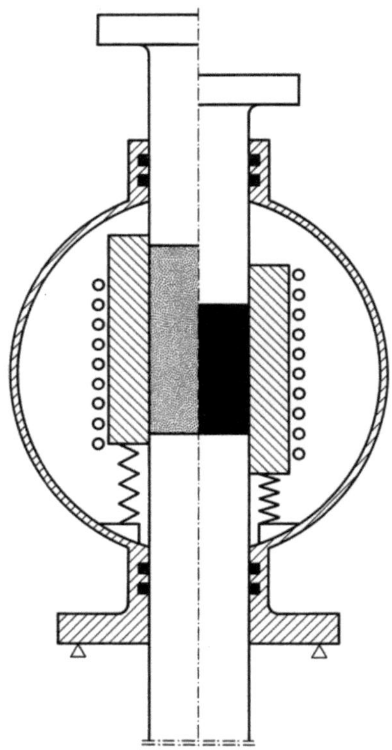

Abb. 3.3 Prinzip des Vakuum-Heißpressens von Strangpressbolzen

ladungen hochfrequenter Wechselströme aktiviert werden. Letztlich ist weder diese Aktivierung noch die anschließende Verdichtung unter Gleichstromimpulsen physikalisch verstanden. Tatsache ist jedoch, dass sich eine Vielzahl metallischer und nichtmetallischer Materialien bei vergleichsweise niedrigen Temperaturen und Drücken unter 50 N/mm^2 – selten mehr – verdichten lässt. Durch die geringen Prozesstemperaturen, die normalerweise mehrere 100 °C unter den Temperaturen einer metallischen Sinterung oder eines keramischen Brandes liegen, stellt sich nur mäßiges Kornwachstum ein, so dass nanokristalline Ausgangsstoffe oft mit mittleren Korndurchmessern von deutlich unter 100 nm konsolidiert werden können [ABE98, HASH98, YOKO98, KIM00, KYOG00, MERK00, KYOG01, SUK01, HAMA04, MCWI04, SCHM06, MCWI07, TOKI07]. Die Aufheizgeschwindigkeiten liegen zwischen etwa 100 und 1000 °C/min, die Haltzeiten bei konstanter Temperatur betragen gewöhnlich ca. 1 min–1 h. Das Verfahren verlangt Pulver ohne Binder oder Gleitmittel und wird meistens im Vakuum, seltener unter Argon oder Luft betrieben. Das Werkzeugprinzip unterscheidet sich nicht grundsätzlich von dem in Abb. 3.2 gezeigten mit direktem Stromdurchgang durch die Stempel. Für elektrisch nicht leitende Pulver muss auch die Matrize aus Graphit gefertigt sein, für leitende Materialien können keramische Matrizen verwendet werden. Heute ist man im Wesentlichen noch auf einquerschnittige Geometrien beschränkt. Die Stärken des Verfahrens, das zwar z. Zt. vorwiegend spark plasma sintering (SPS) genannt wird, aber auch zahlreiche andere Bezeichnungen trägt,[1] liegen in der Entwicklung ungewöhnlicher Werkstoffe und Werkstoffkombinationen. Im Jahr 2006 gab es weltweit etwa 250 Anlagen, von denen 90 % in Japan betrieben wurden. Etwas mehr als 100 Anlagen dienten bereits kommerziellen Anwendungen, die meisten Maschinen werden zu Forschungs- und Entwicklungszwecken genutzt [TOKI07]. Für kommerziellen Gebrauch gibt es vollautomatische Anlagen mit Zykluszeiten von – je nach Werkstoff – wenigen Minuten.

Eine Verdichtungsmethode, die ebenfalls mit direktem Stromdurchgang arbeitet, aber zu sehr schneller Verdichtung führt, ist in [KNOE95, KNÖS99, GRIG06] beschrieben. Elektrisch leitende Pulver ohne Binder oder Gleitmittel werden in eine nicht elektrisch leitende Matrize gefüllt und mit elektrisch leitenden Stempeln druckbeaufschlagt. Die Verdichtung zu fast voller Dichte findet statt unter einer oder bis zu drei Kondensatorentladungen mit Stromstößen von etwa 100 kA/cm^2, die jeweils etwa 5–30 ms dauern. Die verbleibende Porosität findet sich ausschließlich am äußeren Rand von derart hergestellten Proben, das Zentrum zylindrischer Stopfen ist porenfrei. Das Verfahren befindet sich im Stadium der Laborerprobung und hat bisher kein größeres Interesse geweckt.

In [CLYE76] wurde ähnlich gearbeitet: Elektrisch leitendes Pulver wurde in wiederverwendbare Pyrexglasrohre gefüllt, die zum Evakuieren mit Kupferelektroden an beiden Enden verschlossen wurden. Über die Kupferelektroden wurde ein leichter Druck auf das Pulver ausgeübt und der Strom einer Kondensatorentladung eingeleitet. Da unter diesen Bedingungen hauptsächlich radiale Verdichtung eintrat, wurde die Dichtezunahme dem magnetischen Pincheffekt zugeschrieben. Unter optimierten Bedingungen konnten die gefertigten Stäbe ohne eine zusätzliche Sinterbehandlung rundgehämmert werden.

Ganz auf die Nutzung des magnetischen Pincheffektes ist das folgende Verdichtungsprinzip ausgerichtet [BARB98]: Pulver ohne Gleitmittel oder Binder wird in einen elektrisch leitenden Behälter gefüllt, der im Zentrum einer starken Induktionsspule angeordnet wird. Wenn die Spule mit einem hohen Stromimpuls beaufschlagt wird, wird ein magnetisches Feld erzeugt, dessen Kräfte zentrisch auf den evakuierten, elektrisch leitenden Behälter wirken. Der Behälter kollabiert dabei und verdichtet das darin befindliche Pulver, das anschließend gesintert werden kann. Technische Bedeutung hat auch dieses Verfahren bis jetzt nicht erlangt.

Einen ganz anderen Konsolidierungsmechanismus während des Pressens nutzt eine in [BEAN97, LASH99] beschriebene Entwicklung. Das Pulver wird ohne Gleitmittel mit einem speziellen Füllschuh auf einer normalen Pulverpresse ins Werkzeug gefüllt. Dabei wird ein werkstoffspezifisches flüssiges Ätzmittel auf die Pulverfüllung gesprüht, für Kupfer z. B. verdünnte Essigsäure. Dadurch werden zumindest teilweise die Oberflächenoxide des Pulvers weggeätzt. Beim Verpressen entstehen deshalb zwischen sich berührenden Pulverpartikelchen Metall-Metall-Kontakte durch Kaltverschweißung. Der entstehende

[1] Plasma electric current sintering (PECS), pressure assisted pulse energizing process, plasma activated sintering, pulse discharge sintering, plasma pressure compaction, electro consolidation®, field activated sintering technique (FAST), pulse current pressure sintering (PCPS).

Pressling hat dadurch viel höhere Festigkeit als die übliche Grünfestigkeit. Da ohne Gleitmittel gearbeitet wird, erhält man verhältnismäßig hohe Dichte bei großen Pressdrücken. Die Oberflächengüte entlang zum Pressenhub paralleler Flächen lässt zu wünschen übrig, weil die flüssige Ätzsubstanz keine Schmierwirkung hat. Während des Pressenhubes entweicht die niedrigviskose Flüssigkeit durch das Werkzeugspiel. Das Verfahren ist geeignet für flache einquerschnittige Teile mit niedrigen Festigkeitsanforderungen. Die technische Nutzbarkeit konnte für kupferbeschichtete, gut verformbare Metalle gezeigt werden. Technische Bedeutung hat der Prozess nicht.

3.2 Pulverschmieden

Unter Pulverschmieden versteht man eher ein Fertigungsverfahren als einen einzelnen Arbeitsgang. Das Prinzip ist in Abb. 3.4 skizziert. Im ersten Schritt wird ein Grünling bei Raumtemperatur zu einer Geometrie gepresst, die dem späteren Fertigteil angenähert ist. Bei Eisen- oder Stahlpulvern liegen die typischen Pressdichten bei 6,4–6,8 g/cm^3. Für gratfreie geschlossene Werkzeuge beim Schmieden müssen sehr enge Gewichtstoleranzen eingehalten werden, um Belastungsspitzen durch zu schwere Teile oder unzureichende Enddichten durch zu leichte Teile zu vermeiden. Deshalb werden die Grünlinge hinter der Pulverpresse vollautomatisch zu 100 % gewogen. Zu leichte oder zu schwere Teile werden aussortiert und durch Einmahlen zu Pulver wieder nutzbar gemacht. Nach dem Wiegen werden die Grünlinge einem Bandofen mit etwa 1.120 °C und einer reduzierenden Schutzgasatmosphäre zugeführt, in dem das Presshilfsmittel in Form von Wachsen oder Metallseifen verdampft und abbrennt sowie bei höheren Temperaturen die Oberflächenoxide der Pulverpartikel reduziert werden. An Stellen metallischen Kontaktes kommt es zur Versinterung. Am Ende des Ofens greift ein Handhabungsgerät das heiße gesinterte Bauteil und legt es in das Schmiedewerkzeug ein, das meistens einem Pulverpresswerkzeug nachempfunden ist, also keine Formteilung mit offener Gratbahn wie beim Gesenkschmieden hat. Auch wird ohne Ausformschrägen gearbeitet. Der Schmiedeschlag verdichtet das heiße Material zu im Wesentlichen voller Dichte. Das geschmiedete Bauteil wird ausgestoßen und in inerter Atmosphäre durch einen wassergekühlten Tunnel zur kontrollierten Abkühlung auf Raumtemperatur gefördert. Durch die gezielte Einstellung der Abkühlbedingungen erhält man zweckangepasste Gefügezustände.

Während der kurzen Zeitspanne zwischen Sinterofen und Schmiedeschlag hat die Umgebungsluft Zutritt zur heißen porösen Oberfläche der Bauteile. Bei einem Temperaturniveau von ungefähr 1.100 °C genügen wenige Sekunden, um eine geschlossene Oxidschicht auf der Bauteiloberfläche und in den oberflächlichen Poren wachsen zu lassen. Damit ist eine gewisse Randentkohlung verbunden. Wenn diese Oberflächenbeeinträchtigung nicht geduldet werden kann, muss der Weg zwischen Ofen und Schmiedewerkzeug unter Stickstoff als Schutzgas gesetzt werden. Da man diesen Aufwand meistens scheut, werden die kalten Schmiedeteile abschließend gestrahlt, um Oxide zu entfernen, eventuell

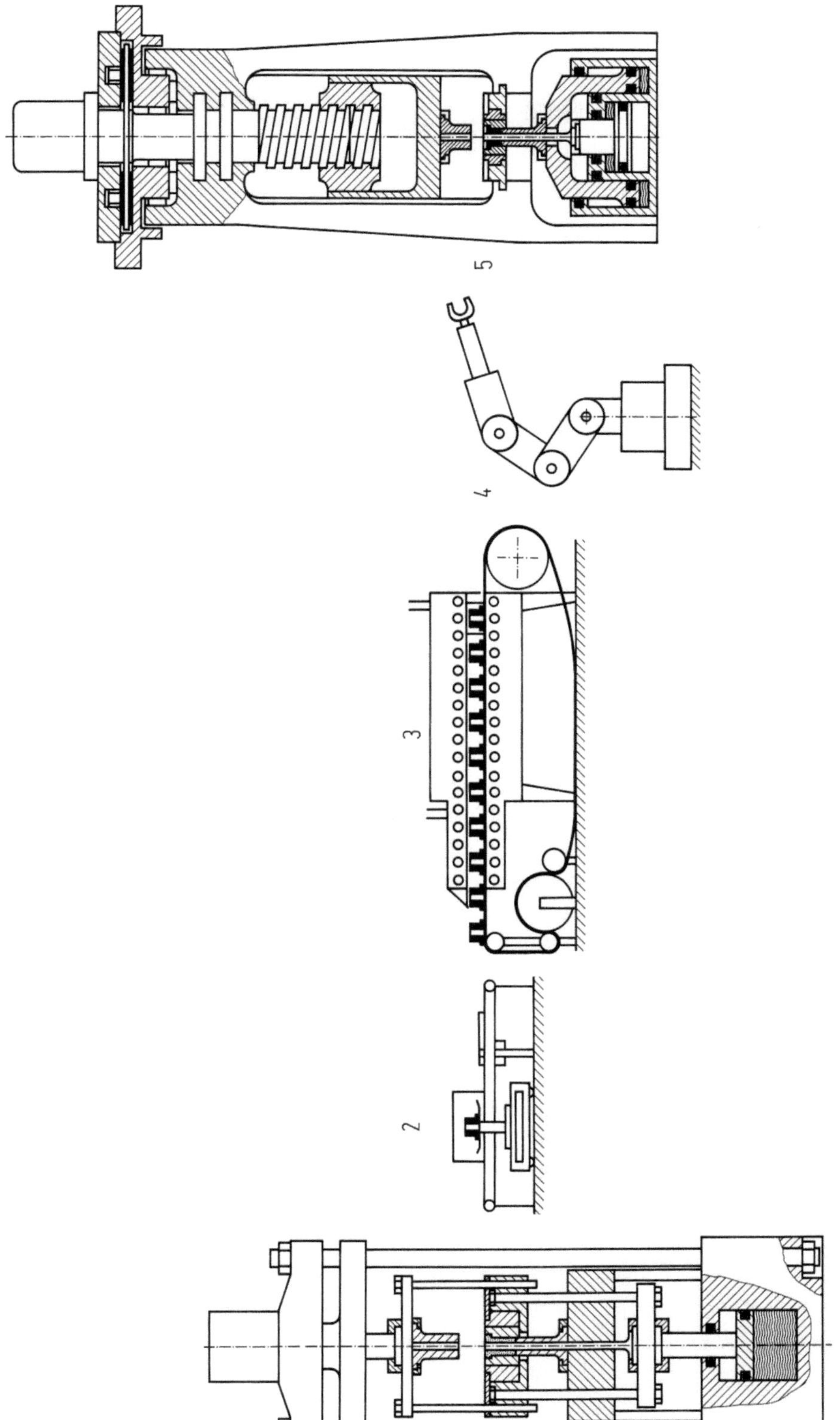

Abb. 3.4 Automatisierte Pulverschmiedelinie. *1* Pulverpressen der Vorform. *2* Automatisches Wiegen der Grünlinge. *3* Sintern im Bandofen. *4* Automatische Entnahme der gesinterten Vorform aus dem Sinterofen und Einlegen in das Schmiedewerkzeug. *5* Schmiedeschlag

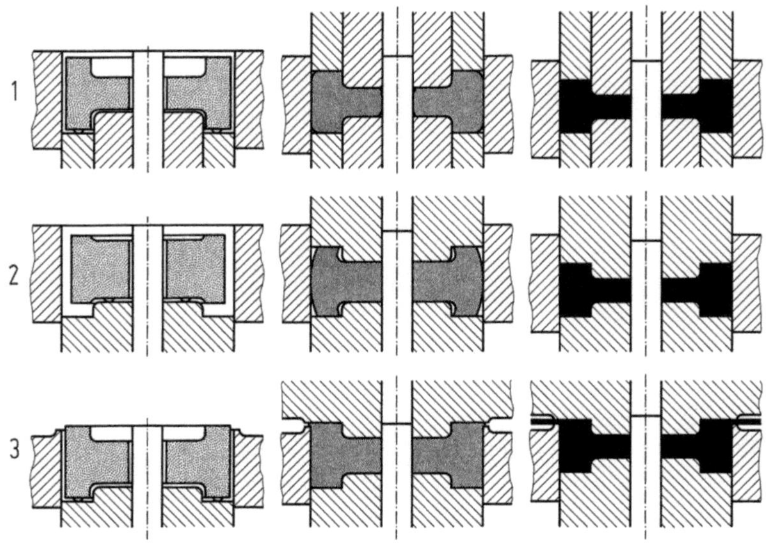

Abb. 3.5 Unterschiedliche Werkzeugkonzepte beim Pulverschmieden. *1* Heißkalibrieren. *2* Schmieden mit Materialfluss. *3* Schmieden mit oberstempelseitigem Materialüberlauf

noch vorhandene Oberflächenporen zu schließen und hohe Druckeigenspannungen zur Verbesserung der Schwingfestigkeit in der Oberfläche einzubringen [TAKA95a].

Zum Pulverschmieden gibt es verschiedene Auffassungen über die Prioritäten der Bauteilmerkmale [KUHN90, JAME98]. Dies betrifft hauptsächlich die Schmiedepresse und das Werkzeugkonzept. Als Schmiedepressen werden einerseits richtige Schmiedeanlagen mit schlagartiger Beanspruchung und sehr kurzen Druckberührzeiten im Werkzeug verwendet. Das ergibt geringe Oberflächenporosität und lange Werkzeugstandzeiten. Diese Technik dominiert weltweit. Daneben gibt es aber auch langsame hydraulische Pressen, deren Bauart von Pulver- oder Kalibrierpressen abgeleitet ist. Der langsame Zyklus dieser Maschinen hat viele Nachteile wie geringe Produktivität, lange Verweilzeit zwischen Ofenentnahme und Druckaufbau im Werkzeug mit allen negativen Folgen für die Oberflächenbeschaffenheit und lange Kontaktzeiten zwischen Bauteil und Werkzeug. Dem steht allerdings ein entscheidender Vorteil gegenüber: Die Oberstempel-Auflastfunktion der Presse kann man nutzen, um die Bauteilabmessungen durch partielles Abkühlen im Werkzeug zu steuern. Auf diese Weise erhält man mit langsamen hydraulischen Pressen die höchste geometrische Reproduzierbarkeit von allen Pulverschmiedevarianten.

Bei der Werkzeugtechnik bietet nur das geschlossene gratfreie Werkzeug die Möglichkeit zu konturgenauen abgestuften Bauteilen ohne Ausformschrägen. Dabei werden zwei extrem unterschiedliche Schmiedekonzepte verfolgt, heißes Kalibrieren und Schmieden mit ausgeprägtem Materialfluss, Abb. 3.5. Heißkalibrieren besteht mehr oder weniger aus einer axialen Nachverdichtung einer porösen Vorform, die in der axialen und radialen Masseverteilung dem endgültigen Schmiedeteil ziemlich exakt entspricht. Materialfluss findet nur statt, um den Spalt zwischen Werkzeugwandungen und der heißen Vorform zu schließen. Heißkalibrieren ist dem gewöhnlichen Kalibrieren von porösen Sinterformteilen bei Raumtemperatur nachempfunden. Beim Heißkalibrieren ist die genaue, auf das

Abb. 3.6 Typische Pulverschmiedeteile (GKN Sinter Metals)

Schmiedewerkzeug abgestimmte Dichteverteilung in der Vorform entscheidend für die Werkzeugstandzeit. Beim Schmieden mit ausgeprägtem Materialfluss wird die Vorform meist geometrisch einfach gehalten und das Schmiedewerkzeug erst nach beträchtlichem axialen und radialen Stofffluss ausgefüllt. Damit wird das Pulverpresswerkzeug einfach und kostengünstig, auch steigt die Produktivität dieses Arbeitsganges. Beim Schmieden mit Stofffluss darf man gewisse Umformbeträge nicht überschreiten, um das lokale Aufreißen der Vorform zu vermeiden.

Es ist üblich, wenn man in geschlossenen Werkzeugen schmiedet, nur hochbelastete Bauteilpartien zu voller Dichte zu schmieden. In weniger beanspruchten Zonen kann man bis zu etwa 3 Vol.-% Porosität zulassen, um die Werkzeugbelastungen nicht zu hoch werden zu lassen. Wenn mit einem Werkstoffüberlauf und hoher Schlaggeschwindigkeit gearbeitet wird, kann man porenfreie Bauteile herstellen. Dazu muss die Vorform etwas schwerer bemessen werden, und je nach Anwendung muss die Zone, wo der Materialüberlauf abgegratet wurde, nachgearbeitet werden.

Hauptprodukte der Pulverschmiedetechnik sind Pleuel für Pkw-Motoren und Synchronringe für Lkw-Getriebe, Abb. 3.6. In den USA haben pulvergeschmiedete Pkw-Pleuel einen Marktanteil von 75 %. In Japan werden Kompressorrotoren für Pkw-Klimaanlagen sowie Pleuel für Motorradmotoren aus höher legierten Aluminiumwerkstoffen durch Pulverschmieden hergestellt [KOND92, HUNT00, NN02, ICHI06].

3.3 Isostatisches und pseudoisostatisches Pressen

Kaltisostatisches Pressen Beim kaltisostatischen Pressen wird Pulver in einem druckdichten verformbaren Behälter innerhalb einer Hochdruckkammer unter allseitigem Druck verdichtet. Pulver, die bei der Verdichtung Grünfestigkeit entwickeln, werden dazu in Gummiformen gefüllt und mit geeigneten Dichtkappen aus gut dehnbaren Gummisorten verschlossen. Die Formen werden in die Druckkammer einer kaltisostatischen Presse eingesetzt und mit Druckflüssigkeit beaufschlagt. Dabei wirkt die Gummiform wie eine Membrane, die aufgrund ihrer elastischen Nachgiebigkeit das Pulver verdichtet. Seit es kaltisostatische Pressen gibt, wurden nach diesem Verfahren Vorblöcke zum Warmstrangpressen von Pulvern oder zum Sintern mit anschließendem Schmieden hergestellt

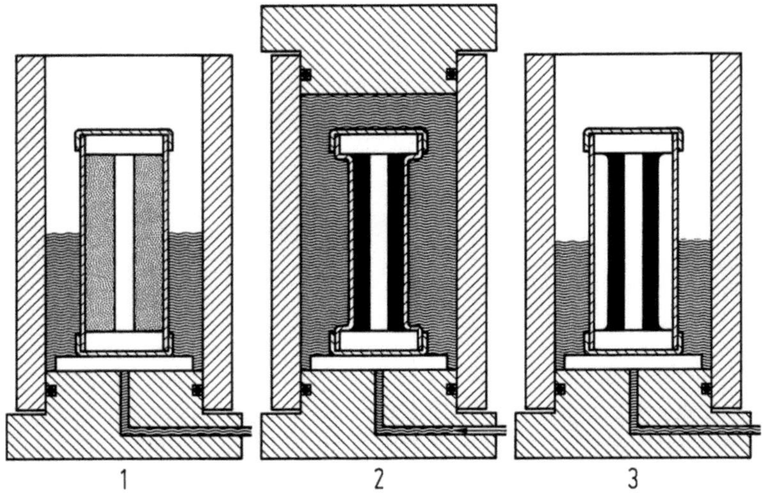

Abb. 3.7 Kaltisostatisches Pressen rohrförmiger Bauteile. *1* Einsetzen der gefüllten Werkzeugform in den Druckbehälter. *2* Aufbringen des Drucks zur Pulververdichtung. *3* Entspannen und Öffnen des Druckgefäßes

[DUNK76, CAUS80, BEIS83, BEIS88]. Da die Verdichtung ohne Wandreibung abläuft, enthalten die Pulver keine Gleitmittel. Pulver ohne Grünfestigkeit müssen mit einem Binder behandelt werden oder werden in Blechkapseln gehandhabt, die die erforderliche mechanische Abstützung gewährleisten.

Blöcke und vergleichsweise komplexe Formteile in geringen Stückzahlen werden in Ganzgummiwerkzeugen – z. B. aus Silikongummi – gepresst. In den meisten Fällen sind allerdings nur Teile des Presswerkzeugs aus Gummi, z. B. beim Pressen von rohrförmigen Werkstücken, Abb. 3.7.

In einer externen Füllstation wird das zu verdichtende Pulver in den Spalt zwischen einem zentralen Stahldorn und dem äußeren Gummimantel gefüllt. Der Gummimantel wird unten über eine Grundplatte zentriert, in der auch der Dorn angeordnet ist. Zum Füllen wird auf den Dorn von oben ein konzentrischer Abstandshalter aufgesetzt, um gute Wandgleichmäßigkeiten zu erzielen. Während des Füllens wird das Werkzeug auf einem Rütteltisch vibriert oder geklopft, um die Fülldichte an die Klopfdichte anzunähern. Nach vollständiger Füllung wird die Form mit einer Stahlplatte, einer Gummikappe und zusätzlichen Gummibändern verschlossen und in ein Druckgefäß eingesetzt, das in Produktionsanlagen bis zu Drücken von 600 N/mm^2 mit Innendruck belastet werden kann. Der Dorn und die beiden Stahlplatten verhindern die axiale Verdichtung, solange der Dorn nicht knickt. Deshalb findet nur radiale Verdichtung des Pulvers gegen den Dorn statt. Nach dem Erreichen des gewünschten Pressdrucks wird der Druck für kurze Zeit gehalten, ehe langsam entspannt werden kann. Dabei weitet sich der Gummimantel auf seine ursprünglichen Abmessungen. Das Werkzeug wird aus dem Druckbehälter gehoben, alle Gummielemente werden getrocknet und gesäubert, der Grünling wird vom Dorn abgezogen, und der nächste Füllvorgang beginnt. Wegen der Reibung von Pulver und Gummimantel an den Stirnseiten der Platten bildet sich oben und unten am Bauteil jeweils ein

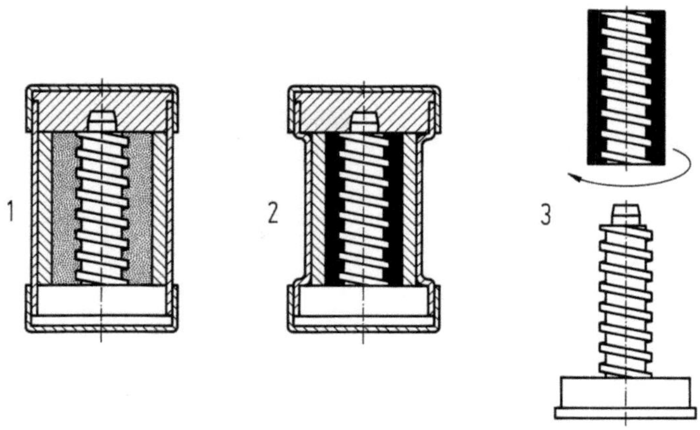

Abb. 3.8 Kaltisostatisches Presswerkzeug mit Gewindedorn. *1* Füllen und Verschließen des Werkzeuges mit geteiltem Gummimantel. *2* Werkzeug im gepressten Zustand. *3* Entformen durch Ausschrauben des Dorns

mehr oder weniger ausgeprägter Elefantenfuß. Mit geteilten Mänteln und geeigneter Wahl der Gummihärten können Elefantenfüße bis auf geringe Formabweichungen unterbunden werden. Dorne können beim kaltisostatischen Pressen Gewinde tragen, Abb. 3.8, die nach dem Pressen aus dem Grünling herausgeschraubt werden. Jede andere Dorngeometrie, die entformbar ist, kann ebenso verwendet werden. Eine Übersicht über die Formgebungsmöglichkeiten findet sich in [GEST84]. Mit sehr weichen Silikongummisorten und Pulvern hoher Grünfestigkeit lassen sich sehr komplexe Formteile mit tiefen Hinterschnitten abformen.

Bei dieser Art der Formgebung ist die Gummiummantelung des Pulvers unmittelbar der Druckflüssigkeit ausgesetzt. Deshalb heißt diese Technik kaltisostatisches Nasspressen. Viel geläufiger dafür ist aber die englische Bezeichnung wet bag CIP (CIP: cold isostatic pressing). Das Verfahren ist geeignet für kleine Losgrößen oder besonders schwierige Formgebung. Füllen, Pressen, Entspannen, Entformen der Bauteile sowie Säubern und Trocknen der Werkzeuge vor dem nächsten Füllen sind zeitaufwändige Handarbeiten. Typische Bauteile, die so gefertigt werden, sind Metallfilter für die chemische Industrie oder für Anwendungen bei hohen Temperaturen, Abb. 3.9.

Serienfertigung kaltisostatisch gepresster Bauteile verlangt ein weniger arbeitsintensives, schnelleres Verdichten, das kaltisostatische Trockenpressen, das schematisch in Abb. 3.10 wiedergegeben ist (dry bag CIP). Hier ist die Gummimembrane Bestandteil des Druckbehälters. Sie expandiert beim Aufbau des Drucks radial zur Verdichtung des Pulvers um den Dorn nach innen. Bei der Bauart in Abb. 3.10 wird das Pulver in der Presse ins Werkzeug gefüllt. In einem weiteren Automatisierungsschritt zur Erhöhung der Taktgeschwindigkeit wird das Pulver in einer externen Füllstation in kassettenartige Werkzeuge gefüllt. Die äußere Hülle der Kassette ist ebenfalls als Gummimembrane ausgeführt und muss zentrisch zum Dorn fixiert sein, Abb. 3.11. Die befüllte Kassette wird in den Druckbehälter eingesetzt, radial verdichtet und als Ganzes der Presse entnommen, um auf einer nachgelagerten Station für den nächsten Zyklus vorbereitet zu werden [PETT81].

Abb. 3.9 Kaltisostatisch nassgepresste Filter und Formteile aus rostfreiem Stahl (GKN Sinter Metals)

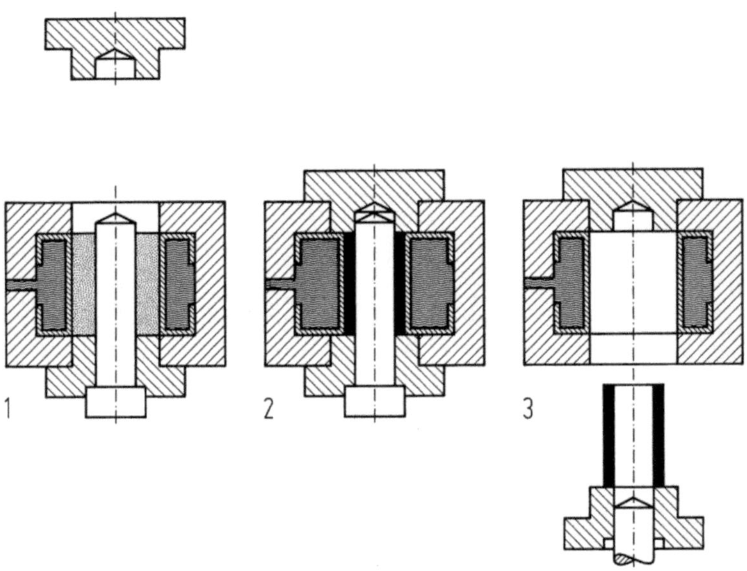

Abb. 3.10 Kaltisostatisches Trockenpressen mit Pulverfüllung in der Presse. *1* Füllstellung. *2* Pressen. *3* Entformen

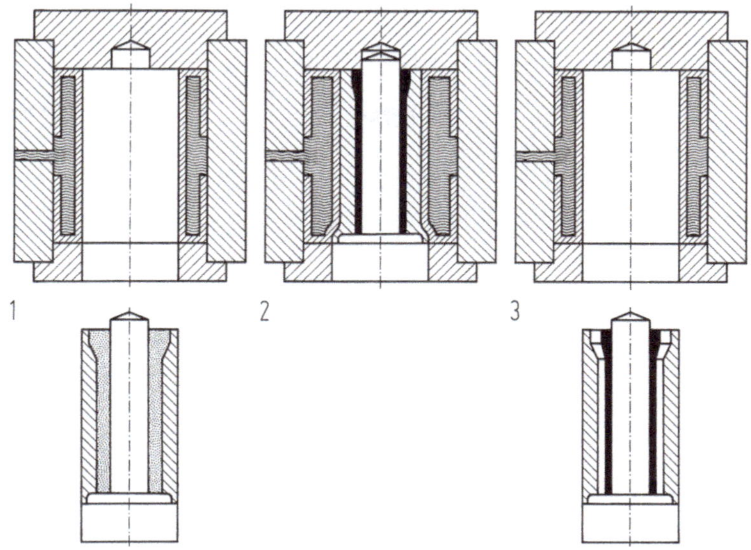

Abb. 3.11 Kaltisostatisches Trockenpressen mit externer Pulverfüllung und Kassettenumlauf. *1* Einsetzen der befüllten Kassette in den Druckbehälter. *2* Radiale Verdichtung. *3* Entnahme der Kassette

Zylindrische Bauteile mit außen oder innen konturierten Flächen werden nach einem solchen Verfahren aus Stahlpulvern gefertigt, Abb. 3.12. Allerdings gibt es wohl nur eine Fertigungsstätte weltweit, die auf diese Weise metallische Pulver verarbeitet, während das kaltisostatische Trockenpressen keramischer Pulver mit Binderzusätzen seit langer Zeit gut etabliert ist [TRÄF76]. Wegen der fehlenden plastischen Verformbarkeit keramischer Pressmassen sind die Drücke für keramische Pulver viel niedriger als für metallische. Das kaltisostatische Trockenpressen ist gut geeignet für große Stückzahlen rohrförmiger metallischer Bauteile aus unregelmäßigen Pulvern.

Abb. 3.12 Durch kaltisostatisches Trockenpressen hergestellte Bauteile mit Außen- oder Innenkontur (Tecsyn PMP)

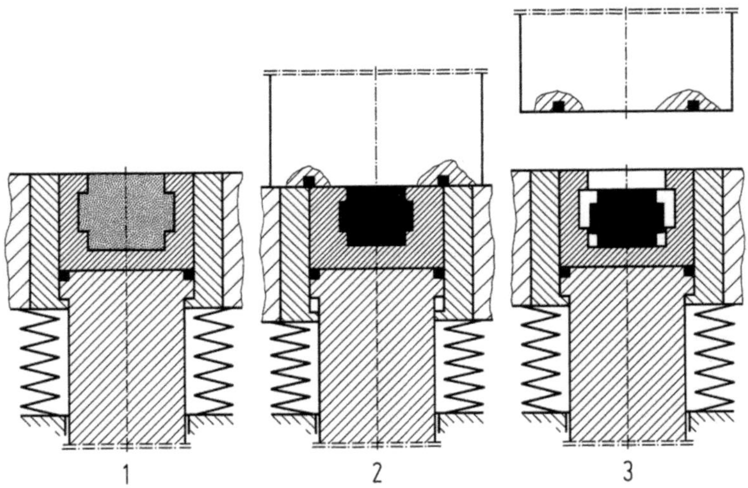

Abb. 3.13 Rubber isostatic pressing (RIP). *1* Füllposition. *2* Verdrängen der Matrize gegen den stationären Unterstempel und Pressen des Pulvers. *3* Entspannen zur Entnahme

Eine vergleichsweise junge Version des kaltisostatischen Pressens ist in Abb. 3.13 wiedergegeben. Das Verfahren ist in Deutschland nicht sichtbar im Markt und wird gewöhnlich rubber isostatic pressing (RIP) genannt. Das Werkzeug besteht aus einem formgebenden Gummieinsatz z. B. in einer federunterstützten Matrize [SAGA98, SAGA01], alternativ kann in einer feststehenden Matrize beidseitig gepresst werden [KUME01]. Der Gummieinsatz kann als umlaufende Kassette extern gefüllt und entleert werden. Bei federunterstützter Matrize wird mit einem flachen Stempel das Werkzeug verschlossen und gegen den stationären Unterstempel gedrückt. Wegen der Inkompressibilität des Gummis wird die Verringerung des Volumens der Werkzeugkavität vollständig genutzt, das Pulver mehr oder weniger isostatisch zu verdichten. Mit weichen Silikongummisorten können sehr komplexe Geometrien abgeformt werden, allerdings müssen Werkzeugspalte mit Hartgummisorten abgedichtet werden, damit sich das weiche Silikongummi nicht in die Spalte quetscht. Nach der Entlastung kann eine neue Gummikassette eingesetzt werden. Das Verfahren ist z. B. auf Rundtischmaschinen automatisierbar [SAGA98, SAGA01] und kann bis zu 10 Teilen/min pressen. Haupteinsatzgebiet ist das Pressen von Permanentmagneten, aber auch Formteile aus Pulvern ohne Gleitmittel oder Binder können auf diese Weise gepresst werden, soweit die Pulver nach dem Pressen ausreichende Grünfestigkeit haben.

Heißisostatisches Pressen Beim heißisostatischen Pressen (hot isostatic pressing: HIP) werden Pulver geformt und gleichzeitig zu voller Dichte konsolidiert. Das Verfahren wird vielfältig angewandt, um hochlegierte, konventionell nicht herstellbare Materialien zu Blöcken für die anschließende Warmumformung zu pressen, z. B. weil Seigerungen während der Erstarrung die übliche, viel kostengünstigere Herstellung durch Schmelzen, Gießen und Warmumformen nicht erlauben. Beispiele sind höchstlegierte Nickelbasiswerkstoffe oder Werkzeugstähle mit extremen Gehalten an Chrom oder Vanadium [WALL76, FISC78, LÜLS95, STAS99, WEST99, WOJC99, HEIK02, MAIL02, KAJI06]. Als

Ausgangsmaterial wird kugeliges stickstoffverdüstes fertiglegiertes Pulver wegen seiner hohen Klopfdichte von etwa 65 % bevorzugt. Das Pulver wird in Kapseln aus unlegiertem oder austenitischem Stahl gefüllt, die mit einem eingeschweißten Deckel verschlossen werden. Im Deckel befindet sich ein Rohr, über das die Kapsel evakuiert wird. Da die meisten Pulver sauerstoffaffine Legierungselemente enthalten, findet die gesamte Pulverhandhabung bis zur Evakuierung unter Luftabschluss statt, um keine Oberflächenoxide auf den Pulverpartikeln entstehen zu lassen. Beim HIP lassen sich Oberflächenoxide mit der üblichen Prozessführung nicht mehr reduzieren. Die ehemaligen Partikeloberflächen stellen deshalb nach dem Verdichten Schwachstellen dar, falls das Pulver im Prozess dem Luftsauerstoff ausgesetzt wurde. Eine mögliche Prozessfolge ist in Abb. 3.14 dargestellt. Einige Hersteller von Werkzeugstählen pressen das gekapselte Pulver zunächst kaltisostatisch vor. Dabei platten die Berührungspunkte der Partikelchen ab, wodurch die Wärmeleitfähigkeit, die in Pulverschüttungen sehr gering ist, deutlich verbessert wird. In manchen Anlagen werden die Kapseln in externen Vorwärmstationen auf die Prozesstemperatur, die für Eisen-, Nickel- und Kobaltbasiswerkstoffe meist bei 1.150 °C liegt, gebracht und heiß in die heißisostatische Presse geladen.

Beim Vorwärmen wird evakuiert. Abschließend wird verdichtet, warmumgeformt und entkapselt. Die Drücke beim Verdichten betragen meistens 1.000 bar, die Haltezeiten etwa 1 h. Das bevorzugte Druckgas ist Argon, je nach Heizung kommt auch Stickstoff in Frage. Es gibt Hersteller, die nach dem Verschweißen der Kapsel kalt evakuieren und die Presse kalt laden. In solchen Fällen betragen die Zykluszeiten meistens 24 h.

Generell liegen HIP-Temperaturen bei etwa 80 % der thermodynamischen Schmelz- bzw. Solidustemperatur. Drücke von mehr als 1.000 bar, die in einigen Anlagen möglich sind, erlauben niedrigere Prozesstemperaturen, so dass Gefügevergröberungen während der Verdichtungsphase wirksam unterdrückt werden können. Der gegenwärtige Stand der Technik ist in [WEST98] dargestellt.

Außer für Vorblöcke zum Warmumformen hat das HIP von großen Formteilen in Kleinserien an Bedeutung gewonnen. Voraussetzung für diese Entwicklung war, die Verformung der geschweißten pulvergefüllten Blechkapseln während der Verdichtung simulieren zu können [EISE96, CONW98, RAIS98, CONW02, SEAR02]. Ein Beispiel für die Formgebungsmöglichkeiten gibt Abb. 3.15.

In anderen Anwendungen des HIP werden Gussstücke porenfrei nachverdichtet, artfremde Metalle diffusionsgeschweißt oder Turbinenschaufeln porenfrei gepresst, nachdem im Betrieb die ersten Kriechporen entstanden sind. Poröse pulvermetallurgische Bauteile mit abgeschlossener Porosität können kapsellos zu voller Dichte gepresst werden. Funktionsflächen lassen sich mit Sonderwerkstoffen auskleiden oder beschichten, indem, z. B. wie in Abb. 3.16, um die entsprechenden Werkstückpartien Blechkapseln geschweißt werden, die genügend Raum lassen, den Spalt zwischen Kapsel und Werkstückoberfläche zuverlässig mit Pulver zu füllen [DUER95, CONW98].

Die bevorzugten Werkstoffe bei der Beschichtung dienen dem Korrosionsschutz und dem Verschleißschutz. Eine besondere Verschleißpanzerung wurde für Brecherwalzen entwickelt, mit denen Zementklinker oder Erze zerkleinert werden: Die Oberfläche der

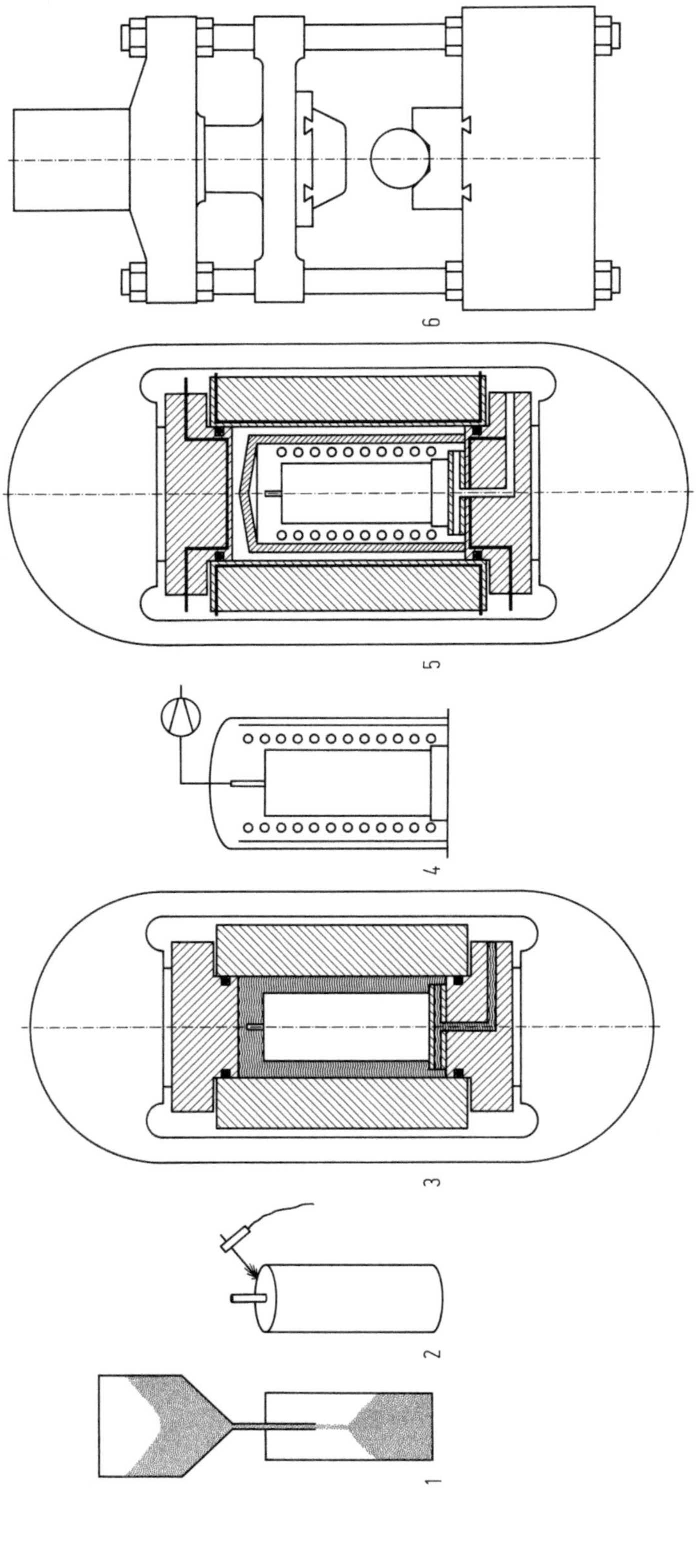

Abb. 3.14 Ablauf des heißisostatischen Pressens. *1* Einfüllen des Pulvers in eine Blechkapsel. *2* Zuschweißen der Kapsel. *3* Wahlweise externes kaltisostatisches Vorpressen. *4* Wahlweise externe Vorwärmung der Kapseln mit Evakuierung. *5* Heißisostatisches Pressen. *6* Warmumformung

Abb. 3.15 Kopfstück eines Dampferzeugers, heißisostatisch aus austenitischem rostfreien Stahl gepresst (Metso Powdermet)

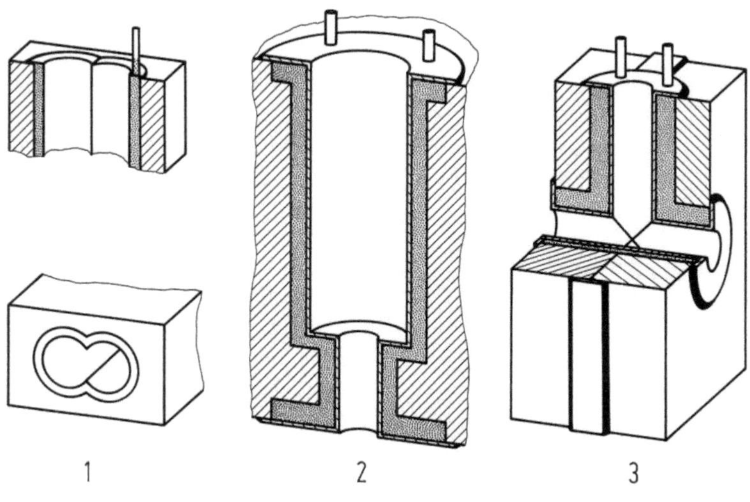

Abb. 3.16 Beschichten durch heißisostatisches Pressen. *1* Einfache geradlinige Funktionsfläche. *2* Mehrquerschnittige Auskleidung. *3* Gekreuzte Bohrungen in zwei Halbblöcken, die beim HIP diffusionsverschweißen

Walzen besteht aus sechseckigen höchstverschleißfesten Kacheln, die durch relativ weiche Stege aus Vergütungsstahl voneinander getrennt sind, Abb. 3.17. Diese Verbundpanzerung wird heißisostatisch auf den Walzengrundkörper aufgepresst [BROE07].

Pseudo-HIP-Verfahren Bedingt durch die aufwändige Anlagentechnik ist heißisostatisches Pressen teuer. Auch ist die geometrische Präzision meist nicht ausreichend, Zerspanungsarbeiten in größerem Umfang einzusparen. Deshalb hat es viele Bemühungen gegeben, die Wirtschaftlichkeit des Verfahrens für kleinere oder mittlere Serien zu verbessern und Maße genauer zu reproduzieren, ohne Kompromisse bei der Verdichtung zu voller Dichte eingehen zu müssen. Ein solches Verfahren ist das sogenannte gas pressure forging [REDD98]: Gekapselte Pulver oder ungekapselte Vorformen ohne zusammenhän-

Abb. 3.17 Verbundpanzerung aus verschleißfesten Kacheln in Vergütungsstahl für Brecherwalzen (Köppern)

gende Porosität werden auf Warmumformtemperatur erwärmt, in ein vorgeheiztes Druckgefäß eingesetzt und einem Gasdruckstoß von etwa 1.000 N/mm^2 ausgesetzt, indem eine geeignete Flüssigkeit in die heiße Kammer eingespritzt wird. In der Hitze verdampft die Flüssigkeit explosionsartig und verdichtet das Pulver zu voller Dichte. Hierbei wirkt ein isostatischer Druck. Wegen der großen Druckstöße hat sich das Verfahren nicht im Markt etablieren können. Andere Verfahren, bei denen nicht in strengem Sinne isostatische Drücke auf die Bauteile einwirken, haben zumindest den Status der Pilotfertigung erreicht.

STAMP-Prozess Das STAMP-Verfahren zielt darauf ab, die Konsolidierungszeit drastisch zu verkürzen [GÖRA81, BRUN82, GÖRA83], Abb. 3.18. Fertiglegiertes gasverdüstes Pulver wird in Stahlkapseln gefüllt, die zugeschweißt, vorgeheizt und entgast werden. Sobald Temperaturen von 1.100 bis 1.200 °C erreicht sind, wird die Kapsel in ein topfförmiges Werkzeug umgesetzt, das mit einem thermisch stabilen Granulat niedriger Wärmeleitfähigkeit gefüllt ist, etwa Talkum oder Pyrophyllit, das die Kapsel allseitig umfüttert und abstützt. Mit einem Kolben wird das Granulat unter einen Druck von etwa 400 N/mm^2 gesetzt, der sich auf das Pulver in der Kapsel überträgt und in wenigen Minuten zu voller Dichte führt. Das Druckgefäß bleibt dabei wegen der kurzen Druckberührzeit und der geringen Wärmeleitfähigkeit des einbettenden Granulats kalt. Die verdichtete Kapsel wird konventionell warmumgeformt, ehe der Kapselwerkstoff abgeätzt oder spanend entfernt wird.

Konsolidierung unter Atmosphärendruck Abbildung 3.19 gibt den Ablauf eines Verfahrens wieder, das als consolidation by atmospheric pressure (CAP) bekannt wurde [GIAM72, BLAC80, GIAM80, DAX83, BOSE03]: Gasverdüstes Pulver wird mit Borsäure (H_3BO_3) in Alkohol gemischt. Die Menge an Borsäure wird stöchiometrisch auf den Sauerstoffgehalt des Pulvers abgestimmt. Nach dem Mischen lässt man den Alkohol durch Erwärmung der Mischung verdampfen, so dass auf der Oberfläche der Pulverpartikelchen

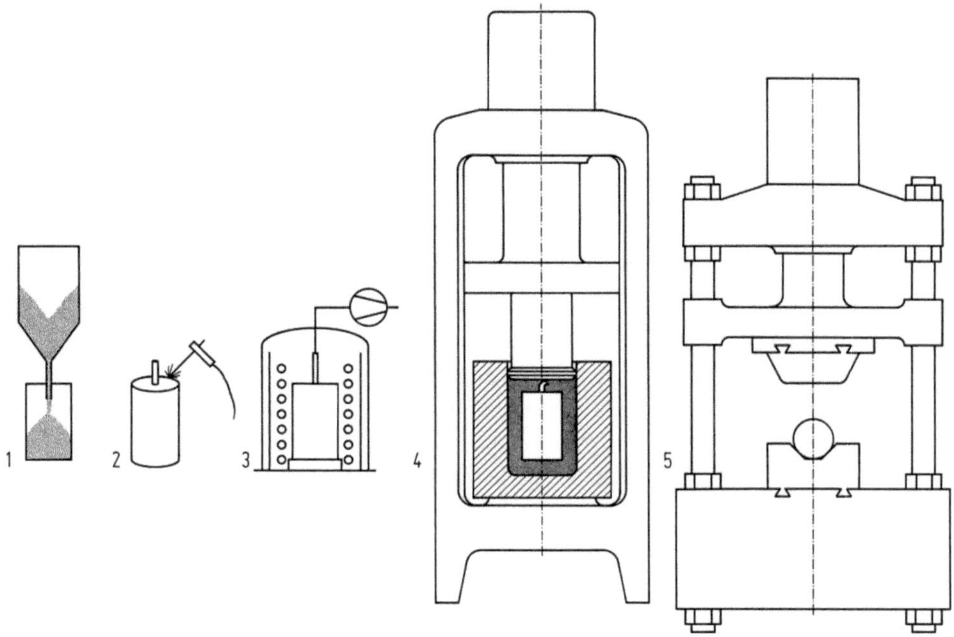

Abb. 3.18 STAMP-Prozess. *1* Füllen der Stahlkapsel. *2* Zuschweißen. *3* Vorheizen auf Verdichtungstemperatur bei gleichzeitiger Entgasung. *4* Schnelle Verdichtung in einer hydraulischen Presse. *5* Warmumformung

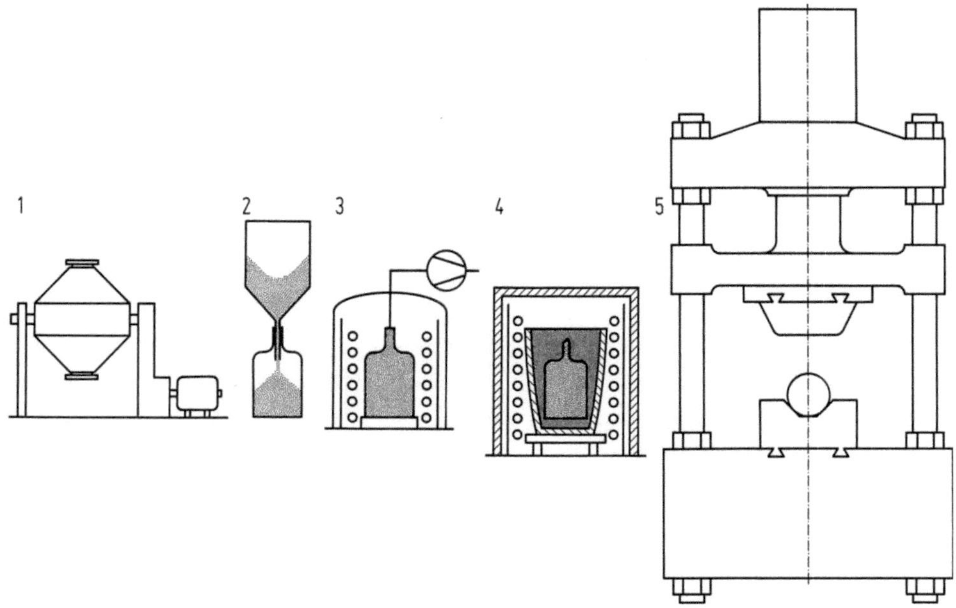

Abb. 3.19 Konsolidierung unter Atmosphärendruck. *1* Mischen des Pulvers mit Borsäure in Alkohol und Trocknen. *2* Glaskapsel füllen. *3* Entgasen bei etwa 450 °C. *4* Wärmeeinwirkung über etwa 16 h in einem Atmosphärenofen. *5* Konventionelle Warmumformung

ein dünner, gleichmäßiger Borsäureüberzug zurückbleibt. Das getrocknete Pulver wird in Kapseln aus Borsilikatglas gefüllt, die geometrisch der gewünschten Endkontur entsprechen und bei etwa 450 °C evakuiert und entgast werden. Während der Vakuumentgasung werden die Hydroxide der mit Luft in Verbindung gekommenen Pulver freigesetzt, und die Borsäure zerlegt sich in Wasserdampf, der abgesaugt wird, und Boroxid (B_2O_3). Die Glasform wird im evakuierten Zustand versiegelt und in einen Tiegel eingesetzt, der mit einem abstützenden Granulat gefüllt ist, das bei der anschließenden Hochtemperaturbehandlung von etwa 1.150–1.200 °C für Eisen- und Nickelbasiswerkstoffe seine gute Fließfähigkeit nicht verliert. Die Tiegel bestehen aus einer Ton-Graphit-Massse, als Granulat wird Sand oder eine grobe Graphitkörnung eingesetzt. Die Tiegel werden abgedeckt und im Fall von Eisen- oder Nickelbasislegierungen für ungefähr 16 h bei 1.150–1.200 °C in einem normalen Atmosphärenofen gehalten. Bei dieser Behandlung erweicht das Glas und überträgt den Atmosphärendruck auf das Pulver in der Kapsel. Der Sauerstoffgehalt des Pulvers reagiert mit dem Boroxid zu Metaboraten, die sich kugelig einformen, so dass die Oberfläche der Pulverpartikelchen metallisch blank ist und diffusiver Stofftransport über die Partikelgrenzen möglich wird. Der Druck der Atmosphäre reicht aus, den Werkstoff auf 95–99 % Dichte zu verdichten, was den Grenzwert für zusammenhängende Porosität von ungefähr 93 % übersteigt, so dass bei der konventionellen Warmumformung, mit der die Restporosität geschlossen wird, keine besonderen Schutzvorkehrungen für die Porosität getroffen werden müssen. Beim Abkühlen von der Konsolidierungstemperatur platzt die Glaskapsel bei Temperaturen um 300 °C ab. Die Rohlinge werden vor dem Warmumformen durch Strahlen von Glasresten gereinigt. Die Handhabung der gefüllten Glaskapseln schränkt die Größe von Blöcken oder Vorformen ein.

Rapid omnidirectional compaction (ROC) Beim ROC-Verfahren, Abb. 3.20, wird eine ähnliche Technik wie beim STAMP-Prozess verfolgt, allerdings für Formteile statt für Bolzen zur Warmumformung [KELT84, BOSE03] und bei höheren Drücken. Gasverdüstes Pulver wird in Formkapseln gefüllt, entgast und bei Umformtemperaturen für kurze Zeiten sehr hohen Drücken ausgesetzt. Auch hier wird mit einem Topfwerkzeug in einer Schmiedepresse bearbeitet. Das Kapselmaterial soll sich bei den angewandten Drücken und Temperaturen leicht verformen lassen. Für Nickelbasislegierungen oder Titanwerkstoffe verwendet man unlegierte Stähle, die mit einem Vorhaltemaß für die Schrumpfung bei der Verdichtung zu zwei Halbschalen gespant werden, Abb. 3.21. Die Halbschalen werden miteinander verschweißt, so dass die gewünschte Hohlform mit Pulver gefüllt werden kann. Nach dem Verdichten und Ausstoßen wird das Material des Werkzeugs abgespant oder weggeätzt. Eine Alternative können Kupferlegierungen mit 10 % Nickel sein, die in einem Cu-Ni-Bad abgeschmolzen werden.

Je nach zu verdichtendem Werkstoff muss das Pulver durch eine Kapsel geschützt werden, die als Diffusionsbarriere zum umgebenden Kupferwerkstoff dient, wenn mit flüssigem CuNi10 gearbeitet wird. Die gängigsten Kapseln werden durch Drückwalzen, Stanzen oder Innenhochdruckumformen vorgeformt, zusammengeschweißt, gefüllt, während der Aufheizung entgast und verschlossen. Die Einbettmasse kann auch eine fließfähige,

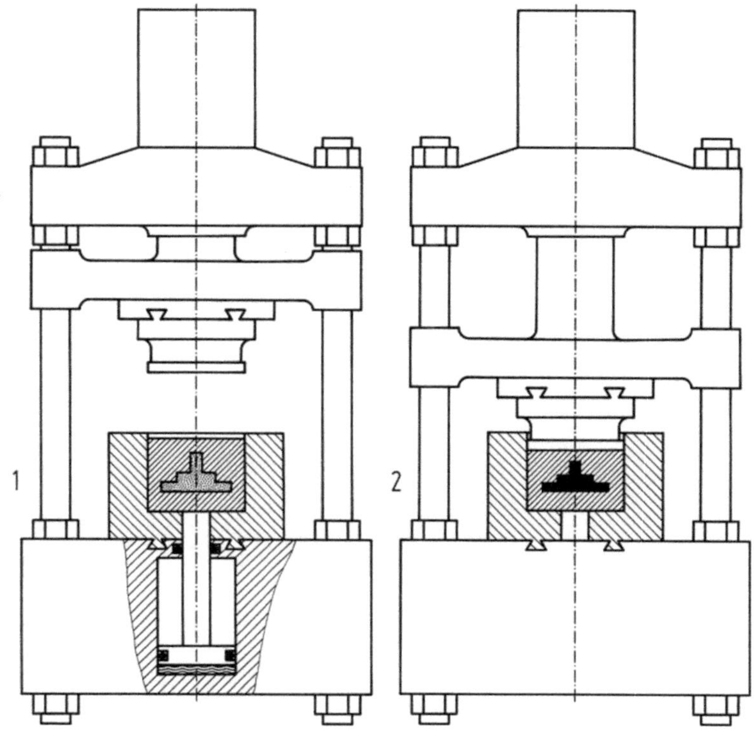

Abb. 3.20 Rapid omnidirectional compaction (ROC). *1* Einsetzten und Umfüttern der Vorform in das Topfwerkzeug der Presse. *2* Druckausübung und Verdichtung zu porenfreier Dichte

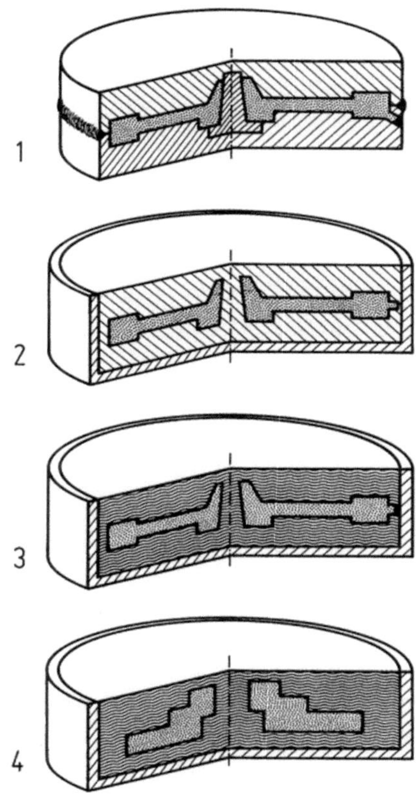

Abb. 3.21 Verschiedene Formen so genannter flüssiger Werkzeuge und Vorformen für den ROC-Prozess. *1* Werkzeug und Dorn gespant aus unlegiertem Stahl, zusammengeschweißt, mit Pulver gefüllt und zugeschweißt. *2* Drückgewalzte Blechkapsel mit flüssigem Werkzeug aus einer geschmolzenen Cu-Ni-Legierung. *3* Drückgewalzte Blechkapsel mit flüssigem Werkzeug aus einer Glas-Keramik-Mischung. *4* Ungekapselte poröse Vorform in Glas-Keramik-Mischung

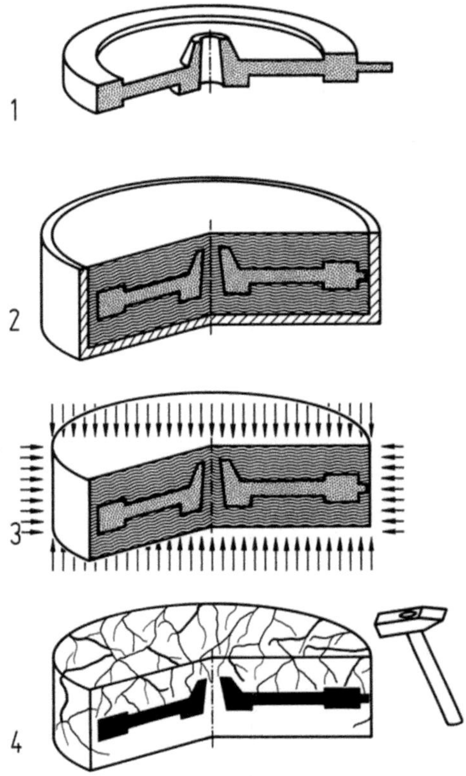

Abb. 3.22 Rapid omnidirectional compaction von gekapseltem Pulver. *1* Füllen der Blechkapsel, Entgasen und Verschließen. *2* Einsetzen und Abstützen in Glas-Keramik-Mischung. *3* Konsoldieren bei hoher Temperatur und hohem Druck. *4* Entformen durch mechanisches Entfernen der Glas-Keramik-Mischung und spanendes Abarbeiten der Kapsel

schüttbare Mischung aus Glas und eingemahlener Keramik sein. Die eingebette Form wird mit der Vergussmasse auf Schmiedetemperatur hochgeheizt und belastet, Abb. 3.22.

Die Konsolidierungsdrücke erreichen 800 N/mm^2 bei Einwirkzeiten von etwa 1 s. Anschließend werden die Komponenten aus dem Werkzeug ausgestoßen und entkapselt.

Ceracon-Prozess Der Ceracon-Prozess hat zum Ziel, poröse pulvermetallurgische Vorformen ohne Kapselung zu voller Dichte zu verdichten [FERG84, BOSE03]. Die Verfahrensschritte sind in Abb. 3.23 dargestellt. Ein kaltisostatisch geformtes oder matrizengepresstes poröses Bauteil wird in Schutzgas auf Warmumformtemperatur erwärmt. Separat dazu wird keramisches Granulat auf ähnliche Temperaturen aufgeheizt. Das heiße Keramikgranulat wird in ein hitzebeständiges Topfwerkzeug geschüttet, um die erwärmte poröse Vorform einzubetten und abzustützen. Das Topfwerkzeug wird in die offene Druckkammer einer Presse gesetzt und für etwa 30 s mit 400–500 N/mm^2 belastet. Das Keramikgranulat überträgt den Druck des Pressenstempels mehr oder weniger isostatisch auf die Vorform, die kapselfrei verdichtet wird. Nach der Verdichtung wird das Topfwerkzeug ausgestoßen und das Keramikgranulat vom Formteil getrennt. Wegen der inneren Reibung in Granu-

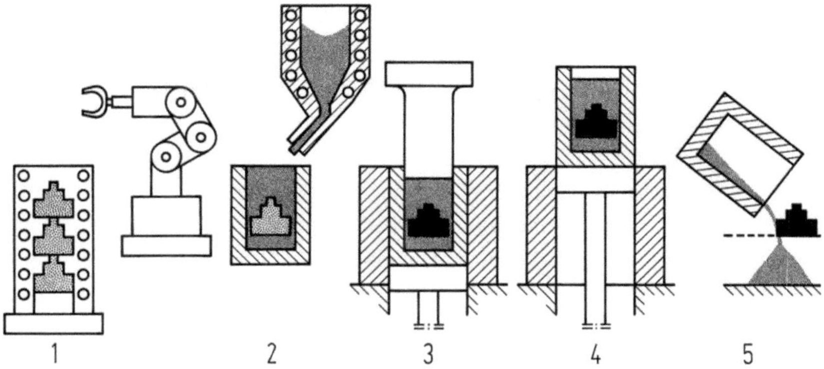

Abb. 3.23 Ceracon-Prozess. *1* Vorheizen der porösen Vorformen unter Schutzgas. *2* Einsetzen der Vorform in ein Topfwerkzeug und Umfüttern mit heißem keramischen Granulat. *3* Umsetzen des Topfwerkzeugs in die offene Druckkammer einer Presse und Verpressen. *4* Ausstoßen des Topfwerkzeugs aus der Druckkammer. *5* Trennen des verdichteten Bauteils vom keramischen Granulat

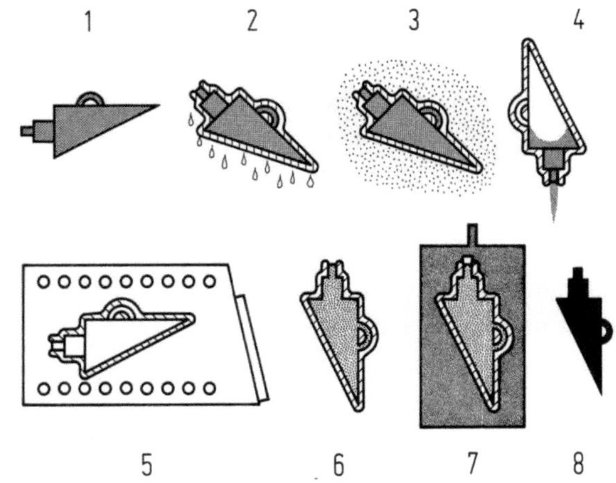

Abb. 3.24 Ceramic-mold-Prozess. *1* Spritzgießen oder Spanen von Wachsmodellen. *2* Tauchen in keramischem Schlicker. *3* Besanden. *4* Entwachsen. *5* Brennen der keramischen Schale. *6* Einfüllen des Pulvers. *7* Verschließen und Einbetten in eine granulatgefüllte Hüllenkapsel, die evakuiert und heißisostatisch gepresst wird. *8* Ausformen und Reinigen durch Strahlen

latschüttungen wirkt der Druck im Wesentlichen axial. Somit tritt auch die Verdichtung der Vorform hauptsächlich in axialer Richtung ein. Radiale Spannungs- und Verformungskomponenten tragen nur wenig zur Verdichtung bei.

Heißisostatische Verdichtung in Keramikformen Hauptsächlich für komplex geformte größere Bauteile wurde ein Verfahren entwickelt, bei dem hochlegierte oder schwierig zu zerspanende Werkstoffe als Pulver in keramischen Kapseln heißisostatisch gepresst werden. Weil auch hier mit einem abstützenden Granulat gearbeitet wird, liegen keine strengen isostatischen Verdichtungsbedingungen vor. Abbildung 3.24 zeigt die wesentlichen Schritte des Verfahrens, das gewöhnlich als ceramic mold process bezeichnet wird [PRIC84, CONW98, BOSE03]. Die Herstellung der keramischen Formschale lehnt sich an das Wachsausschmelzverfahren der Feingießtechnik an. Ein Wachsmodell, das um den Schrumpfbetrag beim Konsolidieren größer ist als die Fertigteilabmessungen, wird spritzgegossen oder aus Wachsblöcken gespant. Zum Aufbau einer keramischen Schale wird das Modell wiederholt in Schlicker getaucht und zur mechanischen Verstärkung besandet. Dazwischen wird vor dem Aufbringen der nächsten Keramikschicht jeweils getrocknet. Ist die Schale hinreichend dick und haltbar, wird abschließend getrocknet, entwachst und gebrannt. In die fertige Formschale wird das Pulver gefüllt. Da die keramische Hülle porös bleibt, kann man die gefüllte Formschale nicht unmittelbar heißisostatisch pressen. Deshalb umfüttert man die verschlossene Keramikform mit einem nicht versinternden keramischen Granulat oder mit Sand in einer Blechkapsel, die evakuiert und entgast wird. Die Kapsel wird zur Konsolidierung heißisostatisch gepresst, wobei das Granulat oder der Sand den Druck auf die keramische Formschale überträgt. Die Zusammensetzung der Form muss so abgestimmt sein, dass unter den HIP-Bedingungen größere Kriechverformungen möglich sind, ohne dass in der Keramik Risse entstehen. Gleichzeitig darf es nicht zu chemischen Reaktionen zwischen dem Metallpulver und der Formwand kommen. Wegen der schlechten Wärmeleitung im Granulat der Kapsel, in der keramischen Formschale und in der Pulverschüttung dauert die Aufheizphase länger als beim üblichen heißisostatischen Pressen.

Eine Alternative zu keramischen Formschalen von Wachsmodellen ist die galvanoplastische Abscheidung einer metallischen Schale auf dem Wachs. Auch die so hergestellte Metallform wird in einer granulatgefüllten Blechkapsel heißisostatisch gepresst [SCHA94].

Allen HIP- und Pseudo-HIP-Varianten ist gemeinsam, dass das Pulver bei der Verdichtung praktisch keinerlei Scherdeformation ausgesetzt ist. Die meisten Werkstoffe, die man durch HIP verarbeitet, enthalten Legierungselemente mit hoher Affinität zu Sauerstoff und Kohlenstoff. Die ehemaligen Partikelgrenzen sind deshalb durch Oxide oder Karbidausscheidungen dekoriert und stellen Schwachstellen im Gefüge dar, an denen sich Risse unter Betriebsbedingungen bilden und ausbreiten können. Für höchste mechanische Beanspruchungen darf deshalb das Pulver nie mit Luftsauerstoff oder Feuchtigkeit in Kontakt kommen, und das konsolidierte Bauteil sollte unter hoher Scherverformung warmumgeformt werden, um die oberflächlichen Verbindungen auf den ehemaligen Partikelgrenzen aufzubrechen und als Dispersion zu verteilen.

Von allen Pseudo-HIP-Verfahren hat sich letztlich keines kommerziell über längere Zeiten halten können. Die Verformungen bei der Verdichtung von Formteilen waren nicht so genau vorherbestimmbar, dass man auf korrigierende spanende Nacharbeit in größerem Umfang hätte verzichten können. Bei einigen Verfahren waren auch die Kosten der Kapsel- oder Formschalenherstellung wesentlich höher als beim klassischen heißisostatischen Pressen in Blechkapseln. Deshalb hat sich trotz langer Prozesszeiten einzig das HIP zum Pressen höchstlegierter Sonderwerkstoffe für kontinuierliche Produktion behaupten können [BOSE03], obschon die technische Nutzbarkeit der Pseudo-HIP-Verfahren im Pilotmaßstab nachgewiesen ist. Abarten dieser Verfahren sind auch weiterhin in Benutzung [KLEI04, NOVO04].

3.4 Verarbeitung von Pulver mit hohen Anteilen organischer Binder

Manchmal bewährt es sich, Mischungen aus metallischen Bestandteilen und organischen Bindern mit hohen Volumenanteilen anzusetzen, um Formgebungstechniken anwenden zu können, die traditionell nicht in der Pulvermetallurgie eingesetzt wurden. Solche Ansätze können hilfreich sein, wenn die Verformungswiderstände der Materialien ohne Binder zu hoch sind. Die Bindersysteme bestehen normalerweise aus mehreren Phasen, die als Benetzer, Adhäsivstoffe, Plastifizierer oder als Verflüssiger wirken. Verflüssigende Substanzen mit ausreichenden Mengen an Additiven, die die Sedimentation der metallischen Feststoffe verhindern oder zumindest verzögern, ergeben gießbare Massen. Plastifizierer in genügendem Umfang erlauben plastische Formgebung knetbarer Mischungen. Bestandteile mit guter Adhäsion können dazu dienen, die Pulverpartikel zusammenzuhalten, nachdem verflüssigende Substanzen oder Plastifizierer entfernt wurden, ehe die Versinterung beginnt.

Metallpulverspritzguss Metallpulverspritzguss verlangt für gute Verarbeitungseigenschaften feine kugelige Pulver mit einem maximalen Partikeldurchmesser unter etwa 25 μm. Der Prozessablauf ist in Abb. 3.25 skizziert. Soweit erforderlich, wird ein Basispulver mit Pulvern von Legierungselementen gemischt. Häufig werden auch fertiglegierte gasverdüste Pulver verwendet. Die Mischung des Binderansatzes wird zusammen mit dem Metallpulver im Volumenverhältnis von etwa 1:1 oft in Knetern dispergiert und gleichmäßig mit den metallischen Teilen durchmischt. Die Polymermasse, auf der die Fließfä-

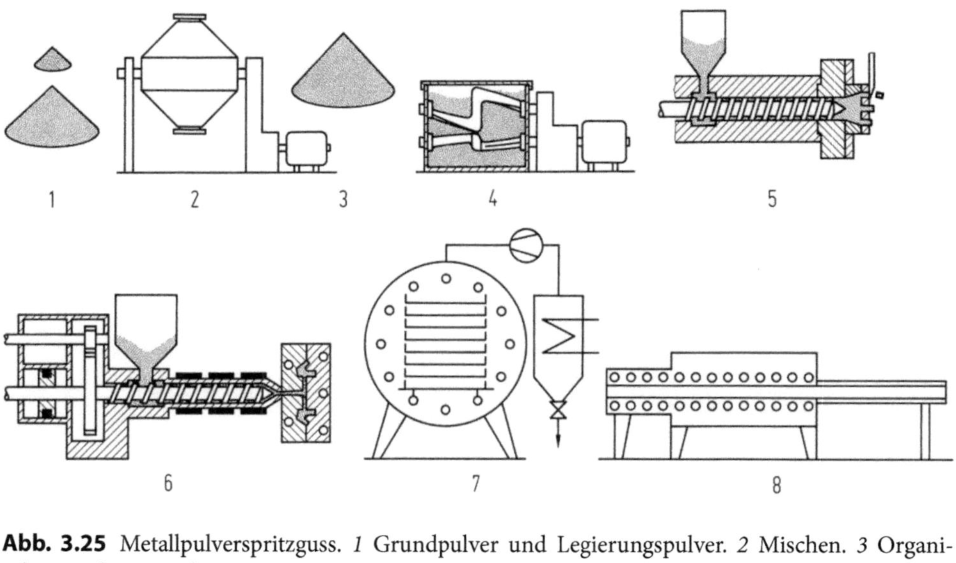

Abb. 3.25 Metallpulverspritzguss. *1* Grundpulver und Legierungspulver. *2* Mischen. *3* Organisches Bindergemisch. *4* Kneten. *5* Compoundieren und Pelletisieren. *6* Spritzgießen. *7* Entbindern. *8* Sintern

higkeit und das Formfüllungsvermögen der gekneteten Masse beruht, bestand zu Beginn der Prozessentwicklung aus Wachs und Polyäthylen. Heute gibt es eine unüberschaubare Fülle an Bindersystemen, die teils frei am Markt erhältlich sind, teilweise aber auch als hausinterne Rezepturen entwickelt und kultiviert wurden. Da der Binder hochgradig die Wirtschaftlichkeit des Verfahrens bestimmt, unterliegen die Zusammensetzungen der Hausrezepturen strikter Vertraulichkeit. Die meisten Rezepte bestehen aus einem polymeren Trägermaterial, das die erforderliche Festigkeit liefert, einer Füllphase, die sich in der ersten Stufe der Entbinderung einfach aus dem Verbund extrahieren lässt, und oberflächenaktiven Additiven, die die Benetzung und Haftung der Bindermischung am Metallpulver bewirkt. Der letzte Arbeitsschritt zur Herstellung spritzfähiger Massen ist das Granulieren oder Pelletisieren. Je nach zu verarbeitender Menge kann dies auf Doppelschneckenextrudern oder kleineren Maschinen geschehen. Dabei lässt sich je nach Maschinentyp der Arbeitsgang Kneten einsparen. Das Granulat wird auf konventionellen Spritzgussmaschinen verarbeitet. Die Werkzeuge, die sich nicht von Kunststoffspritzgussformen unterscheiden, müssen mit einem Vorhaltemaß von etwa 15 bis 20 % ausgelegt werden, um die spätere Schwindung beim Sintern zu kompensieren. Angüsse werden wieder aufgearbeitet.

Der kritische Arbeitsschritt ist beim Metallpulverspritzguss die Entbinderung, und zwar metallurgisch und wirtschaftlich. Kein Bestandteil des organischen Binders darf sich zersetzen. Dabei würde Ruß im Bauteil zurückbleiben, der z. B. Eisenbasiswerkstoffe aufkohlen würde oder beim Sintern anschmelzen ließe, wenn die eutektische Temperatur von etwa 1.150 °C überschritten wird. Traditionell ließ man deshalb früher die weniger stabile Phase des Binders im Vakuum oder unter Wasserstoff bei extrem niedrigen Aufheizgeschwindigkeiten verdampfen. Bei den auch heute noch verwendeten Polymer-Wachs-Bindern dauert die Verdampfung oder Pyrolyse der Wachsphase etwa 24 h für 5 mm Wandstärke [GROH02, ROBI02]. Die Binderphasen müssen ein Durchdringungsgefüge bilden, damit der erste Bestandteil vollständig entweichen kann, ohne dass die zweite, thermisch stabilere Phase ihre mechanische Stabilität verliert und die Bauteile zusammensacken. Die Entfernung des ersten Binderanteils hinterlässt im Bauteil ein offenes, zusammenhängendes Kanalsystem, durch das im weiteren Verlauf reduzierende Schutzgase Zutritt zur Oberfläche der Metallpartikelchen haben und durch das flüchtige Bestandteile des verbleibenden Binderanteils beim weiteren Aufheizen bei der Pyrolyse entweichen können. Außer dem Verdampfen zum Herauslösen der ersten Binderphase haben sich andere Techniken etabliert, deren Nutzung von der Zusammensetzung des Binders abhängt. In manchen Rezepturen werden Bestandteile verwendet, die sich in Lösungsmitteln bei mäßig erhöhten Temperaturen auflösen lassen, z. B. in Azeton, Heptan oder Alkohol [WEST02, LEE04]. Auch wasserlösliche Bestandteile, z. B. für gelatinöse Binder, sind bekannt [QUIR02, ISMA05].

Überkritisches Kohlendioxid ist ein hervorragendes, nicht explosions- oder feuergefährliches Lösungsmittel, das oberhalb von 31 °C und 74 bar Druck relativ einfach zu beherrschen ist. Deshalb nutzen einige Bindersysteme CO_2 als Lösungsmittel für die erste

Entbinderungsstufe [SHIM96, SHIM98]. Ölige oder andere verflüssigende Substanzen, wie Stearin- oder Oleinsäure, Wachse oder Phtalate, in thermoplastischen Bindern können beim langsamen Aufheizen in saugfähigen Packmitteln oder auf saugfähigen Unterlagen mittels Kapillarkräften entzogen und gebunden werden. Das Bindersystem, das heute in Europa die größte technische Bedeutung hat, besteht aus einer Mischung aus Polyoxymethylen, einem säureunempfindlichen Thermoplast, z. B. Polyäthylen, und Additiven. Polyoxymethylen depolymerisiert katalytisch unter dem Einfluss von Salpetersäure- oder Oxalsäuredampf bei Temperaturen unter 150 °C [TERM90, BLOE91, WING91, STER92, EBEN94, KRUG01]. Die resultierenden Monomere und sonstige Reaktionsprodukte – u. a. Formaldehyd – werden kontinuierlich in einem Gasstrom weggespült und thermisch nachverbrannt. Die katalytische Entbinderung verringert die Zeiten für die Entfernung der ersten Binderkomponente etwa um den Faktor 5 im Vergleich mit dem Verdampfen von Wachsen. Dadurch lässt sich dieser Arbeitsschritt in kontinuierliche, vollautomatisierte Ofensysteme einfügen.

Während das Bauteil im spritzgegossenen Zustand als Grünling bezeichnet wird, heißt die teilentbinderte Komponente nach der Entfernung der ersten Binderphase Braunling. Je nach Bindersystem haben Braunlinge sehr geringe mechanische Festigkeit und sind deshalb schwierig zu handhaben. Hierbei sind vollautomatisierte Prozesse, bei denen auf das Umpacken der Teile vor dem Sintern verzichtet werden kann, für die Qualität der Ware von Vorteil. Die Summe dieser Aspekte – geringere Prozesszeiten, Automatisierbarkeit und bessere Prozessfähigkeit – haben zu der hohen Marktakzeptanz der katalytischen Entbinderung geführt.

Im abschließenden Arbeitsgang werden die Braunlinge in Schutzgasöfen oder im Vakuum gesintert. Während des Aufheizens verdampft die zweite Binderphase, was vergleichsweise schnell geschieht, weil genügend Porenkanäle zur Bauteiloberfläche vorhanden sind. Reduzierende Schutzgase, vorwiegend Stickstoff-Wasserstoff-Mischgase für Eisenwerkstoffe, beginnen gleichzeitig, weniger stabile Oberflächenoxide auf den Metallpartikelchen zu reduzieren, worauf erste kleine Sinterbrücken durch Diffusion gebildet werden. Sobald der gesamte Binder sublimiert ist, beruht der mechanische Zusammenhalt ausschließlich auf diesen Sinterbrücken. Das ist ausschlaggebend für die Wahl der zweiten Binderphase, die nicht eher vollständig verflüchtigt sein darf, als Sinterbrücken gebildet werden können. Bevorzugte Öfen für die Prozessvariante mit katalytischer Entbinderung sind halb-kontinuierliche Hubbalkenöfen für Temperaturen von 1.200 bis 1.350 °C im Fall von Eisenbasiswerkstoffen. Gute Zusammenfassungen über den jeweiligen Stand der Technik geben [GERM97, GERM98a, MÜLL03], allerdings beobachtet man z. Zt. noch sehr schnelle Veränderungen und viele neue Entwicklungen.

Neben der Verarbeitung auf Extrudern mit hohem Druck gibt es auch verschiedene Niederdruckverfahren, die mit modifizierten Bindersystemen arbeiten und zusammenfassend als Niederdruck-Spritzguss bezeichnet werden [LIET91]. Auch konnte gezeigt werden, dass Spritzgussmassen mit geeignetem Binder bei mäßigen Temperaturen auf

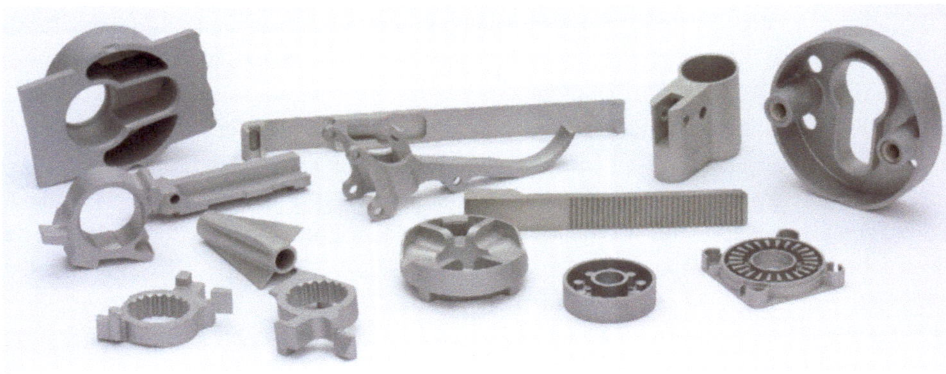

Abb. 3.26 Typische Metallpulverspritzgussteile (verschiedene Hersteller)

Druckgussmaschinen verarbeitet werden können [RADU98], was aber kommerziell keine Bedeutung erlangt hat.

Bedingt durch die feinen Pulver, die beim Metallpulverspritzguss eingesetzt werden, schrumpfen die Bauteile während des Sinterns auf etwa 95–99 % der theoretischen metallischen Dichte. Damit ist die verbleibende Porosität abgeschlossen und nicht mehr untereinander verbunden. Die mechanischen Eigenschaften, vor allem die Zähigkeitskennwerte, erreichen dementsprechend Werte, die denen konventioneller metallischer Bauteile gleicher Zusammensetzung nahe kommen. Einige typische Komponenten, die durch Metallpulverspritzguss gefertigt wurden, sind in Abb. 3.26 zusammengestellt.

Strangpressen plastifizierter Metallpulver Der Hauptunterschied zwischen dem Strangpressen plastifizierter Pulver und dem Metallpulverspritzguss liegt in der Formgebung: Beim Strangpressen hochviskoser Mischungen aus feinen Metallpulvern und Bindern wird die Masse durch eine formgebende Matrizenöffnung zu einer Profilstange gleichbleibenden Querschnitts verpresst. Die organischen Bindemittel können ähnlich wie beim Metallpulverspritzguss zusammengesetzt sein und Plastifizierer, Tenside, Schmierstoffe, Konservierungsmittel, Emulgatoren etc. enthalten. Je nach Zusammensetzung wird bei Raumtemperatur oder bei erhöhten Temperaturen gepresst.

Als Maschinen kommen außer Extrudern auch horizontale oder vertikale Kolbenstrangpressen zum Einsatz, die sich vor allem für sehr hohe Drücke und komplexe Querschnittsformen eignen. Schneckenextruder kommen mehr für große Fertigungsvolumen in Frage, Abb. 3.27. Für die Verarbeitung auf Kolbenstrangpressen muss zunächst ein Block oder Bolzen aus der zu verpressenden Masse gefertigt werden, der in den Aufnehmer der Presse eingesetzt wird. Eine andere Möglichkeit besteht darin, mit einem Schneckenextruder diskontinuierlich die verarbeitbare Masse durch eine seitliche Öffnung im Blockaufnehmer einzuspeisen. Um die komplizierten Querschnitte, die vor allem in der keramischen Industrie gebräuchlich sind, formen zu können, werden üblicherweise Brü-

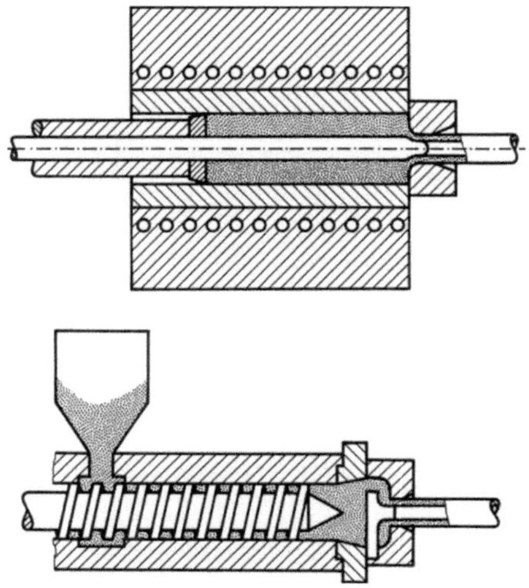

Abb. 3.27 Strangpressen plastifizierter Pulver auf Kolbenstrangpressen oder Schneckenextrudern für kontinuierliche Hohlprofile mit zentralem Dorn oder Brückenwerkzeug

ckenwerkzeuge benutzt. Bei diesem Werkzeugtyp werden die Dorne, die die Hohlkammern des Profils bilden, über seitliche Arme gehalten, die sich in der Matrize abstützen. Der Massestrom wird von den Armen geteilt und muss in der Werkzeugkammer hinter den Armen wieder trennungsfrei zusammenfließen. Der Profilquerschnitt wird durch den Spalt zwischen der Matrizenöffnung und den Dornen, die in die Matrize hineinragen, geformt. Strangpressen von Pulvern ist in der Hartmetallindustrie seit Jahrzehnten etablierte Praxis für Vollstäbe und Bohrerrohlinge. Mit rotierender Matrize lassen sich die gewendelten Kühlbohrungen von innengekühlten Spiralbohrern herstellen [BROO99]. Ebenso lassen sich dünnwandige Filterrohre, Hohlprofile oder metallische Träger für Abgaskatalysatoren aus hochlegierten Eisenbasiswerkstoffen fertigen. Die Binderrezepturen der Metallpulverspritzgusstechnik brauchen dafür nur geringfügig modifiziert zu werden [KNÜW98]. Auch geschichtete Verbundrohre sind potentielle Anwendungsfälle für die Strangpresstechnik [CHEN98].

Wenn Luft oder andere Gase in der zu verarbeitenden Masse eingeschlossen ist, bläht der ausgepresste Strang hinter der Matrize auf. In Kolbenstrangpressen müssen die eingesetzten Bolzen vor dem Verpressen deshalb vakuumentlüftet werden. Bei Schneckenextrudern muss die Granulatzuführung unter Vakuum gesetzt werden.

Der weitere Verarbeitungsweg stranggepresster Produkte ähnelt der Vorgehensweise beim Metallpulverspritzguss. Profile oder Stäbe müssen mechanisch, z. B. in Prismen, abgestützt werden, damit sie beim Entbindern und anschließenden Sintern nicht ihre Form verlieren oder zusammensacken. Übersichten zum Strangpressen plastifizierter Pulver liefern [THÜM93, ALMA98, GERM98b].

Schlickergießen und Verarbeitung im verflüssigten Zustand In einem weiteren Schritt zu flexiblerer Formgebung kann man Pulver auch zu gießbaren Massen aufbereiten, was

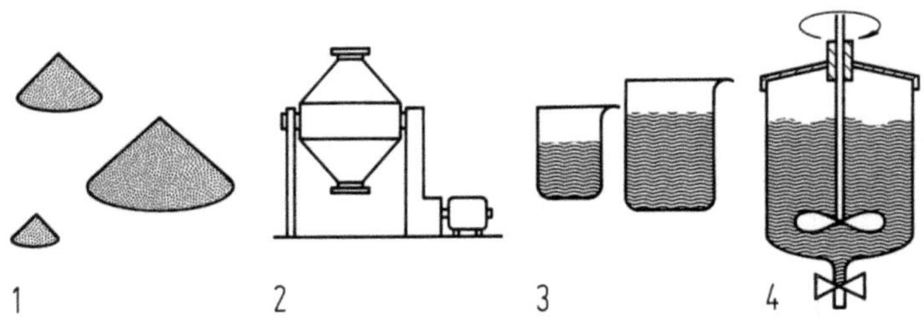

Abb. 3.28 Herstellung gießfähiger Schlicker. *1* Basis- und Legierungspulver. *2* Mischen. *3* Trägerflüssigkeiten, Binder, Lösungsmittel, Tenside, Antiflockungsmittel, Emulgatoren, Inhibitoren etc. *4* Homogenisieren

einer naheliegenden Fortentwicklung über den knetbaren Zustand des Strangpressens und Metallpulverspritzgießens hinaus entspräche. Dazu stellt man einen Schlicker auf Wasser- oder Alkoholbasis mit oder ohne Binder her, der die Metallpartikelchen zusammenhält, bis sie zu versintern beginnen, Abb. 3.28.

Zusätze verhindern Rost bei Eisenbasispulvern, desagglomerieren Partikelzusammenballungen, verzögern Sedimentation, sorgen für gute Benetzung und verhindern partikelgrößenabhängige Entmischungen im Schlicker. Gerade bei metallischen Schlickern müssen die Pulver sehr fein sein, und der Schlicker sollte vor dem Vergießen gerührt werden, weil es schwierig ist, die vergleichsweise schweren Metallpulver in Schwebe zu halten. Der Schlicker wird drucklos in feinporige Formen gegossen, deren Kapillarkräfte die Trägerflüssigkeit teilweise absaugen. Überschüssiger Schlicker wird abgegossen, das Bauteil ausgeformt, getrocknet, entbindert und gesintert, Abb. 3.29.

Außer der chemischen Zusammensetzung des Flüssigkeitsansatzes ist das Formmaterial entscheidend für den Prozess. Die Form darf nicht mit Bestandteilen des Schlickers reagieren, vor allem darf das Formmaterial durch den Kontakt mit der Trägerflüssigkeit nicht quellen oder schrumpfen, noch darf es unter dem Einfluss des Binders zu Verklebungen an der Formoberfläche kommen. Ein sehr gängiges Formmaterial ist Gips, der die wässrigen oder alkoholischen Trägerflüssigkeiten je nach Wandstärke innerhalb von Minuten bis Stunden aus der Suspension absaugt. Die Kapillarkräfte können durch ein von außen an die Form gelegtes Vakuum oder durch äußeren Druck auf den Schlicker unterstützt werden. Als Formmaterial sind außer Gips auch poröse Kunststoffe oder Keramiken in Gebrauch. Durch den oberflächlichen Flüssigkeitsentzug bildet sich entlang der Formwand ein halbfester lederartiger Kuchen mit hohem Feststoffanteil. Sobald diese Schicht die gewünschte Dicke erreicht hat, wird der noch vorhandene Schlicker ausgegossen, so dass eine Hohlform komplexer Geometrie zurückbleibt [THÜM93]. Dieses Verfahren ist industriell für Sanitärkeramik weit verbreitet. Vor allem bei der Anwendung auf metallische Pulver gibt es zahlreiche Prozessvarianten zur Zusammensetzung des Schlickers, zum Formmaterial und zur Flüssigkeitsextraktion [KOLD94, LENK99]. Eine spezielle Entwicklung, die bei der Herstellung metallischer Filter indust-

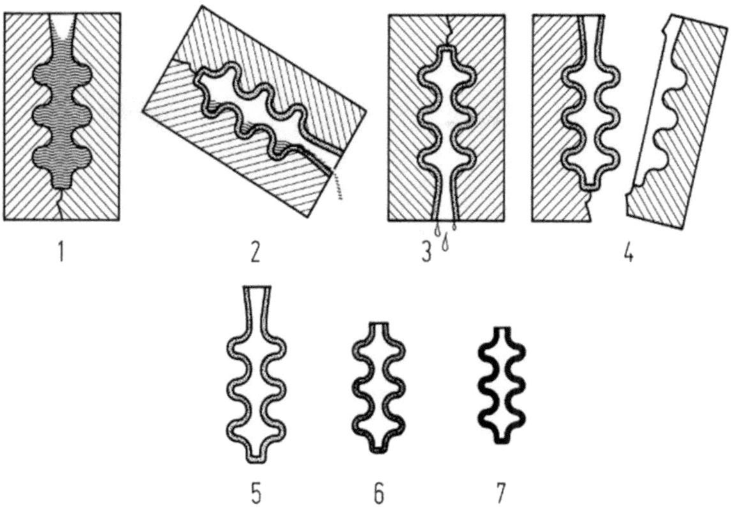

Abb. 3.29 Formgebung durch Schlickergießen in saugfähigen Formen. *1* Einfüllen des Schlickers. *2* und *3* Abschütten überschüssigen Schlickers, nachdem sich eine ausreichend dicke Schicht an der Formwand gebildet hat. *4* und *5* Öffnen der Form und Entnahme des Bauteils. *6* Besäumen und Trocknen. *7* Endabmessungen nach dem Entbindern und Sintern

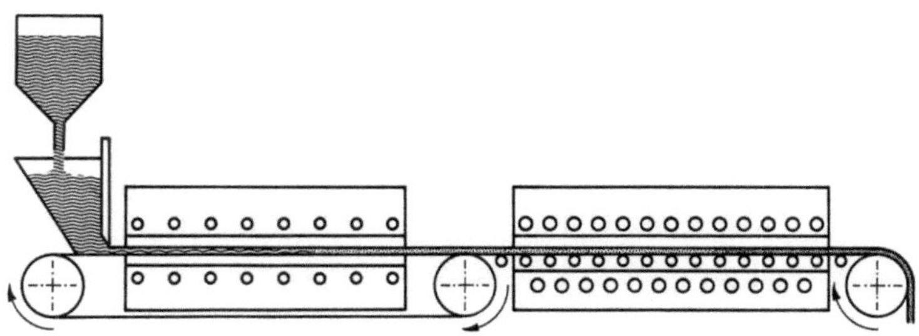

Abb. 3.30 Prinzip des Foliengießens mit kontinuierlicher Trocknung und Sinterung

riell angewandt wird, ist das Versprühen feiner Pulversuspensionen auf die Oberfläche grobkörniger Filtersubstrate mit hoher Durchlässigkeit, um hohe Filterfeinheit mit geringem Strömungswiderstand kombinieren zu können [BUCH98, BRAM00, ZHAO01, BRAM04].

Bei der Verarbeitung von Pulvern im verflüssigten Zustand kann man auch kontinuierliche Flachprodukte in Form gegossener Folien oder Streifen herstellen [THÜM93, GERM98b, BRAM04], Abb. 3.30. Der Schlicker wird in gleichmäßiger Dicke auf ein Transportband aufgetragen und in einem ersten Ofen durch partielle Verdampfung der flüssigen Bestandteile vorgetrocknet. Das Transportband kann statt aus porenfreiem Kunststoff auch aus einem beheizten Stahlblech oder aus saugfähigem porösen Material bestehen, um die Vortrocknung zu unterstützen. An den Trockenschritt schließt sich bei kontinuier-

Abb. 3.31 Beispiele für gedruckte dünnwandige Stegstrukturen aus metallischen Pulvern

licher Prozessführung ein Entbinderungs- und Sinterofen an. Je nach Material und Bindertyp oder Aufgabenstellung wird die getrocknete Folie auch vor dem Sintern zerteilt oder gestanzt, worauf das Entbindern und Sintern separat erfolgen. Bei kontinuierlichen Anlagen kann sich ein wiederholter Kaltwalzschritt mit erneuter Sinterung anschließen, um schließlich porenfreie Bleche zu erhalten [HAJA98, SMIT98].

Es gibt verschiedene Ansätze, Drucktechniken zum schichtweisen Aufbau dreidimensionaler Strukturen aus Pulver anzuwenden. Normalerweise wird dazu eine Lage feinen trockenen Pulvers über ein Pulverbett gerakelt und mit Geräten, die von Tintenstrahldruckern abgeleitet sind, flüssiger Binder feindosiert dort hingespritzt, wo die Struktur entstehen soll. Nach der Fertigstellung jeder Lage wird zwischengetrocknet und das Pulverbett um eine Lagendicke abgesenkt. Dies wird solange wiederholt, bis die gewünschte Geometrie fertig ist. Das Gebilde aus Pulver und Binder wird dem Pulverbett entnommen, entbindert und gesintert. Das überschüssige Pulver wird wiederverwendet. Eine alternative Drucktechnik arbeitet mit einer klassischen Siebdrucktechnik und Schlicker, um in feinen Lagen komplex geformt Bauteile vorwiegend aus dünnen Stegen aufzubauen, Abb. 3.31 [BAUE96, ANDE04].

3.5 Sprühkompaktieren

Sprühkompaktieren ist ein Verfahren, das der Pulvermetallurgie zugerechnet wird, obschon gewöhnlich keine Feststoffpulver im Prozess vorkommen. Eine Anlage zum Sprühkompaktieren umfasst ein Schmelzaggregat, um eine extrem legierte metallische Schmelze ansetzen zu können, eine Gasverdüsungsanlage, mit der der Strom der noch schmelzflüssigen Partikel oszillierend auf ein Substrat gerichtet werden kann, und einen Manipulator, um das Substrat in gewünschter Weise unter dem Strahl der aufprallenden Partikelchen bewegen zu können. Die flüssigen oder halberstarrten Partikel erstarren auf dem Substrat und bauen nach und nach eine Vorform für die spätere Warmumformung

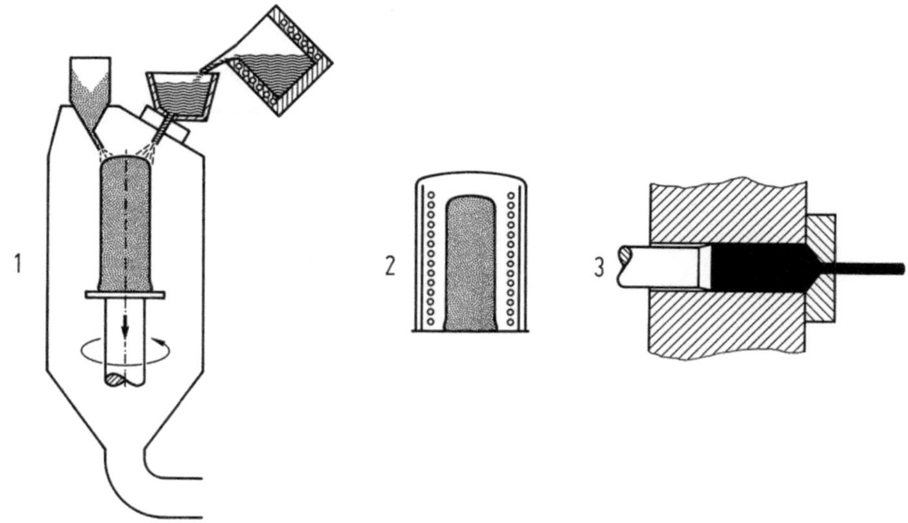

Abb. 3.32 Sprühkompaktieren von Bolzen für die Warmumformung

auf. Selbst bei großen Abmessungen und höchsten Legierungsgehalten sind die Vorformate frei von Makroseigerungen. Die Prozesskosten rechtfertigen diese Vorgehensweise – ähnlich wie beim heißisostatischen Pressen höchstlegierter metallischer Werkstoffe – nur dann, wenn seigerungsbedingt mit konventioneller Fertigung kein akzeptables Produkt mehr erzeugt werden kann. Durch die Aufteilung der Schmelze in Tröpfchen bilden sich Seigerungen nur innerhalb der Abmessungen des erstarrten Tröpfchens bzw. des Fladens, der daraus beim Aufprall auf dem Substrat entsteht. Deshalb sind sprühkompaktierte Vorformate viel einfacher warm- und kaltumzuformen als ähnlich legierte konventionelle Werkstoffe. In Europa werden kommerzielle Anlagen für Aluminium- und Kupferwerkstoffe betrieben, Anlagen für Werkzeugstähle hatten zeitweilig eine gewisse Bedeutung erlangt.

Die Mehrzahl aller sprühkompaktierten Produkte besteht aus Bolzen, die auf horizontal angeordnete, absenkbare rotierende Teller aufgesprüht werden, Abb. 3.32. Die Sprühdüse der Verdüsungsanlage ist seitlich schräg versetzt, so dass mit einer oszillierenden Auslenkung des Verdüsungsgases – gewöhnlich Stickstoff – zwischen Außenkante und Zentrum der Bolzenstrinseite eine gute Materialausbeute und zylindrische Außendurchmesser erreicht werden. Ein Teil der Partikelchen fliegt am Bolzen vorbei oder prallt von der teigigen Stirnseite und bereits erstarrten zylindrischen Teilen des Bolzens ab. Diese Partikel werden am Boden der Anlage aufgefangen und können bei späteren Läufen über einen separaten Partikelinjektor gezielt in die noch nicht vollständig erstarrte Stirnseite eingeblasen werden. Damit steigt die Materialausbeute auf weit über 90 %. Der Partikelinjektor kann darüber hinaus dazu benutzt werden, in der Schmelze nicht lösliche Partikel, etwa Hartstoffe oder Keramikpartikel in den Bolzen einzusprühen, um Teilchenverbundwerkstoffe herzustellen. Während des Aufbaus des Bolzens wird der rotierende Teller so nach

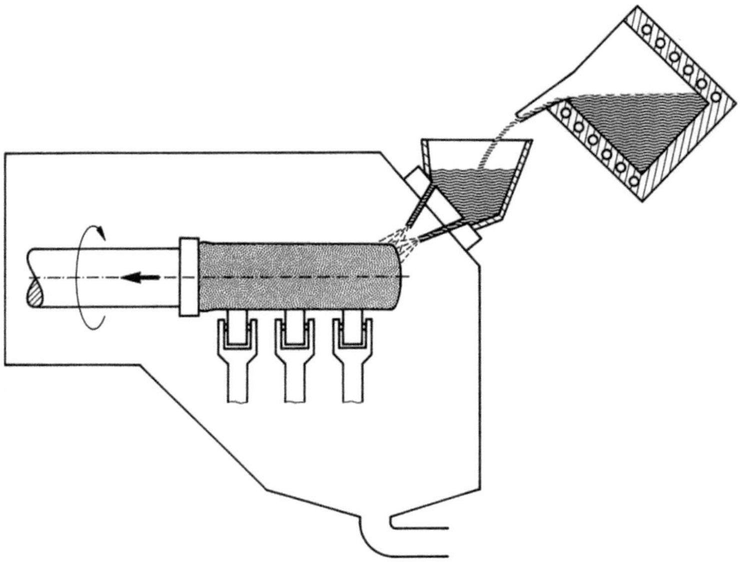

Abb. 3.33 Horizontale Bolzensprühanlage mit doppeltem Düsenkopf für besonders schwere Formate

unten abgesenkt, dass der Abstand zwischen der Sprühdüse und der Bolzenstirnseite konstant gehalten wird.

Nach dem Sprühen hat der Werkstoff außer unmittelbar über dem Substrat nahezu volle Dichte. Um eventuell noch vorhandene Porosität zu schließen, folgt eine Warmumformung, für Nichteisenwerkstoffe normalerweise Strangpressen, für Werkzeugstähle Schmieden. Die erforderlichen Umformgrade hierfür sind gering.

Die Tröpfchen, die zu Beginn eines Sprühzyklus' auf das kalte Substrat auftreffen, erstarren sehr schnell, so dass entlang des Substrates eine Schicht entsteht, die einen hohen Volumenanteil offener, zusammenhängender Porosität enthält. Beim Öffnen der Verdüsungskammer zur Entnahme des Bolzens dringt Luftsauerstoff in die offenen Poren ein und hinterlässt auf den Porenoberflächen Oxide, die die mechanischen Eigenschaften des Fertigproduktes negativ beeinflussen würden. Deshalb wird das untere Ende des Bolzens, das auch durch eine gewisse Wulstbildung von der Zylindrizität abweicht, abgetrennt und wieder eingeschmolzen.

Für besonders schwere Blöcke aus Werkzeugstahl wurde eine horizontale Bolzensprühanlage mit zwei Verdüsungsköpfen gebaut [SHAW97, LEAT99], auf der Blöcke mit Gewichten bis zu 8 t gefertigt wurden, Abb. 3.33. Diese Bauart hat sich im Produktionsalltag jedoch nicht bewährt und wurde durch eine vertikale Anlage mit etwa der halben Kapazität ersetzt. Auch diese Anlage wurde stillgelegt.

Sprükompaktieren wurde mit Erfolg eingesetzt, um rohrförmige Bauteile, Ringe oder metallische Dickbeschichtungen herzustellen [FORR97, SHAW97, LEAT99]. Als Substrate werden dafür Walzenrohlinge, Wellen oder wiederverwendbare Dorne benutzt, Abb. 3.34. Das Gefüge ist sehr viel feiner als das von schleudergegossenen gleichartigen Werkstoffen. Will man dabei eine gute Anbindung an das Substrat erreichen, muss das Substrat in sauer-

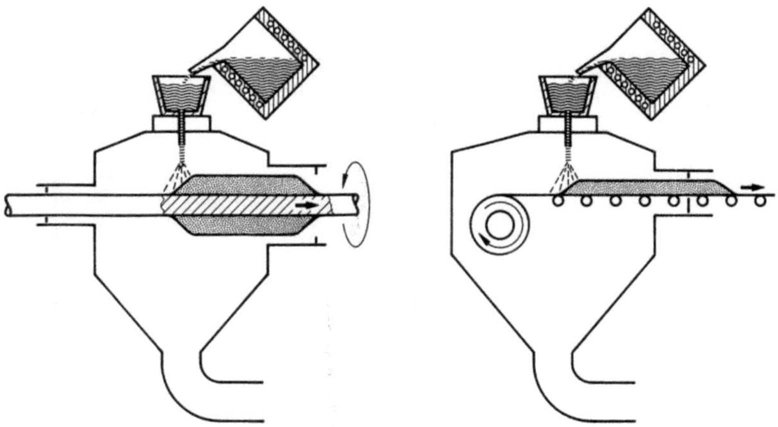

Abb. 3.34 Sprühen von rohr- oder ringförmigen Formaten sowie Sprühen von Brammen auf Blech

stofffreier Atmosphäre auf sehr hohe Temperaturen vorgeheizt werden, um zu schnelle Erstarrung mit Porenbildung entlang der Grenzfläche zu verhindern.

Frühe Arbeiten über das Sprühkompaktieren hatten zum Ziel, Vorformen für das Gesenkschmieden [LEWI91], Walzbrammen [RICK82] oder Dünnband, das auf Blech aufgesprüht wurde [ANNA88], Abb. 3.34, herzustellen. Diese Entwicklungen haben bisher industriell keinen Anklang gefunden, teils aus wirtschaftlichen Gründen, teils, weil die Porosität über mehr oder weniger kalten Substraten nicht ausgeschlossen werden konnte. Daran wird z. Zt. weiter gearbeitet.

Die größte wirtschaftliche Bedeutung hat das Sprühkompaktieren bisher für Aluminiumwerkstoffe erlangt. Hauptprodukt sind Zylinderlaufbuchsen für Kurbelgehäuse aus Aluminiumdruckguss. Der Werkstoff enthält u. a. 25 % Silizium, was bei konventioneller Fertigung nicht verarbeitbar wäre. Abbildung 3.35 gibt einen Eindruck von den Bolzenabmessungen im Vergleich zu einem Bolzen von einer Laboranlage.

Die Bolzen werden zu Rohrluppen stranggepresst und über Dornstangen bis auf Wandstärken von etwa 3 bis 5 mm rundgehämmert. Die abgelängten Laufbuchsen werden vor dem Einsetzen in die Druckgussform am Außendurchmesser zur besseren Anbindung rauh gestrahlt. Die Anwendung zeigt Abb. 3.36 anhand eines Beispiels. Nach der Fertigbearbeitung der Zylinderbohrungen wird der Aluminiumgrundwerkstoff um etwa 0,3 μm mit Natronlauge zurückgeätzt, so dass die Kolbenringe nur noch auf den fein und gleichmäßig verteilten Siliziumkriställchen gleiten, ohne mit Aluminium in Berührung zu kommen. Dies ist eine hervorragende tribologische Werkstoffpaarung.

Sprühkompaktierte Kupferwerkstoffe nutzen die dramatisch verbesserte Umformbarkeit von seigerungsfreien sprühkompaktierten Gefügen bei hohen Gehalten an Zinn, Nickel und Mangan vor allem in ternären aushärtbaren Legierungen, mit denen sich Zugfestigkeiten bis zu 1.400 N/mm^2 erzielen lassen.

Bei Werkzeugstählen steht das Sprühkompaktieren in direkter Konkurrenz mit heißisostatisch gepressten Halbzeugen aus stickstoffverdüsten Pulvern. Beim Sprühkompaktieren bleibt der Werkstoff verhältnismäßig lange auf hohen Temperaturen. Deshalb ist

Abb. 3.35 Entwicklung der Bolzengröße von sprühkompaktierten AlSi-Legierungen beginnend mit den Ergebnissen von Laboranlagen bis zu industriellen Maßstäben (PEAK)

Abb. 3.36 Zylinderlaufbuchsen aus einer mittelfesten Aluminiumlegierung mit 25 % Silizium für druckgegossene Aluminium-Pkw-Motoren (PEAK)

das Gefüge, besonders die Primärkarbide, sprühkompaktierter Materialien viel grober als das von heißisostatisch gepresstem Material gleicher chemischer Zusammensetzung und Wärmebehandlung. Dies sei anhand von Abb. 3.37 erläutert. Gezeigt ist das Gefüge eines Schnellarbeitsstahls bei höherer Vergrößerung in verschiedenen Wärmebehandlungszuständen. Links in der Abbildung liegt das Material nach HIP und Warmumformung vor, rechts nach Sprühkompaktieren und Warmumformen.

Die hellen Partikel sind wolframreiche M_6C-Karbide, die grauen Partikel vanadiumreiche MC-Karbide. Bei den dunklen Flecken Mitte links handelt es sich um feine Man-

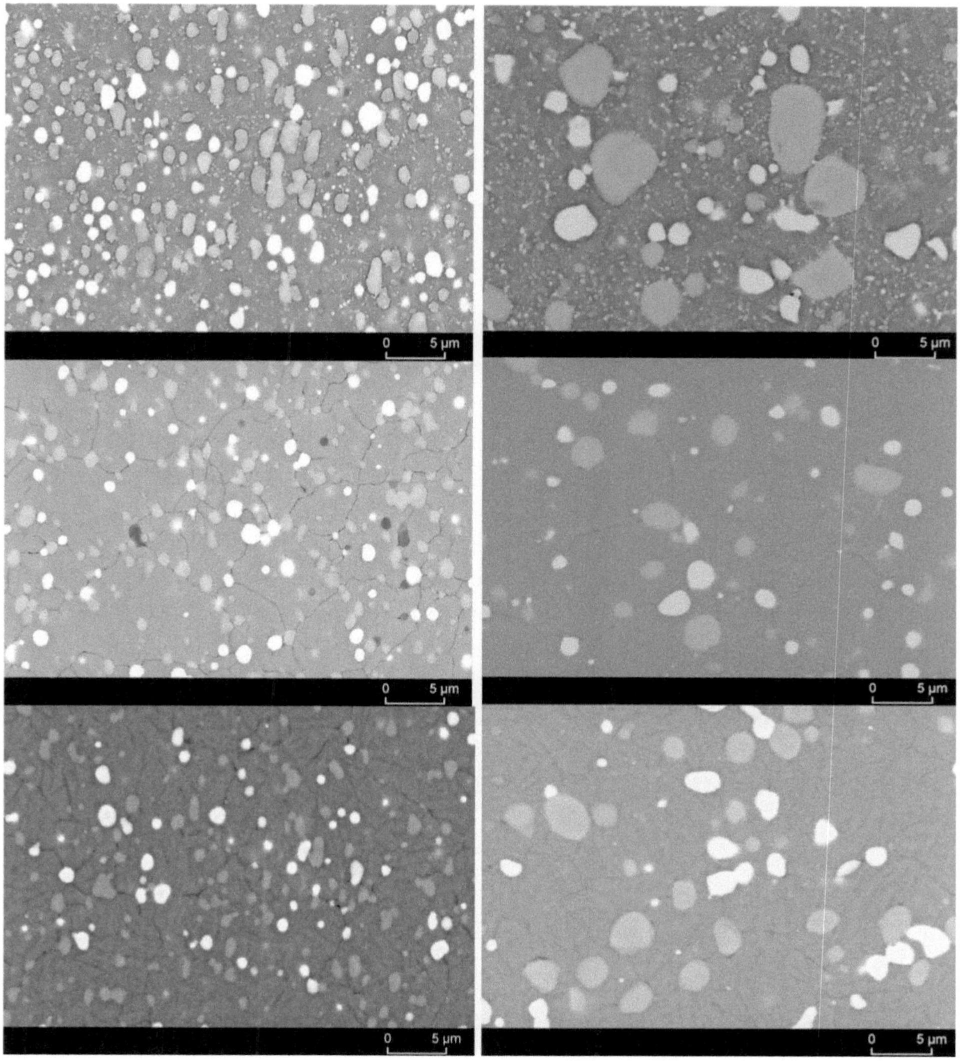

Abb. 3.37 Gefüge eines Schnellarbeitsstahls mit 1,55 % C, 4 % Cr, 12 % W, 5 % V und 5 % Co; *links* heißisostatisch gepresst und warmumgeformt; *rechts* sprühkompaktiert und warmumgeformt; *oben* Weichgeglühter Zustand; *mitte* Austenitisiert bei 1.220 °C und abgeschreckt; *unten* Dreimal für je eine Stunde bei 550 °C (*links*) bzw. 540 °C (*rechts*) angelassen

gansulfidausscheidungen. Die beiden oberen Abbildungen geben den weichgeglühten sehr karbidreichen Zustand wieder, in dem die Weichbearbeitung stattfindet. In der Mitte findet sich der bei 1.220 °C austenitisierte und abgeschreckte Zustand. Die Anzahl der feinen Karbide hat erheblich abgenommen, alle Karbide sind kleiner geworden. Die unteren Abbildungen stellen den üblichen Gebrauchszustand mit einer Härte von 67 HRC nach dem Anlassen dar. Durch das Anlassen ändert sich die Karbidgröße nicht mehr. Stets sind die Karbide, die sich während der Wärmebehandlung nicht auflösen, im sprühkompaktierten Material deutlich grober als im heißisostatisch gepressten Stahl. Die grobere Karbidstruktur nach dem Sprühkompaktieren wirkt sich sehr positiv auf das abrasive Verschleißverhalten aus [SAND99a]. Eine Übersicht über den Stand der Werkstofftechnik mit Hilfe des Sprühkompaktierens wird in [HUMM03] gegeben. Die Konkurrenzsituation zu HIP-Werkzeugstählen war letztlich ausschlaggebend für die Stillegung der Sprühkompaktieranlage für Werkzeugstähle.

3.6 Kontinuierliche Verdichtungsverfahren

Pulverwalzen Pulver oder Mischungen aus Pulver und Bindern, die unter Druck Grünfestigkeit entwickeln, lassen sich erfolgreich zu einem Grünband walzen nach einem Prinzip, das in Abb. 3.38 wiedergegeben ist. Eine Übersicht zum Pulverwalzen mit vielen Details zum Verfahrensablauf findet sich in [NAYA72] aus einer Zeit, in der die Verarbeitung von Pulvern durch Walzen noch nicht industriell betrieben wurde. Das Pulver wird mittels Schwerkraft aus einem trichterförmigen Behälter in den Walzspalt gefördert, wobei der Zulauf über verstellbare Schieber reguliert wird. Dadurch wird die Pulvermenge, die in den Walzspalt eintritt, so konstant wie möglich gehalten. Übliche Walzspalte liegen unter 5 mm. Um die Dichte über die Walzspaltbreite gleichmäßig zu halten und seitlichen Austritt von Pulver aus dem Spalt zu verhindern, kann eine Walze mit seitlichen Wangen versehen sein und die Gegenwalze wie ein Abb. 3.38 überlappen. Andere konstruktive Möglichkeiten sind verfügbar. Man strebt Gründichten, je nach Kompressibilität des Pulvers, von 80 bis 90 % an, so dass bei der dabei sich einstellenden Grünfestigkeit das

Abb. 3.38 Walzverdichtung von homogenem Pulver und von Pulverschichtungen mit Grünfestigkeit

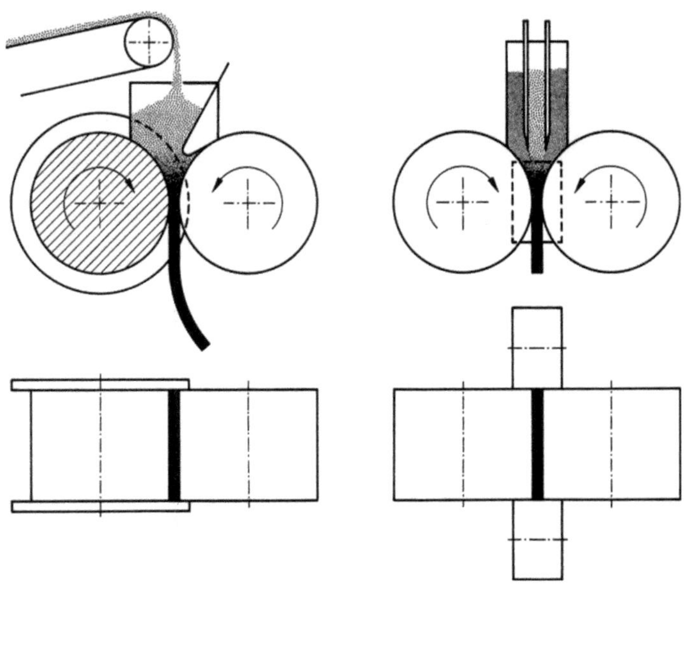

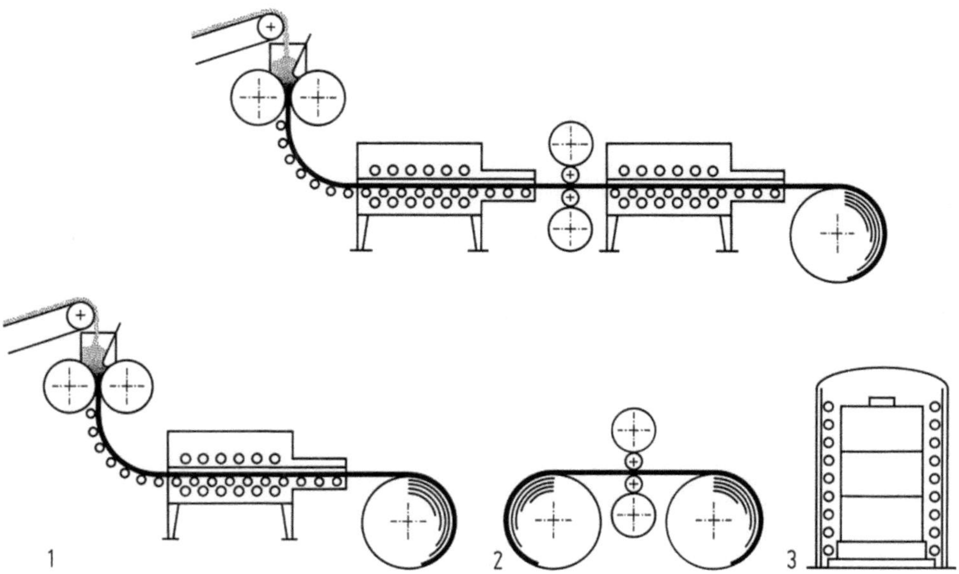

Abb. 3.39 Pulverwalzen als kontinuierliches oder diskontinuierliches Verfahren. *1* Verdichten, Sintern und Haspeln. *2* Nachverdichten durch separates Kaltwalzen. *3* Nachsintern in Chargenöfen

Band über abstützende Rutschen oder Rollen in die Waagerechte umgelenkt werden kann. Mit unterteilten Trichtern für unterschiedliche Pulver fertigt man Verbundwerkstoffe, bei denen die Dicken der jeweiligen Schichten über Schieber am Eintritt zum Walzspalt eingestellt werden.

Nach dem Verdichten und dem Umlenken in die Horizontale wird das grüne Band in horizontalen Öfen gesintert. Wenn hohe oder volle Dichte erforderlich ist, können sich wiederholte Kaltwalzungen und Nachsinterungen anschließen, Abb. 3.39. Besonders bei der Forderung nach voller Dichte müssen die Schritte Nachverdichten und Nachwalzen mehrmals durchlaufen werden, so dass kontinuierliche Anlagen unwirtschaftlich sein können. Produkte, die durch Pulverwalzen hergestellt werden, sind Bleche aus hochschmelzenden Metallen wie Wolfram und Molybdän oder andere vergleichsweise schwierig mit konventionellen Methoden herstellbare Spezialmetalle wie Verbundbleche aus Nickellegierungen für die Münzfertigung, hoch poröse Nickelfilze für Batterieelektroden, Bleche aus Kobaltbasislegierungen, Spezialstählen oder intermetallischen Aluminiden sowie Bänder aus Gleitlagermetallen [KNOP84, HAJA98].

Conform-Strangpressen Eine Conform-Strangpresse besteht nach Abb. 3.40 aus einem stabil geführten rotierenden Rad mit einer umlaufenden Nut gleichbleibenden Querschnittsprofils. In die Nut ist ein massiver Schuh eingeschwenkt mit einer seitlichen Öffnung, die in eine formgebende Matrize mündet. In die Nut ragt unter einem Vorratsbehälter, aus dem Pulver zugeführt wird, eine Andrückrolle, mit der das Pulver in der Nut

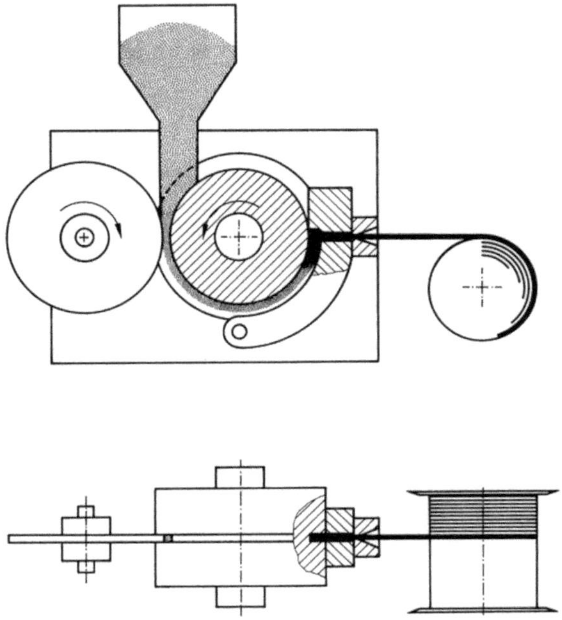

Abb. 3.40 Prinzip des Conform-Strangpressens von Pulver ohne nachträgliche Sinterung

vorverdichtet wird. Die Reibung zwischen Pulver und Nut transportiert das Pulver gegen den blockierenden Schuh. Dabei staut sich das Material vor dem Schuh auf und verdichtet zu voller Dichte. Der aufgestaute Werkstoff wird durch massive Scherung adiabatisch erwärmt und durch die seitliche Öffnung in die formgebende Matrize gepresst. Der austretende Strang kann hinter der Maschine ohne zusätzliche Sinterung gehaspelt werden. Aufgrund der enormen Kräfte, die auf den Schuh einwirken und gegen die Matrize drücken, wurden bisher hauptsächlich Aluminiumwerkstoffe nach dem Conform-Verfahren verarbeitet [HARP82, MART96]. Das Verfahren wird kommerziell genutzt. Wegen der ungleichmäßigen Verteilung der Scherung in Nut und Werkzeug erhält man eine ungleichmäßige Verformungs- und Temperaturverteilung über den Querschnitt des austretenden Strangs. Daraus resultieren deutliche Gefügeunterschiede zwischen Kern und Oberfläche des Profilquerschnitts.

3.7 Schüttsintern

Schüttsintern ist eine drucklose Formgebungstechnik, mit der im Wesentlichen hochdurchlässige poröse Bauteile aus kugeligen Bronzepulvern oder -granulaten als Filter oder Dämpfer von Abblasgeräuschen in der Pneumatik gefertigt werden. Statt Bronzepulvern kommen manchmal auch andere Werkstoffe für Sonderzwecke zum Einsatz, etwa Titan oder rostfreie Stähle. Für reproduzierbare Durchströmungseigenschaften werden die Pulver in enge Siebfraktionen separiert, so dass innerhalb einer Fraktion nur geringe Größenunterschiede vorliegen. Unter Vibration wird das Pulver in Formen gefüllt, die die lose

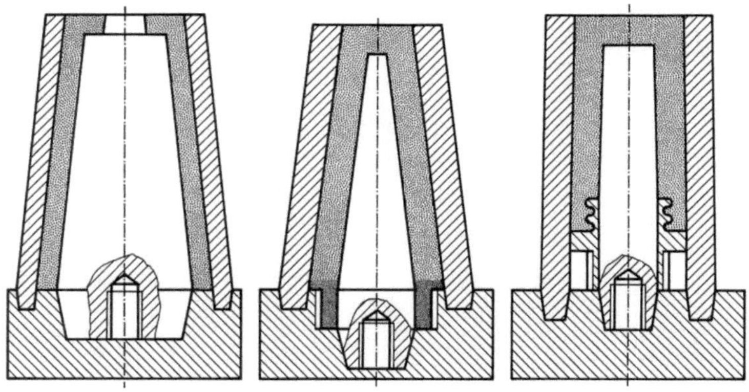

Abb. 3.41 Formgebungsmöglichkeiten beim Schüttsintern mit Gewinden aus feinem Pulver oder eingelegten Befestigungselementen

Schüttung abstützen. Das Pulver wird in der Form gesintert, bei Bronze mit 10 % Zinn z. B. bei etwa 800 °C in Stickstoff-Wasserstoff-Gemischen mit hohem Wasserstoffanteil, um die Oberflächenoxide der Pulver in angemessener Zeit reduzieren zu können. Daraus leitet sich die Forderung ab, dass die Formen den Sinterbedingungen standhalten müssen und dabei nicht mit dem Pulver versintern oder sonst wie reagieren dürfen. Für Bronze ist Graphit ein guter Formenwerkstoff. Man kann aber auch mit austenitischen Stählen arbeiten, die man mit einer diffusionsbehindernden Beschichtung versieht, die ab und zu erneuert werden muss. Gut bewähren sich hoch siliziumhaltige Ventilstähle, deren Beschaffung in den erforderlichen Abmessungen aber problematisch sein kann. Während der Sinterung kommt es an den Berührungspunkten zwischen den Partikelchen zur Bildung von Sinterhälsen, die die Durchströmbarkeit nicht merklich behindern und ausreichende Festigkeit gewährleisten. Feine Pulver entwickeln beim Schüttsintern deutlich höhere Festigkeit als grobe Granulate. Nach dem Sintern werden die Bauteile aus den wiederverwendbaren Formen entnommen und sind einbaufertig.

Abbildung 3.41 gibt Beispiele für die Formgebungsmöglichkeiten beim Schüttsintern. Um die Ausformung zu erleichtern, müssen vor allem große Bauteile an inneren und äußeren Werkzeugwandungen Ausformschrägen aufweisen. Verlorene Formen sind unüblich, können aber in Sonderfällen für spezielle geometrische Anforderungen wirtschaftlich sein. Gewinde für die spätere Befestigung der Bauteile werden mit angeformt. Für erhöhte Festigkeit werden Gewinde aus feineren Pulvern hergestellt, die zuerst in die Form gefüllt werden, ehe mit dem groberen Pulver aufgefüllt wird. Nach dem Sintern werden Teile mit Gewinde aus der Form herausgeschraubt. Auch können Fittings aus Kupfer oder Messing mit Gewinden oder Bajonetten in die Formen von Bronzeteilen eingelegt und mit Pulver umschüttet werden. Beim Sintern kommt es zu Form- und Stoffschluss, wodurch Zerspanung nach dem Sintern nicht erforderlich ist. Vor allem bei Messing ist der Stoffschluss wegen der etwas problematischen Reduzierbarkeit von Zinkoxid bei niedrigen Temperaturen nicht besonders stark. Deshalb sollte man auf Formschluss mittels Hinterschneidungen bei der Auslegung nicht verzichten.

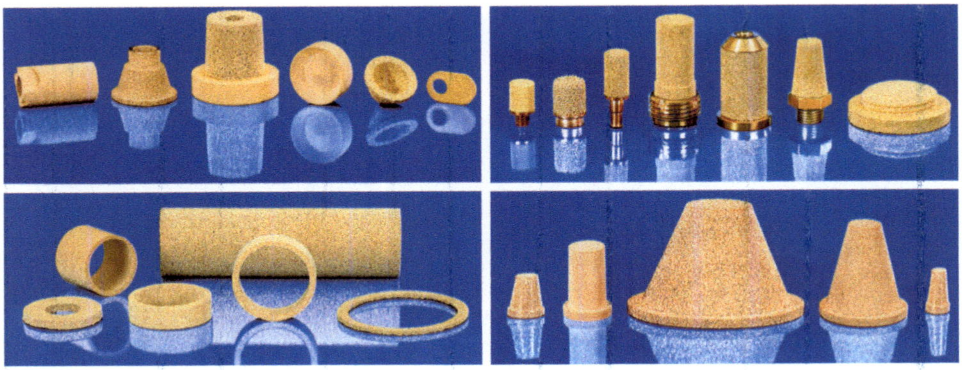

Abb. 3.42 Schüttgesinterte Bronzefilter unterschiedlicher Geometrien (GKN Sinter Metals)

Schüttsintern ist eine gut etablierte Technik für poröse Bronzeelemente, mit der neben großen Serien auch Kleinserien und notfalls Einzelteile gefertigt werden können, weil die Herstellung von Graphitformen vergleichsweise unaufwändig ist. Einige Beispiele von Bronzefiltern zeigt Abb. 3.42.

3.8 Herstellung von Blöcken für die Warmumformung

Konsolidierung ohne Reduktion der Oxide hinterlässt die ehemaligen Partikeloberflächen als Grenzflächen im Gefüge, die mit ihren Oberflächenverbindungen dekoriert sind. Selbst wenn das Pulver nur einem sehr trockenen Verdüsungsgas und einer Schutzgasatmosphäre oder Vakuum während Handhabung und Verarbeitung ausgesetzt war, hat die Oberfläche eine andere chemische Zusammensetzung als das Partikelinnere, weil sich in den vorherrschenden höchstlegierten Materialien Ausscheidungen an der Oberfläche während der Abkühlung um viele Größenordnungen schneller bilden als in der Matrix. Für höchste Anforderungen kann man diesen Zustand nicht zulassen, da die Ausscheidungen auf den ehemaligen Partikelgrenzen unter mechanischer Belastung den potentiellen Rissverlauf vorgeben. Für beste mechanische Belastbarkeit muss man Oxiden oder Ausscheidungen in der Partikeloberfläche ihre filmartige Durchgängigkeit nehmen, indem man den Werkstoff mit hoher Scherdeformation warmumformt. Deshalb ist der erste Schritt bei der Herstellung entsprechender Produkte stets die Fertigung eines Blocks oder Bolzens für die Warmumformung. Mehrere Verfahren zur Bolzenfertigung, etwa das Vakuumheißpressen, heißisostatisches Pressen oder Sprühkompaktieren, wurden bereits erwähnt. Daneben gibt es eine verwirrende Fülle weiterer Verfahren für unterschiedliche Materialien. Der folgende Abschnitt soll die verschiedenen Möglichkeiten etwas näher beleuchten. Als Ausgangsschritt wurde stets kaltisostatisches Pressen angenommen, stellvertretend für die Warmumformung steht das Strangpressen, das bei Eisen- oder Nickelbasiswerkstoffen natürlich auch durch Schmieden und Walzen dargestellt werden könnte, sofern das Material

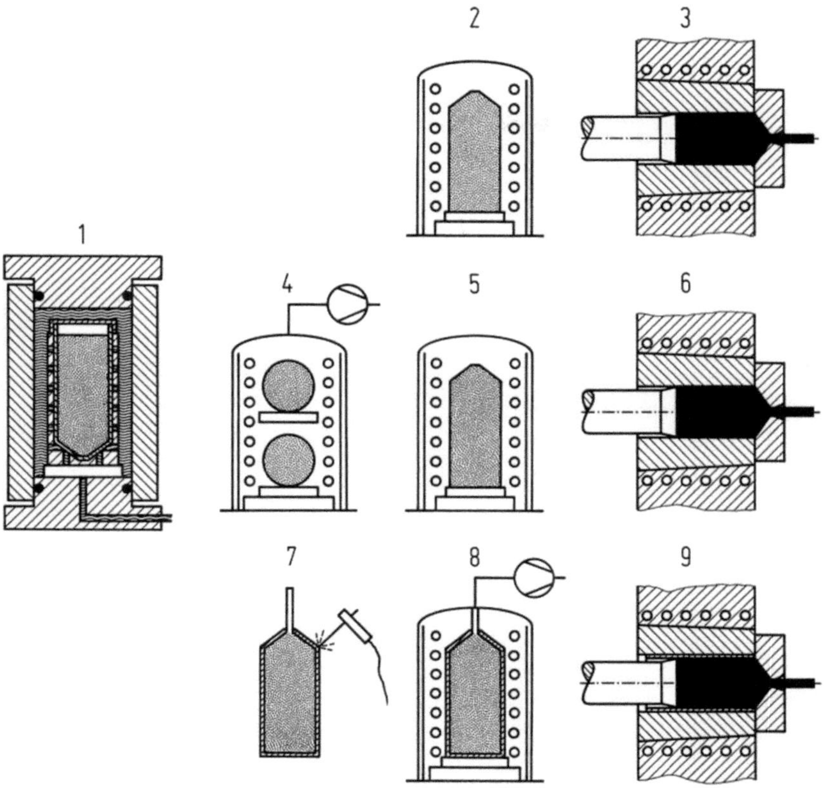

Abb. 3.43 Bolzenfertigung aus Pulvern mit Grünfestigkeit. *1* Kaltisostatisches Pressen in mechanisch abgestützter Gummiform. *2* Aufheizen in Schutzgas. *3*, *6* und *9* Strangpressen. *4* Sintern des Bolzens zu abgeschlossener Porosität, z. B. im Vakuum. *5* Aufheizen in Atmosphärenofen. *7* Kapseln des Bolzens. *8* Aufheizung mit Ausgasen

bis zum Warmarbeitsschritt genügend Festigkeit entwickelt hat und Luftsauerstoff keinen Zugang zu offener Porosität bekommt.

Bei Pulvern, die ausreichende Grünfestigkeit entwickeln, um die Bolzen transportieren und handhaben zu können, kann das Pressen in Gummiwerkzeugen stattfinden, die meistens aus Polyurethan sind und mechanisch durch einen perforierten Stützkorb aus Stahl oder Aluminium in Form gehalten werden, Abb. 3.43. Nach der Entnahme aus der Presse und dem Ausformen aus dem Gummimantel wird der offenporige Pressling in Schutzgas aufgeheizt, zur Presse befördert und warmumgeformt. Diese Vorgehensweise ist seit Jahrzehnten für Werkstoffentwicklungen in Gebrauch [CAUS80]. Selbst bei Aluminiumwerkstoffen, die gewöhnlich vakuumentgast werden, beobachtet man keine nachteiligen Effekte auf die mechanischen Eigenschaften, solange die Atmosphäre beim Aufheizen inert und sehr trocken ist [JOKI88]. Heute wird diese kostengünstige Verfahrensvariante an mehreren Standorten industriell genutzt. Ein Nachteil kann die offene Porosität während des Transportes zwischen Ofen und Strangpresse sein.

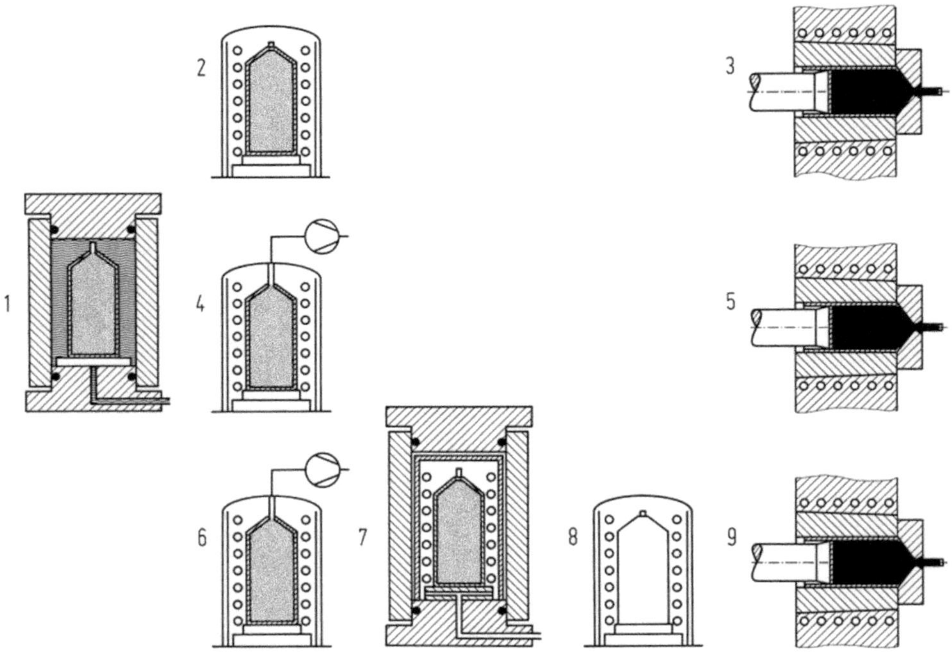

Abb. 3.44 Blöcke für die Warmumformung aus Pulvern ohne Grünfestigkeit. *1* Kaltisostatisches Pressen des Pulvers in Metallkapsel. *2* Aufheizung in Atmosphärenofen. *3*, *5* und *9* Strangpressen. *4* und *6* Aufheizen und Ausgasen. *7* Heißisostatisches Pressen. *8* Aufheizung in Atmosphärenofen

In dieser Hinsicht erweist es sich – soweit erforderlich – als günstig, die Blöcke zu Dichten vorzusintern, bei denen die verbleibende Porosität nicht mehr untereinander verbunden ist. Dazu sind Vakuumöfen gut geeignet, wodurch gleichzeitig auch ausgegast wird. Mit abgeschlossener Porosität können pulvermetallurgisch hergestellte Bolzen genauso aufgeheizt und gehandhabt werden wie konventionell erschmolzene. Da der Werkstoff im gesinterten Zustand mit abgeschlossener Porosität bereits hohe Festigkeit hat, erweist sich der Arbeitsgang Strangpressen nicht als erforderlich, Schmieden und Walzen lassen sich ohne Oberflächenschäden anwenden [BEIS88]. Als Alternative könnte man volle Dichte durch kapselloses heißisostatisches Pressen erreichen.

Will man das Material ohne Sinterung vor dem Strangpressen ausgasen oder gegen jeden Luftzutritt schützen, wird der kaltisostatisch gepresste Block in einer metallischen Kapsel aufgeheizt. Auch diese Variante wird industriell genutzt [POKR95].

Kugelige Pulver oder sonstige Pulver ohne ausreichende Grünfestigkeit müssen vor dem kaltisostatischen Pressen in metallischen Behältern gekapselt und evakuiert werden. Je nach Werkstoff und Pulverhandhabung können die gepressten Kapseln ohne weitere Vorkehrungen aufgeheizt und verpresst werden, Abb. 3.44. Nach dieser Variante wurden rostfreie Stahlrohre industriell hergestellt [ASLU90].

Werkstoffe, die aus metallurgischen Gründen ausgegast werden müssen, werden während des Aufheizens auf die Strangpresstemperatur kontinuierlich evakuiert. Als Beispiel mögen Aluminiumlegierungen dienen, denen der Wasserstoff entzogen werden muss, falls im späteren Einsatz durch Schweißen gefügt werden soll [ARNH89]. Das Ausgasen kaltisostatisch gepresster Bolzen aus reaktionsgemahlenen oder mechanisch legierten Aluminiumgranulaten vor dem kapsellosen Strangpressen ist deswegen industrielle Praxis.

Will man Pulver ohne Grünfestigkeit kapselfrei strangpressen, muss das Material nach dem Ausgasen zu abgeschlossener Porosität vorverdichtet und entkapselt werden. Diese Vorverdichtung kann beim Vakuumheißpressen mit dem Ausgasen gemeinsam geschehen, kann aber auch als eigener Arbeitsgang durch heißisostatisches Pressen oder durch Anstauchen in einer Strangpresse mit einem Blindwerkzeug durchgeführt werden. Eine Vorverdichtung zu im Wesentlichen voller Dichte muss nicht mit einer Entkapselung vor dem Strangpressen einhergehen. Bei Nickelbasislegierungen für Turbinenscheiben wird z. B. der Kapselwerkstoff erst nach dem Strangpressen abgearbeitet [DAVI90].

Diese Beispiele zur Bolzenherstellung zeigen, dass es nicht den Königsweg zu guten Werkstoffen gibt, sondern dass man sich mit der Fülle der Möglichkeiten an den Werkstoff und die Qualitätsanforderungen des speziellen Einsatzfalls flexibel anpassen kann. Die Vielfalt der Verfahrensvarianten bietet zusätzlich erhebliches Potential für Kostenreduktionen.

3.9 Herstellung oxidischer Supraleiter

Hochtemperatursupraleiter sind gewöhnlich oxidischer Natur und damit den keramischen Werkstoffen zuzuordnen. Für technische Anwendungen müssen diese Materialien als Langprodukte, etwa als Kabel oder wickelbarer Draht, vorliegen. In [YAMA07] ist ein Beispiel gegeben, wie man diese Aufgabe bewerkstelligen kann, Abb. 3.45. Die Ausgangsstoffe werden im gemahlenen Zustand geglüht, um alle Hydroxide und eventuell vorhandenes Kristallwasser auszutreiben und alle metallischen Bestandteile zu oxidieren. Die Arbeitsgänge Mahlen und Kalzinieren werden mehrmals wiederholt. Das wasserstofffreie oxidische Pulver wird in Silberhüllen gefüllt und durch Ziehen verdichtet. Mit einem Bündel solcherart hergestellter Einzelstäbe wird eine lange Kapsel aus Silber gefüllt, verschlossen und erneut zur Verdichtung gezogen. Daran schließt sich ein erster Walzarbeitsgang an, dem ein erstes heißisostatisches Pressen in einer sauerstoffhaltigen Atmosphäre bei etwa 800 °C folgt. Walzen und HIP werden wiederholt. Das Ergebnis sind supraleitende Drähte bis zu 2 km Länge mit einer Dichte in den oxidischen Leiterbahnen von mehr als 98 %.

3.10 Schlussbemerkung

Es gibt zahlreiche weitere Methoden, metallische Pulver zu formen, auf die wegen fehlender industrieller Anwendung nicht näher eingegangen wird, etwa die Verdichtung auf Taumelschmiedemaschinen [PREG94], Fließformen von plastifizierten Pulvern mit erhöhten Gehalten an Gleitmitteln [TAKA95b, VELT97] oder Matrizenpressen mit rotie-

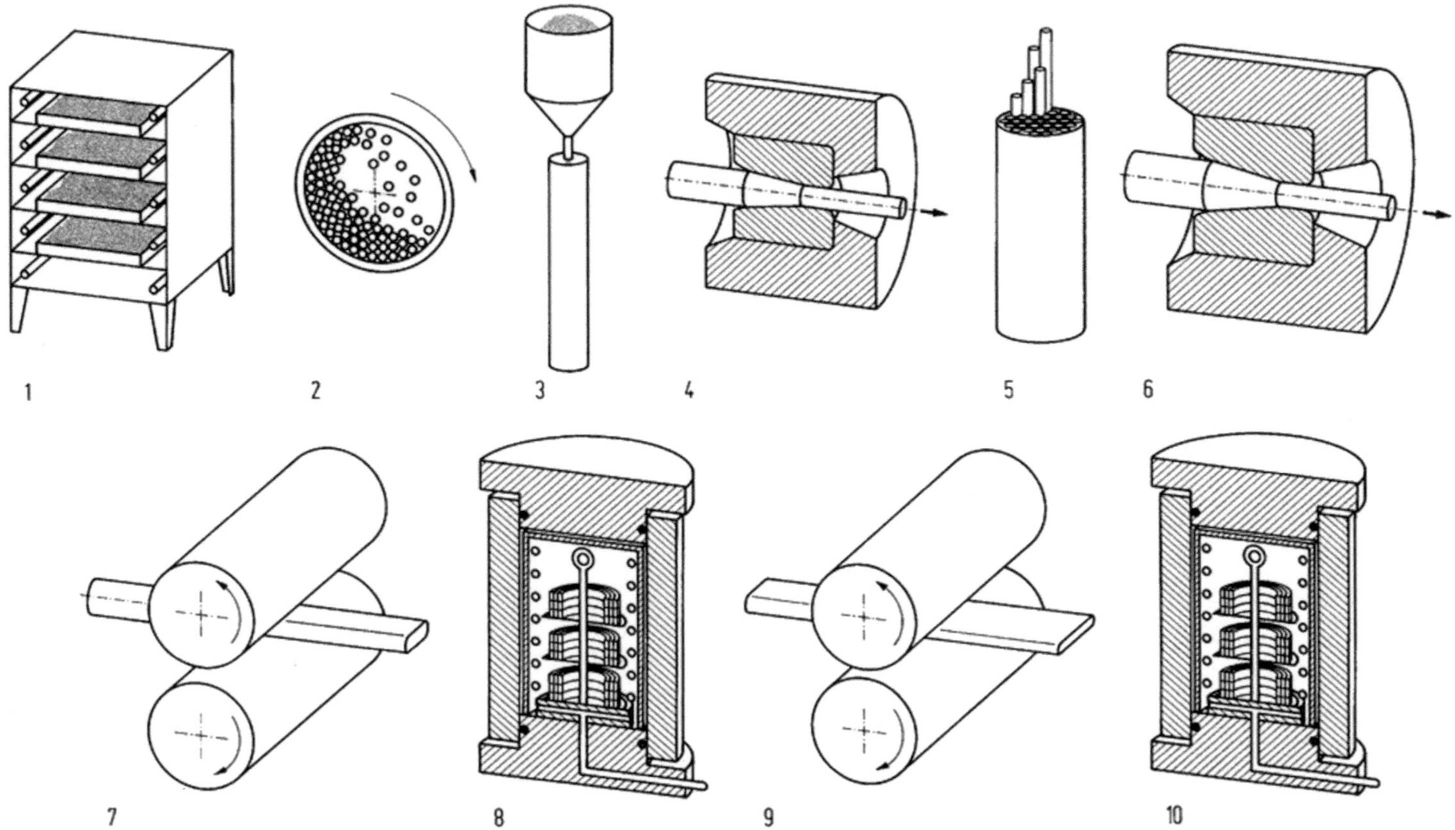

Abb. 3.45 Herstellverfahren für Draht aus dem supraleitenden Oxid $Bi_2Sr_2Ca_2Cu_3O_{10}$. *1* Kalzinieren des Pulvers. *2* Mahlen. *3* Füllen des Pulvers in Silberkapsel für einzelne Stäbe. *4* Verdichten durch Ziehen. *5* Einfüllen der Stäbe in eine gemeinsame Silberkapsel. *6* Verdichten durch Ziehen. *7* Erster Walzarbeitsgang. *8* Erstes heißisostatisches Pressen. *9* Zweiter Walzarbeitsgang. *10* Zweites heißisostatisches Pressen

renden Stempeln, Dornen oder Matrizen, um durch überlagerte Scherung beim Pressen höhere Dichten zu erreichen [KANE98]. Dies sind nur einige Beispiele auf dem Gebiet des Matrizenpressens.

Viele Methoden wurden als zu speziell weggelassen, z. B. die Gruppe der Explosionsverdichtungsverfahren, das quasi drucklose Verschießen von Pulver-Harz-Gemischen auf Kernschießmaschinen, Schüttsintern von Pulvern in schrumpfenden keramischen Formen und die große Verfahrensgruppe zur Freiformgebung durch rapid prototyping mit Metallpulvern. Die Liste wäre niemals vollständig, weil Formgebungsverfahren mit ihrem Bedarf entstehen und genauso verschwinden, wenn sie technisch oder wirtschaftlich überholt sind. Vor allem bei der Herstellung und Verarbeitung von ungewöhnlichen Werkstoffen hat sich das große Gebiet pulvermetallurgischer Methoden einen festen Platz im Markt erarbeitet.

Matrizenpressen

4

Von allen pulvermetallurgischen Formgebungsverfahren hat das Matrizenpressen mit weitem Abstand die größte technische Bedeutung. Der typische Verfahrensablauf für Formteile aus plastisch verformbaren Metallen ist in Abb. 4.1 skizziert: Das Pulver wird bei Raumtemperatur oder erhöhten Temperaturen unter 200 °C in einem geschlossenen, hochpräzisen Werkzeug in Form gepresst, wodurch der Werkstoff so viel Festigkeit erhält, dass man den Grünling mit der gebotenen Vorsicht handhaben kann.

Im zweiten Schritt werden die Presslinge vorwiegend in Durchlauföfen unter reduzierenden Schutzgasen gesintert. Benachbarte, in gegenseitigem Kontakt stehende Pulverpartikelchen gehen dabei eine Bindung durch Diffusionsschweißung ein. Dadurch erhält das Material seine Festigkeit, allerdings geht ein Teil der Präzision des Grünzustandes verloren. Falls erforderlich, schließt sich deswegen ein kalibrierender Arbeitsgang an. Etwa 70 % der europäischen Formteilfertigung aus Eisen und Stahl wird heute kalibriert. Die Tendenz zu kalibrieren nimmt derzeit ab. Die Kalibrierwerkzeuge sind den Pulverpresswerkzeugen ähnlich. Werkstoffe, die keine plastische Nachgiebigkeit aufweisen, etwa Keramiken oder Hartmetalle, lassen sich nicht kalibrieren. Bei diesen Materialien sieht auch der Sinterschritt anders aus als in Abb. 4.1.

Die aktiven Teile eines Werkzeuges bestehen nach Abb. 4.2 normalerweise aus

- einer Matrize in Form eines einfachen Schrumpfverbandes
- einem oder mehreren Oberstempeln
- einem oder mehreren Unterstempeln
- gegebenenfalls einem oder mehreren Dornen.

Zum Einfüllen des Pulvers ins Werkzeug hebt man die Matrize relativ zum Unterstempel um einen genau einstellbaren Betrag an. Die Dornoberkante steht in Füllstellung mit der Matrizenoberkante bündig. In dieser Position fährt der Füllschuh über die Matrize, so dass das Pulver in die Werkzeughöhlung fällt. Überschüssiges Pulver wird abgestreift, ehe der Oberstempel in die Matrize eintaucht. Mit fortschreitender Pulververdichtung übt die Pul-

P. Beiss, *Pulvermetallurgische Fertigungstechnik*,
DOI 10.1007/978-3-642-32032-3_4, © Springer-Verlag Berlin Heidelberg 2013

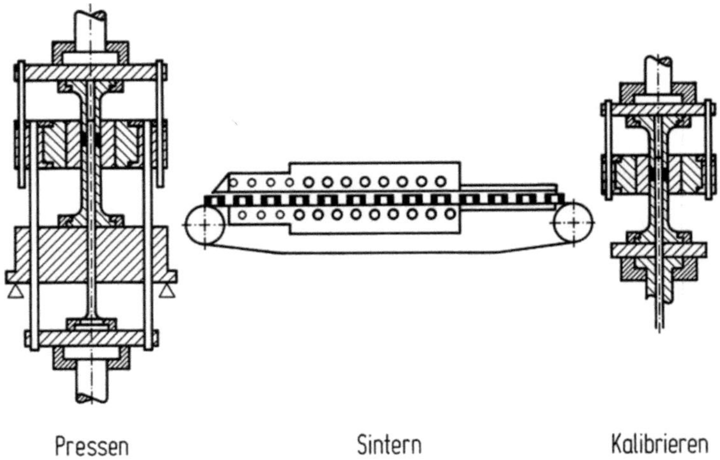

Abb. 4.1 Prozessschritte der Matrizenpresstechnik

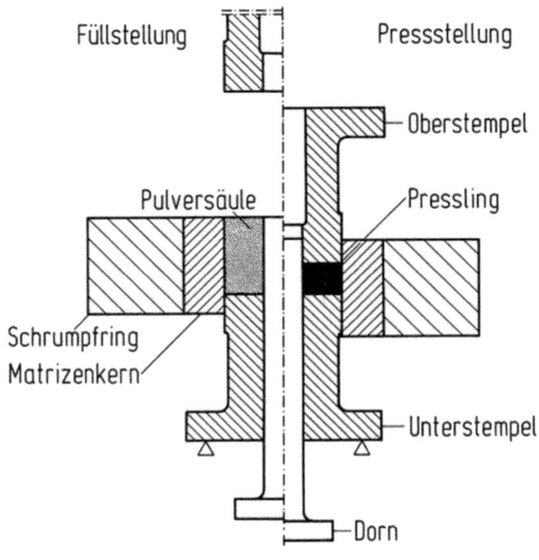

Abb. 4.2 Einfaches Pulverpresswerkzeug

versäule große Reibungskräfte auf Dorn und Matrizenwand aus, die der Oberstempelkraft und somit der Verdichtung entgegenwirken. Zur Verringerung der Reibungskräfte lässt man deshalb üblicherweise Dorn und Matrize um einen Teilbetrag des Oberstempelweges mit nach unten abwandern. Dadurch erhält man ober- und unterstempelseitig etwa die gleiche Dichte im Pressling. Nach Beendigung des Pressvorgangs wird der Oberstempel zurückgezogen und der Pressling freigelegt.

Abb. 4.3 Pulverpressen mit feststehender Matrize

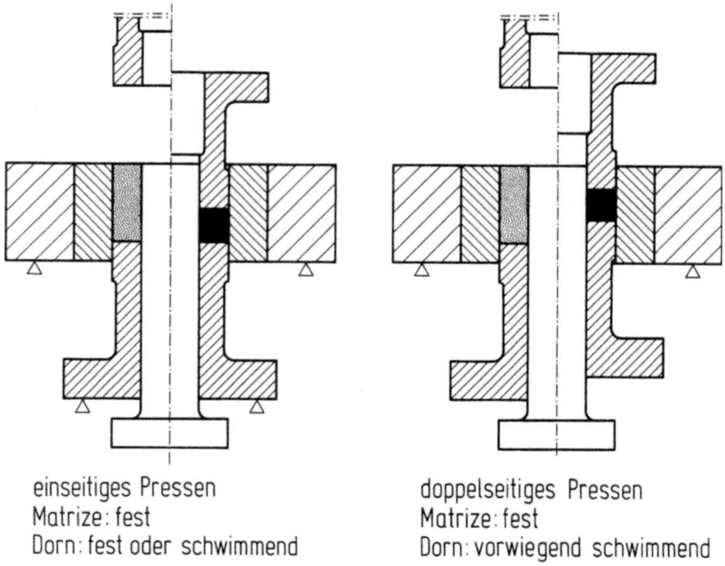

Abb. 4.4 Pulverpressen mit feststehendem Unterstempel

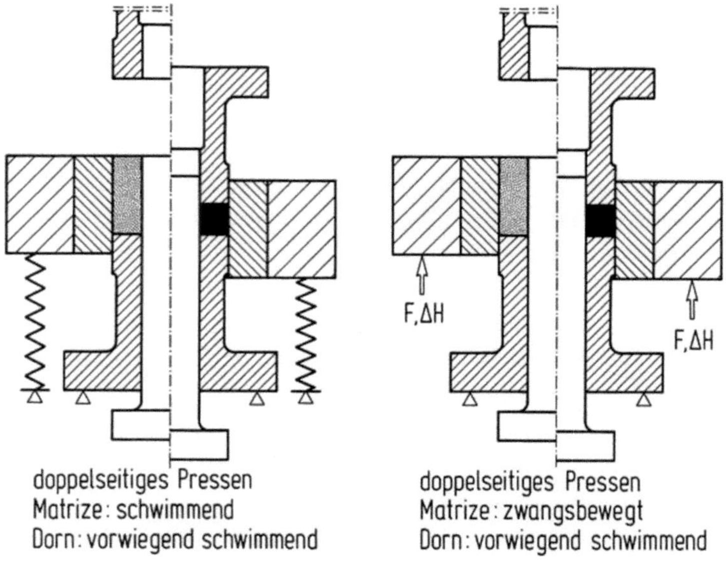

Mit den für Eisen- und Stahlpulver üblichen Pressdrücken von etwa 400 bis 800 N/mm^2 wird die lose geschüttete Pulversäule auf ungefähr 35–40 % ihrer ursprünglichen Höhe zusammengedrückt.

Die Steuerung des Bewegungsablaufs richtet sich nach den verfügbaren Maschinen. Die Abb. 4.3 und 4.4 geben die gebräuchlichsten Varianten des Axialpressens wieder. Beim

Füllen und Pressen steht meist der Unterstempel fest. Beim einseitigen Pressen stehen auch Matrize und Dorn fest, nur der Oberstempel wird zum Verdichten des Pulvers in die Matrize gefahren. Durch die ungleichmäßige Verteilung der Reibungskräfte innerhalb des Presswerkzeuges wird der Presskörper auch ungleichmäßig verdichtet. Will man die Dichteunterschiede des einseitigen Pressens vermeiden, muss bei feststehender Matrize auch mit dem Unterstempel gepresst werden. Das erfordert zwei Presssysteme innerhalb eines Pressenrahmens, was die Maschine verteuert. Deshalb war diese Bauart von Pulverpressen früher nicht erhältlich. Mit dem Aufkommen vollhydraulischer Pressen hat dieser Bewegungsablauf jedoch Akzeptanz gefunden, besonders zum Pressen von Bauteilen mit Hinterschneidungen.

Beim doppelseitigen Pressen mit schwimmender Matrize und schwimmendem Dorn werden diese Werkzeugelemente von hydraulischen, pneumatischen oder mechanischen Federn in Füllposition gebracht. Beim Verdichten bewegen die Reibungskräfte Matrize und Dorn gegen die vergleichsweise geringen Federkräfte abwärts, ohne in Pressstellung eine definierte Position einnehmen zu müssen.

Beim doppelseitigen Pressen mit zwangsbewegter Matrize wird die Matrizenbewegung maschinenseitig gesteuert. Um eine gleichmäßige Dichteverteilung zu erreichen, lässt man die Matrize ebenfalls abwärts wandern. Ihre Position in Pressstellung ist jetzt jedoch an der Maschine fest einstellbar, ebenso der Zeitverlauf zwischen Füll- und Pressstellung.

Das einseitige Pressen wird nur für flache Teile und zum Kalibrieren eingesetzt, doppelseitiges Pressen mit schwimmender Matrize für Bauteile mit einheitlichem Querschnitt und einfacher Geometrie, die eine möglichst gleichmäßige Dichteverteilung haben müssen. Auch zum Kalibrieren werden schwimmende Matrizen häufig verwendet. Das doppelseitige Pressen mit zwangsbewegter Matrize ist das marktbeherrschende Verfahren für kompliziert geformte Bauteile.

Zum Entformen des Presskörpers werden zwei Methoden angewandt, die in Abb. 4.5 dargestellt sind. Beim Ausstoßverfahren fährt der Unterstempel aus der Pressstellung hoch, bis der Presskörper auf seiner gesamten Länge freiliegt und abgenommen werden kann. Dieses Verfahren wird meistens beim einseitigen Pressen und Kalibrieren sowie stets bei feststehender Matrize eingesetzt. Bei verwickelten, formschwierigen Teilen oder Geometrien mit Hinterschneidungen wird oft ausgestoßen, weil solche Bauteile mehr und mehr mit feststehender Matrize gepresst werden.

Beim Abzugsverfahren zieht man die Matrize zum Freilegen des Presskörpers über den feststehenden Unterstempel nach unten ab, bis die Matrizenoberkante mit der Unterstempelstirnseite auf gleicher Höhe steht. Um den Presskörper entnehmen zu können, muss der Dorn nach unten herausgezogen werden. Die Kräfte zum Zurückziehen des Dornes sind gering, weil der Presskörper um 0,1–0,2 % auffedert, wenn er vollkommen freigelegt ist. Versucht man, den Dorn synchron mit der Matrize nach unten zu verfahren, sind die Reibungskräfte so groß, dass die Dornfüße abreißen können.

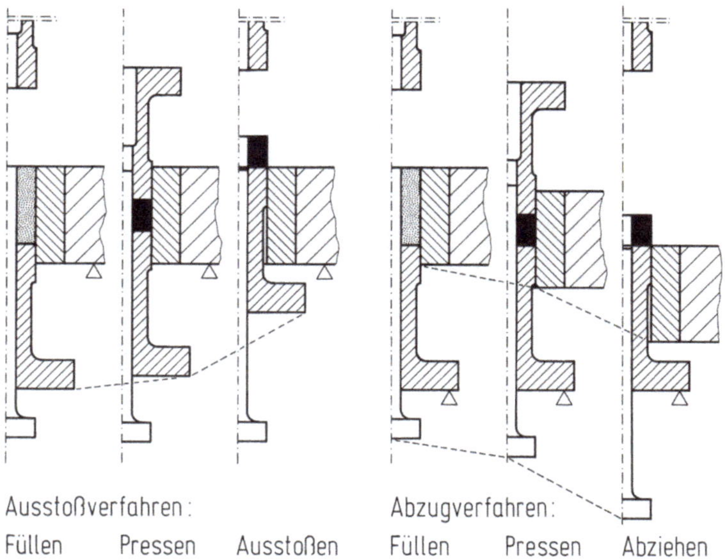

Abb. 4.5 Entformen des Presskörpers

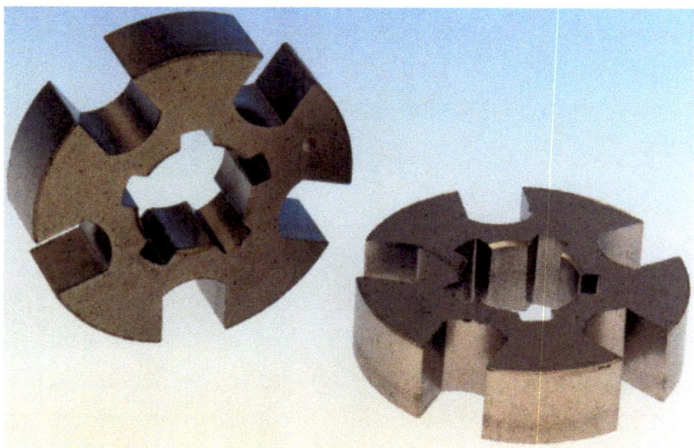

Abb. 4.6 Beispiel für ein einquerschnittiges Bauteil mit profilierter Bohrung und Schlitzen am Außenumfang (GKN Sinter Metals)

Einquerschnittige Bauteile sind mit anderen Fertigungstechniken oft kostengünstiger herzustellen als durch Matrizenpressen. Deshalb muss ein Bauteil in radialer Richtung sehr viel Geometrie verlangen, um wettbewerbsfähig zu sein. Ein Beispiel zeigt Abb. 4.6.

Das Füllen des Matrizenraumes ist bei Buchsen mit größerer Höhe und einer Wandstärke von weniger als 2 mm problematisch. Um den engen Spalt zwischen Matrizenwand und Dorn gleichmäßig und ausreichend mit Pulver zu füllen, wird zunächst die gesamte Matrize ohne Dorn gefüllt. Dann wird dieser nach oben in die Pulversäule geschoben, bevor der Füllschuh zurück bewegt wird. Danach kann der Pressvorgang – wie bekannt – erfolgen. Nach dem Pressen wird die Matrize abgezogen, ohne dass der Dorn aus dem

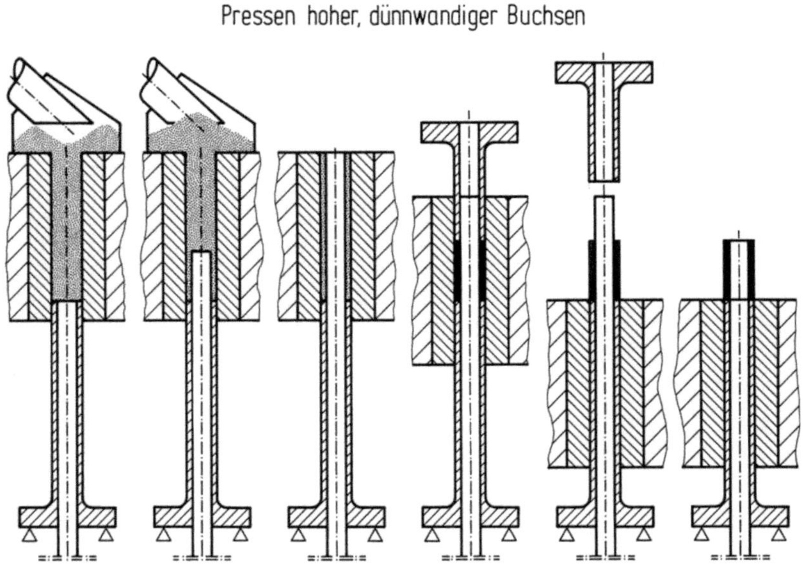

Abb. 4.7 Pressen hoher, dünnwandiger Buchsen

Presskörper herausgezogen wird. Wenn die Matrize abgezogen ist, dehnt sich der Presskörper aus, so dass der Dorn dann ohne größeren Kraftaufwand entfernt werden kann. Nach diesem Verfahren werden u. a. Ventilführungsbuchsen für Motoren hergestellt. In Abb. 4.7 ist dieser Arbeitsablauf dargestellt.

4.1 Mehrquerschnittige Geometrien

Erst eine gewisse geometrische Komplexität lässt matrizengepresste Formteile kostengünstig erscheinen. Übersichten über die Möglichkeiten des Matrizenpressens finden sich in [TAYL58, MAY85, ERNS96]. Eine Variante, unterseitig gestufte Teile zu pressen, ist in Abb. 4.8 gezeigt. Für zweiquerschnittige Geometrien verwendet man häufig Bundmatrizen und Stufendorne. Der Oberstempel muss hierbei die Gesamtpulversäule und die Pulversäule der Matrizen- oder Dornstufe um prozentual gleiche Beträge verdichten, um gleichmäßige Dichteverteilung zu erreichen. Das setzt feinfühlig steuerbare Bewegungen der Matrize bzw. des Dorns voraus. Matrizenbunde und Dornstufen sollten möglichst eine Ausformschräge von mindestens 1 µm/mm Bundhöhe und eine verrundete Ecke nicht unter R = 1 mm haben, um die Werkzeugpolitur an dieser Stelle zu erleichtern. Am Radius von Bauteilkanten lässt sich deshalb gewöhnlich feststellen, ob ein Bauteil in einem Bund gepresst wurde. Ein Beispiel gibt Abb. 4.9, man erkennt eine großzügige Ausformschräge und die Kantenverrundung am Flansch.

Die einzelnen Stufen mehrquerschnittiger Teile können auch durch je einen Unterstempel gebildet werden, Abb. 4.10. Der Unterstempel, der die höchste Pulversäu-

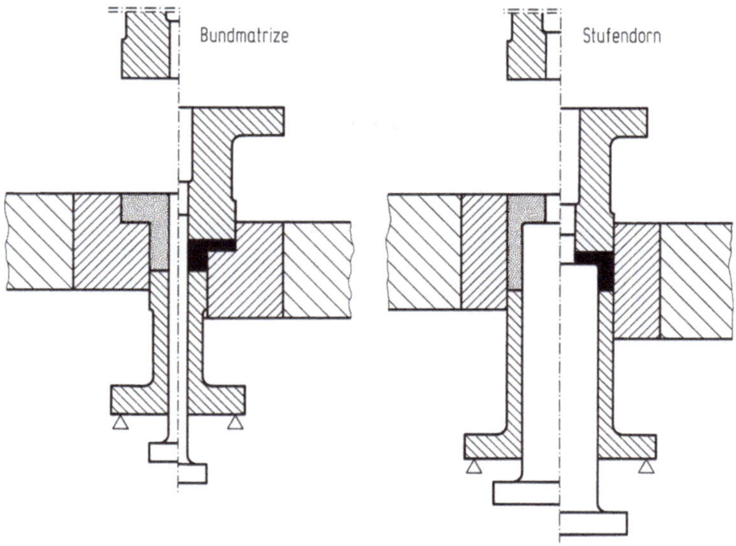

Abb. 4.8 Unterstempelseitige Stufen durch Bundmatrize und Stufendorn

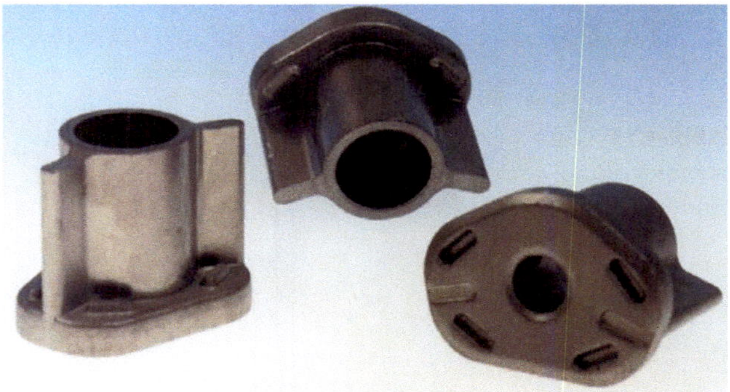

Abb. 4.9 Beispiel für ein Bauteil, dessen Flansch in einer Bundmatrize geformt wurde (GKN Sinter Metals)

le unterstützt, lastet auf einer maschinenseitig fixierten Grundplatte auf. Die anderen Unterstempel sind relativ zu ihrer Pressstellung auf Federn, Hydraulikzylindern oder – in Maschinen modernerer Bauart – auf servohydraulisch lagegeregelten Zwischenplatten vorgehoben.

In Pressstellung stützen sich alle Unterstempel auf der Grundplatte ab [SCHA88], die die Bezugsebene für den Werkzeugaufbau ist. Seit einigen Jahren gibt es konstruktive Lösungen, bei denen die Presskräfte auch unterstempelseitig servohydraulisch ohne Festanschläge gehalten werden [HINZ93, KATA96]. Zum Freilegen wird die Matrize abgezogen, und die Unterstempel werden von außen nach innen fortschreitend in Abzugsstellung gebracht, bis der Pressling nur noch auf dem innersten Unterstempel ruht. Nach Rückzug des Dorns kann das Teil jetzt abgenommen werden.

Bundmatrizen oder Stufendorne lassen sich mit geteilten Unterstempeln auch in Kombination einsetzen, um vielquerschnittige Teile zu fertigen.

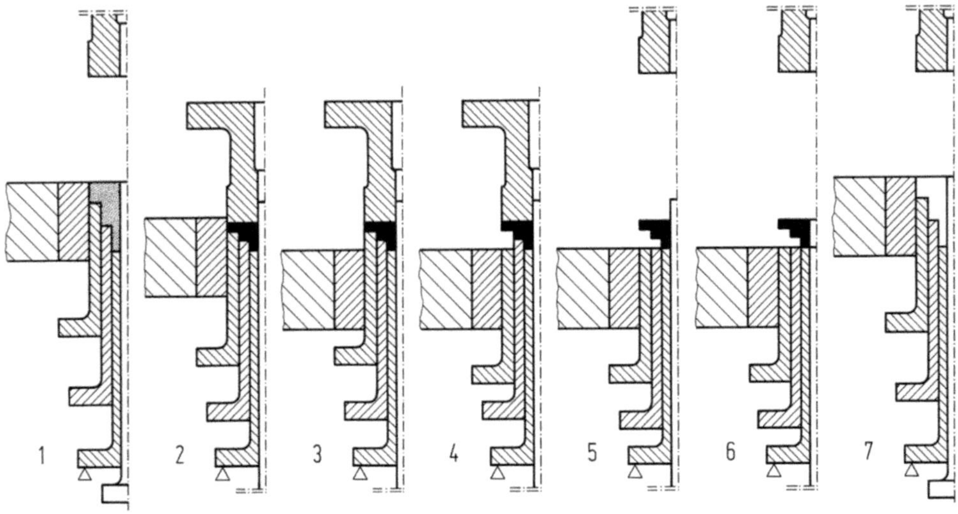

Abb. 4.10 Unterstempelseitige Stufung durch geteilte Unterstempel. *1* Füllen mit vorgehobenen äußeren Unterstempeln. *2* Pressen mit Matrizenabzug. *3* Abziehen der Matrize mit Oberstempelauflast. *4* Abziehen des äußeren Unterstempels. *5* Abziehen des mittleren Unterstempels. *6* Abziehen des Dorns. *7* Anheben von Matrize, Dorn und äußeren Unterstempeln in Füllstellung

Abb. 4.11 Oberstempelteilung und Pulvertransfer

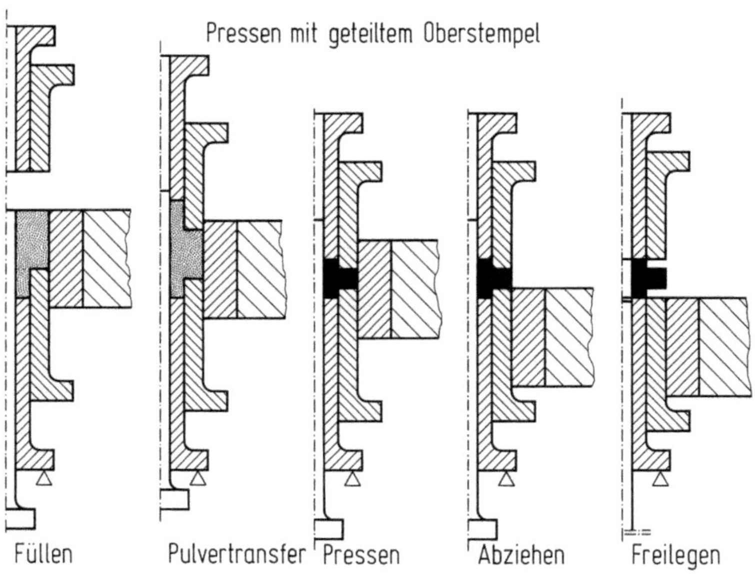

Stempelteilungen sind nicht nur unterstempelseitig möglich, sondern lassen sich auch im Oberstempel unterbringen, Abb. 4.11. Eine gewisse Schwierigkeit liegt dabei in der Füllung der oberstempelseitigen Füllräume, da Metallpulver bedingt durch ihre große innere Reibung nur sehr schlecht steigen. Nach einer Vorverdichtung über etwa 5 g/cm^3 ist die Füllung

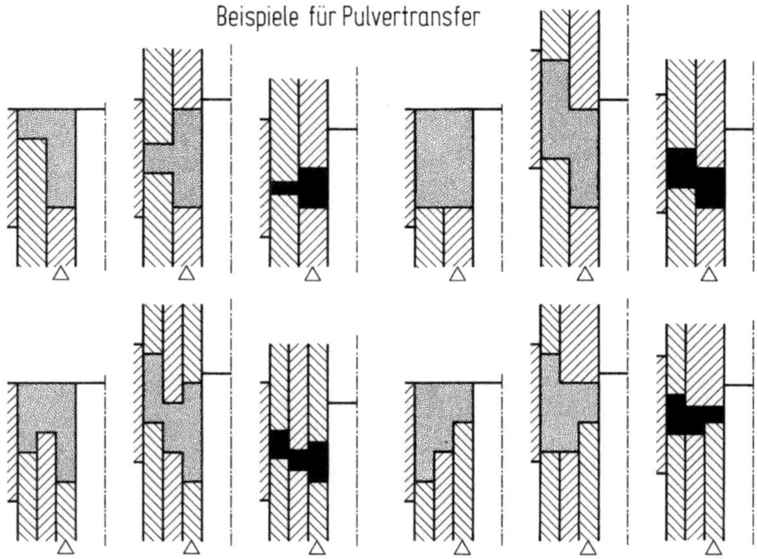

Abb. 4.12 Beispiele für Pulvertransfer auf einer gut steuerbaren Pulverpresse

oberstempelseitiger Füllräume überhaupt nicht mehr möglich [TSUR92]. Bevor also der eigentliche Pressvorgang einsetzt, müssen die verschiedenen Pulversäulen so verteilt werden, dass anschließend keine Scherungen zwischen benachbarten Pulversäulen auftreten und jede Pulversäule synchron um den gleichen Prozentsatz verdichtet wird. Im Prinzip versucht man, das Pulver folgendermaßen zu transferieren: Die Oberstempel tauchen nur wenige Millimeter in die Matrize ein. Der innere Oberstempel wird in dieser Position festgehalten, während die beiden äußeren Stempel synchron nach unten abwandern. Auch die Matrize kann diese Abwärtsbewegung mitmachen. Beim Transfer wird aus der inneren Pulversäule wegen der inneren Reibung im Pulver ein Teil des Pulvers von oben nach unten geschoben. Im oberen Teil der Nabe ist deswegen weniger, im unteren Teil mehr Pulver, als für das Erreichen gleichmäßiger Dichteverteilung nach dem Pressen erforderlich ist. Das muss beim Einrichten berücksichtigt werden, indem das Pulver des äußeren Kragens über die Symmetrieebene hinaus etwas weiter nach unten transferiert wird. Der Pulvertransfer muss abgeschlossen sein, ehe die Verdichtung einsetzt. Viele ältere Pulverpressen bieten maschinenseitig keine Bewegungsebenen für den Pulvertransfer. Für die Steuerung der verschiedenen Stempelbewegungen sind dann mechanische oder hydraulische Hilfskonstruktionen vorzusehen.

Oft gelingt in solchen Fällen der Pulvertransfer nicht befriedigend, so dass man in oberstempelseitigen Konturen manchmal einen gewissen Dichteabfall am fertigen Pressling feststellt. Außerdem muss man entsprechenden Geometrien erhöhte Aufmerksamkeit bei der Rissprüfung widmen. Zum Ausformen wird auch oberstempelseitig von den dünneren zu den höheren Querschnitten – hier also von außen nach innen – freigelegt.

Einige typische Möglichkeiten, komplizierte mehrquerschnittige Teile mit Hilfe von Pulvertransfer zu pressen, sind in Abb. 4.12 zusammengestellt [TAYL58]. Eine große Vielzahl zwei- oder vielquerschnittiger Teile, die parallelwandig ausgeformt werden können, lässt sich auf diese Weise herstellen.

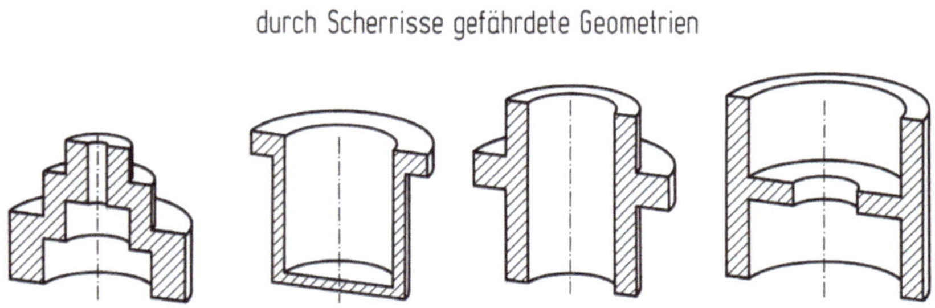

Abb. 4.13 Beispiele für Teile, die durch Scherrisse gefährdet sind

Abb. 4.14 Rückwärtsgangsperre mit seitlichen Formelementen etwa in Bauteilmitte, presstechnisch nur mit Pulvertransfer möglich (GKN Sinter Metals)

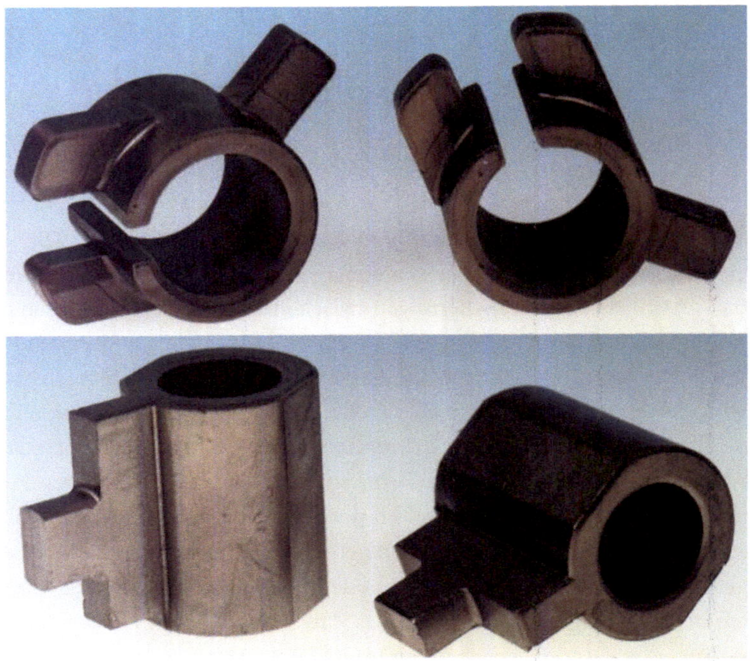

Problematisch wird unzureichender Pulvertransfer, wenn vorverdichtete Pulversäulen gegeneinander geschert werden, z. B. infolge von lokaler Vorverdichtung. Entlang der Scherflächen entsteht eine erst nach dem Sintern sicher nachzuweisende Materialtrennung, die mangels Kontakt während des Sinterns meist nicht mehr durch Diffusionsschweißung geheilt werden kann. Solche Defekte nennt man Scherrisse.

Abb. 4.13 enthält einige typische Beispiele von Teilen, die durch Scherrisse gefährdet sind. Gemeinsames Kennzeichen sind lange Transferwege, vergleichsweise dünne Wandstärken, hohe Dichten und vielquerschnittige Geometrien auf Pressen älterer Bauart. Abbildung 4.14 gibt Bauteile wieder, die mit Pulvertransfer gepresst wurden.

4.2 Schrägen und Konen

Konturen, die nicht rechtwinklig oder parallel zur Pressrichtung liegen, lassen sich oft in konischen Matrizen oder mit konischen Dornen pressen, Abb. 4.15, die bis zu Schrägungswinkeln von 30 °C keine größeren Probleme aufwerfen. Die Relativbewegungen zwischen Oberstempel und konischer Matrize bzw. konischem Dorn müssen genau aufeinander abgestimmt sein, damit der Oberstempel nicht in den Konus fährt. Konische Dorne müssen zu diesem Zweck zwangsbewegt werden. Falls irgend zulässig, sollte der Oberstempel im zylindrischen Teil der Matrize bzw. des Dorns etwa 0,3–0,5 mm oberhalb des Kegelansatzes die Pressstellung erreichen. Unterstempelseitig entstehen unschöne Grate am Pressling, wenn das konische Werkzeugelement zu tief gegen den feststehenden Unterstempel bewegt wird. Deshalb sollte man auch unterstempelseitig einen kurzen zylindrischen Ansatz vorsehen, soweit die Funktion des Bauteils das erlaubt. Abbildung 4.16 gibt ein Beispiel für

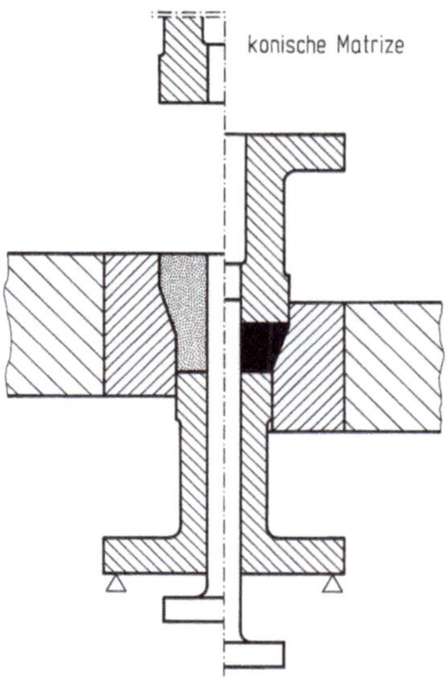

Abb. 4.15 Konische Matrize und konischer Dorn

Abb. 4.16 Bauteil aus einer konischen Matrize (GKN Sinter Metals)

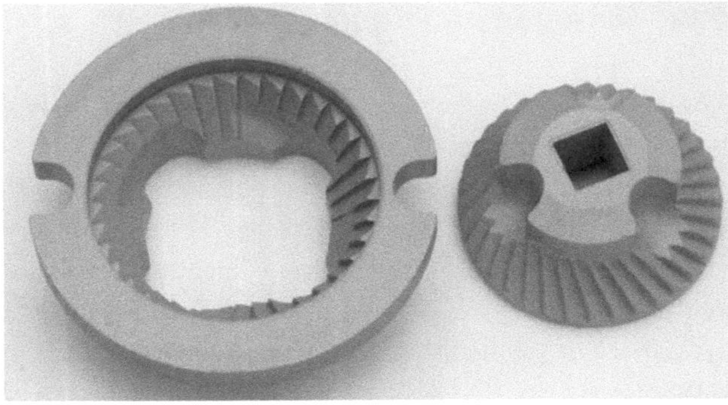

Abb. 4.17 Pfeffermühlenmahlwerk gepresst mit konischer Matrize und konischem Dorn (GKN Sinter Metals)

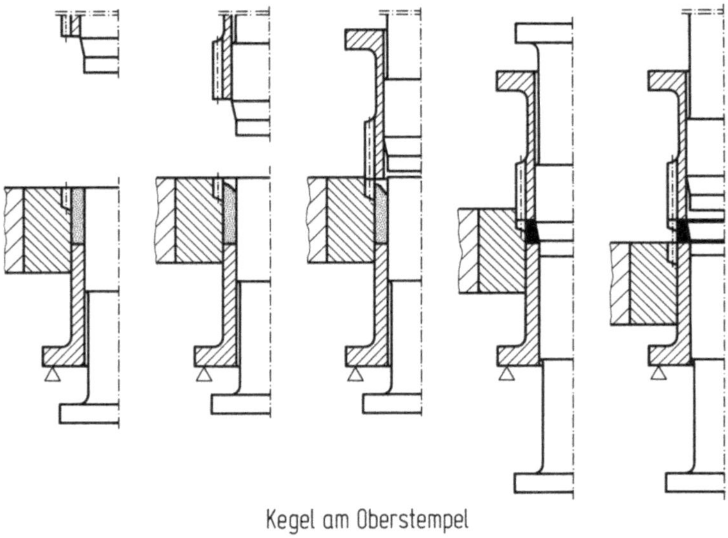

Abb. 4.18 Fülldorn für oberstempelseitigen Konus

ein Bauteil, das in einer konischen Matrize gepresst wurde. Mahlwerke für Pfeffermühlen werden in konischen Werkzeugen gepresst, Abb. 4.17.

Die Dichteverteilung an Komponenten mit konischer Außen- oder Innenkontur kann von den idealen Verhältnissen bei geradwandigen Teilen etwas abweichen, vor allem bei größeren Schrägungswinkeln und hoher Gesamtdichte.

Kegelbohrungen können nach Abb. 4.18 auch auf der Oberstempelseite geformt werden. Zu diesem Zweck enthält die Unterstempelseite einen sogenannten Fülldorn, der durch eine mechanische, pneumatische oder hydraulische Feder in Füllstellung vorgehoben wird. Der äußere Oberstempel verschließt das Werkzeug, und der konische Dorn im Oberstempel drückt den Fülldorn gegen die Federkraft nieder. Dadurch wird das Pulver zum Teil radial verdichtet, wobei eine Kegelbohrung geformt wird, die sich zum Oberstempel hin weitet. Während des Freilegens kann man den Fülldorn in seiner Pressstellung festhalten, damit er beim Hochfahren die Unterkante des Presslings nicht beschädigt. Nach dem Prinzip von Abb. 4.18 werden z. B. viele Synchronringe gefertigt, Abb. 4.19. Der Fülldorn selber kann ebenfalls konisch sein. Wenn er während des Pres-

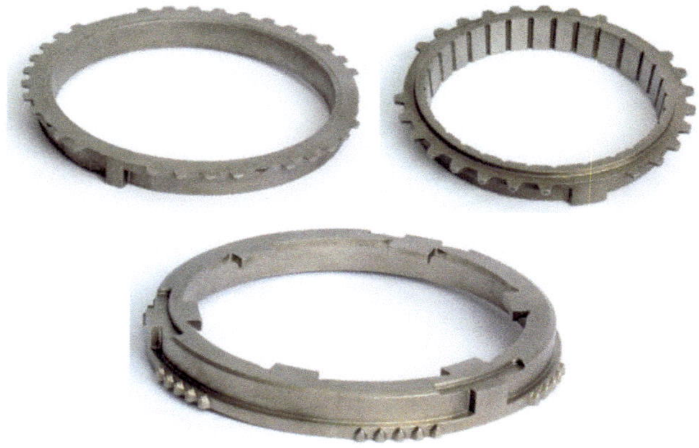

Abb. 4.19 Konen in Synchronringen (verschiedene Hersteller)

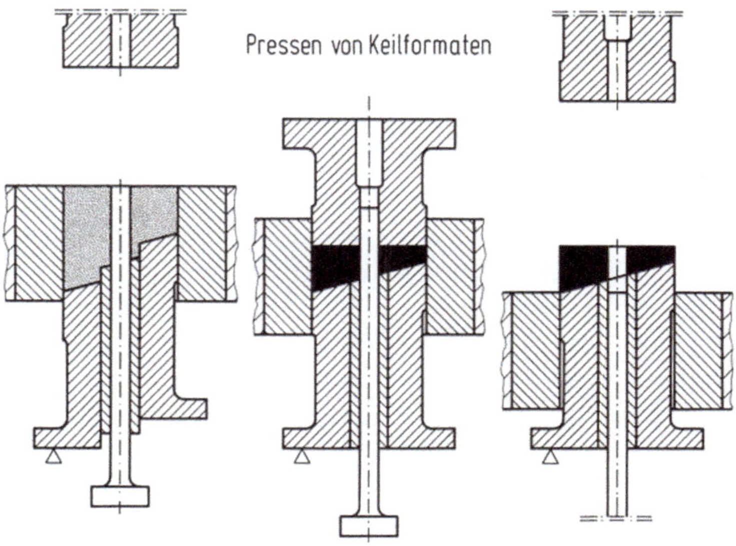

Abb. 4.20 Pressen von keilförmigen Geometrien

sens im Bauteil verbleibt, kann man auf diese Weise diaboloförmige doppelkonische Bohrungen pressen.

Problematischer als konische Werkzeuge können sich Werkzeuge für Keilgeometrien gestalten, besonders bei großen Keilwinkeln, hohen Dichten und kleinen Abmessungen, Abb. 4.20 [TAYL58]. Die Bedingung, dass die Pulversäule überall um prozentual gleiche Beträge verdichtet werden soll, kann nicht mehr streng erfüllt werden. Deshalb werden die Unterstempel unterteilt und sektionsweise vorgehoben. Entlang der Stempelteilungen erhält man leichte Markierungen am Pressling. Bei hohen Dichten sind diese Markierungen wegen des Dichtesprungs links und rechts der Stempelteilung manchmal Ausgangsort kleiner oberflächlicher Scherrisse. Die Dorne sind bei dieser Konstruktion immer auf Biegung beansprucht. Spitz auslaufende Keilformate lassen sich nicht pressen, die Spitze des Keils muss durch einen zylindrischen Anteil gebrochen werden. Hohe Pressdrücke

Abb. 4.21 Keilgeometrie mit einfach geteiltem Unterstempel (GKN Sinter Metals)

bereiten der Fertigung bei Keilformaten immer Kummer mit Werkzeugstandzeiten und Rissansätzen. Deshalb sollten die Pulver sehr gut kompressibel sein und die Pressdrücke unter 600 N/mm^2 gehalten werden. Eine Keilgeometrie, die mit geteiltem Unterstempel gefertigt wurde, findet sich in Abb. 4.21. Eine andere Lösung ist in Abb. 4.22 dargestellt.

Stempelteilungen können gegebenenfalls unterbleiben, wenn die Pulverpresse Möglichkeiten zum Konturfüllen bietet, Abb. 4.23. Dabei wird durch die Steuerung der Presse die Matrize angehoben, während der Füllschuh synchron zurückgezogen wird. Man erhält eine örtliche Unterfüllung, und mit entsprechend angeschrägten Stempeln lässt sich ein Keilformat ohne Stempelteilungen pressen.

Gewöhnlich wird die Konturfüllung allerdings anders eingesetzt: Beim Füllen des Werkzeugs verbleibt im hinteren Teil geringfügig mehr Pulver als vorne. Das ergibt eine systematische Dichteungleichmäßigkeit im Bauteil, wodurch das Spiel zwischen Matrize und Stempeln bzw. zwischen Stempeln und Dornen immer in eine Richtung weggedrückt wird. Senkt man die Matrize beim Rückzug des Füllschuhs um einige hundertstel bis zehntel Millimeter ab, lässt sich je nach Betrag der Matrizenbewegung die Dichteverteilung im

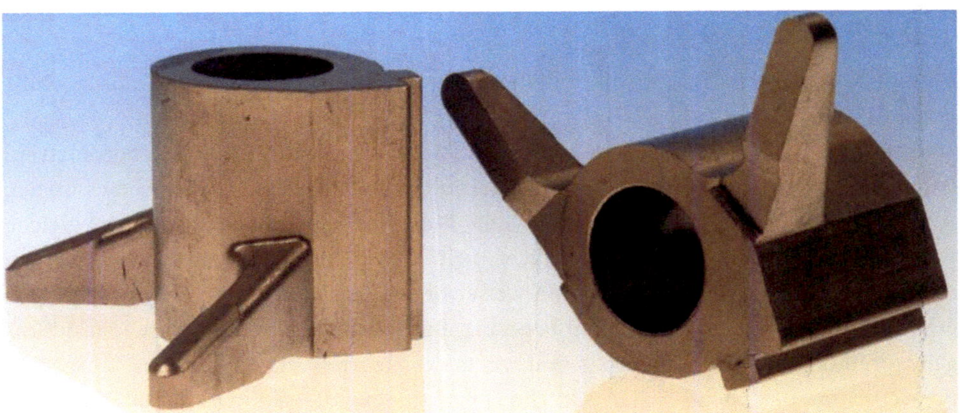

Abb. 4.22 Keilgeometrie, die zum Teil in einem Matrizenbund, zum Teil mit einem separaten Unterstempel gepresst wurde (GKN Sinter Metals)

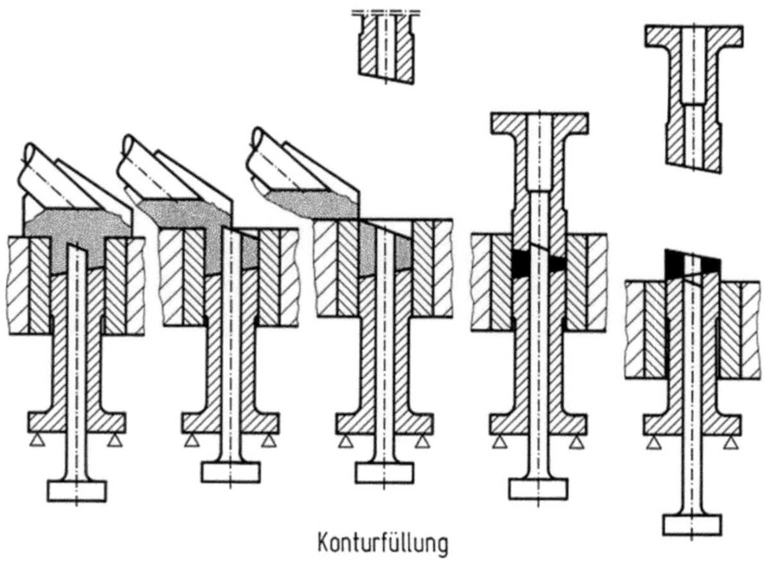

Abb. 4.23 Keilförmige Geometrien durch Konturfüllung

gepressten Zustand um einige hundertstel g/cm^3 korrigieren. Meistens wird diese Möglichkeit genutzt, um Winkligkeit, Parallelität, Plan- oder Rundlaufschlag zu verbessern. Heute bieten alle namhaften Pressenhersteller in ihren Pressensteuerungen Konturfüllung an.

4.3 Modifikation der Matrizenplatte

Bei Teilen, deren Stirnflächen nicht senkrecht zur Pressrichtung liegen, kann es ratsam sein, die Matrizenplatte, etwa wie in Abb. 4.24, zu profilieren. Die Füllvorrichtung der Maschine wird dem Profil der Matrizenplatte genau angepasst und seitlich gut geführt, damit sich keine Spalte zwischen Matrizenplatte und Füllvorrichtung bilden, durch die das Pulver rieselt. Im Beispiel von Abb. 4.24 wird zum Pulvertransfer die Matrize mit dem äußeren Oberstempel verschlossen. Durch Anheben des angeschrägten Dorns verteilt man das Pulver oberstempelseitig etwas günstiger.

Zum Ausformen werden die Stempel oben und unten von den dünnen zu den hohen Sektionen fortschreitend abgezogen, bis das Teil auf dem inneren Unterstempel freiliegt. Die Oberstempel lässt man bis zum vollständigen Abziehen der Matrize mit einer geringen Kraft auf dem Pressling auflasten, damit sich das Teil durch die Reibungskräfte am Umfang nicht zu sehr durchwölbt und Risse bekommt.

Bei dieser Konstruktion wirken auf die schrägen Ober- und Unterstempel große Radialkräfte, die erheblichen Verschleiß an den Führungsflächen der Stempel und an der Matrizenwand verursachen. Die schrägen Stempel sind darüber hinaus sehr auf Biegung beansprucht, wodurch Brüche entstehen können. Auch der Dorn ist in Pressstellung durch ungleichmäßige Dichteverteilung einer Biegebelastung ausgesetzt. Die Pressdrücke bzw. die Gesamtdichten von Teilen mit solch schwierigen Materialverteilungen sollte man deshalb nicht zu hoch wählen. Ein Beispiel für ein Bauteil, das nach dem Prinzip in Abb. 4.24 gefertigt wurde, zeigt Abb. 4.25.

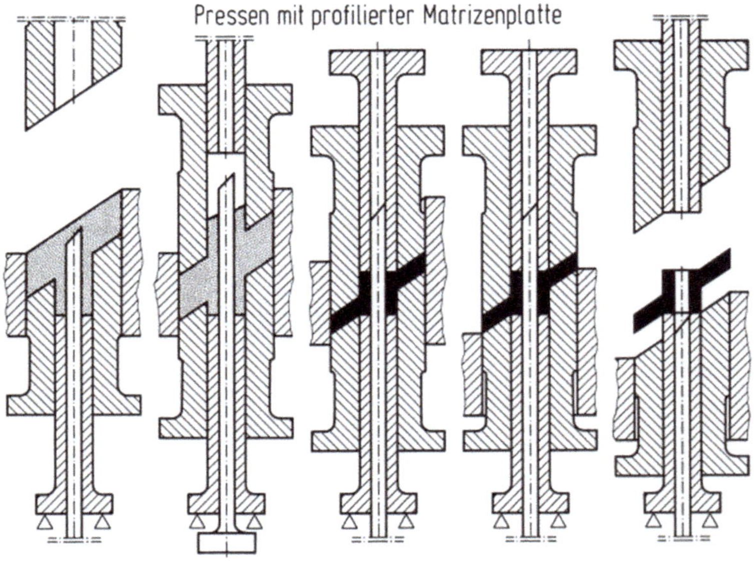

Abb. 4.24 Pressen mit profilierter Matrizenplatte

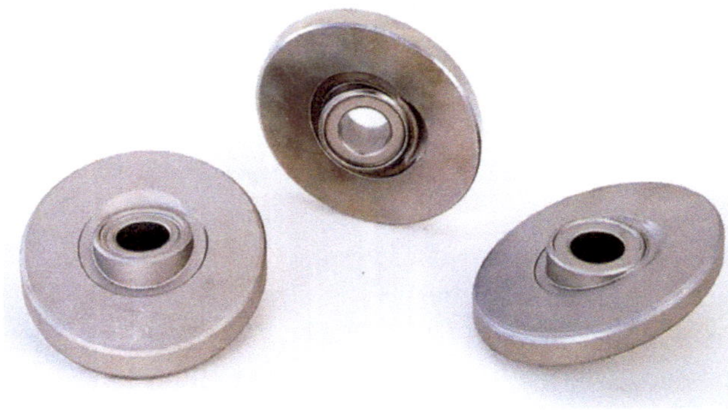

Abb. 4.25 Beispiel für eine Taumelscheibe aus einer Pkw-Klimaanlage (Hitachi Powdered Metals)

Manchmal erlauben filigrane geometrische Elemente es nicht, zur Ausformung eines Details Stempelteilungen vorzusehen. Die Matrize enthält dann örtlich mehr Pulver als wünschenswert oder für die Werkzeugbelastbarkeit zuträglich. Solche Verhältnisse können z. B. vorliegen, wenn etwa wie in Abb. 4.26 kleinere Vertiefungen in die oberstempelseitige Stirnfläche eingepresst werden müssen. Vorgehobene Unterstempel mit derartig geringen Querschnitten würden unter dem Pressdruck ausknicken.

Bei der Konstruktion nach Abb. 4.26 wird das überschüssige Pulver in eine Matrizentasche oder Pulvertasche in der Matrizenplatte gequetscht. Im Beispiel wurde gegenüber einer Nase am Oberstempel eine undefinierte Vertiefung in die Matrize geschliffen. Wenn der Oberstempel in die Matrize eintaucht, spritzt dort eine gewisse Pulvermenge seitlich weg. Durch empirische Korrekturen der Größe und Form der Tasche kann man recht gleichmäßige Dichteverteilungen erzielen und die Bruchneigung der Stempelnase mindern. Pulvertaschen sind normalerweise nicht notwendig, wenn die Höhendifferen-

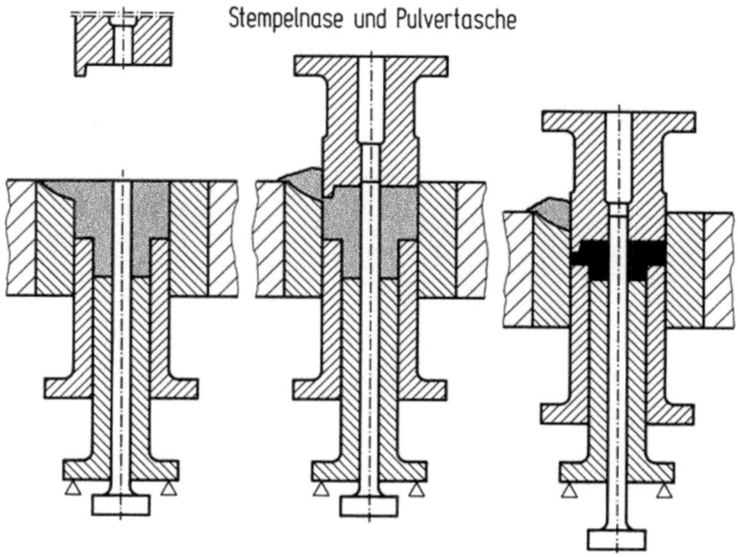

Abb. 4.26 Matrizentasche gegen lokalen Pulverüberschuss

zen zwischen zwei Teilebenen lokal nicht größer als 15 % im Presszustand sind, bei hohen Dichten die Hälfte, bei geringen Gesamtdichten kann man etwas mehr erlauben [ERNS96].

4.4 Hinterschneidungen

In den bisherigen Beispielen wurden ausschließlich nichthinterschnittene Geometrien behandelt, die sich besonders leicht ausformen lassen. Es gibt jedoch auch einige Werkzeugkonstruktionen und Verfahren, mit denen sich hinterschnittene Formen pressen lassen. Das bekannteste ist das Pressen mit geteilter Matrize, Abb. 4.27.

Die Werkzeughöhlung wird aus Unterstempel, Dorn, Untermatrize und Obermatrize gebildet. Zum Füllen fahren Ober- und Untermatrize zusammen und werden maschinenseitig fest miteinander verriegelt. Die Füllvorrichtung der Maschine füllt von der Oberseite der Obermatrize her. Die Befüllung der Untermatrize wird dadurch gewährleistet, dass man die größere Öffnung in die Obermatrize legt. Bei weit ausladenden Untermatrizen können ungefüllte Ecken verbleiben, die man durch Vergrößerung des Füllvolumens der Untermatrize ausgleicht. Das Pulver wird durch gleichzeitige Stempelbewegungen von unten und von oben verdichtet. Zum Ausformen wird die Obermatrize aus der Verriegelung gelöst und über den Oberstempel nach oben abgezogen. Anschließend zieht die Untermatrize über den Unterstempel ab, oder der Unterstempel stößt von unten aus. Sobald das Teil freiliegt, wird der Dorn zurückgezogen, und der Pressling wird zwischen den Matrizen entnommen.

Dies ist das einzige Fertigungsverfahren, mit dem überlappende Doppelverzahnungen ohne Freistich zwischen den beiden Zahnkränzen herstellbar sind, Abb. 4.28.

Während bei diesem Maschinentyp die Untermatrize gut abgestützt werden kann, sind dünne Obermatrizen oft labile Gebilde mit niedrigem Widerstandsmoment, die sich unter

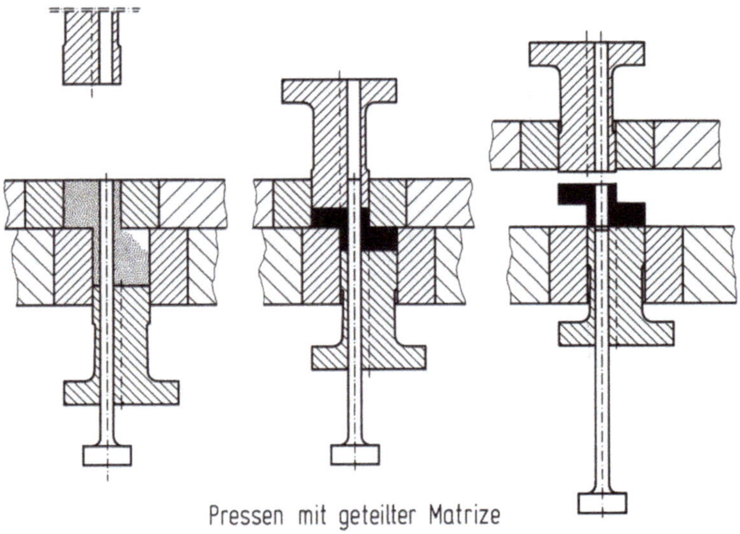

Abb. 4.27 Matrizenteilung

Abb. 4.28 Doppelzahnräder mit Hinterschneidungen (GKN Sinter Metals)

der Kraft, die von der Pulversäule in der Untermatrize auf die Obermatrize ausgeübt wird, elastisch aufwölben. Dadurch erhält man in der Matrizenteilebene schwierig zu entfernende Grate, in extremen Fällen können Obermatrizen durch die unterstempelseitige Belastung zerbrechen. Zur Vergrößerung des Widerstandsmomentes sollten deshalb Pulver mit niedriger Fülldichte gewählt werden, um die Füllhöhe vergrößern zu können. Die Pressdichten müssen unterstempelseitig an der unteren Toleranzgrenze gehalten werden. Soweit geometrisch machbar, sollte man den höheren Querschnitt des Presslings in die Obermatrize verlegen.

Ähnlich wie für Bundwerkzeuge muss die Fülldichte des Pulvers für geteilte Matrizen in engen Grenzen konstant gehalten werden, weil man Fülldichteschwankungen im Füllraum der Obermatrize nur mit großem Aufwand ausgleichen kann.

Früher brauchte man zum Pressen mit geteilter Matrize spezielle Pulverpressen, die den komplexen Bewegungsablauf über Kurvenscheiben, Hebel und Verriegelungen ermöglichten. Bei servohydraulischen mehrachsigen Maschinen bedarf es dieser komplexen und teuren Bauart nicht mehr [HINZ99]. Stattdessen gestaltet man die äußere Achse des Oberstempelpaketes zu einer zweiten Matrizenachse um, Abb. 4.29.

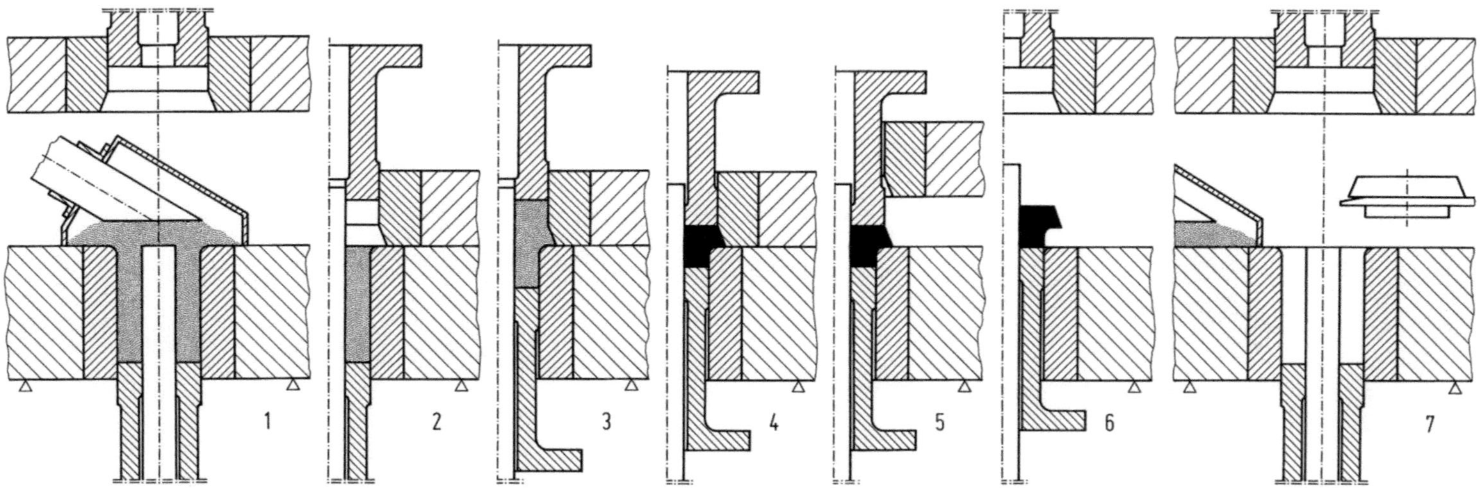

Abb. 4.29 Pressen mit Matrizenteilung auf einer mehrachsigen neueren Maschine. *1* Füllen der unteren Werkzeugkavität. *2* Verschließen der Matrize mit der äußeren Oberstempelachse. *3* Transfer des Pulvers in die obere Werkzeugkavität. *4* Beidseitiges Pressen. *5* Abziehen der Obermatrize unter Oberstempelauflast. *6* Ausstoßen mit dem Unterstempel. *7* Rückzug des Dorns, Absenken des Unterstempels in Füllstellung und Abnahme des Bauteils

Abb. 4.30 Zweireihige Kettenräder mit versetzten Zahnkränzen (Stackpole)

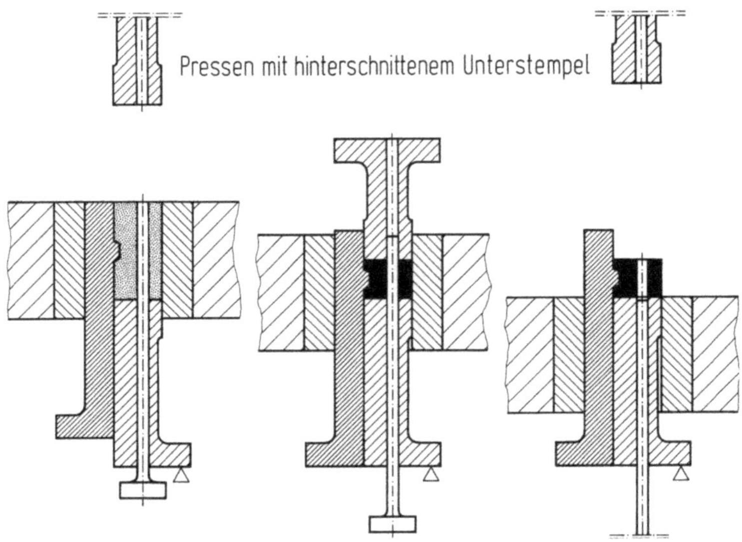

Abb. 4.31 Hinterschnittener Unterstempel

Das gesamte erforderliche Pulver wird in die untere Matrize gefüllt. Jetzt wird die obere Matrize auf die untere Matrizenplatte gedrückt und der obere Matrizenraum durch Transfer von unten nach oben gefüllt. Ist die untere Matrize Referenzebene für den Werkzeugaufbau wie in Abb. 4.29, muss beidseitig gepresst werden. Anschließend wird die Obermatrize über den Oberstempel abgezogen, das Bauteil wird mit dem Unterstempel ausgestoßen und der Dorn zurückgezogen. Damit kann das Bauteil zwischen den Matrizen gegriffen werden, und Unterstempel und Dorn senken sich zur Füllstellung ab.

Nach diesem Verfahren wurde das doppelreihige Kettenrad in Abb. 4.30 gepresst. Mit Obermatrizen, die sich konisch zur Untermatrize öffnen, lassen sich so auch Teile pressen, die an der Außenkontur dachförmige Schrägen aufweisen, etwa Pyramiden- oder Kegelstümpfe oder fassförmige Ausbauchungen. Mit hydraulischen Pulverpressen lässt sich die Teilung der Matrize weiter variieren [HICK06].

Eine wenig angewandte Konstruktion zum Pressen vorwiegend einseitiger Hinterschneidungen ist in Abb. 4.31 dargestellt [TAYL58, MAY85]. Der Unterstempel, der das

Abb. 4.32 Spiegelplatte mit je zwei inneren und äußeren seitlichen Hinterschneidungen nach dem Prinzip von Abb. 4.31 (GKN Sinter Metals)

positive Profil der zu formenden Hinterschneidung trägt, ist seiner Funktion nach ein bewegliches Matrizenelement. Der Hinterschnitt muss in der Nähe der neutralen Zone liegen, damit die Scherkräfte, die das Pulver auf die Stempelnase ausübt, klein bleiben und keine Risse im Teil entstehen. Der hinterschnittene Stempel muss zwangsbewegt werden. Beim Ausformen wird der Pressling gerichtet abgenommen, um Beschädigungen zu vermeiden. Daraus ist auch ersichtlich, dass die Hinterschneidung deutlich ausgeprägte seitliche Ausformschrägen verlangt. Soweit die Ausformmöglichkeiten dabei erhalten bleiben, können auch mehrere hinterschnittene Unterstempel in einem Werkzeug untergebracht werden, z. B. an zwei einander gegenüber liegenden Seiten. Die hinterschnittene Kontur kann auch negativ im Unterstempel liegen, so dass sich lokale Ausbauchungen am Bauteil ergeben.

Bauteile nach diesem Prinzip werden vorwiegend als Befestigungselemente für Rückspiegel in Pkw eingesetzt. Abbildung 4.32 gibt ein Beispiel.

In gewissem Sinne sind auch die radialen Fenster, wie sie typischerweise bei Stangenführungen für Stoßdämpfer gepresst werden, Hinterschneidungen, denn ohne die presstechnische Lösung müssten hier Querbohrungen gebohrt werden, wobei der Arbeitsgang Bohren wirtschaftlich nicht so entscheidend ist. Viel schwieriger gestaltet sich die Entgratung nach dem Bohren an diesen komplizierten Bauteilen. Der prinzipielle Werkzeugaufbau ist in Abb. 4.33 skizziert: Der Querschnitt mit dem größten Durchmesser wird in einen Matrizenbund gelegt. Der Bund enthält an den Stellen, wo der Pressling später Fenster haben soll, über den Umfang verteilt drei oder vier erhabene Stufen. Am Oberstempel befinden sich gegenüber den Stufen des Matrizenbundes kronenförmige Nasen. Der Innendurchmesser der Stufen und der Außendurchmesser der Nasen sind bis auf das geringe Werkzeugspiel gleich.

Beim Pressen schieben die Nasen im Überlappungsbereich das Pulver an den Stufen vorbei nach unten in den Schaft des Presslings, so dass der gesamte Überlappungsbereich als radiales Fenster im Pressling zurückbleibt. Das Konzept radialer Fenster ist bis zu Dichten von ungefähr 6,8 g/cm^3 gangbar. Bei höheren Dichten verursacht die Überpressung im Schaft unter den Fenstern zu viel Verschleiß. Auch brechen bei hohen Dichten die Nasen am Oberstempel leicht ab. Pulvertaschen können hier Verbesserungen bringen. Vor allem nachdem ein gewisser Stempelverschleiß eingetreten ist, muss man der Entgra-

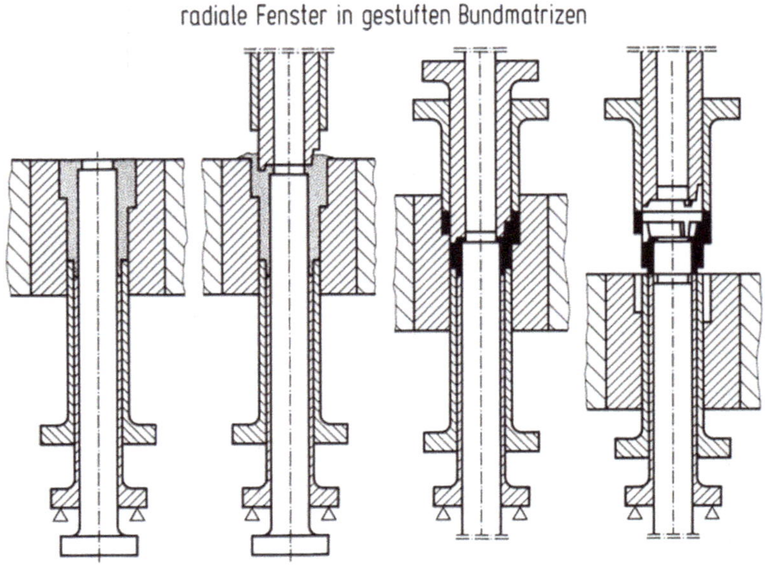

Abb. 4.33 Pressen von radialen Fenstern in Teilen mit niedriger bis mittlerer Dichte

Abb. 4.34 Kolbenstangenführungen mit radialen Fenstern (verschiedene Hersteller)

tung der Fenster sehr viel Aufmerksamkeit widmen. Abbildung 4.34 zeigt reale Bauteile mit Fenstern.

Eine besondere Form von Hinterschneidungen ergibt sich bei schräg verzahnten Zahnrädern, Abb. 4.35. Matrize und Stempel sind dabei spiralförmig verzahnt und müssen bei jeder formschlüssigen Relativbewegung spielfrei ineinander drehen. Dazu gibt es eine Vielzahl konstruktiver Lösungsansätze, die traditionelle Lösung besteht in Abzugsmatrize mit drehendem Ober- und Unterstempel. Zur Synchronisierung von axialen Matrizen- und Oberstempelbewegungen mit den Drehbewegungen der Stempel werden die Stempel mittels Dralltopfkonstruktionen in Drehung versetzt [GOOD93]. Dazu wird normalerweise je ein Dralltopf für Ober- und Unterstempel von der Matrizenbewegung betätigt. Bei geringen Steigungswinkeln bis etwa 15 °C reicht die Führung des Unterstempels in der Matrize aus, ein Drehtrieb unter diesen Bedingungen ist nur für den Oberstempel erforderlich.

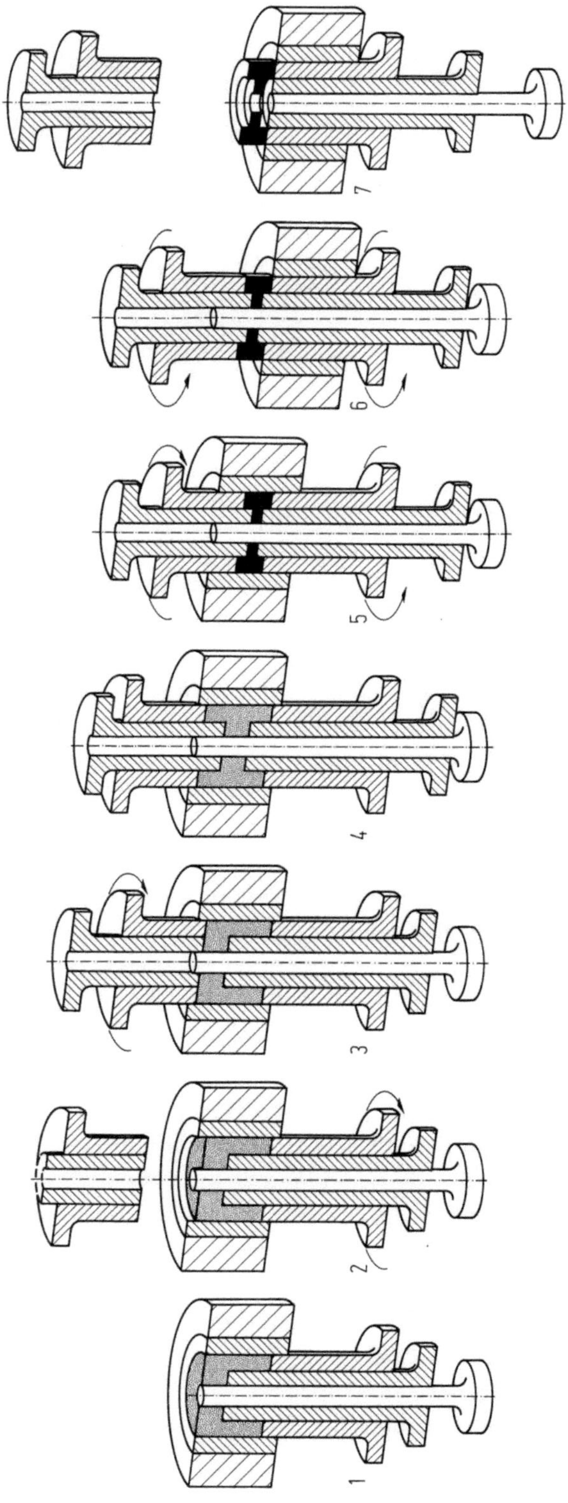

Abb. 4.35 Pressen von Schrägverzahnungen. *1* Füllen. *2* Unterfüllen. *3* Werkzeug schließen. *4* Pulvertransfer. *5* Pressen. *6* Matrize abziehen. *7* Innere Stempel und Dorn abziehen

Abb. 4.36 Schrägverzahntes Planetenrad aus einem Automatikgetriebe (Borg Warner)

Um die ein- und ausschraubenden Bewegungen spielfrei ausführen zu können, müssen die Stempel axial und radial in strammen Wälzlagerungen geführt sein.

Konstruktionen mit Drallnuss oder Drallstange können mit geteilter Drallnuss ausgeführt werden, so dass die geforderte Spielfreiheit durch Nachstellen auch bei Verschleiß des Dralltopfs gewahrt werden kann. Bei präzise lagegeregelten Maschinen neuster Bauart lässt sich die Drehbewegung der Stempel mit Schrittmotoren oder Servomotoren im Pressenadaptor unterbringen [LINK96]. Ein Überblick über die Formgebungsmöglichkeiten zum Pressen von Schrägverzahnungen findet sich in [NAGA96].

Werkzeuge zum Pressen von Schrägverzahnungen bauen sehr hoch und passen nicht in die üblichen Werkzeugaufnahmen. Deshalb ist alleine zum Spannen der Werkzeuge in der Maschine eine Sonderkonstruktion nötig. Auch der Aufwand für den Antrieb der Drehbewegungen der Stempel sowie der Aufwand für die Stempellagerungen übersteigen die üblichen Werkzeugkosten bei weitem. Beispiele sind Planetenräder in Pkw-Automatikgetrieben, Abb. 4.36, und Antriebe von Nocken- oder Ausgleichswellen im Motor.

In günstig gelagerten Fällen ist es möglich, Querbohrungen oder seitliche Vertiefungen zu pressen, Abb. 4.37 [TSUR95, CORC97, YOSH02, MENZ07]. Die Querbohrung muss in der Pressneutralen liegen und darf nicht zu fein sein. Neuere CNC-Pressen, in denen die Matrizenplatte die Referenzebene des Werkzeugaufbaus ist und in denen mit dem Unterstempel ausgestoßen wird, bieten Vorteile beim Pressen von Querbohrungen. Abbildung 4.38 zeigt Schnitte durch die Dornebenen, links vor dem Füllen und unmittelbar nach dem Ausstoßen als Axialschnitt und rechts nach dem Füllen und unmittelbar vor dem Ausstoßen als Radialschnitt.

Die Besonderheiten beim Freilegen des Presslings erfordern universell programmierbare Bewegungsabläufe sowie exzellente Einrichter und Bediener. Die Entwicklung der Werkzeuge und des Prozesses scheint kompliziert, kann heute aber bereits als Routine bezeichnet werden. Teile mit Querbohrungen sind in Serienproduktion in der Hart-

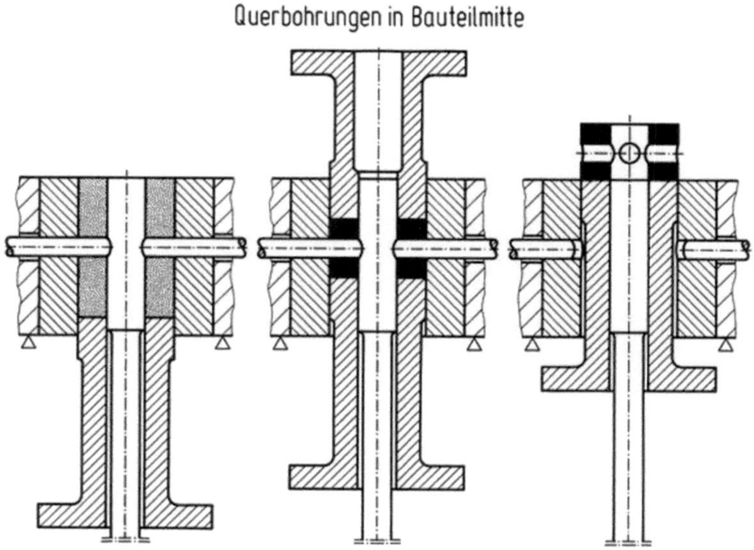

Abb. 4.37 Pressen von Querbohrungen

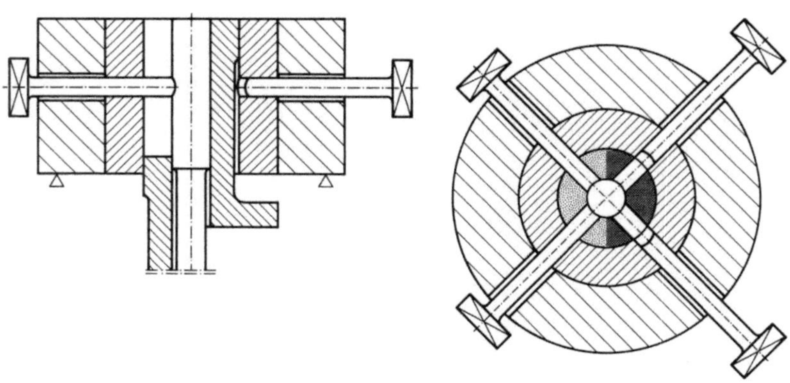

Abb. 4.38 Axial- und Radialschnitt durch die Dornebenen von Abb. 4.37

metallindustrie und als Verteilerringe im Warmwasserzufluss von Flachheizkörpern, Abb. 4.39.

Eine Möglichkeit, eine umlaufende Ringnut in der Mitte der Bauteilhöhe zu pressen, wurde in Japan für zweispurige Kettenräder entwickelt [UPAD00a]. Zweispurige Kettenräder für den Antrieb von Pkw-Nockenwellen werden herkömmlich in axialer Richtung mit durchgehendem Verzahnungsprofil gepresst. Um eine zweispurige Kette aufnehmen zu können, sticht man nach dem Sintern eine Radialnut in die Mitte der Verzahnungshöhe, so dass zwei parallele Zahnreihen entstehen. Nach dem Prinzip von Abb. 4.40 wird diese Nut durch zwei radiale Schieber geformt, die – ähnlich wie die Dorne für Querbohrungen – in der schubspannungsfreien Ebene liegen sollten. Da die Ringnut umlaufen soll, muss die Matrize in Ober- und Untermatrize geteilt werden, zwischen denen die seitlichen Schieber bewegt werden. Bevorzugt ist die Untermatrize fest mit dem Pressenrahmen verbunden,

Abb. 4.39 Querbohrung mit Wulst in einer senkrecht gepressten Hartmetallplatte und vier Querbohrungen in einem Wasserverteiler für Flachheizkörper (verschiedene Hersteller)

Abb. 4.40 Füllen, Pressen und Freilegen von Bauteilen mit Ringnut im Doppelmatrizenverfahren

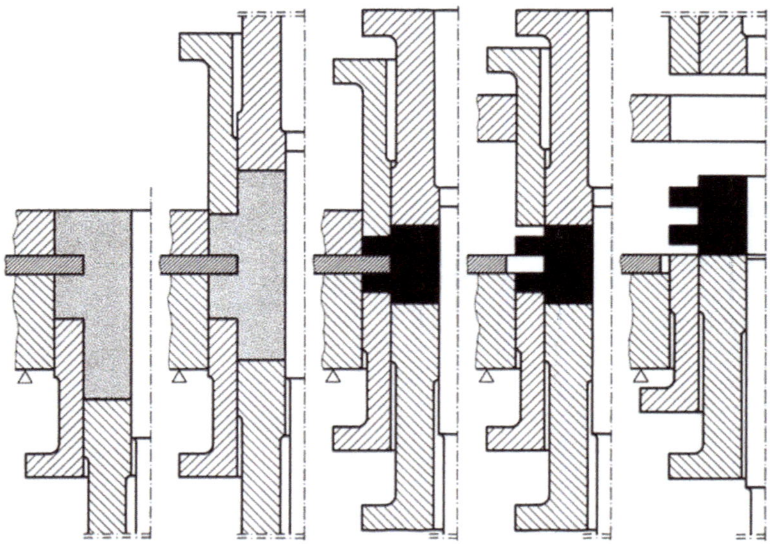

wodurch beidseitig gepresst werden muss, nachdem der Füllraum in der Obermatrize durch Pulvertransfer gefüllt ist.

Vor dem Rückziehen der Schieber muss ober- und unterstempelseitig entlastet werden, da sonst zu große Reibungskräfte auf die Schieber wirken. Der fertige Pressling wird zwischen den beiden Matrizenplatten entnommen. Schnitte durch das Werkzeug in Abb. 4.40 gibt Abb. 4.41 wieder.

Der Axialschnitt links in Abb. 4.41 zeigt das zusammengefahrene Werkzeug in Füllposition und das leere Werkzeug mit zurückgezogenem Schieber und abgezogener Obermatrize. Der Radialschnitt rechts in Abb. 4.41 stellt die Schieberpositon nach dem Füllen und vor dem Ausstoßen dar. In Deutschland werden nach diesem Prinzip vorgeformte Ringnuten von Stoßdämpferkolben nach dem Sintern kalibriert, so dass ein Dreharbeitsgang entfallen kann. Das Kettenrad mit umlaufender gepresster Nut ist in Abb. 4.42 wiedergegeben. Den Stoßdämpferkolben zeigt Abb. 4.43.

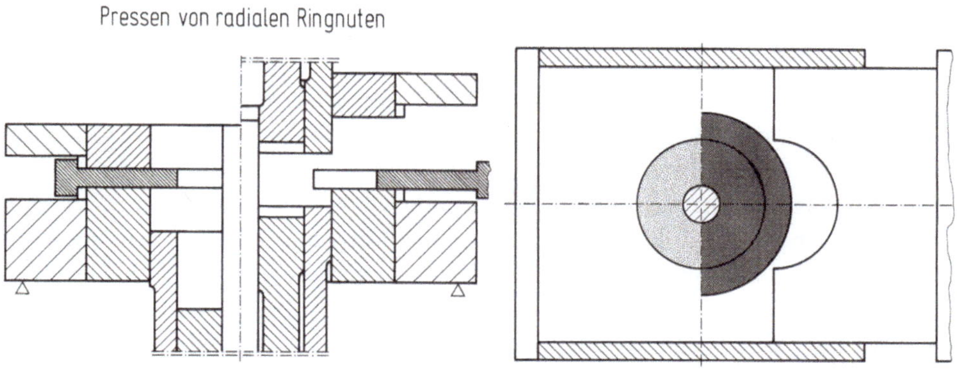

Abb. 4.41 Schnitte durch das Werkzeug in Abb. 4.40

Abb. 4.42 Zweispuriges Kettenrad mit radial geformter umlaufender Nut (Nissan)

Abb. 4.43 Zweiteilig gepresster symmetrischer Stoßdämpferkolben mit Ringnut für den Kolbenring; die Ringnut wird radial mit zwei Schiebern kalibriert (GKN Sinter Metals)

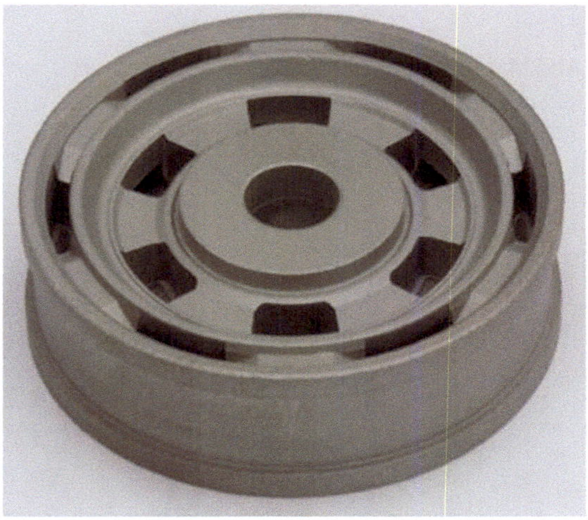

4.5 Schichtverbundpressen

Beim Pressen von Schichtverbunden unterscheidet man axiale und radiale Schichtfolgen. Ein Beispiel für axiale Schichtung gibt Abb. 4.44. In die Höhlung eines normalen Werkzeugs wird mit einer Füllvorrichtung ein Pulver eingefüllt und abgestrichen. Gegebenenfalls kann jetzt mit ganz geringem Druck vorverdichtet werden. Dadurch entsteht genügend Raum im Werkzeug, um mit einer zweiten Füllvorrichtung ein anderes Pulver einfüllen zu können, ehe mit vollem Druck auf Enddichte gepresst wird.

Arbeitet man ohne Vorverdichtung, muss man den Füllraum für das zweite Pulver durch Anheben der Matrize schaffen. Die Trennebene ist beim Pressen ohne Vorverdichtung verwaschen und nicht so gut definiert wie beim Pressen mit Vorverdichten. Der zusätzliche Pressenhub für die Vorverdichtung kostet Zeit, wodurch die Produktivität leidet. Deshalb müssen die Erfordernisse des Anwendungsfalles über das Verfahren entscheiden.

Anwendung findet diese Technik u. a. bei Ventilsitzringen für Auslassventile in Pkw-Motoren, Abb. 4.45. Die besonders beanspruchte Partie des Ventilsitzes wird aus verschleiß- und temperaturbeständigerem Material hergestellt, das verhältnismäßig kostspielig ist. Diese Technik wird auch für elektrische Kontaktwerkstoffe angewandt [SCHR64, SCHR85].

Während axiale Schichtverbunde in einigen Anwendungsbereichen großtechnisch gefertigt werden, haben sich radiale Schichtverbundteile nur in Einzelfällen durchsetzen können. Presstechnisch gibt es mehrere Möglichkeiten zur Herstellung radialer Schichtverbunde [GONI92]. Nach Abb. 4.46 besteht eine Möglichkeit darin, das Pulver des ersten Füllraums mit einer ersten Füllvorrichtung zu füllen und mit geringem Druck vorzuverdichten. Ehe in den zweiten Füllraum das andere Pulver eingefüllt wird, muss die vorverdichtete erste Pulversäule so angehoben werden, dass die Oberkanten des Presslings und

Abb. 4.44 Axialer Schichtverbund

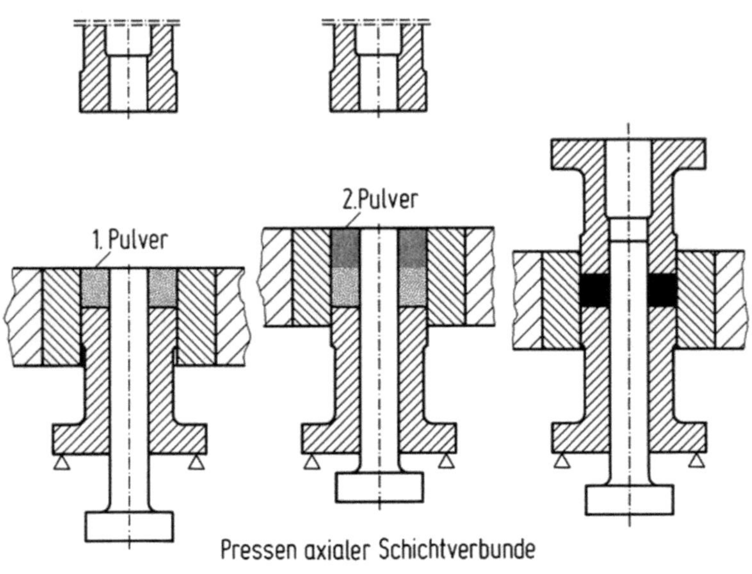

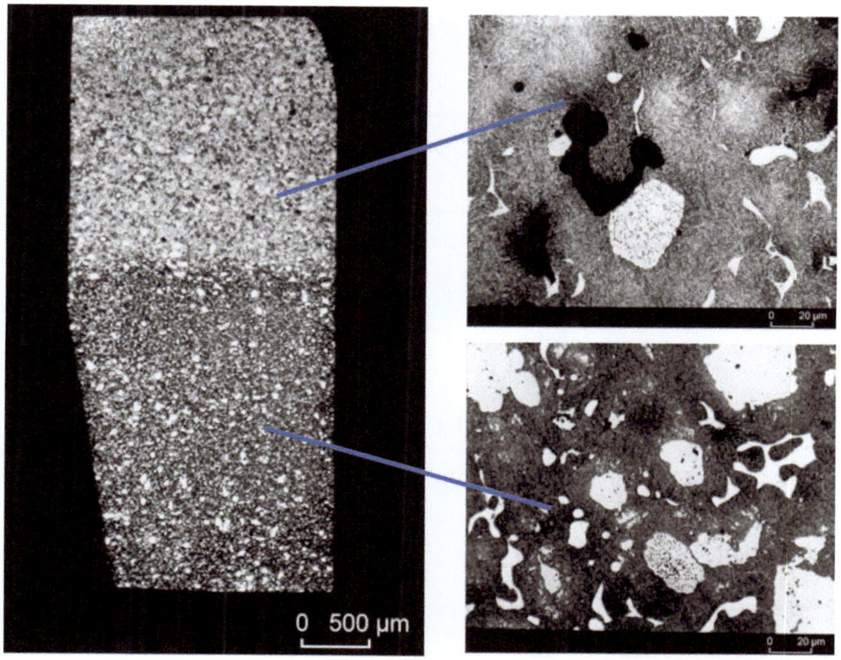

Abb. 4.45 Zweischichtig gepresster Rohling eines Auslassventilsitzrings (Japan Powder Metallurgy)

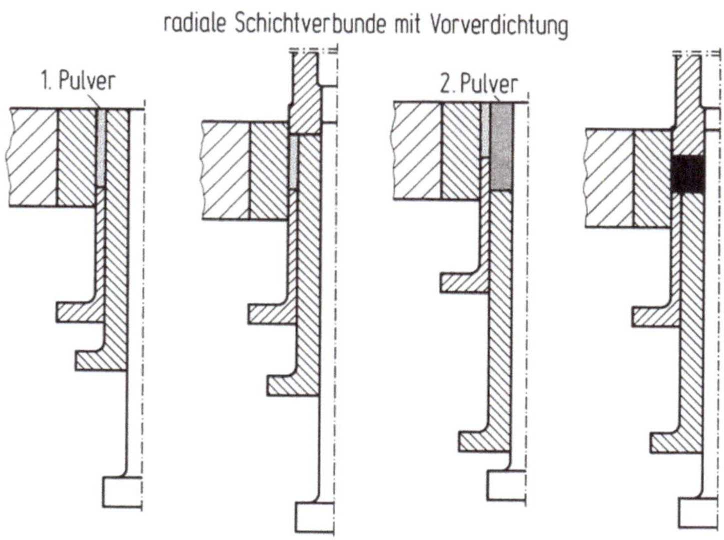

Abb. 4.46 Radialer Schichtverbund mit Vorverdichtung

der Matrize übereinstimmen. Diese Verschiebung sollte beendet sein, bevor der Unterstempel des zweiten Füllraumes in Füllstellung gebracht wird. Unterschiede in der Fülldichte zwischen den beiden Pulversorten lassen sich durch die Füllstellungen der jeweiligen Unterstempel ausgleichen [GORM90].

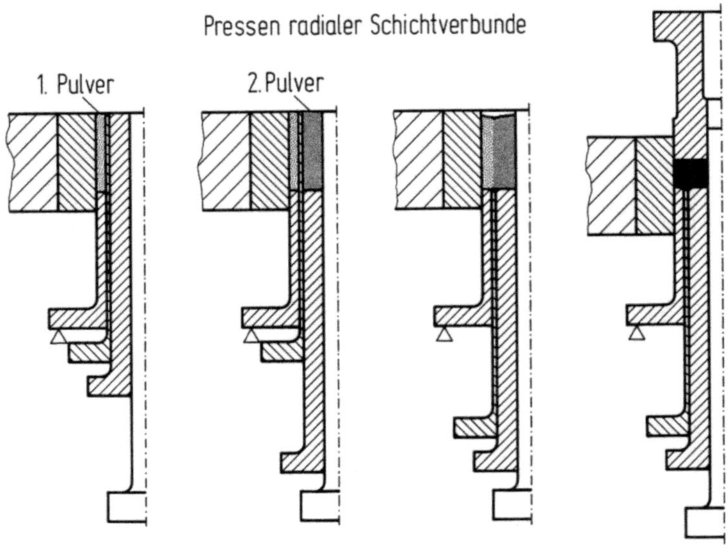

Abb. 4.47 Pressen eines radialen Schichtverbundes mit Zwischenstempel

Eine andere Möglichkeit, radiale Schichtverbunde zu pressen, ist in Abb. 4.47 skizziert: Die Werkzeughöhlung wird durch einen dünnwandigen Zwischenstempel in zwei separate Füllräume geteilt. Um die erste Kammer zu füllen, wird der innere Unterstempel mit dem Zwischenstempel nach oben bündig mit der Matrizenplatte gefahren. Für die zweite Füllung wird der innere Unterstempel nach unten in die Füllstellung zurückgezogen. Ehe die Verdichtung beginnt, wird der Zwischenstempel zwischen den beiden Pulvern abgezogen. An der Oberseite der Presslinge kommt es unvermeidbar immer zu einer gewissen Vermischung beider Pulver, die man bei dem Verfahren nach Abb. 4.46 nicht in Kauf nehmen muss. Dafür ist der Pressvorgang mit Zwischenstempel wesentlich schneller, weil man nur einen Oberstempelhub braucht.

Radiale Schichtverbunde kann man auch durch segmentierte [KOND04] oder konzentrische Füllvorrichtungen füllen, soweit die verschiedenen Pulver ähnliche Fließeigenschaften haben. Für konzentrische Verbunde wird die Füllvorrichtung, die mit einem Bodenverschluss ausgestattet ist, über dem Werkzeug in Position gebracht. Der Verschluss wird geöffnet, um das Werkzeug zu füllen, und anschließend wird die Füllvorrichtung wieder geschlossen und zurückgezogen, ehe der Pressvorgang einsetzt. Alternativ kann die Pulverzufuhr zur Füllvorrichtung genau dosiert geöffnet und geschlossen werden.

4.6 Pressen auf Rundtischmaschinen

Pharmazeutische Tablettiermaschinen eignen sich, gegebenenfalls nach einigen Modifikationen, ebenfalls zum Pressen von Metallpulver. Das Pressenkonzept ist in Abb. 4.48 in Form einer Abwicklung dargestellt. Ein Rundteller wird mit einer Vielzahl von Ma-

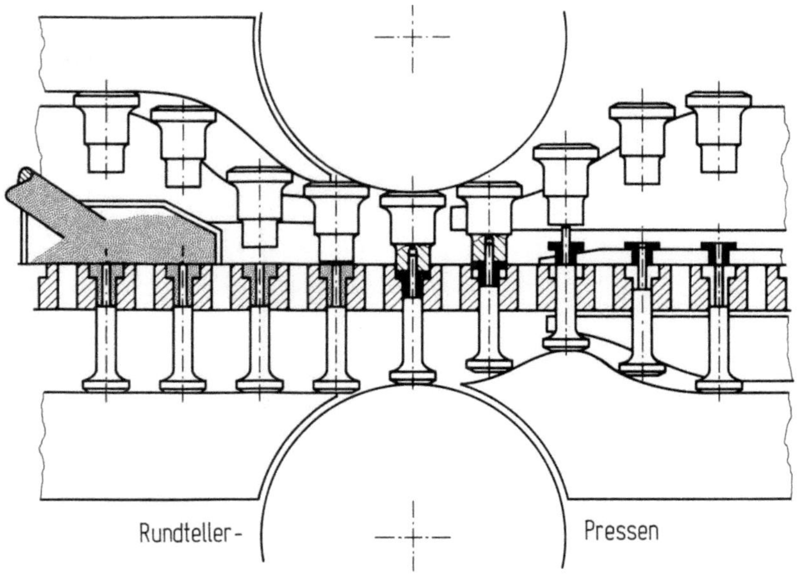

Abb. 4.48 Rundtischpresse für Massenproduktion

trizen ausgestattet, die durch einen stationären Füllschuh befüllt werden. Jede Matrize hat einen eigenen Unter- und Oberstempel, die in separaten Rundtellern, die hier nicht gezeigt sind, geführt sind. Während des Füllens gleiten die Unterstempel über eine waagerechte Schiene. Hinter dem stationären Füllschuh werden die Oberstempel über Kurvenschienen abgesenkt und zwischen ein Paar Druckrollen geleitet, die den Unterstempel hochdrücken bzw. den Oberstempel niederpressen. Die Verdichtung des Pulvers findet also nur zwischen den Druckrollen statt. Komplizierte Bewegungsabläufe für anspruchsvolle Geometrien sind damit natürlich nicht möglich. Nachdem der Matrizenteller die Druckrollen passiert hat, werden die Unterstempel durch eine Ausstoßkurve angehoben, während gleichzeitig die Oberstempel durch Kurvenschienen aufwärts bewegt werden. In Abb. 4.48 wurde eine Bundbuchse als Beispiel gewählt, die über eine Gabel aus dem Arbeitsraum der Maschine abgeführt wird. Bei einfacheren Geometrien werden die Presslinge vom Matrizenteller abgeschoben, ohne besondere Vorkehrungen zu treffen. Wenn der Ausstoßvorgang beendet ist, werden die Unterstempel von einer weiteren Kurvenschiene wieder nach unten in Füllstellung gezogen, so dass erneut gefüllt werden kann.

Mit dieser prinzipiellen Maschinenbauart erhält man für entsprechend geeignete Geometrien sehr hohe Produktivitäten. Bei einfachen Kleinteilen können über 100.000 Teile pro Stunde gepresst werden. Axiale Schichtverbunde z. B. nach Abb. 4.44 sind möglich und werden produziert.

Offensichtlich sind Werkzeugwechsel von einer auf eine andere Geometrie recht zeitaufwendig, und auch ein kompletter Werkzeugsatz mit Matrizen, Stempeln und allen Kurvenschienen kann nicht ganz billig sein. Die Technik des Rundtellerpressens ist deshalb auf verhältnismäßig große Stückzahlen einfacher Geometrien beschränkt.

Abb. 4.49 Einstückig gepresstes Gangrad mit schräger Leistungsverzahnung und gerader Kupplungsverzahnung (Stackpole)

Die verschiedenen Elemente zur Gestaltung von Pulverpresswerkzeugen können in weiten Grenzen miteinander kombiniert werden, so dass sich dem Konstrukteur pulvermetallurgischer Formteile eine große Auswahl geometrischer Möglichkeiten bietet, Abb. 4.49.

4.7 Neuere Entwicklungen

Der Trend zu immer komplexeren Geometrien ist ungebrochen. Daneben zielt eine andere Entwicklungsrichtung auf immer höhere Dichten ab, um bessere mechanische Eigenschaften, vor allem Zähigkeitskennwerte, zu erreichen. Das Haupthindernis auf dem Weg zu höherer Dichte liegt in der Menge an Festschmierstoff, den man dem Pulver beimischt, um Kaltverschweißungen mit den Werkzeugwandungen zu verhindern. Bei 1 % Festschmierstoff in reinem Eisen erreicht man eine maximal mögliche Pressdichte von etwa 7,20 g/cm^3, weil das Schmiermittel etwa 7 % des Volumens einnimmt. Der vom Schmiermittel eingenommene Raum kann nicht mit Metall gefüllt werden. Höhere Dichten beim Pressen setzen also zwingend voraus, dass der Schmiermittelgehalt im Pulver verringert wird.

Frühe Versuche, mit abgesenkten Mengen der klassischen Schmierstoffe, Wachsen oder Metallstearaten, zu pressen, waren außer bei sehr flachen Bauteilen nicht erfolgreich, weil sich schon nach einer geringen Anzahl von Pressenhüben erste Fresserscheinungen des Pulvers an den Werkzeugwandungen zeigten. Die dabei entstehenden rauhen Oberflächen sind in den meisten Anwendungsfällen nicht zulässig. Neu entwickelte Gleitmittel erlauben die Absenkung der zugemischten Menge auf etwa 0,6 %, was etwa 4 % des Volumens nach der Verdichtung ausmacht. Ausreichende Schmierwirkung stellt sich bei diesen Substanzen aber nicht bei Raumtemperatur, sondern erst bei etwa 145 °C ein. Deshalb wird diese Technik Warmpressen genannt. Bei einfachen Geometrien und Pulvern auf Reineisenbasis erreicht man damit Pressdichten von ungefähr 7,35 g/cm^3, bei komplexeren Teilen Werte von etwa 7,25 g/cm^3 [SMYT92, RUTZ92, LUK95, RUTZ95, STOR98, ENGS99, VIDA03]. Für eine erfolgreiche Anwendung wird das Pulver im Vorratsbehälter und im Füllschlauch auf eine Temperatur von ca. 120 °C vorgewärmt. Die Matrize wird mit Heizpatronen, der Oberstempel mit Heizbändern auf die gleiche Temperatur gebracht. Eine zusätzliche Beheizung der Unterstempel ist normalerweise nicht vorgesehen. Durch die plastische Arbeit während des Pressens steigt die Temperatur der Presslinge auf 145 °C, die für einwandfreie Oberflächenbeschaffenheit und geringe Gewichtsschwankungen ziemlich exakt eingehalten werden muss.

Die Wärme der Matrizenheizung führt zu einer Ausdehnung der Matrizenplatte, in der alle Führungssäulen des Adaptors stramm und präzise geführt sind. Durch die Wärmeausdehnung der Matrizenplatte werden die Führungssäulen einer Biegung ausgesetzt, was wiederum die Säulenlagerungen überbeansprucht und vorzeitig ausfallen lässt. Um diese unangenehmen Konsequenzen abzumildern, legt man meist eine umschlingende Wasserkühlung um die beheizte Matrize.

Insgesamt ist diese Art des Warmpressens aufwändig und hat bisher nur mäßige Marktakzeptanz gefunden. In einer alternativen Entwicklung wurde ein Gleitmittel gefunden, das bei 0,6 % zugemischtem Anteil seine Schmierwirkung bereits ab 70 °C entfaltet [LIND01, HEND01, AZZI06, STLA06]. Hierzu reicht es, die Matrize und das Oberstempelpaket zu beheizen, das Pulver wird nicht vorgewärmt. Die so erzielten Pressdichten liegen etwa 0,05–0,1 g/cm^3 unter den Werten, die man mit vorgewärmtem Pulver bei 145 °C erreicht. Da der technische Aufwand für die tiefere Temperatur nur mäßig ist, hat sich hierfür eine gewisse Markverbreitung eingestellt. An Fortentwicklungen dieser Technik mit dem Ziel, mit Gleitmittelgehalten unter 0,6 % noch höhere Dichten zu erhalten [DONA06, SETH06, HANE07, SUZU07], wird kontinuierlich gearbeitet. Idealerweise bräuchte man einen Schmierstoff, der bei geringen zugemischten Mengen bereits bei Raumtemperatur zu akzeptablen Oberflächengüten führte.

Eine Entwicklungsrichtung, bei der mit sehr hohen Drücken von über 1000 N/mm^2 gearbeitet wird [GUEY03, KEJZ05], senkt die Gleitmittelmenge in die Größenordnung um 0,3 % ab, um das Volumen für die Metallverdichtung verfügbar zu machen. Zur Verhinderung von Oberflächenschäden am Bauteil durch Kaltverschweißung werden die Werkzeuge mit amorphem diamantähnlichen Kohlenstoff beschichtet [GUEY03], oder es wird mit speziellen Schmierstoffen und Eisenpulvern gearbeitet, aus denen der Feinanteil unter etwa 100 µm Partikeldurchmesser ausgesiebt wurde [KEJZ05]. Damit ergeben sich Pressdichten bis etwa 7,45 g/cm^3.

Höhere Dichten als mit den unterschiedlichen Warmpresstechniken erreicht man auch mit Schmiersystemen, die die radialen Werkzeugwände schmieren. Dabei hat sich gezeigt, dass eine gewisse Menge zugemischten Gleitmittels – etwa 0,3 % – zur Reduzierung der inneren Reibung des Pulvers höchste Pressdichten liefert [INCU97]. Als Schmiermittel für die Werkzeugwandungen haben sich elektrostatisch aufgeladene pulverförmige Festschmierstoffe bewährt [INCU97, CADL01, HANE03, MONG04, NAKA06]. Das Werkzeug wird elektrisch gegen die Pulverpresse isoliert oder beim Einsprühen mit einem Deckel verschlossen, um nicht die gesamte Peripherie mit Schmiermittel zu beschichten. Je nach Schmiermittel kann Matrizenschmierung mit einer Werkzeugbeheizung kombiniert werden [CADL01, SUZU07]. Das Verfahren hat bisher noch wenig Verbreitung gefunden, kann aber bei einfachen Geometrien Pressdichten bis etwa 7,5 g/cm^3 liefern, für die Drücke von ungefähr 1.000 N/mm^2 benötigt werden.

In einem speziell dafür gebauten Pressentyp versucht man, hohe Dichten mit abgesenkten Gleitmittelgehalten zu erzielen, indem man dem quasistatischen Stempeldruck einen Schlag mit einer Geschwindigkeit von 10 m/s oder mehrere hochfrequente Schläge überlagert [BOS06]. Das Verfahren wird unter der Bezeichnung high velocity compaction vermarktet und ist z. Zt. auf im Wesentlichen einquerschnittige Geometrien beschränkt [STER05]. Abgesehen davon, dass der Grundgedanke nicht neu ist [FEDR75], darf man den Erfolg des Verfahrens für mehrquerschnittige Bauteile bezweifeln. Die Schlagbelastung verursacht Stempelspitzendrücke über 1.500 N/mm^2 [STER05], die nur in Ausnahmefällen Stempelteilungen erlauben. Darüberhinaus erhält man mit gleichgroßen quasistatischen Drücken höhere Pressdichten als mit der kurzzeitig überlagerten Schlagbeanspruchung, solange die theoretische Dichte der Mischung aus Metallpulver und Gleitmittel noch nicht erreicht ist [SETH06]. Mit Reineisenbasispulver und 0,3 % Gleitmittel wird über Pressdichten von 7,5 g/cm^3 und mehr berichtet [ENGS03, STER05].

Allen Bemühungen, höchste Pressdichten anzustreben, ist gemein, dass der Volumenanteil an Gleitmittel verringert werden muss. Zusätzliche Gesichtspunkte von mehr oder weniger großer Bedeutung können erhöhte Temperaturen von Werkzeugen und Pulver, hohe Drücke, reibungsmindernde Maßnahme an den Werkzeugwandungen, schlagartige Belastungen oder Kombinationen davon sein.

4.8 Zusammenfassung

Unter allen pulvermetallurgischen Formgebungsverfahren ist das Matrizenpressen mit Abstand das wirtschaftlich bedeutendste. Die Stärken des Verfahrens liegen in der Kombination von

- geometrischen Gestaltungsmöglichkeiten,
- Präzision und Wiederholgenauigkeit sowie
- Produktivität.

Manche Werkzeugprinzipien lassen sich auf älteren Pressen kaum oder nur mit großem konstruktivem Aufwand verwirklichen oder erfordern sogar eine besondere Einzweckmaschine. Unter solchen Bedingungen kann man nur sehr große Aufträge abwickeln, die über mehrere Jahre garantiert werden. Das Formgebungspotential heutiger Pulverpressen ist jedoch beachtlich und wird Jahr für Jahr verbessert. Dabei nimmt der Pressenbau in Mitteleuropa eine dominierende Stellung ein. Höchste Komplexität erfordert CNC-geregelte Bewegungsebenen, die heute mit hoher Genauigkeit und hervorragender Produktivität von vielen Herstellern erhältlich sind [TSUR95, AMAN96, ERNS02, LACK04, MARK04, NIES04].

Sintern

5

Das Wort „sintern“ kommt aus der Bergmannssprache und bedeutet etwa „tropfen, rinnen, fließen“, steht als „Sinter“ aber auch für Ablagerungen, die sich z. B. als Kalk an Felswänden aus Wasser ausscheiden oder in Stollen und Höhlen Tropfsteine bilden. In anderer Bedeutung wurde unter „Sinter“ Metall-, besonders Eisenschlacke verstanden, ebenso die äußere Oxidschicht, die sich während der Erwärmung vor dem Schmieden auf Eisen und Stahl bildet. Verwandt ist das heute gebräuchlichere Wort „Zunder“ [GRIM84]. Bis zur heutigen Verwendung in der Technik hat das Wort einen erheblichen Bedeutungswandel erfahren. In der Pulvermetallurgie versteht man unter dem Begriff „Sintern“ eine Wärmebehandlung von Materialien, die aus Pulvern bestehen und unter der Einwirkung von Temperatur, Zeit und gegebenenfalls äußerem Druck gegenseitige Kontaktbrücken bilden. Diese Brücken zwischen sich berührenden Partikeln können alleine durch atomare Austauschreaktionen im festen Zustand entstehen oder durch flüssige Bestandteile im Gefüge mit oder ohne Lösung des Grundwerkstoffes gebildet werden. Industriell verwendet man sehr unterschiedliche Ofenbauformen zum Sintern, die ganz an den Werkstoff und gegebenenfalls an die Geometrie der Bauteile angepasst sein müssen. Für die Massenfertigung von Formteilen kommen aus Kostengründen nur kontinuierliche oder quasikontinuierliche Systeme in Frage.

Die Benennung von Sinteröfen für Formteile richtet sich nach dem Transportsystem, mit dem das Sintergut durch die Hochtemperaturzone des Ofens gefördert wird, in der die Versinterung der Pulverpartikelchen abläuft. Dabei unterscheidet man traditionell Bandöfen, Rollenherdöfen, Hubbalkenöfen und Stoßöfen, Abb. 5.1 und 5.2, die alle industriell im Einsatz sind. Neuerdings gibt es aber auch Öfen, die nicht in dieses hergebrachte Schema passen. Das Transportsystem und die Ofenbaustoffe entscheiden über die maximal sinnvolle Sintertemperatur, die etwa 80 % der absoluten Schmelztemperatur T_S des Basismetalls betragen sollte. Für Stahlbauteile ergäbe dies eine Sintertemperatur von 1.175 °C, wovon die industriell üblichen Werte zwischen 1.120 °C (0,77 T_S) und 1.300 °C (0,87 T_S) nicht nennenswert abweichen.

P. Beiss, *Pulvermetallurgische Fertigungstechnik*,
DOI 10.1007/978-3-642-32032-3_5, © Springer-Verlag Berlin Heidelberg 2013

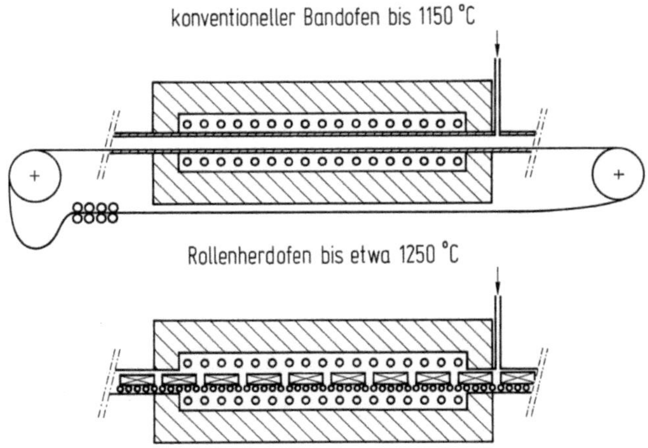

Abb. 5.1 Schemaskizze der Hochtemperaturzone von Band- und Rollenherdofen

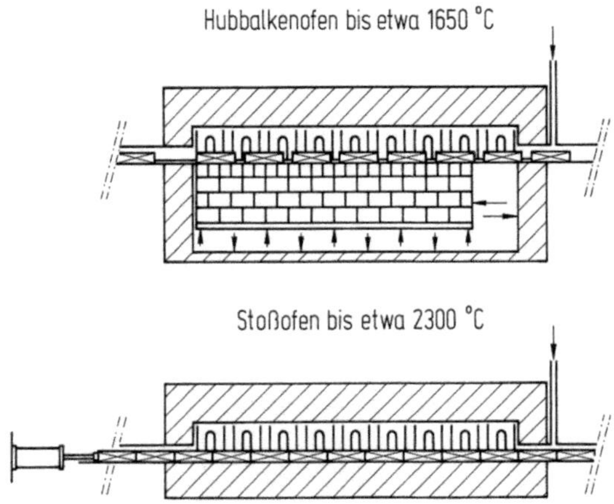

Abb. 5.2 Schemaskizze der Hochtemperaturzone von Hubbalken- und Stoßofen

In der Sinterzone des Ofens muss mit einem Schutzgas zumindest die Oxidation der Bauteile und ihrer Legierungselemente verhindert werden. Von seltenen Ausnahmen abgesehen, enthält die Schutzatmosphäre aber auch oxidreduzierende Gasbestandteile, mit denen vorhandene Oxide der beteiligten Metalle schon beim Aufheizen ganz oder teilweise reduziert werden sollen. Da die Oberflächenoxide der Metalle Diffusionsbarrieren darstellen, die eine Versinterung be- oder verhindern, ist Vakuum für kohlenstofffreie Stähle keine geeignete Schutzatmosphäre [DANN09], weil sich nur wenige Oxide im Vakuum dissoziieren lassen.

Heute wird für Sinteröfen in der Formteilfertigung eine modulare Bauweise bevorzugt, wozu die einzelnen Ofenzonen je nach Kundenanforderungen aneinander geflanscht werden. Vor die Sinterzone ist fast immer eine Ausbrennzone montiert, in der die Presshilfsmittel oder Gleitmittel des Pulvers ausgetrieben werden sollen. Unabhängig vom Transportsystem stellt man hier maximale Temperaturen von 750 bis 850 °C ein, die das Sintergut selber aber normalerweise nicht erreicht. Die Anforderungen an das Schutzgas in der Ausbrennzone sind andere als in der Sinter- oder Hochtemperaturzone, weil man beim Ausbrennen eher leicht oxidierende Bedingungen anstrebt.

In Durchlaufrichtung hinter der Sinterzone schließt sich im einfachsten Fall ein schutzgasgefüllter Kühltunnel an, in dem die Ware vor Oxidation geschützt ist, während sie auf Temperaturen abkühlt, bei denen keine sichtbare Oxidation an Luft mehr auftritt. Zwischen Hochtemperatur- und Kühlzone können jedoch auf Kundenwunsch eine oder mehrere Zonen eingefügt werden, mit deren Hilfe thermochemische oder metallurgische Behandlungen des Sintergutes ermöglicht werden, z. B. eine Gasschnellkühlung, mit der geeignet legierte Stähle bei ausreichendem Kohlenstoffgehalt partiell oder vollständig martensitisch umgewandelt werden können. Hinter eine Schnellkühlzone kann man eine Zone einfügen, in der frisch gebildeter Martensit angelassen wird, um exzessive Sprödigkeit zu vermeiden oder um Vergütungsgefüge einzustellen. Für kohlenstoffarme oder -freie Stähle kann man unmittelbar hinter die Sinterzone eine Aufkohlzone einbauen, um legierungstechnisch geeignete Stähle oberflächlich im austenitischen Zustand auf etwa 0,8 % C aufzukohlen, so dass sie nach Schnellkühlung und Anlassen den Ofen einsatzgehärtet verlassen. Dazu bedarf es in der Aufkohlzone einer Atmosphäre mit hohen Anteilen an CO. Bei tieferen Temperaturen soll dabei aber möglichst kein Ruß im Ofen oder auf den Bauteilen abgelagert werden.

5.1 Schutzgas in der Sinterzone und Oxidreduktion

Mit Ausnahme von Gold bilden alle Metalle unter atmosphärischen Umgebungsbedingungen oberflächliche Oxidschichten, die das Wachstum von Brücken zwischen sich gegenseitig berührenden Partikelchen beim Sintern behindern. Deshalb enthalten Schutzgasatmosphären, von Ausnahmen abgesehen, zum Sintern von Formteilen Gasbestandteile, die mit den Oxiden bei erhöhten Temperaturen so reagieren, dass festes oder flüssiges Metall und ein flüchtiges Gas entstehen. Schutzgase, die das leisten, sind Wasserstoff und Kohlenmonoxid, die mit den Sauerstoffatomen des Metalloxids Wasserdampf bzw. Kohlendioxid bilden, falls die Bildungsbedingungen erfüllt sind. Diese Bedingungen kann man dem so genannten Richardson-Ellingham-Diagramm entnehmen, in dem die Änderung der freien Enthalpie bei der Oxidation von Metallen über der Temperatur aufgetragen ist, Abb. 5.3. Die erforderlichen Daten zur Erstellung solcher Diagramme kann man Handbüchern entnehmen, z. B. [BARI89, KNAC91]. Je negativer die Änderung der freien Enthalpie bei der Oxidation eines Metalls ist, desto stabiler ist das Oxid und desto schwieriger lässt es sich reduzieren. Die Kurven in Abb. 5.3 geben die Gleichgewichtsbedingungen zwischen Metall, Metalloxid und Sauerstoffgehalt in einer Atmosphäre bei Umgebungsdruck für reine Metalle wieder. Möchte man ein Oxid reduzieren, muss man Atmosphärenbedingungen schaffen, die unterhalb der betrachteten Kurve liegen. Oberhalb der Kurve schreitet die

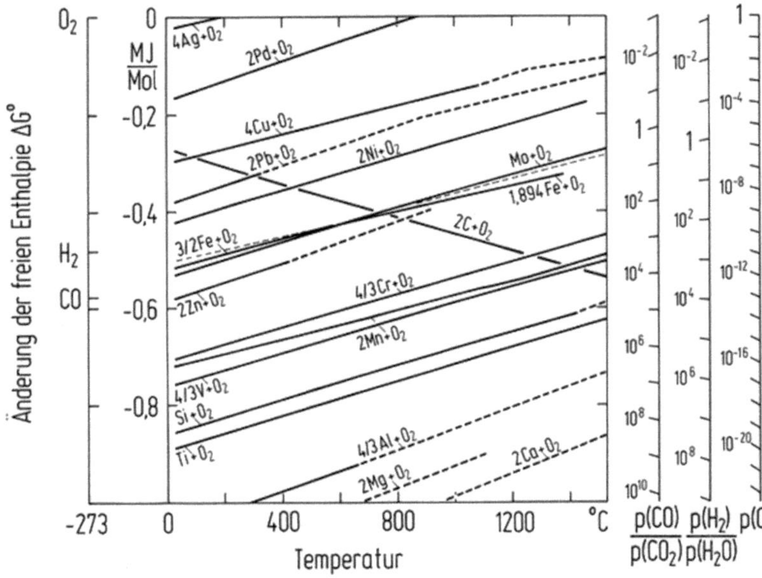

Abb. 5.3 Richardson-Ellingham-Diagramm der Metall-Metalloxid-Gleichgewichtsbedingungen

Oxidation weiter fort. Die Kurven stellen also die Grenzlinie zwischen Oxidation und Reduktion dar.

Für den praktischen Umgang mit dem Richardson-Ellingham-Diagramm sind beim absoluten Temperaturnullpunkt von −273 °C drei Pole eingezeichnet, die mit O_2, H_2 und CO gekennzeichnet sind. Die Pole mit den Bezeichnungen H_2 und CO beziehen sich auf Atmosphären, die Wasserstoff bzw. Kohlenmonoxid enthalten. Den Polen sind auf der rechten Seite eigene Achsen zugeordnet, die mit $p(O_2)$, $p(H_2)/p(H_2O)$ bzw. $p(CO)/p(CO_2)$ bezeichnet sind, wobei p für den jeweiligen Teildruck des betreffenden Gases in der Atmosphäre steht. Die Verhältnisse $p(H_2)/p(H_2O)$ und $p(CO)/p(CO_2)$ drücken aus, dass nicht der Wasserstoff- oder Kohlenmonoxidgehalt der Atmosphäre für die Reduktion der Metalloxide entscheidend ist, sondern das Verhältnis aus Wasserstoff und Wasserdampf bzw. Kohlenmonoxid und Kohlendioxid. Bei Atmosphären aus Stickstoff und Wasserstoff, die heute große Bedeutung als Schutzgas haben, kann man die Mengenanteile des Wasserstoffs an dem entsprechenden Durchflussmesser ablesen. Den Wasserdampfgehalt muss man messen, wenn man das Verhältnis $p(H_2)/p(H_2O)$ bestimmen will. CO-haltige Schutzgase werden als Endogase durch endotherme Verbrennung eines Kohlenwasserstoffs in einer Retorte, die mit einem Nickelkatalysator gefüllt ist, bei Temperaturen oberhalb von 1.000 °C direkt neben oder über der Muffel von Bandöfen erzeugt. Aus der Reaktion der Verbrennung kennt man den CO-Partialdruck, den CO_2-Partialdruck muss man auch in diesem Fall messen. Eine weitere Möglichkeit zur Beurteilung der Güte einer Atmosphäre stellt die Messung des Sauerstoffpartialdrucks mit einer Sauerstoffsonde dar. An einem Beispiel sei die Anwendung illustriert, Abb. 5.4.

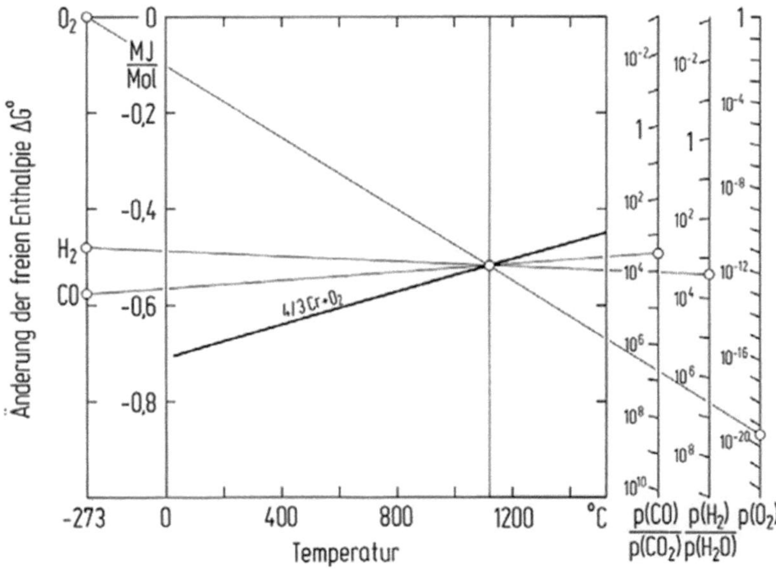

Abb. 5.4 Gleichgewicht von Chrom, Chromoxid und Atmosphäre bei 1.120 °C

Es soll die Aufgabe gestellt sein, Chromoxid bei 1.120 °C zu reduzieren. Vereinfachend wird dazu das reine Metall Chrom betrachtet, keine chromhaltige Legierung, die sich etwas einfacher reduzieren lässt als reines Chrom. Von den Polen zieht man Geraden auf die zugehörigen Achsen durch den Punkt, bei dem die Kurve für das Gleichgewicht von Metall, Oxid und Atmosphäre die Temperatur von 1.120 °C schneidet. Diese Gleichgewichtsbedingung wäre nach Abb. 5.4 etwa $p(O_2) \approx 3 \times 10^{-19}$ bar oder $p(H_2)/p(H_2O) \approx 2.500$ oder $p(CO)/p(CO_2) \approx 3.500$. Zur Reduktion von Chromoxid muss die Atmosphäre besser sein als diese Werte. Das ist in geraden offenen Bandöfen schwierig, weshalb höher chromhaltige Stähle meistens bei höheren Temperaturen gesintert werden, wo die Oxide an Stabilität verlieren.

Der Wasserdampfpartialdruck wird mehr aus Tradition als aus Notwendigkeit meistens indirekt über die Messung des Taupunktes τ der Atmosphäre bestimmt. Die gemessenen Taupunkte müssten dann nach Tab. 5.1 oder nährungsweise nach Gl. 5.1 [LIET95] in $p(H_2O)$-Werte umgewertet werden.

$$\tau[°C] = -273 - \frac{A}{\ln p(H_2O) - B} \tag{5.1}$$

Gültigkeit	A	B
$-100\ °C \leq \tau \leq 0\ °C$	6.128	17,335
$10^{-8} \leq p(H_2O) \leq 6 \cdot 10^{-3}$		
$0\ °C \leq \tau \leq 50\ °C$	5.361	14,525
$6 \cdot 10^{-3} \leq p(H_2O) \leq 0{,}1233$		

Tab. 5.1 Zusammenhang zwischen Wasserdampfgehalt und Taupunkt von Gasen unter Normaldruck und Partialdruckverhältnis für Wasserstoffatmosphären

Taupunkt	$p(H_2O)$	$p(H_2O)/p(H_2)$
°C	Bar	–
-60	1.06E-5	1.046E-5
-55	2.04E-5	2.013E-5
-50	3.83E-5	3.780E-5
-48	4.89E-5	4.826E-5
-46	6.23E-5	6.149E-5
-44	7.89E-5	7.787E-5
-42	1.01E-4	9.968E-5
-40	1.25E-4	1.234E-4
-38	1.57E-4	1.550E-4
-36	1.95E-4	1.925E-4
-34	2.43E-4	2.399E-4
-32	3.00E-4	2.962E-4
-30	3.70E-4	3.653E-4
-28	4.55E-4	4.492E-4
-26	5.58E-4	5.510E-4
-24	6.809E-4	6.724E-4
-22	8.290E-4	8.188E-4
-20	1.007E-3	9.948E-4
-19	1.105E-3	1.092E-3
-18	1.214E-3	1.200E-3
-17	1.332E-3	1.316E-3
-16	1.461E-3	1.444E-3
-15	1.609E-3	1.590E-3
-14	1.767E-3	1.747E-3
-13	1.934E-3	1.912E-3
-12	2.112E-3	2.089E-3
-11	2.309E-3	2.284E-3
-10	2.526E-3	2.499E-3
-9	2.763E-3	2.734E-3
-8	3.010 E-3	2.979E-3
-7	3.286E-3	3.253E-3
-6	3.582E-3	3.548E-3
-5	3.908E-3	3.872E-3
-4	4.253E-3	4.215E-3
-3	4.628E-3	4.588E-3
-2	5.033E-3	4.992E-3
-1	5.477E-3	5.434E-3
0	6.108E-3	6.064E-3
1	6.565E-3	6.521E-3
2	7.055E-3	7.011E-3
3	7.575E-3	7.532E-3
4	8.129E-3	8.087E-3
5	8.719E-3	8.679E-3
6	9.347E-3	9.310E-3
7	10.01E-3	9.980E-3
8	10.72E-3	1.069E-2
9	11.47E-3	1.145E-2
10	12.27E-3	1.226E-2
11	13.12E-3	1.312E-2
12	14.01E-3	1.402E-2
13	14.97E-3	1.500E-2
14	15.97E-3	1.602E-2
15	17.04E-3	1.710E-2
16	18.17E-3	1.826E-2
17	19.36E-3	1.948E-2
18	20.63E-3	2.078E-2
19	21.96E-3	2.215E-2
20	23.37E-3	2.361E-2
21	24.85E-3	2.514E-2
22	26.43E-3	2.678E-2
23	28.08E-3	2.850E-2
24	29.83E-3	3.033E-2
25	31.67E-3	3.226E-2
26	33.60E-3	3.430E-2
27	35.64E-3	3.645E-2
28	37.79E-3	3.874E-2
29	40.05E-3	4.115E-2
30	42.43E-3	4.370E-2
31	44.93E-3	4.640E-2
32	47.56E-3	4.925E-2
33	50.32E-3	5.225E-2
34	53.21E-3	5.542E-2
35	56.24E-3	5.876E-2
36	59.40E-3	6.227E-2
37	62.75E-3	6.601E-2
38	66.25E-3	6.995E-2
39	69.93E-3	7.413E-2
40	73.76E-3	7.851E-2
41	77.77E-3	8.313E-2
42	81.99E-3	8.804E-2
43	86.40E-3	9.321E-2
44	91.01E-3	9.868E-2
45	95.83E-3	1.045E-1
46	100.9E-3	1.106E-1
47	106.1E-3	1.170E-1
48	111.6E-3	1.238E-1
49	117.4E-3	1.310E-1
50	123.3E-3	1.385E-1
51	129.6E-3	1.467E-1
52	136.1E-3	1.552E-1
54	150.0E-3	1.738E-1
56	165.1E-3	1.946E-1
58	181.5E-3	2.182E-1

Gleichung 5.1 ist innerhalb der angegebenen Gültigkeitsbereiche auf etwa ±0,4 °C genau.

Außer dem Taupunkt und dem Wasserdampfpartialdruck enthält Tab. 5.1 eine Spalte mit dem Verhältnis $p(H_2O)/p(H_2)$, die natürlich nur gültig ist, wenn das Schutzgas keine anderen Bestandteile als Wasserstoff und Wasserdampf enthält. Da man auch in halbkontinuierlichen Sinteröfen mit Schleusentüren kaum Taupunkte von weniger als −55 °C einhalten kann, herrscht in reinen Wasserstoffatmosphären entsprechend Tab. 5.1 bestenfalls ein Partialdruckverhältnis von etwa $p(H_2)/p(H_2O) \approx 10^5$. Verbindet man in Abb. 5.3 den H_2-Pol mit dem Wert 10^5 auch der $p(H_2)/p(H_2O)$-Achse, gewinnt man einen Überblick, welche Möglichkeiten reine Wasserstoffatmosphären in industriellen Öfen maximal bieten: Alle Oxide, die in Abb. 5.3 oberhalb der Verbindungslinie liegen, sind prinzipiell reduzierbar. Das schließt unterhalb von 1.300 °C noch SiO_2 ein. Allerdings lässt sich eine H_2-Atmosphäre von solcher Qualität nur mit Sondermaßnahmen in kommerziellen Öfen einhalten. Dazu muss verhindert werden, dass mit dem Sintergut und seinem Träger Luftreste in den Ofenraum gelangen, da der Sauerstoff der Luft mit dem Wasserstoff des Schutzgases Wasserdampf bildet, der das Partialdruckverhältnis $p(H_2)/p(H_2O)$ zu niedrigeren Werten verschiebt. Vor allem die besonders wirtschaftlichen, an beiden Enden offenen Bandöfen sind nicht gut geeignet, Luft aus dem Ofen fernzuhalten, solange der Ofen eben gebaut ist. Über ihre Gesamtlänge eben gebaute Bandöfen können deshalb für schwierig zu reduzierende Oxide nicht eingesetzt werden.

Ähnliche Überlegungen wie für reine Wasserstoffatmosphären können auch für reine Kohlenmonoxidatmosphären angestellt werden. Solche Atmosphären sind jedoch industriell nicht üblich und brauchen nicht weiter behandelt zu werden. Auch der Absenkung des Sauerstoffpartialdrucks $p(O_2)$ im Vakuum zur Zerlegung von Oxiden in Metall und Sauerstoff sind wirtschaftliche und technische Grenzen gesetzt. In Vakuumproduktionsöfen lassen sich kaum Sauerstoffpartialdrücke von weniger als 10^{-7} bar halten. Damit kämen Reduktionsbehandlungen im Vakuum nach Abb. 5.3 nur für relativ edle Metalle mit instabilen Oxiden in Betracht.

Die Umwertung des Partialdruckverhältnisses $p(H_2)/p(H_2O)$ nach Tab. 5.1 in Taupunkttemperaturen lässt sich umgehen, wenn man die Gleichgewichtsbedingungen als Funktion des Taupunktes formuliert, Abb. 5.5. Um ein Oxid reduzieren zu können, müssen die Taupunkte in reinem Wasserstoff unterhalb der Gleichgewichtskurven des betrachteten Oxids liegen. Die Gleichgewichtsbedingungen edlerer Metalle wie Ag, Cu oder Ni lassen sich graphisch in Abb. 5.5 am oberen Bildrand nicht mehr darstellen.

Oxidreduktion in Mischungen aus Stickstoff und Wasserstoff Für die meisten Anwendungsfälle beim Sintern von Eisen und Stahl sind die reinen Reduktionsgase H_2 und CO technisch nicht notwendig und unter wirtschaftlichen Gesichtspunkten zu teuer. CO hätte darüber hinaus den Nachteil, in Werkstoffen, die karbidbildende Legierungselemente enthalten, je nach Temperatur Karbide zu bilden oder den Stahl aufzukohlen. Deshalb bestehen die Schutzgase in der Sintertechnik normalerweise nicht aus Reingasen, sondern aus Gasgemischen. Die heute gebräuchlichsten Atmosphären werden aus Stickstoff, N_2,

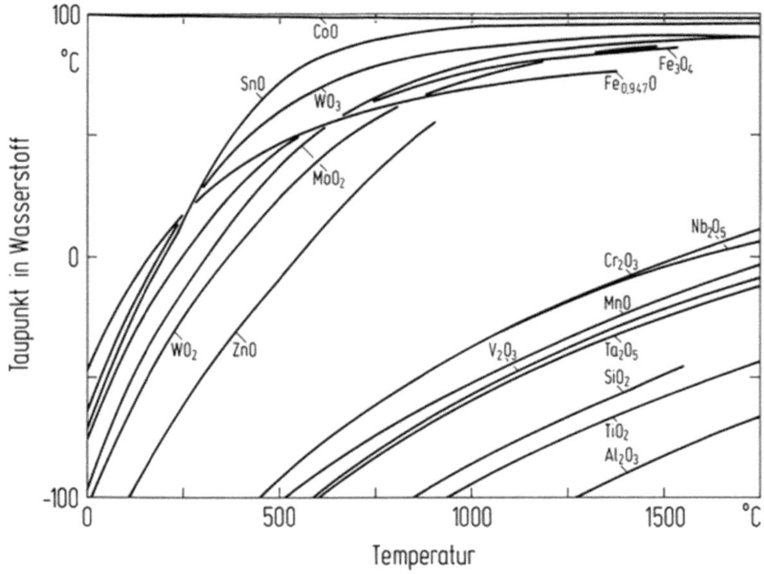

Abb. 5.5 Gleichgewichtsbedingungen einiger Metalle und ihrer Oxide als Funktion des Taupunktes in reinen Wasserstoffatmosphären

und Wasserstoff gemischt, da Stickstoff sich gegenüber sehr vielen niedrig legierten Stählen und gegenüber unlegiertem Stahl neutral oder inert verhält und selbst bei sehr hohen Qualitäten, wie man sie durch Verdampfen von Flüssigstickstoff erhält, etwa um den Faktor 4 kostengünstiger als Wasserstoff ist. Bei geringeren Qualitätsansprüchen und bei so großem Mengenbedarf, dass sich die Erzeugung vor Ort amortisiert, sind die Kosten von Stickstoff noch wesentlich geringer.

Für die Reduktion der Oxide bleibt, unabhängig vom Grad der Verdünnung, auch in N_2-H_2-Gemischen außer der Temperatur alleine das Verhältnis aus Wasserstoff und Wasserdampf $p(H_2)/p(H_2O)$ entscheidend. Durch größere Stickstoffmengen nimmt der Wasserstoffteildruck $p(H_2)$ ab, so dass das Partialdruckverhältnis immer kleiner wird. Dadurch reduziert das Schutzgas nicht mehr so gut wie ohne N_2-Verdünnung. Die abnehmende Reduktionswirkung mit zunehmendem N_2-Gehalt ist in Abb. 5.6 graphisch dargestellt. Die rechte Seite von Abb. 5.6 stimmt mit Abb. 5.5 überein und zeigt über der Temperatur die Gleichgewichtskurven für Metall, Metalloxid und Taupunkt in reinem Wasserstoff. Als Beispiel sei angenommen, dass eine Atmosphäre aus reinem Wasserstoff einen Taupunkt von –25 °C haben möge. Von dieser Taupunkttemperatur auf der Ordinate zieht man eine waagerechte Linie in das rechte Diagramm bis zur Kurve des interessierenden Oxids, hier z. B. bis zur Kurve für Chromoxid. Auf der Temperaturskala liest man ab, bei welcher Temperatur das Oxid, das Metall Chrom und eine Wasserstoffatmosphäre mit einem Taupunkt von –25 °C im Gleichgewicht stehen. Im Beispiel sind dies ungefähr 1.180 °C. Höhere Temperaturen oder niedrigere Taupunkte sind geeignet, Chromoxid auf Chrommetall zu reduzieren.

Ist die Atmosphäre mit Stickstoff verdünnt, muss man die waagerechte Linie vom Taupunkt bis zum zutreffenden Stickstoffgehalt – im Beispiel 95 % – ziehen. Von diesem

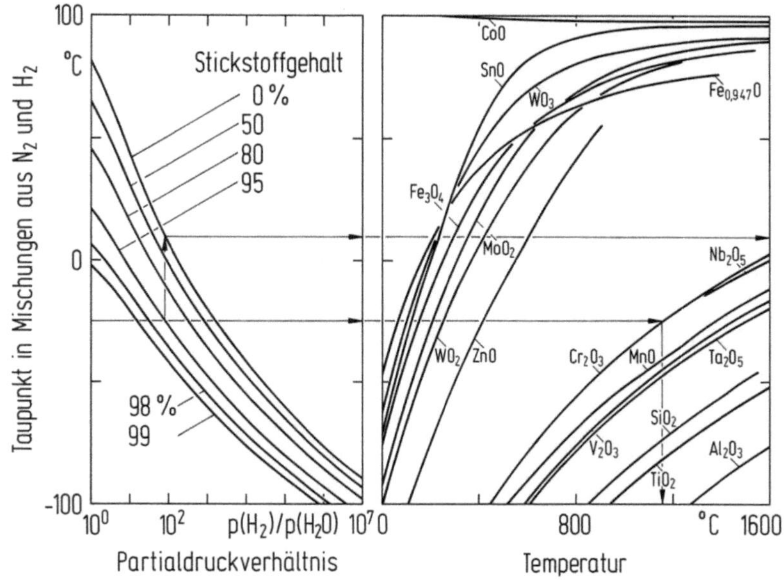

Abb. 5.6 Oxid-Metall-Gleichgewichte als Funktion des Taupunktes in Mischungen aus H_2 und N_2

Punkt lotet man senkrecht hoch bis zur Linie des reinen Wasserstoffs mit 0 % N_2. Von dort verlängert man waagerecht nach rechts bis zum interessierenden Oxid. In diesem Beispiel erhält man unter 1.600 °C keinen Schnittpunkt mehr mit der Gleichgewichtskurve von Chromoxid. Eine Atmosphäre aus 95 % N_2 und 5 % H_2 ist bei einem Taupunkt von –25 °C nicht geeignet, Chromoxid beim Sintern zu reduzieren. Atmosphären mit so hohen Verdünnungen können wirkungsvoll vor Oxidation schützen, stabilere Oxide lassen sich damit nicht reduzieren. Das Partialdruckverhältnis $p(H_2)/p(H_2O)$, das vor der Verdünnung, also in reinem Wasserstoff, bei etwa 2.740:1 lag, ist durch die Verdünnung mit 95 % N_2 ungefähr um den Faktor 20 abgefallen.

Zwar ist die graphische Lösung nach Abb. 5.6 nicht besonders genau, doch kann man in der Übersicht sofort feststellen, dass alle oberhalb von Chromoxid liegenden Gleichgewichte mit geringen Ansprüchen an die Atmosphäre bei den üblichen Sintertemperaturen von Eisen und Stahl gut beherrschbar sind. Schwierigkeiten bei der Oxidreduktion fangen bei Chrom an. Chrom in fertiglegiertem Pulver verhält sich zwar etwas günstiger als reines Chrommetall, doch sind Verbesserungen, die sich daraus ergeben, nicht so hoch, dass man bei den üblichen Temperaturen in Bandöfen mit fertiglegiertem Chromstahl einen fähigen Prozess erwarten dürfte.

Eine spezielle Mischung aus N_2 und H_2 ist Ammoniakspaltgas. Ammoniak hat die chemische Formel NH_3 und lässt sich in flüssigem Zustand kostengünstig über weite Strecken transportieren und vor Ort katalytisch unterhalb von 1.000 °C in eine Gasmischung aus 25 % N_2 und 75 % H_2 spalten. Der Taupunkt von NH_3-Spaltgas richtet sich nach dem Restwassergehalt des Ammoniaks. Mit handelsüblichen Qualitäten erhält man Taupunkte von etwa –40 °C ohne Nachtrocknung. Für sehr hohe Qualitätsansprüche kann man den katalytischen Spalter mit einer Nachtrocknung in Absorbersäulen ausstatten, so dass Taupunkte unter −65 °C erreicht werden. Dabei wird auch der Restgehalt an Ammoniak auf Werte unter 10 ppm gesenkt. Ammoniakspaltgas bietet eine gute Basis zur Verdünnung mit Stickstoff, wenn Wasserstofftransporte mit gasförmigem Wasserstoff über weite Entfernungen zu teuer werden.

Oxidreduktion in Endogasen Ein anderes Schutzgas, das früher weiter verbreitet war, erlebt zur Zeit aus energetischen, und letztlich Kostengründen, eine gewisse Renaissance, nämlich Endogas. Dazu wird ein Kohlenwasserstoff C_mH_n oberhalb von 1.000 °C katalytisch so gespalten, dass unter Zufuhr geregelter Luftmengen möglichst alle Kohlenstoffatome zu CO und alle Wasserstoffatome zu molekularem H_2 reagieren.

$$C_m + \frac{m}{2} O_2 \rightarrow mCO$$

$$H_n \rightarrow \frac{n}{2} H_2$$

Bei Sauerstoffunterschuss flockt Ruß aus der Reaktion aus und macht den Katalysator unwirksam. Bei Sauerstoffüberschuss bilden sich CO_2 und H_2O, die die Partialdruckverhältnisse $p(CO)/p(CO_2)$ und $p(H_2)/p(H_2O)$ in die ungünstige Richtung verschieben. Aus diesen Gründen muss eine Endogasatmosphäre im Ofen selber geregelt werden, um reproduzierbare Ergebnisse zu erhalten. Zusätzlich zu CO, CO_2, H_2 und H_2O enthält Endogas immer auch einen hohen Stickstoffanteil, weil mit dem Sauerstoff der Luft die 3,774-fache Menge an Stickstoff durch die Retorte geleitet wird. Die Reaktion des Kohlenwasserstoffs mit geregelten Luftmengen zu CO und H_2 setzt nicht genügend Wärme frei, um die Reaktion selbständig aufrecht zu erhalten. Deshalb muss die Retorte beheizt werden. Reaktionen, die zu ihrem Ablauf einer kontinuierlichen Wärmezufuhr bedürfen, nennt man endotherm. Daher stammt die Bezeichnung Endogas. Die chemische Zusammensetzung von Endogasen ergibt sich aus dem Kohlenwasserstoff, aus dem es erzeugt wird. In Europa sind dies vorwiegend Erdgas, dessen Hauptbestandteil Methan, CH_4, ist, oder Propan, C_3H_8. Andere Kohlenwasserstoffe sind außerhalb von Europa ebenfalls üblich. Manchmal wird eine als synthetisches Endogas bezeichnete Schutzgasatmosphäre auch aus gespaltenen Alkoholen und Stickstoff zur Verdünnung gewonnen. Am bekanntesten ist die Spaltung von Methanol, CH_3OH, oberhalb von 750 °C:

$$CH_3OH \rightarrow CO + 2H_2$$

Mischt man dieser Gasmischung 40 % N_2 zu, erhält man ein Schutzgas, dessen Zusammensetzung weitestgehend der chemischen Zusammensetzung von Endogas aus Methan entspricht, so dass alle Elemente der Regelstrecke beibehalten werden können. Der Vorteil von Methanolspaltgas mit Stickstoffverdünnung liegt darin begründet, dass die erzeugte Gasmenge dem benötigten Verbrauch angepasst werden kann, während die Endogasretorte immer einen Mindestdurchsatz erfordert. Überschüssiges Endogas wird dann abgefackelt. Bei Methanolspaltgas wird die erzeugte Menge gedrosselt, wenn geringer Gasbedarf besteht. Bei Sinteröfen mit kontinuierlichem Betrieb hat sich Methanolspaltgas nicht durchsetzen können, im Gegensatz etwa zur Schutzgasversorgung von diskontinuierlichen Chargenöfen, für deren Betrieb bei geöffneter Tür sehr viel Schutzgas gebraucht wird, während der Bedarf bei geschlossener Tür sehr gering ist.

Endogase enthalten neben den reduzierenden Gasen CO und H_2 und Stickstoff stets auch geringe Anteile der oxidierenden Gase CO_2 und H_2O. In diesen Gasen sind die Partialdruckverhältnisse $p(H_2)/p(H_2O)$ und $p(CO)/p(CO_2)$ proportional zueinander

$$p(CO)/p(CO_2) = K_W \cdot p(H_2)/p(H_2O) \tag{5.2}$$

wobei die Proportionalitätskonstante K_W eine temperaturabhängige Größe ist, die mit $K_W = 1{,}626$ bei 1.000 °C fast linear auf $K_W = 2{,}432$ bei 1.200 °C ansteigt. Bei konstanter Temperatur sind die Partialdruckverhältnisse $p(H_2)/p(H_2O)$ und $p(CO)/p(CO_2)$ nicht unabhängig voneinander. Entzieht man z. B. der Atmosphäre Wasserdampf, ändert man gleichzeitig auch das Verhältnis $p(CO)/p(CO_2)$ um den Faktor $1/K_W$, der bei 1.120 °C etwa 0,475 beträgt. Wegen dieser Proportionalität genügt es in Endogasen auch, die oxidierenden Bestandteile mit einem einzigen Sensor zu erfassen, wenn eine Regelstrecke aufgebaut wird, z. B. den Taupunkt als ein indirektes Maß für den Wasserdampfpartialdruck oder den CO_2-Gehalt mit einem Infrarotabsorptionsmessgerät. Viele Endogasatmosphären werden – vor allem in Härteofen, die gewöhnlich unterhalb der beim Sintern üblichen Temperaturen betreiben werden, – mit Sauerstoffsonden überwacht und geregelt, die den Sauerstoffpartialdruck direkt messen. Auch diese Methode liefert ein quantitativ verwertbares Signal, weil Sauerstoff bei hohen Temperaturen ohne Verzögerung mit Wasserstoff zu H_2O bzw. mit Kohlenmonoxid zu CO_2 kombiniert. In Gemischen aus N_2 und H_2 liefern Taupunktmesser und Sauerstoffsonden brauchbare Signale zur Überwachung und Regelung der Atmosphäre, für Endogase können zusätzlich auch CO_2-Messgeräte eingesetzt werden.

Die Gleichwertigkeit der Partialdruckverhältnisse $p(CO)/p(CO_2)$ und $p(H_2)/p(H_2O)$ für die Oxidreduktion in Atmosphären, die CO und H_2 enthalten, ist in Abb. 5.7 wiedergegeben. Oxide von Metallen, die edler sind als Nickel, liegen unten links außerhalb des Bildes, Oxide von unedleren Metallen als Zink schließen sich oben rechts an und verlangen zu ihrer Reduktion hohe Partialdruckverhältnisse $p(H_2)/p(H_2O)$ bzw. $p(CO)/p(CO_2)$.

Endogas hat als Schutzgas in der Sinterindustrie enorm an Bedeutung verloren, weil der hohe CO-Gehalt von Endogasen (nominell 20,5 % in Endogas aus Methan und 23,7 % in Endogas aus Propan) bei hinreichend langen Glühzeiten den Randkohlenstoffgehalt von Stählen auf den Wert des so genannten Kohlenstoffpegels der Atmosphäre verändert. Unter dem Kohlenstoffpegel versteht man dabei den Kohlenstoffgehalt, der sich nach ausreichend langen Glühzeiten in einer Eisen- oder Stahlfolie einstellt. Möchte man z. B. einen unlegierten Stahl mit 0,6 % C bei 1.120 °C ohne Aufkohlung und ohne Entkohlung in Endogas sintern, muss die Atmosphäre bei dieser Temperatur einen Kohlenstoffpegel von 0,6 % haben. Den Regeldiagrammen von Endogasen kann man die erforderlichen Stell-

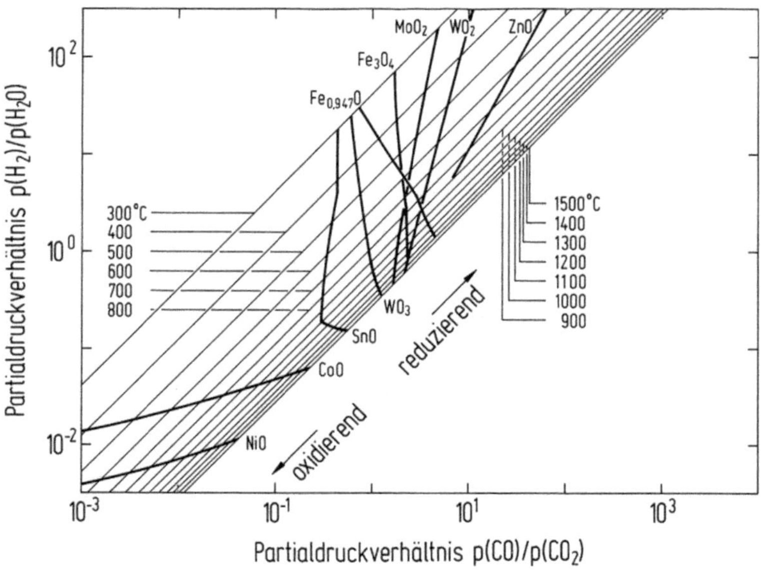

Abb. 5.7 Oxid-Metall-Gleichgewichte in Atmosphären, die CO- und H_2-Anteile enthalten

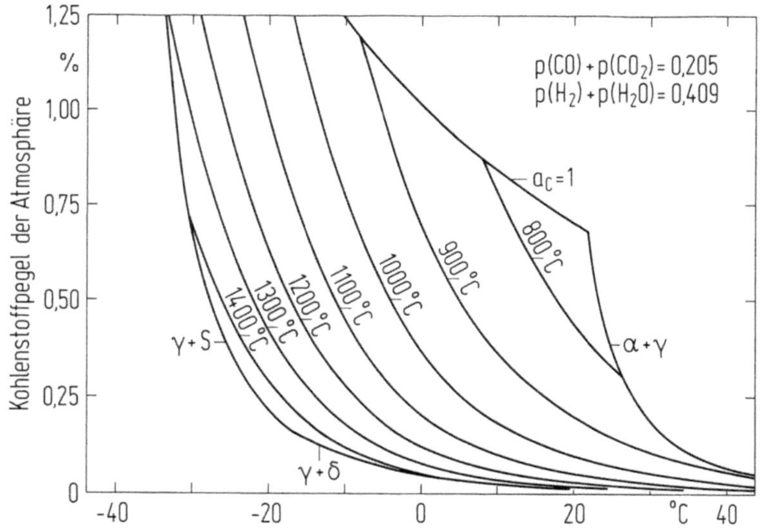

Abb. 5.8 Zusammenhang von Kohlenstoffpegel und Taupunkt in Endogas aus Methan

größen als Taupunkt von –15 °C, Abb. 5.8, als CO_2-Gehalt von 0,0388 %, Abb. 5.9, oder als elektromotorische Kraft von 1.172 mV, Abb. 5.10, am Beispiel von Endogas aus Methan entnehmen. Diese drei Regelgrößen sind äquivalent. Wenn heute eine Endogasversorgung zum Ofen spezifiziert wird, ist der Kohlenstoffpegel in der Hochtemperaturzone gewöhnlich geregelt. Ungeregelte Endogasatmosphären haben Kohlenstoffpegel unter 0,2 % und entkohlen Stahloberflächen auf diese Werte, kohlenstofffreie Sinterstähle kohlen auf den Wert des C-Pegels auf.

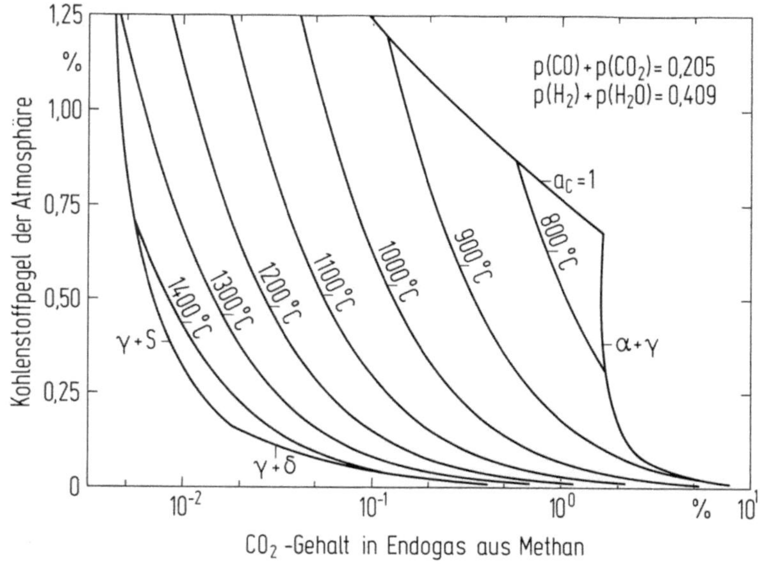

Abb. 5.9 Zusammenhang von Kohlenstoffpegel und CO_2-Gehalt in Endogas aus Methan

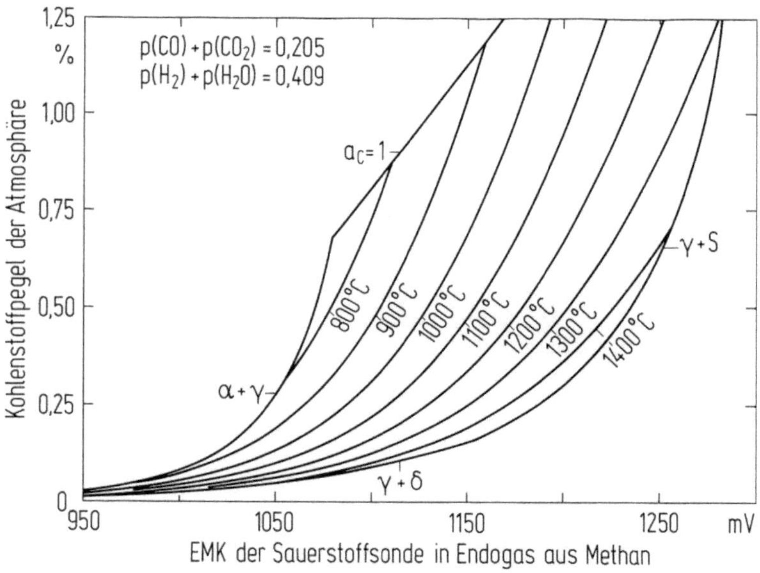

Abb. 5.10 Zusammenhang von Kohlenstoffpegel und Spannung einer Sauerstoffsonde in Endogas aus Methan

Beim Sintern von Eisen und Stahl in Endogas arbeitet man weltweit bei 1.120 °C. Deshalb ist der Kohlenstoffpegel bei dieser Temperatur von Bedeutung. Tabelle 5.2 enthält rechnerische Werte für die drei Arten von Messgeräten, mit denen Endogase überwacht werden. Dabei wird unterschieden zwischen Endogas aus Methan und Endogas aus Propan.

Atmosphären, die CO enthalten, flocken bei der Abkühlung Ruß aus, wenn der Austenit des Sinterstahls mit Kohlenstoff gesättigt ist und ohne Fe_3C-Bildung keinen weiteren Kohlenstoff mehr aufnehmen kann. Diese Bedingung ist in den Abb. 5.8 bis 5.10 durch die

Tab. 5.2 Messwerte für konstante Kohlenstoffpegel bei 1.120 °C in Endogasen

Kohlenstoff-pegel der Atmosphäre	Endogas aus Methan			Endogas aus Propan		
	Taupunkt	CO_2-Gehalt	Sonden-spannung	Taupunkt	CO_2-Gehalt	Sonden-spannung
%	°C	%	mV	°C	%	mV
0,10	+9	0,266	1.055	+7	0,355	1.046
0,15	+3	0,176	1.080	+1	0,235	1.071
0,20	−1	0,131	1.098	−2	0,175	1.089
0,25	−4	0,103	1.113	−5	0,138	1.102
0,30	−6	0,0847	1.124	−7,5	0,113	1.116
0,35	−8	0,0716	1.135	−9,5	0,0959	1.126
0,40	−10	0,0617	1.144	−11	0,0827	1.135
0,45	−11	0,0541	1.152	−12,5	0,0724	1.143
0,50	−12,5	0,0479	1.159	−14	0,0642	1.150
0,55	−14	0,0429	1.166	−15	0,0575	1.157
0,60	−15	0,0388	1.172	−16	0,0519	1.163
0,65	−16	0,0352	1.177	−17	0,0472	1.169
0,70	−17	0,0322	1.183	−18	0,0432	1.174
0,75	−18	0,0296	1.188	−19	0,0397	1.179
0,80	−18,5	0,0273	1.193	−20	0,0366	1.184
0,85	−19	0,0253	1.197	−20,5	0,0340	1.188
0,90	−20	0,0236	1.202	−21,5	0,0316	1.193

temperaturabhängige Linie $a_C = 1$ gekennzeichnet und wird auch Ruß- oder Karbidgrenze genannt. Die Rußgrenze ist in Abb. 5.11 als Funktion des CO_2-Gehaltes in der Atmosphäre und der Temperatur wiedergegeben. Im industriellen Betrieb stört Ruß in der Kühlzone und auf den Bauteilen, spielt aber heute nicht mehr die Rolle wie früher, da heute oft viel schneller abgekühlt wird und damit der Zerfall des Endogases kinetisch unterdrückt wird. Auch kann man mit einer geringen Menge Stickstoff, die man in die Kühlzone einspeist, die CO-haltige Atmosphäre der Hochtemperaturzone in Richtung der Ausbrennzone verdrängen.

Die Abb. 5.8 bis 5.11 und Tab. 5.2 sind ohne Korrekturen für unlegierte Stähle gültig, die üblichen metallischen Legierungselemente Cu, Ni und Mo führen nur zu marginalen Veränderungen. Für fertiglegierte chromhaltige Stähle müsste eine merkliche Verschiebung der Kurven vorgenommen werden. Da sich chromhaltige Stähle aber nicht zur Sinterung in Endogas eignen, brauchen Legierungseffekte nicht berücksichtigt zu werden. Mit geregeltem Endogas in der Hochtemperaturzone werden C-Verluste durch karbothermische Reduktion von Oxiden, die sich z. B. beim Ausbrennen der Presshilfsmittel im vorderen Teil des Ofens gebildet haben, vollständig ausgeglichen.

Beim Abkühlen innerhalb des Ofens ändert sich nach den Abb. 5.8 bis 5.11 der Kohlenstoffpegel von Endogas schnell auf sehr hohe Werte, so dass sich Ruß bilden kann. Sche-

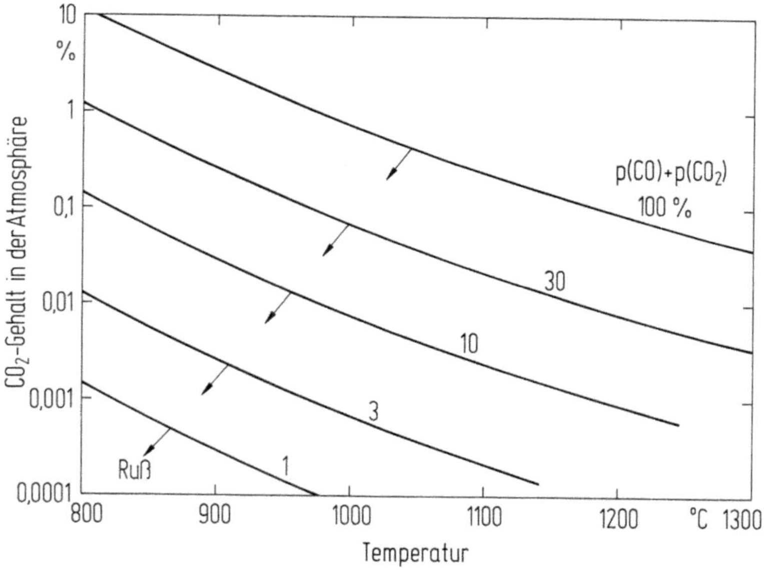

Abb. 5.11 Rußgrenze in Atmosphären, die CO enthalten

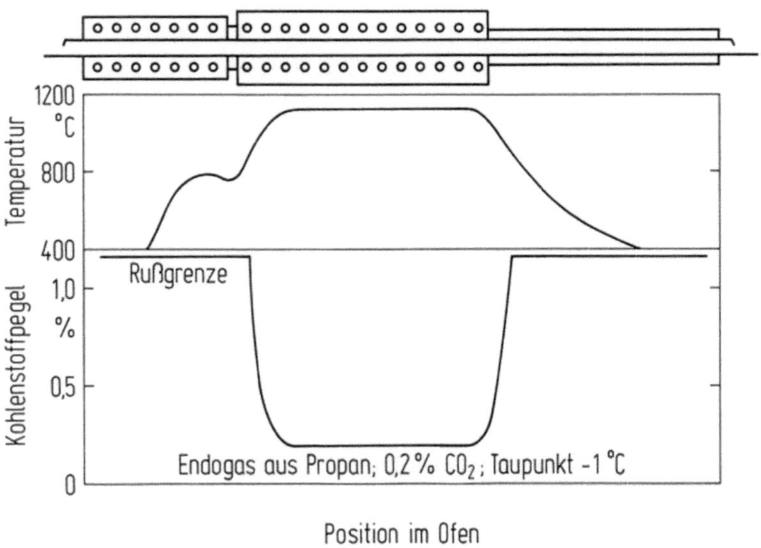

Abb. 5.12 Temperatur- und C-Pegelverlauf in einem Bandofen mit einer Endogasatmosphäre aus Propan bei einem Taupunkt von etwa –1 °C bei 1.120 °C

matisch ist das in Abb. 5.12 dargestellt. Bei diesem Beispiel möge es sich um ungeregeltes Endogas aus Propan mit einem Taupunkt von etwa – 1 °C handeln.

In der Hochtemperaturzone sinkt der C-Pegel auf ungefähr 0,18 % C ab, so dass die Oberfläche der Bauteile auf diesen Wert entkohlt oder aufkohlt, je nachdem ob die Ware Kohlenstoff enthält oder nicht. Bei Temperaturen unter etwa 890 °C flockt Ruß aus, falls

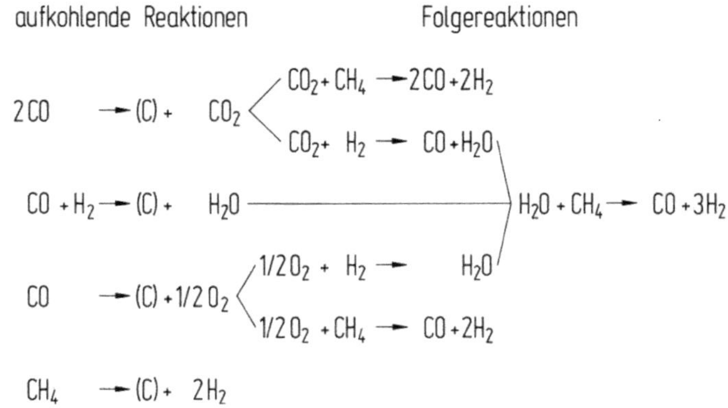

Abb. 5.13 Wirkung von CH_4 bei der Regelung des Kohlenstoffpegels oder beim Trocknen von reduzierenden Schutzgasen

man im vorderen Teil des Ofens bzw. in der Kühlzone keine oxidierenden Gase zufügt. Um die Abkohlung C-haltiger Stähle zu unterbinden, kann man einen Kohlenwasserstoff in geregelten Mengen in die Hochtemperaturzone einspeisen. Dann beginnt die Rußbildung in den kälteren Teilen des Ofens bei höheren Temperaturen, und die Rußmenge wird größer. Ältere Öfen sind nicht mit einer Endogasregelung ausgestattet und haben keine Einlässe für oxidierende Gase. In solchen Fällen wird oft zur Verringerung der Entkohlung mit einer fixen Menge Methan oder Propan gearbeitet. Die Rußbildung nimmt man dann in Kauf. Wird auf einen Kohlenwasserstoffzusatz verzichtet, muss man bei C-Stählen mit der entkohlten Oberfläche leben, bei C-freien Stählen mit der Aufkohlung auf den C-Pegel nach Tab. 5.2. Endogas wird kaum bei Temperaturen oberhalb von 1.120 °C verwendet, weil Hochtemperaturöfen mit Heizungen ausgestattet sind, die vom Kohlenstoff bei CO-Spaltung angegriffen und auf Dauer zerstört werden.

Randkohlenstoffgehalt in Mischungen aus H_2 und N_2 Seit einiger Zeit wird eine Regelung des Kohlenstoffpegels auch für N_2-H_2-Atmosphäre angeboten [LAUM09]. Dazu wird dem Schutzgas eine Menge von 2 % CO zugefügt, um einen Kohlenstoffträger bereitzustellen. Als Messsignale werden der CO-Gehalt, die EMK einer Sauerstoffsonde und die Temperatur verarbeitet, um den C-Pegel in der Hochtemperaturzone zu regeln. Geregelt wird mit einem Kohlenwasserstoff, der in geringen Mengen vorwiegend als Methan über Regelventile in den Ofenraum eingespeist wird. Bei hinreichend hohen Temperaturen laufen in der Atmosphäre dann die Reaktionen nach Abb. 5.13 ab.

Jeder oxidierende Bestandteil hat auch entkohlende Wirkung auf Stahl. Mit CH_4 als Korrekturgas lassen sich die oxidierenden Gase zu CO und H_2 umwandeln. Das Prinzip der Regelung des Kohlenstoffpegels nach Abb. 5.13 trifft selbstverständlich auch auf Endogasatmosphären zu, bei denen aber der CO-Gehalt so hoch und stabil ist, dass er nicht separat gemessen werden muss. Die aufkohlende Wirkung von Methan spielt in üblichen Sinteratmosphären unterhalb von 1.200 °C überhaupt keine Rolle und kann vernachlässigt werden, da die Spaltung von Methan an Eisenoberflächen sehr träge verläuft.

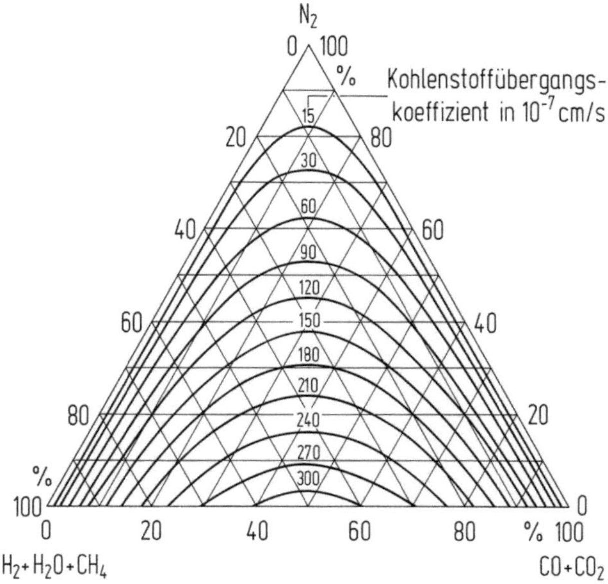

Abb. 5.14 Kohlenstoffübergangskoeffizient in N_2-H_2-CO-Atmosphären bei 900 °C

N_2-H_2-Sinteratmosphären mit 5 oder höchstens 10 % Wasserstoff werden jedoch bisher kaum im C-Pegel geregelt. Einige Formteilhersteller geben der Atmosphäre eher prophylaktisch je nach Ofengröße etwa 50–200 l/h CH_4 zu, um eventuellen Wasserdampf nach Abb. 5.13 zu reduzieren und damit einen geringen Taupunkt in der Größenordnung von −30 bis −35 °C in der Hochtemperaturzone aufrecht zu erhalten. Solche Atmosphären wirken geringfügig aufkohlend [ZAFA07a], ohne dass dies einem Stahl mit 0,5–0,6 % C Schaden zufügte oder beim Abkühlen Ruß aus der Atmosphäre ausflockte. Aber auch ohne den Zusatz eines so genannten Trocknungsgases nach Abb. 5.13 findet man in H_2-armen N_2-H_2-Mischgasen keine merkliche Änderung des Randkohlenstoffgehaltes. Der Grund dafür liegt im Kohlenstoffübergangskoeffizienten zwischen Stahl und Atmosphäre, der in Abb. 5.14 für 900 °C aus [NEUM94] wiedergegeben ist. Für typische Sintertemperaturen fehlen solche Angaben, doch sollten sich durch Temperaturen, die von 900 °C abweichen, keine grundsätzlichen Änderungen der Charakteristik ergeben [KAUF73]. Den schnellsten Kohlenstoffaustausch zwischen Atmosphäre und Stahl erhält man nach Abb. 5.14 immer für das Verhältnis $p(H_2)/p(CO) = 1$. Verdünnungen mit N_2 machen die Atmosphäre austauschträge. Deshalb sind trockene N_2-H_2-Schutzgase langsam in der Kohlenstoffübertragung vom Stahl an die Atmosphäre und umgekehrt, so dass bei den üblichen Sinterzeiten von 20 bis 30 min der Randkohlenstoff kaum merklich absinkt. Einen gewissen Kohlenstoffgehalt verliert man trotzdem in diesen Atmosphären, die nicht aktiv rückkolen, bei wasserverdüstem Reineisenpulver und 1.120 °C z. B. etwa 0,04 %.

Je nach Sauerstoffgehalt des Pulvers, Voroxidation der Bauteiloberfläche in der Ausbrennzone, Oxidstabilität und Sintertemperatur kann der C-Verlust auch höher ausfallen. Der Grund dafür ist die Reaktion des Kohlenstoffs mit Oxiden bei höheren Temperaturen

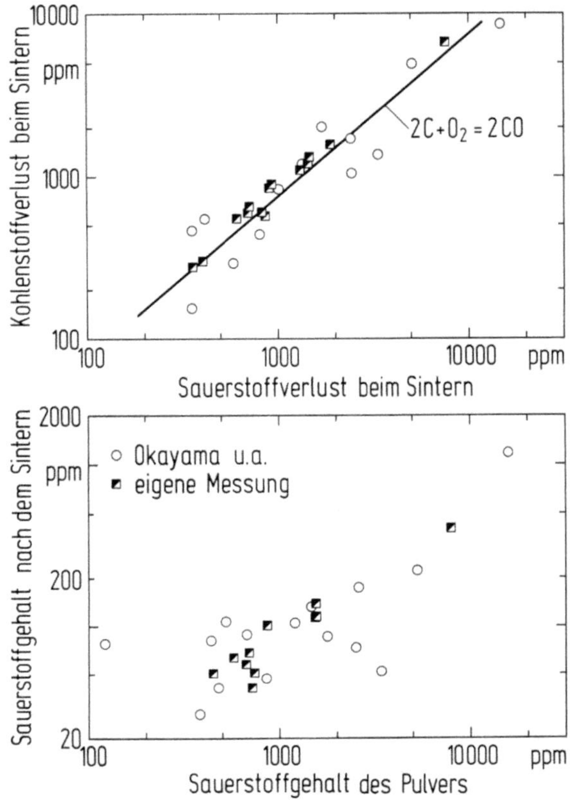

Abb. 5.15 Kohlenstoffverlust bei der karbothermischen Reduktion während der Vakuumsinterung

und mit Restgehalten von Sauerstoffträgern in der Atmosphäre. Dieser Effekt ist für Stähle mit fertiglegierten Chromgehalten recht gut untersucht, deren Chromoxide erst oberhalb von 1.100 °C mit dem C-Gehalt des Stahl reduziert werden [DANN03, DANN06].

Karbothermische Reduktion Die Reduktion von Metalloxiden mit Kohlenstoff, ohne reduzierende Gasbestandteile im Schutzgas, wird als karbothermische Reduktion bezeichnet. Die karbothermische Reduktion eröffnet die Perspektive, Stähle z. B. im Vakuum oder in reinem Stickstoff zu sintern, was selbstverständlich funktioniert, solange die Sinterzeiten reichen und genügend Kohlenstoff vorhanden ist. In kohlenstoffhaltigen Stählen verbindet sich dabei der C-Gehalt des Stahls zum Teil mit dem Sauerstoff des Oberflächenoxids und bildet CO:

$$nC + M_m O_n \rightarrow mM + nCO$$

Dabei sei $M_m O_n$ ein Metalloxid, M sei das Metall und C der im Stahl gelöste Kohlenstoff. Bei dieser Reaktion wird dem Stahl Kohlenstoff entzogen, wodurch umso mehr entkohlt wird, je höher der Sauerstoffgehalt des Pulvers ist. Die Temperatur muss hoch genug sein, um die Reduktion stattfinden zu lassen. Ein Beispiel dazu gibt Abb. 5.15 [WÄHL86], in dem der Verlust an Kohlenstoff beim Vakuumsintern verschiedener Stähle in Abhängigkeit vom Sauerstoffgehalt des Pulvers dargestellt ist. Da die Atomgewichte von Sauerstoff und Kohlenstoff ein Verhältnis von ungefähr 16:12 bilden, verliert man bei der karbothermischen Reduktion ohne CO_2-Bildung bei 0,1 % reduziertem Sauerstoffgehalt ungefähr 0,075 % Kohlenstoff. Die Reduktion der Oxide läuft bei einer Sinterung unter industriellen Bedingungen nicht vollständig ab, ein gewisser Restsauerstoffgehalt bleibt im Bauteil, bei einfach zu reduzierenden Oxiden und hohen Temperaturen weniger, bei schwierig zu reduzierenden Oxiden und niedrigen Temperaturen mehr. Einige Daten dazu sind in Abb. 5.15 enthalten.

Auch bei der normalen Schutzgassinterung unter Beteiligung reduzierender Gasbestandteile läuft ein Teil der Oxidreduktion in kohlenstoffhaltigen Stählen, vor allem oberhalb 900 °C, karbothermisch ab und ist damit der Reduktion durch das Schutzgas überlagert. In Öfen mit Schnellausbrennzonen ist der Kohlenstoffverlust höher und an der Bauteiloberfläche stärker ausgeprägt als im Bauteilinneren. Auch N_2-H_2-Atmosphären ohne Zusatz von Kohlenwasserstoff können mehr entkohlen. Nachweisen kann man die karbothermische Reduktion, indem man die chemische Zusammensetzung der Atmosphäre am Gaseinlass und am Gasauslass dicht geschlossener Öfen misst [DANN03, DANN06]. Sintert man z. B. in einer reinen Wasserstoffatmosphäre und analysiert Spuren von Kohlenmonoxid am Gasauslass, so kann das CO nur durch karbothermische Reduktion von Oxiden mit dem Kohlenstoff des Stahls entstanden sein, da die Oxidreduktion mit Wasserstoff nur Wasserdampf erzeugt. Die Analyse der freigesetzten Gase wird in den Vakuumsinteröfen der Hartmetallindustrie heute routinemäßig zur kontinuierlichen Prozessüberwachung des Sinterverlaufs eingesetzt [LEIT04].

5.2 Diffusion und Sinterung

In Metallen sind die Atome in strenger Regelmäßigkeit in Kristallgittern angeordnet. Außer am absoluten Temperaturnullpunkt bei −273 °C schwingen die einzelnen Atome statistisch um ihre Mittellage, wobei die Schwingungsbreite mit zunehmender Temperatur größer wird. Gleichzeitig bilden sich immer mehr Leerstellen im Kristallgitter. Die Zunahme der atomaren Schwingungsbreite und die Bildung einer größeren Zahl von Leerstellen sind die Ursachen der Wärmeausdehnung von festen Körpern. Diese Veränderungen führen dazu, dass oberhalb von etwa 40 % der absoluten Schmelztemperatur Atome vergleichbarer Größe ihren Platz im Gitter verlassen können und in eine benachbarte Leerstelle springen können. In Eisenwerkstoffen beginnen solche Platzwechsel oberhalb von etwa 450 °C, die Häufigkeit von Platzwechseln nimmt mit der Temperatur progressiv zu.

Besonders kleine Atome, wie Kohlenstoff, Stickstoff oder Wasserstoff werden im Kristall nicht auf den regulären Plätzen der Wirtsatome eingebaut, sondern in begrenzter Zahl als Zwischengitteratome eingelagert, die je nach Größe bei viel tieferen Temperaturen ihren Platz wechseln können als die größeren Metallatome. Für einen Platzwechsel bedürfen Zwischengitteratome keiner Leerstelle, sie können sich zwischen den Metallatomen hindurchzwängen und einen neuen Zwischengitterplatz einnehmen. Die beiden Platz-

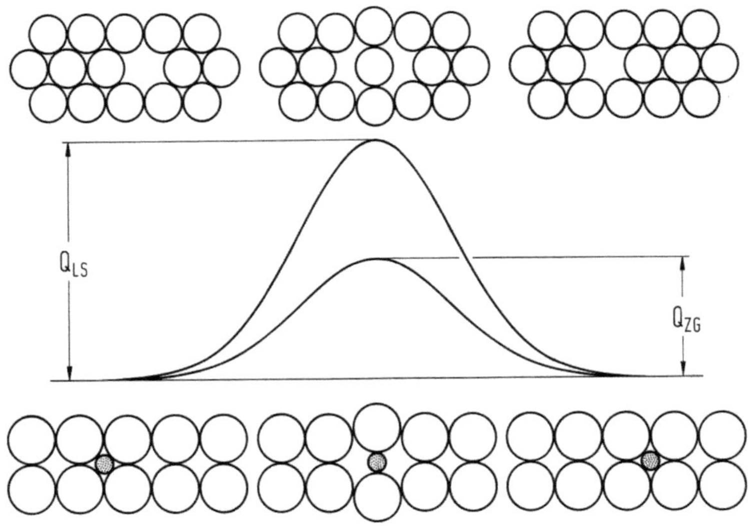

Abb. 5.16 Platzwechsel in Kristallen über Leerstellen im Gitter und bei besonders kleinen Atomen zwischen den Gitterplätzen

wechselmechanismen sind schematisch in Abb. 5.16 wiedergegeben. Für jeden Platzwechsel muss ein gewisser Energiebetrag Q aufgebracht werden, der für den Leerstellenmechanismus (Q_{LS}) erheblich größer ist als für den Platzwechsel von Zwischengitteratomen (Q_{ZG}).

Generell bezeichnet man atomare oder molekulare Platzwechsel in Stoffen aller Art, also nicht nur in kristallinen Festkörpern, als Diffusion. In Kristallen wird Diffusion durch lokale Aufweitungen in Folge von Störungen des idealen Gitteraufbaus begünstigt. Solche lokalen Störungen liegen z. B. an Stellen vor, wo zwei benachbarte Kristalle sich gegenseitig berühren, Abb. 5.17. Handelt es sich um eine Grenzfläche zwischen Kristallen des gleichen Stoffs, nennt man die Berührfläche Korngrenze, treffen unterschiedliche Kristallarten aufeinander, heißt die Berührfläche Phasengrenze. Innerhalb der Korn- oder Phasengrenze passen die meisten Atome nicht genau auf die Plätze des einen oder des anderen Gitters, so dass in einer dünnen Zone um die Grenzfläche eine gewisse Unordnung herrscht, die im statistischen Mittel mit einer Aufweitung der Atomabstände einhergeht. In den aufgeweiteten Zonen laufen Platzwechsel schneller und bei tieferen Temperaturen ab, weil der Energiebetrag, der für den Platzwechsel aufgebracht werden muss, geringer ist als im Volumen des geordneten Gitters. Besonders einfach können Platzwechsel an Oberflächen stattfinden, weil keine benachbarten Atome wegrücken müssen, denn Leerstellen stehen an Oberflächen bedingt durch die freie Umgebung im Überfluss zur Verfügung.

Der Energiebetrag für einen Platzwechsel an einer Oberfläche ist deshalb noch geringer als bei Korn- oder Phasengrenzdiffusion. Entsprechend sind auch die Temperaturen, bei denen Oberflächendiffusion beginnen kann, noch niedriger als bei Korngrenzendiffusion. Oberflächendiffusion bewirkt gewöhnlich eine Abnahme der Oberfläche, z. B. durch Einebnung von Dellen oder Kratzern, Abb. 5.18.

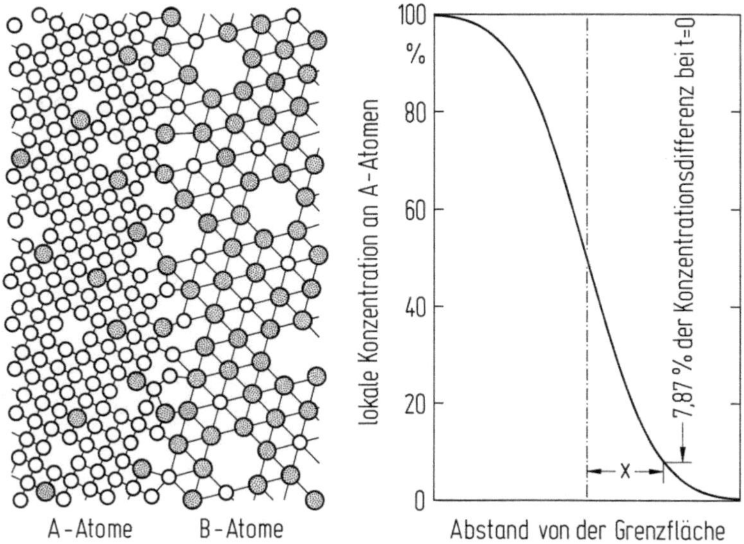

Abb. 5.17 Grenzfläche zwischen zwei unterschiedlichen Kristallen mit gegenseitigem Atomaustausch

Der atomare Platzwechsel über die Grenzfläche sich berührender Kristalle führt zu einem Atomaustausch, soweit keine Zwischenschichten wie Oxide die Diffusion über die Grenzfläche verhindern. Handelt es bei den benachbarten Kristallen um unterschiedliche Stoffe, kommt es auf atomarer Ebene zu einer Vermischung der verschiedenen Atomsorten, was nach sehr langen Zeiten zu einem vollständigen Konzentrationsausgleich führen kann. Die Atomvermischung nennt man Legieren. Sie ist in technisch sinnvollen Grenzen mit einer Steigerung der Festigkeit verbunden und wird bei Sinterstählen ausgiebig genutzt.

Oxide behindern die Diffusion über Grenzflächen hinweg oder unterbinden sie je nach Oxidart vollständig. Deshalb müssen die Oberflächenoxide der Pulver zunächst reduziert

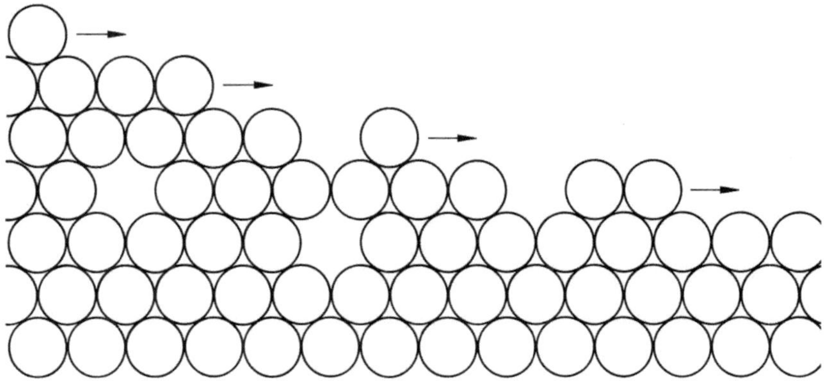

Abb. 5.18 Atomare Bewegung bei Oberflächendiffusion

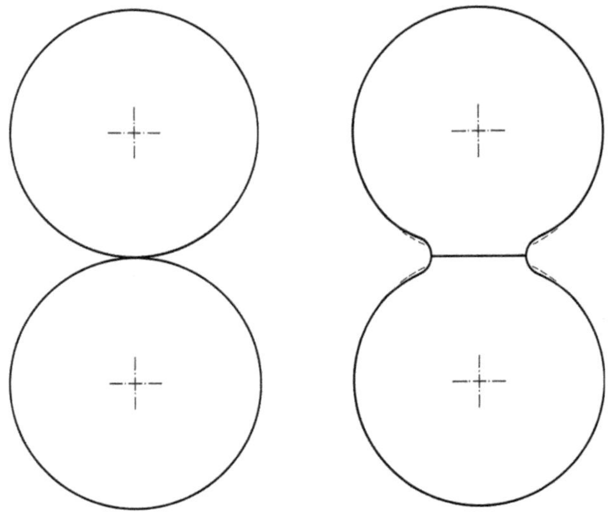

Abb. 5.19 Beginn der Sinterung im Zwei-Kugel-Modell

werden, ehe der atomare Austausch über die Grenzen sich gegenseitig berührender Partikelchen zu einer Versinterung führen kann.

Jede Oberfläche ist durch einen Energiebetrag pro Flächeneinheit gekennzeichnet, der als Oberflächenenergie bezeichnet wird. Kann man durch einen zweckdienlichen Mechanismus die Größe der Oberfläche in einem System verringern, ohne sonstige Veränderungen vorzunehmen, ist auch die Gesamtenergie im System gesunken. Mit der Minimierung der Gesamtenergie von Systemen lassen sich ganz viele Phänomene qualitativ erklären, u. a. auch das Sintern. Der Beginn der Sinterung nach der Oxidreduktion lässt sich am leichtesten anhand zweier Kugeln erläutern, die sich in einem gemeinsamen Punkt berühren, Abb. 5.19. Wenn es gelingt, durch einen diffusiven Materialtransport die punktförmige Berührstelle zu einer Fläche zu verbreitern, erreicht man zumindest in der Anfangsphase der Verbreiterung eine merkliche Verringerung der Gesamtoberfläche beider Kugeln, weil die beiden Kugelkappen verschwinden und durch eine gemeinsame Korngrenze ersetzt werden. Zwar muss auch für die Bildung der Korngrenze Energie aufgewandt werden, der Betrag an aufzuwendender Energie für eine gemeinsame Korngrenze ist jedoch viel geringer als der freigesetzte Energiebetrag beim Verschwinden der beiden Kugelkappen. So entsteht nach Abb. 5.19 eine Sinterbrücke, auch Sinterhals genannt. Die Materie zum Aufbau des Sinterhalses stammt anfangs zum größten Teil aus der Oberfläche der unmittelbaren Umgebung des Berührpunktes der Kugeln. Die Atome lagern sich durch Oberflächendiffusion um den ursprünglichen Berührungspunkt an und hinterlassen in der Zone, von der sie wegdiffundieren, eine ringförmige Mulde um den Sinterhals. Diese Materialumlagerung kann man als Abweichung vom kreisförmigen Kugeldurchmesser in Schliffbildern gut erkennen, Abb. 5.20 [PRAN61] und 5.21 [MURP07]. Metallographisch eignet sich das Kugelmodell nicht gut für den Nachweis des Materietransports aus dem Oberflächenbereich zum Sinterhals, weil es präparativ schwierig ist, einen gemeinsamen

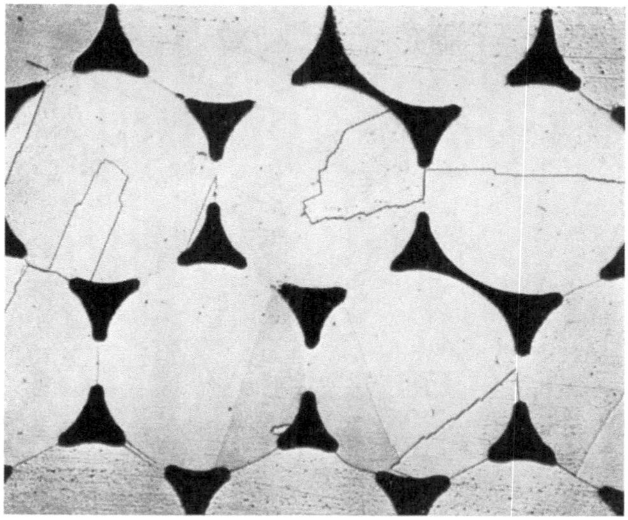

Abb. 5.20 Schnitt durch einen Wickel aus Nickeldraht, der 8 h bei 1.400 °C gesintert wurde. Um die Sinterhälse haben sich flache Mulden in der Drahtoberfläche gebildet [PRAN61]

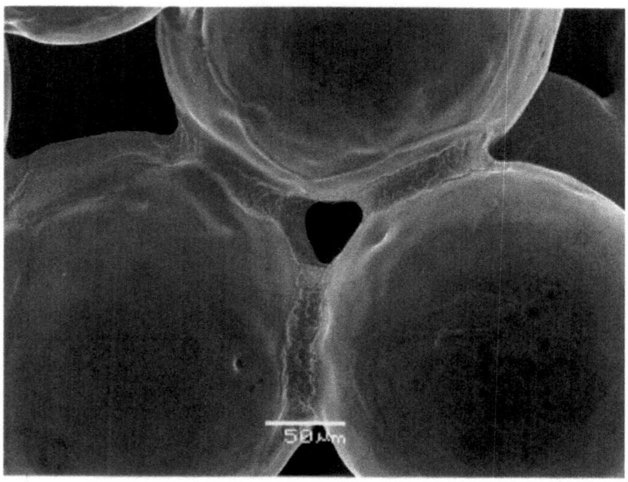

Abb. 5.21 Rasterelektronenmikroskopisches Bild von der Sinterhalsbildung vorwiegend durch Oberflächendiffusion, durch die sich um die Sinterhälse ringförmige Mulden gebildet haben [MURP07]

Äquatorschnitt durch zwei oder mehr Kugeln zu legen. Deshalb hat man früher gerne an Drahtwickeln die Oberflächenveränderungen um Sinterhälse verfolgt, Abb. 5.20.

Im Rasterelektronenmikroskop kann man den Materietransport durch Oberflächendiffusion anhand der ringförmigen Mulden um die Sinterhälse sehr anschaulich verdeutlichen, Abb. 5.21.

Das Wachstum des Sinterhalses alleine durch Oberflächendiffusion ist nicht mit einer Annäherung der Kugelmittelpunkte verbunden, Versinterung durch Oberflächendiffusion allein verursacht keinen Schrumpf. Allerdings hat sich mit dem Wachstum des Sinterhalses eine Korngrenze zwischen den beiden Partikelchen gebildet. Damit kommt es auch zu einem Atomtransport radial durch die Korngrenze nach außen, Abb. 5.22, wodurch die

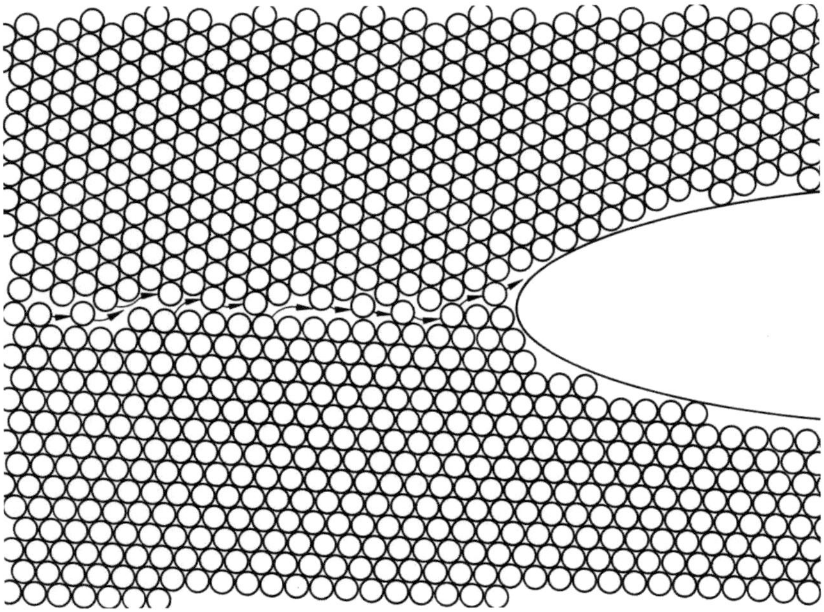

Abb. 5.22 Radialer Materietransport durch die Korngrenze im Sinterhals nach außen, schematisch

Sinterbrücke breiter wird und sich die Gesamtoberfläche der beiden Kugeln verringert. Die Atome, die entlang der Korngrenze nach außen diffundieren, stammen aus Zonen zwischen den Kugelmittelpunkten. Wenn man dort Material entfernt, nähern sich die Kugelmittelpunkte einander an: Es kommt zum Schrumpf, der beim Sintern von Formteilen aus Toleranzgründen unerwünscht ist. Bei größeren Partikeldurchmessern ist der Beitrag der Korngrenzendiffusion zum Halswachstum gering, je kleiner jedoch der mittlere Partikeldurchmesser wird, desto eher macht sich die Schrumpfung bei gleichen Sinterbedingungen bemerkbar.

Ein Beispiel gibt Abb. 5.23. Über der spezifischen Pulveroberfläche ist hier die Maßänderung von Ringen aufgetragen, die aus verschiedenen Reineisenpulvern zu einer Dichte von 7,0 g/cm^3 gepresst worden waren. Die Ringe wurden bei 1.120 °C in einer Atmosphäre aus 70 % N_2 und 30 % H_2 gesintert und anschließend innen und außen auf zwei senkrecht zueinander stehenden Durchmessern vermessen. Jeder Punkt in Abb. 5.23 repräsentiert den Mittelwert aus 20 Einzelteilen. Gröbere Pulver mit geringerer spezifischer Oberfläche schrumpfen weniger als feine Pulver mit großer spezifischer Oberfläche.

Um den Begriff der spezifischen Oberfläche etwas anschaulicher zu machen, sei angenommen, dass ein Eisenpulver aus lauter Würfeln oder Kugeln gleicher Größe bestehen möge. Würfel mit einer Kantenlänge bzw. Kugeln mit einem Durchmesser von 85 µm haben unter diesen Bedingungen 90 cm^2 Oberfläche je Gramm Pulver, Würfel von 59 µm Kantenlänge oder entsprechend große Kugeln eine spezifische Oberfläche von 130 cm^2/g. Handelsübliche wasserverdüste Reineisenpulver haben herstellerabhängig spezifische

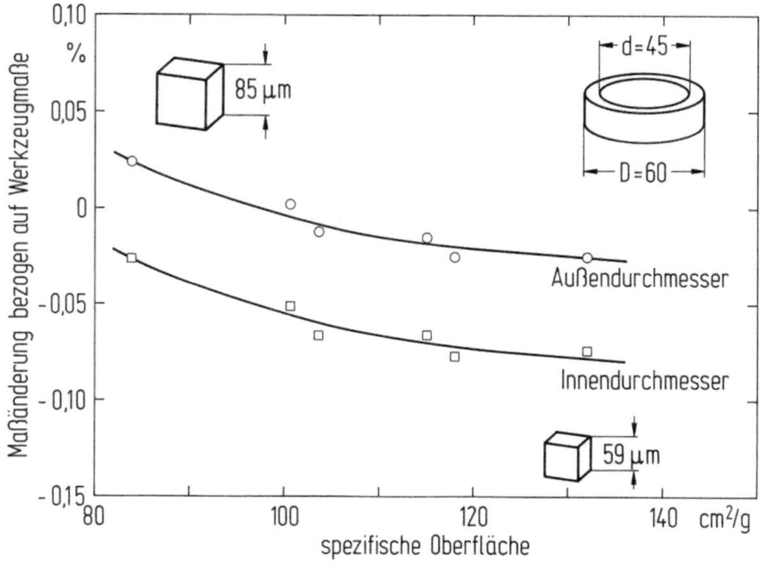

Abb. 5.23 Maßänderung beim Sintern unterschiedlicher Reineisenpulver in Abhängigkeit von der spezifischen Oberfläche der Pulver

Oberflächen zwischen 80 und 120 cm^2/g. Da solche Unterschiede das Maßverhalten beim Sintern verändern, kann man die Eisenbasispulver verschiedener Hersteller nur begrenzt austauschen. Jeder Hersteller alleine betrachtet reproduziert die spezifische Oberfläche seines Pulvers in engen Grenzen.

5.3 Diffusion und Legieren

Legierungselemente, die als elementare Pulver in einer Mischung enthalten sind, müssen sich während der Zeit-Temperatur-Kombination der Sinterbedingungen im Gefüge verteilen, um ihre festigkeitssteigernde Wirkung entfalten zu können. Die Sinterbedingungen reichen bei industriellen Prozessen gewöhnlich nicht aus, die metallischen Legierungselemente homogen zu verteilen. Eine Ausnahme kann Kohlenstoff darstellen, wenn er der Pulvermischung in Form sehr feinkörnigen Graphits zugefügt wird. Die Verteilung der Legierungselemente läuft zum größten Teil durch Volumendiffusion ab, deswegen werden Korngrenzen- und Oberflächendiffusion im Weiteren vernachlässigt.

Um den Diffusionsweg bei Volumendiffusion von Fremdatomen in Eisen abschätzen zu können, sei nach Abb. 5.17 die Eindringtiefe x als die Entfernung definiert, bei der die Konzentration einer Atomsorte, die in ein Wirtsgitter eindiffundiert, 7,87 % der ursprünglichen Konzentrationsdifferenz erreicht hat. Diese Definition macht die rechnerische Abschätzung der Eindringtiefe x besonders einfach, denn unter diesen Bedingungen gilt

$$x = 2\sqrt{Dt}. \tag{5.3}$$

Tab. 5.3 Werte zur Berechnung des Diffusionskoeffizienten in Eisen ohne weitere Legierungselemente und bei geringer Konzentration

Diffundierendes Element		760 °C≤ϑ≤911 °C		911 °C<ϑ≤1.392 °C	
		D_0 (mm²/s)	*K* (*K*)	D_0 (mm²/s)	*K* (*K*)
Kohlenstoff	C	7,84	11.181	19,1	16.771
Schwefel	S	278	25.118	41,2	26.752
Phosphor	P	69,2	25.590	9,33	27.494
Silizium	Si	71,7	25.177	20,0	29.202
Kupfer	Cu	332	28.705	416	35.525
Molybdän	Mo	152	28.010	4,95	29.276
Mangan	Mn	45,2	26.625	29,8	32.578
Nickel	Ni	198	28.940	75,3	34.266
Eisen	Fe	691	30.241	43,0	33.631
Chrom	Cr	463	29.877	7,18	31.286

Dabei ist t die Zeit, die gewöhnlich in Sekunden angegeben werden muss, und D ist der temperaturabhängige Diffusionskoeffizient, der den Transport einer Atomsorte in einem Wirtsgitter kennzeichnet. Befindet sich nur eine Fremdatomsorte in einem Kristallgitter und ist der Abstand zwischen den Fremdatomen sehr groß, lässt sich die Temperaturabhängigkeit des Diffusionskoeffizienten D aus

$$D = D_0\, e^{-K/T} \tag{5.4}$$

berechnen. D_0 ist eine Materialkonstante und charakterisiert den hypothetischen Diffusionskoeffizienten bei unendlich hoher Temperatur. Die Größe K ist ebenfalls eine Materialkenngröße, die ein Maß für den Energieaufwand bei einem atomaren Platzwechsel darstellt. K ist proportional zur Platzwechselenergie Q nach Abb. 5.16. T ist die thermodynamische Temperatur. Für die genannten Bedingungen, nur eine Fremdatomsorte und großen Abstand zwischen den einzelnen Fremdatomen, enthält Tab. 5.3 einige Angaben, aus denen man den Diffusionskoeffizienten D in Reineisen berechnen kann. Damit ist auch für vorgegebene Zeiten und Temperaturen die Eindringtiefe x berechenbar. Zusätzliche Legierungselemente oder hohe Konzentrationen des eindiffundierenden Elementes senken mit ganz wenigen Ausnahmen den Diffusionskoeffizienten, wodurch die Eindringtiefe verringert wird. Ein Beispiel gibt Abb. 5.24, in dem der Diffusionskoeffizient von Kohlenstoff in Reineisen sowie zwischen 911 und 1.392 °C in einem Chromstahl verglichen wird. Im Chromstahl ist der Diffusionskoeffizient kleiner als in Reineisen. Da diese Zusammenhänge aber nicht gut bekannt sind, seien Legierungseffekte im Weiteren vernachlässigt. Der Diffusionskoeffizient weist über dem Kehrwert der Temperatur mehrere Unstetigkeitsstellen auf. Dies ist auf die Umwandlung des Kristallgitters von Eisen bei 911 und 1.392 °C zurückzuführen. Das kubisch-raumzentrierte Gitter, das unterhalb von 911 und oberhalb von 1.392 °C vorliegt, erlaubt atomare Platzwechsel mit geringerem Energieaufwand. Deshalb ändert sich bei diesen Temperaturen der Diffusionskoeffizient sprunghaft etwa um den Faktor 100. Außerdem ist in Abb. 5.24 der Diffusionskoeffizient von Eisen-

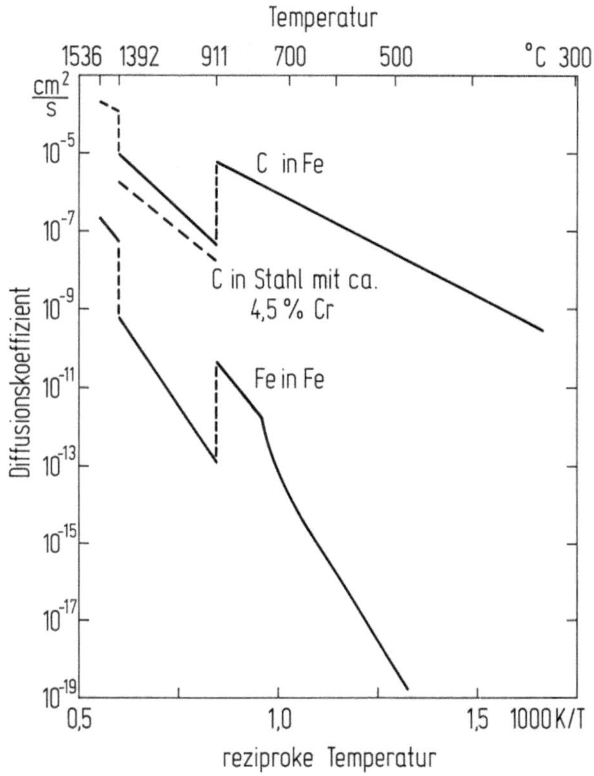

Abb. 5.24 Abhängigkeit des Diffusionskoeffizienten von Kohlenstoff und Eisen in unlegiertem Eisen vom Kehrwert der Temperatur sowie Abnahme der C-Diffusion in Chromstahl

atomen im Eisenwirtsgitter gezeigt. Im Vergleich sieht man direkt, dass Kohlenstoffatome als Zwischengitteratome viel größere Diffusionskoeffizienten haben als Eisenatome, die nur nach dem Leerstellenmechanismus diffundieren können. Entsprechend kann Kohlenstoff bei einer vorgegebenen Zeit-Temperatur-Kombination viel weitere Wege zurücklegen als Eisen- oder andere Metallatome [ECKS69, BESH73, PIET84, JÖNS92].

In Abb. 5.25 ist der Volumendiffusionskoeffizient einiger Elemente in Eisen über der Temperatur aufgetragen. Dabei soll der Temperaturbereich oberhalb von 911 °C, in dem kommerziell gesintert wird, bevorzugt betrachtet werden. Man kann ganz grob drei Gruppen von Elementen bilden, die sich hauptsächlich in der Größe ihrer Atome unterscheiden. Kohlenstoff als kleinstes Atom diffundiert über Zwischengitterplätze und hat mit weitem Abstand die höchsten Diffusionskoeffizienten der hier erwähnten Elemente. Ähnlich wie Kohlenstoff verhält sich auch Stickstoff, der aber als Legierungselement in Sinterstählen nur bei hohen Chromgehalten eine Rolle spielt. Eine mittlere Stellung nehmen Schwefel, Phosphor und Silizium ein, deren Atomdurchmesser merklich kleiner sind als der von Eisen. Die dritte Gruppe besteht aus den metallischen Legierungselementen, die ähnlich große Atomdurchmesser wie Eisen aufweisen und somit auch ähnliche Diffusionskoeffizienten haben. Wenn man den Diffusionskoeffizienten kennt, kann man für die typischen Zeit-Temperatur-Kombinationen technischer Sinterungen die Eindringtiefe

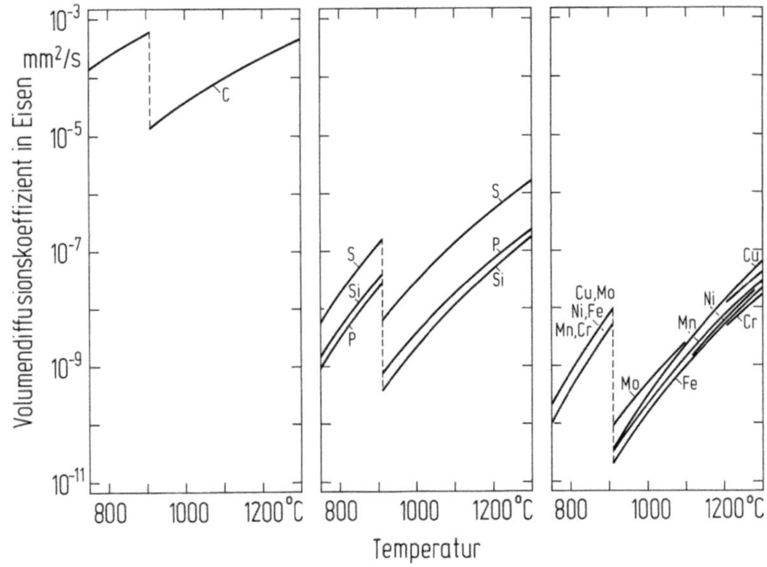

Abb. 5.25 Abhängigkeit des Volumendiffusionskoeffizienten einiger Elemente in Eisen von der Temperatur. Die Einflüsse weiterer Legierungselemente und geringer Abstände der diffundierenden Atome sind vernachlässigt

x der Legierungselemente in Eisen berechnen. Rechenergebnisse sind in Abb. 5.26 miteinander verglichen. Die realen Diffusionswege werden geringer als die rechnerischen sein, weil meistens weitere Fremdatome vorhanden sein werden und weil bei der Ausbreitung der Atome, aus denen ein Pulverpartikelchen besteht, der Abstand zwischen den diffundierenden Fremdatomen nicht groß ist. Beide Effekte behindern die Diffusion, müssen rechnerisch aber nicht berücksichtigt werden. Abbildung 5.26 zeigt, dass Kohlenstoff völlig ungehindert im Gefüge verteilt werden kann, soweit dazu genügend feinpulvriger Graphit zur Verfügung steht. Im Gegensatz dazu können die metallischen Atome, z. B. bei 1.120 °C, nur Wege von wenigen µm zurücklegen.

Die Umlagerung der Atome eines Nickelpartikelchens in Eisen während des Sinterns ist zur Erläuterung in Abb. 5.27 schematisch wiedergegeben. Bevor Diffusion einsetzt, ist das Pulverpartikelchen scharf von seiner Umgebung abgegrenzt. Nach einer kurzen Sinterzeit haben sich die ersten Nickelatome im Eisen ausgebreitet, im Zentrum des Partikelchens liegen aber noch immer 100 % Nickel vor. Verlängert man die Zeit und erhöht die Sintertemperatur, breiten sich die Nickelatome weiter seitlich aus, und die maximale Konzentration im Zentrum des ehemaligen Partikelchens sinkt ab. Nach sehr langen Zeiten bei hohen Temperaturen ist das Nickelpartikelchen vollständig aufgelöst, und die Eisenmatrix ist gleichmäßig mit Nickel legiert.

Der Homogenisierungsgrad c_{min}/c_{max} eines feinverteilten kugelförmigen Legierungszusatzes mit dem Partikeldurchmesser d in mm zu einem homogenen Grundmetall lässt sich nach [BOCK71] aus folgender Gleichung rechnerisch bestimmen:

$$t = \frac{d^2}{4\pi D}\left(\frac{\pi}{6} \cdot \frac{c_0}{c_a} \cdot \frac{c_{min}/c_{max}}{1 - c_{min}/c_{max}}\right)^{2/3} \qquad (5.5)$$

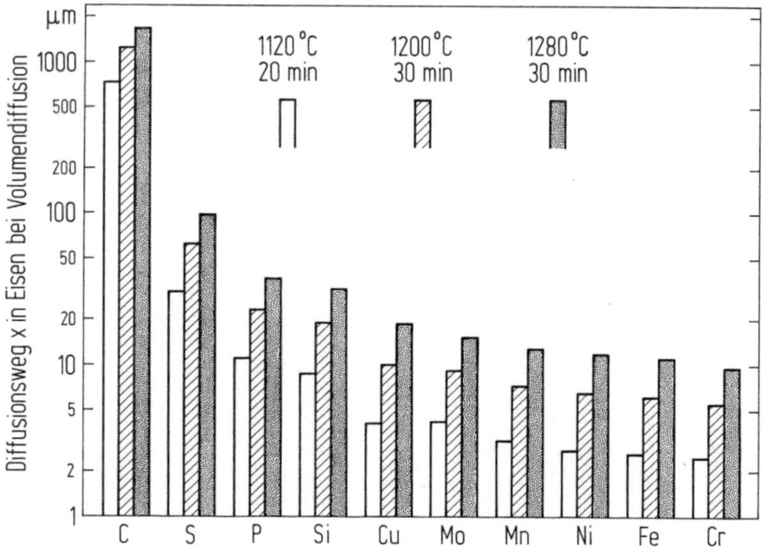

Abb. 5.26 Eindringtiefe x durch Volumendiffusion in Eisen bei typischen Sinterbedingungen

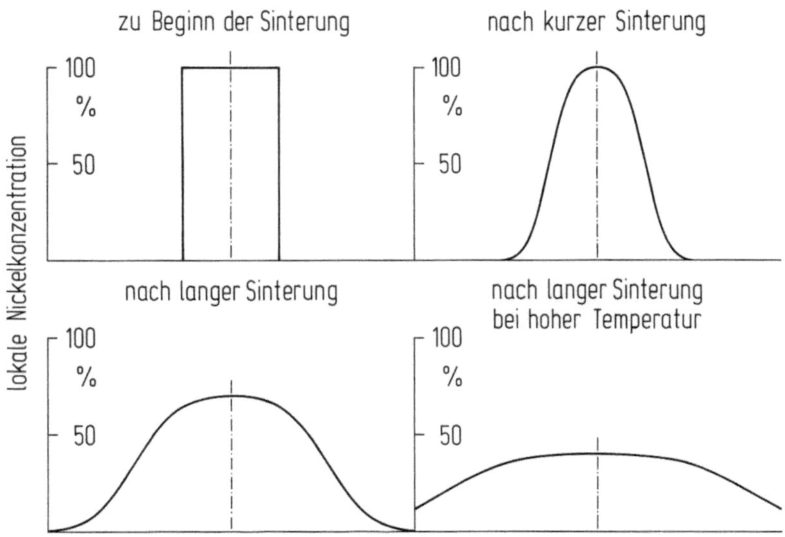

Abb. 5.27 Umverteilung von Nickel in Eisen während des Sinterns, schematisch

(t: Diffusionszeit in s; d: Partikeldurchmesser in mm; D: Diffusionskoeffizient nach Gl. 5.4 in mm^2/s; c_0: Anfangskonzentration des Legierungselementes im Zusatzpartikelchen, bei elementaren Zusätzen $c_0 = 1$, bei Meisterlegierungen $c_0 < 1$; c_a: durchschnittlicher Gehalt des Legierungselementes im Basismetall; c_{min}: minimale Konzentration des Legierungselementes in der Matrix; c_{max}: maximale Konzentration des Legierungselementes im Zentrum des Legierungspartikelchens). Ein Homogenisierungsgrad von Null entspricht den Bedingungen vor Beginn der Diffusion, bei einem Homogenisierungsgrad von 1 ist das Partikelchen vollständig aufgelöst, und die Matrix ist homogen legiert. Abbildung 5.28 gibt die Abhän-

Abb. 5.28 Homogenisierung von Nickel in Eisen während des Sinterns

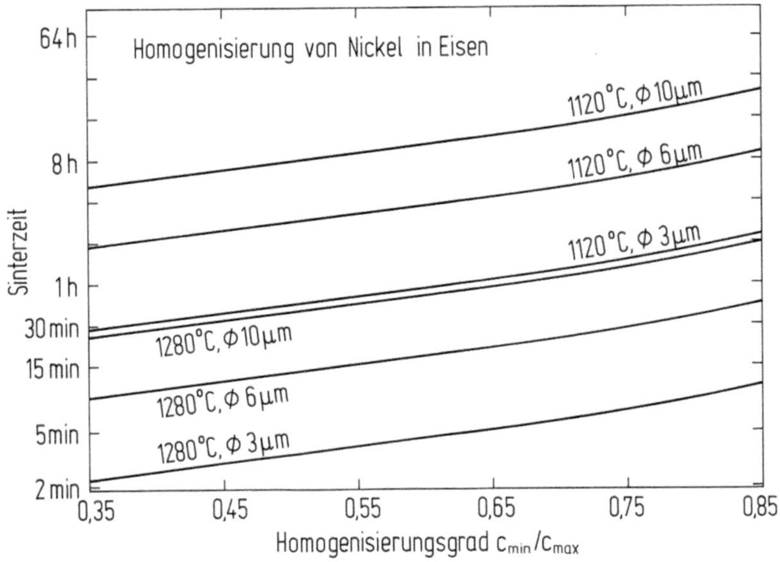

gigkeit des Homogenisierungsgrades für Nickelpartikelchen in Eisen von der Sinterzeit und vom Partikeldurchmesser wieder. Karbonylnickel, das üblicherweise zum elementaren Legieren von Eisen verwendet wird, ist ein elementarer Zusatz, demnach $c_0 = 1$, der Gehalt sei 4 %, also $c_a = 0{,}04$. Karbonylnickel hat in der Ausführung, die normalerweise verwendet wird, einen mittleren Partikeldurchmesser von etwa ∅ 6 µm. Nach Abb. 5.28 verlangen hohe Homogenisierungsgrade von $c_{min}/c_{max} \geq 0{,}5$ bei 1.120 °C unwirtschaftlich lange Zeiten. Ein kleiner Partikeldurchmesser von ∅ 3 µm, der im Markt verfügbar ist, führt zu einer wesentlich besseren Verteilung, wenn diese sehr feinen Pulverzusätze ohne Agglomerationen ins Eisen eingemischt werden können. Bei 30 min auf 1.280 °C erhält man mit einem Partikeldurchmesser von ∅ 6 µm einen Homogenisierungsgrad $c_{min}/c_{max} > 0{,}7$. Durch die höhere Diffusionsgeschwindigkeit bei Hochtemperatursinterung wird von Nickel als Legierungszusatz also wesentlich besser Gebrauch gemacht als bei der normalen Sinterung im Bandofen. Prinzipiell nach den gleichen Gesetzmäßigkeiten wie Nickel verteilen sich auch alle anderen als Pulver zugefügte Legierungselemente in Eisen, die während der Sinterung nicht aufschmelzen. Dies trifft für elementare Beimischungen genauso zu wie für Konzentrate mehrerer Legierungselemente oder eines einzelnen Legierungselements, z. B. in Form von Ferrolegierungen, für so genannte Meisterlegierungen. Für vorgegebene Legierungsmengen sind Meisterlegierungen oft kostengünstiger als elementare Legierungszusätze.

Ganz anders liegen die Verhältnisse bei der Verteilung von Legierungselementen, die beim Sintern aufschmelzen, Beispiele sind Kupfer in Eisen oder elementares Zinn in Bronzen, Abb. 5.29. Am Schmelzpunkt des Legierungsmetalls, im Fall von Kupfer bei etwa 1.083 °C, schmilzt das Partikelchen auf. Das flüssige Metall wird durch die Kapillarkräfte dünner Spalte in die ehemaligen Partikelgrenzen eingesaugt, die während der Aufheizung bis 1.083 °C noch nicht fest genug versintert sind, wo es sich schnell verteilt und die oxid-

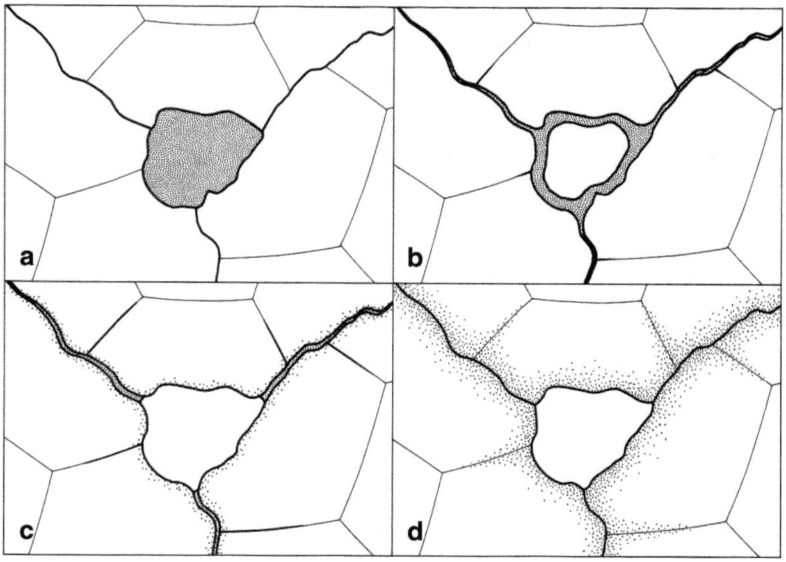

Abb. 5.29 Verteilung von aufschmelzenden Legierungselementen. **a** unterhalb des Schmelzpunktes während der Aufheizung. **b** beim Schmelzen und Eindringen in die Partikelgrenzen. **c** vollständiges Aufsaugen der Schmelze durch die Kapillarkräfte. **d** Verteilung in die Partikel des Basismetalls durch Volumendiffusion unter Hinterlassung einer Sekundärpore

freien Oberflächen des Basismetalls benetzt. Dabei werden die Partikel des Grundwerkstoffs auseinander gedrückt, denn das flüssige Legierungsmetall löst einen Teil der noch sehr dünnen Sinterbrücken auf. Im Fall von Kupfer in Eisen ist die Korngrenzendiffusion innerhalb jedes Eisenpartikels für Kupfer sehr viel schneller als im ungestörten Gitter, so dass das Kupfer auch entlang der Korngrenzen hohe Konzentrationen annimmt, solange flüssiges Kupfer nachgespeist wird. Damit ist die gesamte Menge flüssigen Metalls bei üblichen Legierungsgehalten in kurzer Zeit entlang der Partikel- und Korngrenzen im Gefüge verteilt und hinterlässt an seiner ursprünglichen Position ein leicht verrundetes Loch, das Sekundärpore genannt wird. Die weitere Ausbreitung findet nun durch Volumendiffusion von den Grenzflächen ins Korninnere statt. Beide Mechanismen, das Benetzen und Auseinanderdrängen der Eisenpartikel durch flüssiges Kupfer sowie die Anreicherung des Eisens mit Kupferatomen durch Volumendiffusion von den Grenzflächen ins Korninnere, sind mit einem Wachstum des Bauteils verbunden. Bei guter Abstimmung von Eisengrundpulver, Sinterbedingungen und Kupfergehalt kann man mit ungefähr 1,5 % Cu die Schwindung des reinen Eisens so weitgehend kompensieren, dass man maßstabile Bauteile erhält. Allerdings wird die Schwindung durch weitere Legierungselemente wie Kohlenstoff, Phosphor und Nickel mitbestimmt, die bei der Kompensation berücksichtigt werden müssen.

Einige Gefügebilder sollen helfen, die Diffusion der unterschiedlichen Legierungsbestandteile zu illustrieren. Abbildung 5.30 gibt das Gefüge von unlegiertem Eisen mit

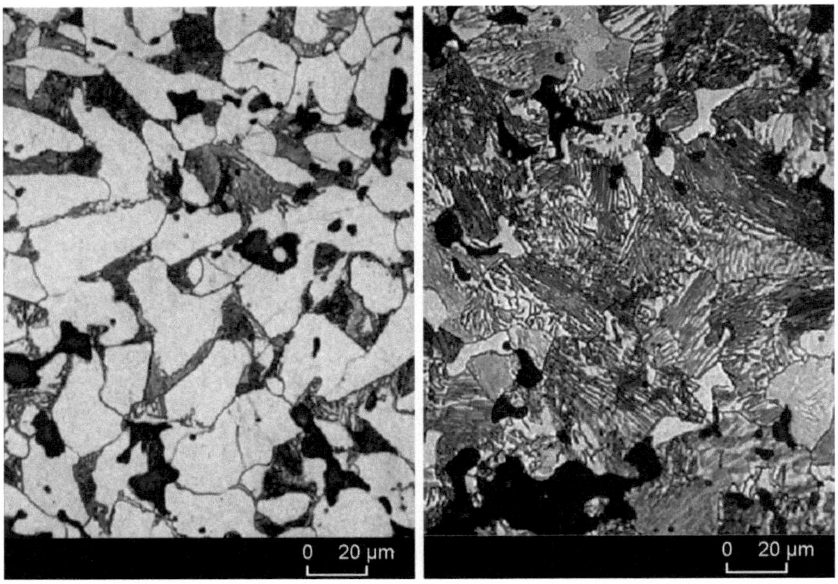

Abb. 5.30 Unlegiertes Eisen mit 0,2 % C (*links*) und 0,7 % C (*rechts*), Dichte ca. 6,8 g/cm³; Sinterung 1.120 °C, 20 min; wasserverdüstes Grundpulver [HOEG]

zwei verschiedenen Kohlenstoffgehalten wieder. Kohlenstoff bildet in Eisen und in den meisten Stählen bei technischer Abkühlung von der Sintertemperatur feinstreifige Eisenkarbid-(Fe_3C-)Lamellen, die nach dem Ätzen eines polierten Schliffs dunkel aussehen. In Abb. 5.30 sind die dunklen Gefügepartien gleichmäßig über die Fläche verteilt. Bei den Bedingungen der Sinterung hat Kohlenstoff auch große Eisenpartikel vollständig durchdrungen. Bei niedrigem C-Gehalt reicht die verfügbare Menge an Kohlenstoff allerdings nur für geringe Anteile an Fe_3C-haltigem Gefüge.

In Abb. 5.31 sind Beispiele aufgeführt für nicht aufschmelzende Partikel in Stählen, die mit Molybdän legiert sind. Im linken Teilbild sieht man an den nicht angeätzten Stellen die Diffusionshöfe um ehemalige Nickelpartikelchen, die nur unvollkommen homogenisiert sind. Solche Zonen lassen sich aufgrund ihres hohen lokalen Legierungsgehaltes nur schwer anätzen. Im rechten Teilbild wurde einem Molybdänstahlpulver durch eine Meisterlegierung etwa je 1,2 % Chrom und Mangan beigefügt. Bei industrieller Sinterung verbleiben um die ehemaligen Legierungspartikelchen Diffusionshöfe mit nicht angeätzten Zentren.

In reinem Eisen kann man die Eindringtiefe des Kupfers durch eine Ätzung mit alkoholischer Salpetersäure gut sichtbar machen. Die Diffusionszonen um die Korngrenzen und die ehemaligen Partikelgrenzen werden dabei braun angefärbt. Das Beispiel in Abb. 5.32 zeigt, dass bei einer Sintertemperatur von 1.120 °C, wie in Abb. 5.26 angedeutet, Kupfer nur wenige µm ins Eisen eindiffundieren kann.

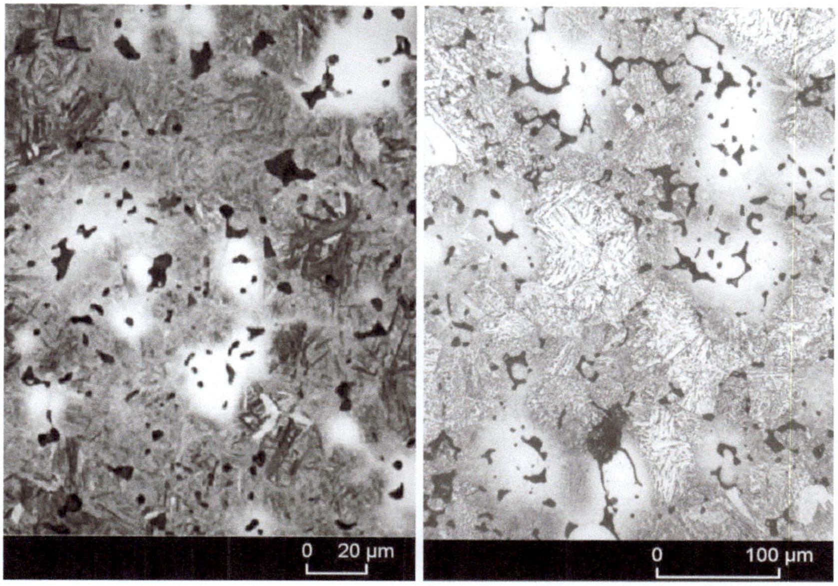

Abb. 5.31 Nichtaufschmelzende metallische Legierungselemente in Molybdänstahl; *links* 1,5 % Mo-Stahl mit 2 % Karbonylnickel und 0,5 % Graphit; Zweifachpresstechnik, Dichte ca. 7,4 g/cm³; Sinterung 1.120 °C, 20 min; *rechts* 0,85 % Mo-Stahl mit 12,5 % einer Meisterlegierung mit 10 % Cr und 10 % Mn und 0,5 % Graphit, Dichte ca. 7,0 g/cm³; Sinterung 1.280 °C, 30 min

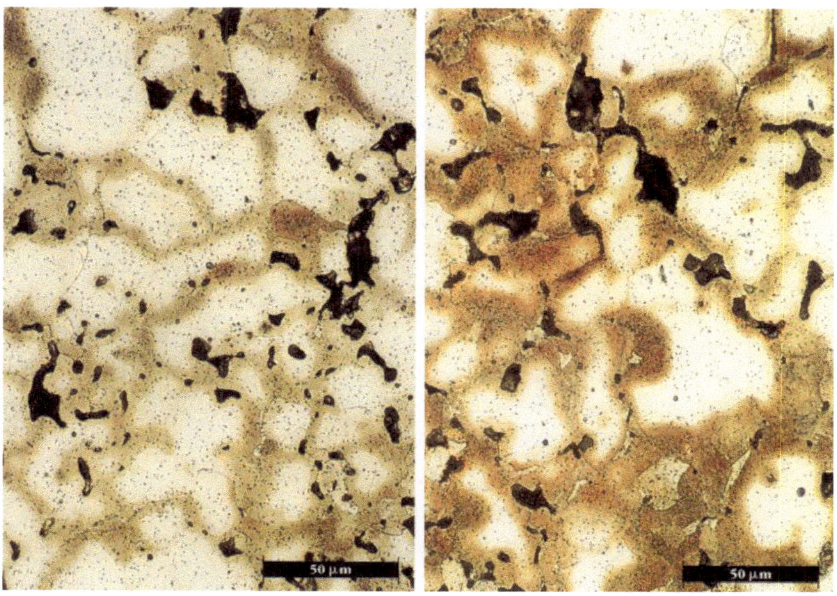

Abb. 5.32 Unlegiertes Reineisen mit elementarem Kupfer; *links* 2 % Cu, Dichte 7,05 g/cm³, *rechts* 4 % Cu, Dichte 6,88 g/cm³; Sinterung 1.120 °C, 30 min [HÖGA]

5.4 Ofentechnik für die Formteilfertigung

Bandöfen Bandöfen sind in der industriellen Formteilfertigung das Standardbetriebsmittel zum Sintern. Sie arbeiten weltweit fast immer mit einem Transportband aus einem austenitischen Stahl, der 25 % Cr, 20 % Ni und etwa 1,5 % Si enthält (Werkstoff-Nr. 1.4841). Das Band wird von einem reibschlüssigen Antrieb mit Geschwindigkeiten von 2 bis 20 m/h durch den Ofen gezogen, wobei 6–10 m/h den üblichen Betriebsbedingungen entsprechen. Die Bandgeschwindigkeit kann qualitätskritisch sein und kann auf Wunsch geregelt werden.

Die Hochtemperaturzone von Bandöfen kann gemauert oder keramisch oder metallisch gemuffelt sein. Metallische Muffeln sind heute vorwiegend Schweißkonstruktionen aus dem gleichen Stahl wie die Transportbänder. Die Muffel aus 1.4841 muss sich beim Auf- und Abheizen zwischen Raumtemperatur und der typischen Sintertemperatur von 1.120 °C ungehindert um 2,2 % ausdehnen und wieder zusammenziehen können. Diese Bauart hat Vorteile bei hohen Wasserstoffgehalten in der Atmosphäre, da sich wegen der großen Wärmeleitfähigkeit von H_2 ohne eine gasdichte Muffel die Außenwand des Ofens zu sehr erwärmen kann. Besonders trockener Wasserstoff greift auch schon bei 1.120 °C, verstärkt bei höheren Temperaturen, SiO_2-haltige Faserisolierungen des Ofenkörpers durch Reduktion an. Ein anderes Argument für metallische Muffeln kann in der Ofenbeheizung liegen. Eine besonders energieeffiziente Heizung ist die direkte turbulente Beaufschlagung der Muffel mit offenen Flammrohren, deren Verbrennungsgase unter keinen Umständen mit dem Schutzgas innerhalb der Muffel vermischt werden dürfen. Diese Art der Beheizung wird heute selten angewandt, ist ohne gasdichte Metallmuffel aber nicht gangbar. Ein Vorteil metallischer Muffeln ist die Möglichkeit, sehr schnell das Schutzgas zu wechseln, wenn dies erforderlich ist. Die Muffellebensdauer liegt bei elektrischer Beheizung oder Beheizung mit geschlossenen Rekuperatorstrahlrohren bei etwa 3 Jahren.

Sehr viel langlebiger sind keramische Muffeln aus Siliziumkarbid, die oft während der gesamten Lebensdauer des Ofens nicht getauscht werden müssen. Da diese Muffeln aus einzelnen Segmenten zusammengesetzt sind, sind sie nicht gasdicht. Deshalb muss das Ofengehäuse gasdicht geschweißt sein, um stabile Schutzgasatmosphären einzuhalten. Gaswechsel sind möglich. In nur gemauerten Öfen ist die Porosität des Mauerwerks mit Schutzgas gefüllt und gibt dessen Bestandteile bei einem Gaswechsel über einen längeren Zeitraum ab. Will man z. B. von einem N_2-H_2-Mischgas auf reinen Wasserstoff wechseln, dauert es mehrere Tage, ehe das Gestein seinen Stickstoffgehalt vollständig ausgegast hat. Ungemuffelte Bandöfen sind deshalb in Europa unüblich.

Geheizt wird elektrisch oder mit keramischen Rekuperatorstrahlrohren aus siliziertem Siliziumkarbid. Die Gasheizung ist in den Anschaffungskosten merklich teurer und lässt sich nur bei hohen Strompreisen wie in Deutschland amortisieren. In Frankreich gibt es aus diesem Grund praktisch nur elektrisch beheizte Sinteröfen. Elektrische Heizungen für Bandöfen sind meistens aus Heizleiterdraht mit 80 % Ni und 20 % Cr auf Al_2O_3-Keramikrohre gewickelt und paketweise als separat geregelte Einheiten ober- und unterhalb der

Abb. 5.33 Beheizung von Bandöfen oberhalb (und unterhalb) der Muffel mit gewickelten metallischen Heizleitern (*links*, Mahler) oder freitragenden Rekuperatorstrahlrohren mit einem Mantelrohr aus siliziertem Siliziumkarbid (*rechts*, Cremer)

Muffel angeordnet, Abb. 5.33. In den USA werden häufiger auch SiC-Stäbe als Heizung eingesetzt.

Falls Endogas als Schutzgas in Erwägung gezogen wird, ist die Retorte heute stets über oder seitlich der beheizten Muffel im hinteren Bereich der Hochtemperaturzone angeordnet. Damit bedarf es nur eines Regelkreises, um den Kohlenstoffpegel in der Hochtemperaturzone konstant zu halten. Externe Endogasspalter mit Gasrückkühlung und Versorgung der Öfen mit kaltem Gas über Rohrleitungen gehören wegen des hohen Energiebedarfs der Vergangenheit an.

Die Temperatur im Bandofen ist durch die metallischen Ofenbaustoffe, besonders durch den Stahl des Förderbandes beschränkt. Die meist gefahrene Sintertemperatur beträgt 1.120 °C, weil die Bandlebensdauer bei höheren Temperaturen leidet. Übliche Einsatzzeiten betragen bei Bandlasten von ungefähr 50 kg/m^2 und 1.120 °C etwa sechs Monate, selten 9 Monate. Das Chromoxid der Bandoberfläche kann bei normalen Betriebsbedingungen nicht reduziert werden, weil Bandöfen vorne und hinten offen sind, so dass sich keine stark reduzierenden Atmosphären aufrecht erhalten lassen. Deshalb kann man das Sintergut direkt auf das Band setzen oder schütten, ohne dass es zur Diffusionsverschweißung mit dem Band kommt. Um die Bauteile automatisch handhaben zu können oder um Ebenheitsforderungen beim Sintern einzuhalten, wird jedoch häufig mit Sinterträgern gearbeitet.

Die Bänder sind meistens eng gewirkte Spiralgliederbänder mit ∅ 2,8 mm Drahtdurchmesser für die Spiralschlinge und ∅ 5 mm Drahtdurchmesser für die Querstäbe,

Abb. 5.34 Ofen mit zwei parallelen Bändern für großen Durchsatz (Sarnes)

bei größeren Bandbreiten auch ∅ 3,2 mm und ∅ 6 mm. Das ergibt Flächengewichte von 30 bis 35 kg/m^2. Daneben werden mittel- und weitmaschige Bänder mit Gewichten bis zu 14 kg/m^2 angeboten, die in der Tragfähigkeit bis zu 80 % weniger belastbar sind und bei kleineren Bauteilen nur mit Sinterträgern benutzt werden können.

Die Bänder versagen durch Versprödung in Folge von Chromkarbid-, Chromnitrid-, Mangansulfidbildung und Kornvergröberung meist durch Schlingenbruch. Die Zugspannung im Schlingendraht kann man je nach Bandbeladung auf 2–3 N/mm^3 abschätzen, was bei Kriechversuchen an Luft bei dem verwendeten Stahl etwa einer Standzeit von 10^4 h entsprechen sollte. Dieser Wert wird jedoch in der Schutzgasatmosphäre, die geringe Mengen CO und H_2S aus der Zersetzung von Mangansulfid im Stahl enthält, etwa um den Faktor 10 unterschritten. Der Faktor 10 ergibt sich hier aus der Zeit, der das Band hohen Temperaturen ausgesetzt ist, die nur 25–15 % der Ofenlaufzeit pro Jahr von typischerweise 6.000 Betriebsstunden entspricht.

Das Band erfordert zur ständigen Wiedererwärmung eine relativ hohe Heizleistung. Berechnet man z. B. den Energiebedarf für die Erwärmung eines Bandes von 450 mm Breite mit einem Bandgewicht von 30 kg/m^2 (∅ 2,8 mm Schlinge, ∅ 5 mm Querstab) bei einer Bandgeschwindigkeit von 6 m/h, erhält man mit einer mittleren spezifischen Wärme zwischen Raumtemperatur und 1.120 °C von 0,61 kJ/(kg K) für austenitische Cr-Ni-Stähle [RICH73, RICH83, SEW92] einen Wert von 13,7 kW, der im Kühlwasser landet. Dazu muss die Energie zur Erwärmung von eventuellen Sinterträgern gerechnet werden. Ofenbänder sind bis zu Breiten von mehreren Metern erhältlich, gängig für Sinteröfen sind Breiten von 450 bis 1.000 mm. Für besonders große Durchsätze werden eher zwei parallele Bänder als ein Band mit mehr als 1.000 mm Breite eingesetzt, Abb. 5.34.

Der Bandofen hat eine dominierende Stellung beim Sintern von Formteilen, weil er kostengünstig in der Anschaffung, einfach in der Handhabung und planbar in der Wartung und Instandhaltung ist. Allerdings hätte man öfters gerne eine höhere Temperatur, etwa 1.200 oder 1.250 °C, um eine bessere Oxidreduktion oder Versinterung zu erreichen. Deshalb hat es mehrfach Versuche gegeben, die Temperatur von Bandöfen zu erhöhen.

Bis auf wenige Ausnahmen sind die Versuche, Bänder aus höher temperaturbeständigen Materialien einzusetzen, auf Bandbreiten von 125 bis 150 mm beschränkt geblieben. Es sind Öfen mit SiC-Bändern für Temperaturen bis 1.250 °C in Benutzung. Diese Bänder werden mit Kettenrädern statt mit gummierten druckbeaufschlagten Walzen angetrieben. Ein Bandofen ist einmal mit einem Molybdänband für Temperaturen bis 1.380 °C ausgestattet worden. Eisen- und Stahlteile bedürfen auf Molybdän immer eines nicht reduzierbaren, trennenden Sinterträgers, um die Diffusionsverschweißung der Teile mit dem Band zu verhindern. Dieses Band wurde später durch ein kohlefaserverstärktes Kohlenstoffband ersetzt, das ebenfalls nicht – zumindest nicht oberhalb der eutektischen Temperatur – mit Stahlteilen in Berührung kommen darf. Beide Bandwerkstoffe, CFK und Molybdän reagieren empfindlich auf höhere Sauerstoffpartialdrücke bei erhöhten Temperaturen und sind teuer in der Anschaffung. Hoher Preis, fehlende Narrensicherheit und inakzeptable Lieferzeiten haben bisher verhindert, dass solche Lösungen großtechnisch angewendet werden. Daneben gibt es Nickel- und Kobaltbasiswerkstoffe, die als Bandmatieral für den Betrieb bei 1.200 °C durchaus geeignet sind. Mindestens ein Ofen in der Sinterindustrie in Europa läuft mit einem Nickelbasisband bei 1.220 °C, allerdings mit nicht befriedigenden Lebensdauern. Außerhalb der Sinterindustrie gibt es, mit deutlich geringerer Bandbeladung als in der Formteilfertigung, ebenfalls Öfen mit Nickelbasisbändern leicht oberhalb von 1.200 °C. Leider sind die Drähte für Bänder aus potentiell geeigneten Legierungen nicht in Kleinmengen verfügbar, um systematische Lebensdauerstudien anzustellen, aus denen man die Preiswürdigkeit ermitteln könnte.

Bandöfen sind in verschiedenen Sonderbauformen älterer oder neuerer Konstruktion erhältlich. Früher waren z. B. so genannte Buckelöfen in Sinterbetrieben nicht unüblich. Dabei handelt es sich um Bandöfen mit vorne und hinten nach unten um etwa 12° abgewinkelten gemuffelten Ein- und Auslaufstrecken, oft ohne eigene Ausbrennzone. Zur Verringerung der Bandzugkraft können solche Öfen auf Kundenwunsch mit einem separat angetriebenen Unterstützungsband im aufsteigenden Vorderteil des Ofens ausgestattet sein [RAFF98]. Solche Öfen haben bei großen lichten Höhen Vorteile, da sich die leichten Schutzgasbestandteile, also vor allem Wasserstoff, in der erhöhten Hochtemperaturzone anreichern und durch die abgesenkten Enden keine Luft in den Ofen gelangt, obschon der Schutzgasstrom gering ist. Normalerweise sind Öfen mit hohen Öffnungen Schutzgasfresser. Buckelöfen werden oft mit Ammoniakspaltgas oder Wasserstoff zum Sintern von hoch chromhaltigen rostfreien Stählen bei 1.120 °C benutzt. Wie gut sich in solchen Öfen Chromoxid reduzieren lässt, möge eine Episode zeigen: In einem Produktionsbetrieb wurde ein metallisch gemuffelter gerader Bandofen mittig in der Hochtemperaturzone zersägt, an der Trennstelle wurde ein Keil Material entnommen und die Muffel zu einem Buckelofen mit einer aufsteigenden und einer abfallenden Ebene wieder zusammengeschweißt. Als Schutzgas diente NH_3-Spaltgas, das selbst im nicht nachgetrockneten Zustand schon einen sehr niedrigen Wasserdampfpartialdruck hat. Bei der Inbetriebnahme war die Ofenatmosphäre so gut, dass das Chromoxid der Bandoberfläche reduziert wurde. Dadurch kam es zu einer zuverlässigen Diffusionsverschweißung zwischen Band und Bauteilen, die auch mit einem Hammer nicht mehr vom Band ab-

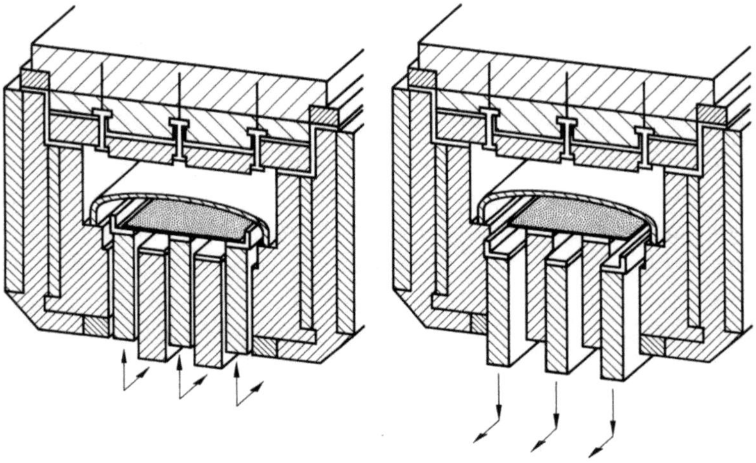

Abb. 5.35 Intermittierende Hubbalkengruppen für einen Bandofen mit konventionellem Band für den Betrieb bei 1.200 °C

geschlagen werden konnten. Das Problem konnte gelöst werden, indem ein findiger Ingenieur ein Loch in den First der Muffel bohren ließ, durch das mit einer Aquariumpumpe eine geringe Menge Luft in den höchsten Punkt der Muffel geblasen wurde, um den Taupunkt oberhalb von –35 °C zu halten. So ließ sich der Ofen wieder regulär betreiben [SHEW89].

In einer neueren Entwicklung wurde gezeigt, dass übliche Ofenbänder aus 1.4841 für den Dauerbetrieb bei 1.200 °C geeignet sind, wenn man in der Hochtemperaturzone die Zugspannung im Band auf nahezu Null absenkt. Dazu muss das Band mit seiner Beladung zugentlastet werden, z. B. durch einen abstützenden Rollentrieb oder mit zwei intermittierenden Hubbalkensystemen, Abb. 5.35. Beide Bauarten haben sich im Produktionsalltag bewährt. Das Band wird dabei quasi durch die Hochtemperaturzone des Ofens getragen. Während die erste Hubbalkengruppe, bestehend aus den beiden äußeren und dem mittigen Balken, angehoben wird und vorfährt, bleibt die zweite Hubbalkengruppe in abgesenkter Position. Wenn die Vorwärtsbewegung der ersten Gruppe abgeschlossen ist, hebt sich die zweite Gruppe zur Unterstützung des Bandes an und verharrt in dieser Stellung. Gleichzeitig senkt sich die erste Hubbalkengruppe, fährt zurück, hebt das Band wieder an und beginnt die nächste Vorwärtsbewegung, wobei zwischenzeitlich die andere Hubbalkengruppe wieder abgesenkt wurde. Die Hubwege der Balken sind in Abb. 5.35 übertrieben dargestellt, um den Effekt zu verdeutlichen, die realen Senkrechtbewegungen liegen in der Größenordnung um ± 15 mm. Hub- und Vorwärtsbewegung der ersten Hubbalkengruppe sind entkoppelt. Die Lebensdauer des Bandes ist trotz der hohen Einsatztemperatur genauso groß wie im nur gezogenen Betrieb bei 1.120 °C [MOLI10]. Die Abb. 5.36 bis 5.38 geben einen Einblick in die Anordnung der Baugruppen bei diesem Ofentyp.

Rollenherdöfen Der Rollenherdofen ist in der Sinterindustrie viel seltener anzutreffen als der Bandofen. Erste Versuche mit Rollenherdöfen in Europa liegen etwa 25 Jahre zurück, insofern handelt es sich um eine relativ junge Bauform. Ein Dilemma von vielen war bei

Abb. 5.36 Intermittierende Hubbalken bei der Montage für einen Hochtemperatur-Bandofen (Cremer)

Abb. 5.37 Hubbalken aus Abb 5.36 von oben gesehen (Cremer)

diesem Prototypen das Material der Rollen, für die Al_2O_3-Rohre gewählt worden waren. Deshalb kam es ständig zu Rollenbrüchen. Der Ofen, der eigentlich für 1.200 °C konzipiert war, wurde nach etlichen Reparaturen und Umbauten schließlich nur für Glühbehandlungen bei maximal 900 °C eingesetzt.

Heute sind Rollenherdöfen oberhalb von etwa 900 °C mit SiC-Rollen ausgestattet, bei tieferen Temperaturen reichen metallische oder Quarzrollen. Die Hochtemperaturzone ist gemauert und elektrisch oder mit Rekuperatorstrahlrohren beheizt. Dadurch ist der Ofenquerschnitt groß, was große Schutzgasdurchsätze erfordert. Um den Schutzgasverbrauch beherrschbar zu halten, brauchen Rollenherdöfen Schleusen am Ein- und Ausgang. Industriell werden solche Öfen bei Temperaturen bis 1.250 °C eingesetzt. Mit niedrigen Wasser-

Abb. 5.38 Geöffnete Muffel eines Hochtemperatur-Bandofens mit eingezogenem Band (Cremer)

stoffgehalten in der Atmosphäre sind 1.300 °C in Reichweite. Bei hohen H_2-Gehalten sind die Faserisolationen, die zu etwa 35 % aus SiO_2 bestehen, gefährdet und müssen gegen Reduktion geschützt werden, z. B. indem von außen trockener Stickstoff durch die Isolation eingespeist wird, um den Wasserstoff aus der Faserisolation fern zu halten. Dieses Vorgehen hat auch Vorteile für die Außenhauttemperatur des Ofens. Bei dieser Bauart muss sich das Sintergut für die Anwesenheit eines gewissen N_2-Anteils in der Atmosphäre eignen.

Rollenherdöfen brauchen Sinterträger, für die heute meistens Graphitplatten mit einer Zwischenlage aus Al_2O_3 oder mit einer regelmäßig zu erneuernden Al_2O_3- oder ZrO_2-Beschichtung eingesetzt werden. Daneben werden silizierte kohlefaserverstärkte Kohlenstoffplatten als massearme und haltbare Sinterträger empfohlen, aus Kostengründen aber eigentlich nicht benutzt.

Die Rollen werden außerhalb des Ofens einzeln angetrieben, für gleiche Geschwindigkeiten mit durchgehenden Rollenketten, alternativ auch mit koaxialen Schneckentrieben, Abb. 5.39. Dazu müssen die Rollen durch den Ofenkörper im Dauerbetrieb luftdicht nach außen geführt werden. Auch die beidseitige Lagerung muss aus Kostengründen nahe bei Raumtemperatur gehalten werden. Die Dichtringe können wasser- oder gasgekühlt sein, wobei die relativ hohe Wärmeleitfähigkeit von SiC die Kühlintensität bestimmt. Die Bohrungen der Rollen sind mit Isolationsmaterial gestopft. Verträgt das Sintergut Stickstoff, kann N_2 als Kühlgas eingesetzt werden, das sich im Ofen mit dem Schutzgas mischt. Bei Wasserkühlung ist die Energiebilanz ungünstiger, weil mit jeder Rolle eine Leistung von etwa 0,3 kW verloren geht [VERV11]. Die Wälzlager der Rollen können durch feine abrasive Stäube im Ofen vorzeitig verschleißen. Hier haben sich eine individuelle Spülung mit trockenem N_2 als Sperrgas und Einzelüberwachung sehr bewährt [SCHW11].

Technisch ist der Rollenherdofen für 1.250 °C eine wesentlich aufwändigere Konstruktion als ein Bandofen für 1.120 °C, was sich größenordnungsmäßig auch in einer Verdopplung des Preises bei gleichem Durchsatz niederschlägt. Deshalb sind Rollenherdöfen derzeit im Produktionsbetrieb nicht häufig vertreten. Das könnte der Trend zu höheren

Abb. 5.39 Schneckenantrieb statt Kettentrieb für die Rollen eines Rollenherdofens (Mahler)

Abkühlgeschwindigkeiten, gegebenenfalls mit thermochemischen Behandlungen aus der Sinterhitze kombiniert, zukünftig ändern. Anwender von Bauteilen spezifizieren seit etwa zwei Jahrzehnten vermehrt mechanische Eigenschaften, die sich nur mit martensitischen oder bainitischen Gefügen erreichen lassen. Um die Kosten der früher selbstverständlichen separaten Wärmebehandlung in Kammeröfen einzusparen, versucht man, das gewünschte Gefüge während der Abkühlphase mit Konvektionskühlern einzustellen. Das erfordert bei den verfügbaren Abkühlintensitäten spezielle Stahllegierungen, die schlechter pressbar oder teurer als Standardwerkstoffe sind. Die Ofenhersteller strengen sich deshalb in ihren Entwicklungen an, die Abkühlgeschwindigkeiten im Temperaturbereich der γ-α-Umwandlung zu Werten von 10 °C/s zu steigern. Dabei kann der Rollenherdofen mit seiner Möglichkeit, die Transportgeschwindigkeiten von Zone zu Zone zu entkoppeln, entscheidend beitragen. Auch mechanische Schleusen zur Atmosphärentrennung sind bei diskontinuierlichen Fördervorgängen machbar, wenn auch bei hohen Temperaturen nicht unbedingt problemfrei. Mit einem eigenen Rollenantrieb kann man z. B. einen Sinterträger aus einer Aufkohlungszone sehr schnell zentral unter das Düsenfeld einer Schnellkühlung transportieren und eine schnelle und gleichmäßige Abkühlung der Bauteile erreichen. Wiederum mit einem anderen Rollenantrieb lässt sich das Material auf einer länger einwirkenden Anlasstemperatur halten. Außerdem erlaubt der Rollenherdofen mit mäßigem Materialaufwand in Länge und Breite zu bauen und so mit einlagiger Beladung bei hohem Durchsatz zu arbeiten. Auch dies dient hoher Abkühlgeschwindigkeit, was durch die fehlende Wärmekapazität eines Ofenbandes unterstützt wird. Die Kinderkrankheiten von Rollenherdöfen für die Formteilindustrie sind in den letzten Jahren erfolgreich angegangen worden. Separate Fördergeschwindigkeiten für die einzelnen Ofenzonen und die Möglichkeit, mit mechanischen Schleusen die Schutzatmosphären in den Zonen brauchbar zu trennen, könnten die weitere Verbreitung dieses Ofentyps in der Zukunft begünstigen.

Hubbalkenöfen Hubbalkenöfen sind zum Sintern von Formteilen bei Temperaturen von mehr als 1.150 °C seit Jahrzehnten in Gebrauch und haben sich im Einsatz als robustes Betriebsmittel bewährt. Der Ofenraum ist gemauert, wobei für sehr trockene Wasserstoffatmosphären und Temperaturen von mehr als 1.300 °C technisch reine Al_2O_3-Steine verwendet werden müssen. Mit den für Formteile aus Stahl üblichen Sinterbedingungen besteht für so hochwertiges Mauerwerk allerdings keine Notwendigkeit. Die meisten Öfen werden zwischen 1.200 und 1.280 °C betrieben. Der Ofenraum wird elektrisch mit Molybdänmäandern beheizt, die beidseitig des Ofenraums angebracht sind. Molybdän darf bei hohen Temperaturen weder mit Luft noch mit größeren Mengen Kohlenmonoxid dauerhaft in Kontakt kommen. In Luft bilden sich flüchtige Oxide, die als Molybdänschmauch sublimieren und den Drahtquerschnitt abdünnen. CO-Bestandteile im Schutzgas bilden Molybdänkarbid, was sich in einer zunehmenden Leistungsaufnahme bemerkbar macht. Mäßige Schäden durch CO lassen sich im Betrieb mit feuchten N_2-H_2-Gemischen wieder rückgängig machen. Der große ungemuffelte Ofenquerschnitt verlangt Schleusen an Ein- und Ausgang, um die Schutzgasverbräuche in Grenzen zu halten.

Die Ware wird auf einem Sinterträger oder in einem Sinterkasten durch den Ofen befördert. Der Transport mit Sinterkästen ist sehr weit verbreitet. Bis 1.280 °C sind die Kästen aus Reineisen tiefgezogen. Nach einigen Ofenläufen müssen Eisenkästen gerichtet werden, nach mehrmaligem Richten wird überstehendes Material vom Kastenrand abgeschnitten. Für höhere Temperaturen verwendet man geschweißte Kästen aus austenitischen Cr-Ni-Stählen, die viel formstabiler sind als Eisenkästen. Allerdings reagieren hoch chromhaltige Stähle mit dem Stickstoff und den geringen CO-Spuren, die aufgrund karbothermischer Reduktion stets im Schutzgas enthalten sind, und bilden Chromkarbide und Chromnitride. Der Nickelgehalt des Stahls reagiert auf Dauer mit den H_2S-Spuren der Atmosphäre, die sich durch Zersetzung von oberflächlichen Mangansulfidpartikelchen des Sintergutes in H_2-haltigen Atmosphären bilden. Diese Werkstoffveränderungen wirken alle versprödend, so dass man Sinterkästen aus austenitischen Cr-Ni-Stählen nicht richten kann. Sehr beständig sind Kästen aus Molybdän, solange die entsprechenden Schutzgasbedingungen eingehalten werden, jedoch ist der Preis für die Anschaffung von Mo-Kästen sehr hoch. Unabhängig vom Material muss bei metallischen Sinterkästen der direkte Kontakt mit der Ware verhindert werden. Dazu wird oft ein keramisches Hohlkugelgranulat aus Al_2O_3 benutzt. Wegen der einfachen Handhabung von Sinterkästen betreibt man Hubbalkenöfen automatisch.

Der Hubbalken ist mittig zwischen den seitlichen Winkelprofilen einer gemauerten Rinne angeordnet, Abb. 5.40. Die Wangen der Rinne können für empfindliches Sintergut so hoch gebaut werden, dass keine direkte Strahlung auf die Bauteile einwirkt. Die Sinterträger oder -kästen ruhen seitlich auf den Schultern der Rinne und werden mittig durch den Hubbalken unterstützt. In periodischen Abständen von einigen Minuten wird der Hubbalken leicht angehoben, so dass die Kästen nicht mehr auf den Schultern der Rinne auflasten, und mit einem Zahnstangen-Ritzeltrieb um etwas mehr als eine Kastenlänge vorgefahren. Jetzt senkt sich der Balken leicht unter das Niveau der Rinnenschultern ab, so dass die Kästen nur seitlich in der Rinne aufliegen, und fährt in die Ausgangsposition zurück. Dort wird er wieder in die Unterstützungsposition angehoben. Die Hub- und Senkbewegung ist von der Vor- und Rückbewegung getrennt und soll so kurz wie möglich gehalten werden, um nur kleine Mengen Gas aus dem kalten Hubbalkenkasten in den be-

Abb. 5.40 Rinne mit mittigem Hubbalken und seitlichen Molybdänheizungen (Cremer)

heizten Teil des Ofens und umgekehrt, wenig heißes Schutzgas in den kalten Hubbalkenkasten, zu pumpen. Speziell für Metallpulverspritzgussteile wird die Vorwärtsbewegung der Sinterkästen in mehrere kleine Einzelschritte unterteilt, um keine größeren Temperaturgradienten innerhalb eines Kastens entstehen zu lassen. In den Öfen für diese Technik wird zudem wegen der ruck- und stoßfreien Arbeitsweise der Hubbalken nach vorne zum kälteren Ofeneingang hin verlängert und von einer metallischen Muffel umgeben. Dort wird die thermoplastische Komponente des Binders thermisch zersetzt und ausgetrieben. Die geringe mechanische Festigkeit von Metallpulverspritzgussteilen nach dem ersten Entbinderungsschritt verträgt sich schlecht mit dem rauen Kastenvorschub durch eine Stoßmaschine.

Bei großen Durchsätzen werden in einem gemeinsamen Ofenkörper zwei Kastenrinnen mit zwei parallelen Hubbalken verbaut. Zwischen den beiden Rinnen wird eine dritte Molybdänmäanderheizung angeordnet. Aus Platzgründen und um die Schutzgase mit Schleusen konsequent zu trennen, baut man die Öfen oft in U- oder Z-Anordnung auf. Zwischen den verschiedenen Ofenzonen werden die Kästen dann über Querförderer transportiert.

Die Investitionskosten für Hubbalkenöfen sind bei üblichen Durchsätzen von gleicher Größenordnung wie für Rollenherdöfen, also ungefähr doppelt so hoch wie für Bandöfen. Die Betriebskosten liegen trotz der höheren Temperatur leicht unter denen von Bandöfen, weil der Schutzgasverbrauch geringer ist als bei den beidseitig offenen Bandöfen und weil keine Kosten für Ofenbänder anfallen.

Stoßöfen Stoßöfen können für sehr hohe Temperaturen gebaut werden, die für die Eisenpulvermetallurgie keine Bedeutung haben. Mit einer Linearbewegung, z. B. durch einen Hydraulikzylinder, wird das Sintergut in einem Kasten oder auf einer massiven Platte als Chargenträger durch den Ofen geschoben oder gestoßen. Die Festigkeit der Chargenträger beschränkt damit auch die durchsetzbaren Materialmengen. Für hohe Temperaturen sind die Öfen gemauert, Ein- und Ausgang haben Schleusen zur Minderung des Schutzgasverbrauchs. Bei höheren Temperaturen wird elektrisch mit Molybdänheizleitern, oberhalb von 1.750 °C mit Graphitheizstäben erwärmt. Von etwa 1.250 °C an aufwärts bestehen die Sinterkästen bevorzugt aus Molybdän, bei sehr hohen Temperaturen aus Graphit. Stoßöfen werden in der industriellen Formteilfertigung von Stahlbauteilen zum Sintern bei mehr als 1.250 °C gelegentlich eingesetzt, wenn das Fertigungsvolumen die Investition in einen Hubbalkenofen nicht rechtfertigt. Anschaffung und Betrieb sind verhältnismäßig kostengünstig, der optionale Leistungsumfang an Nebenfunktionen ist beschränkt.

Ausbrennzone In der Ausbrennzone am Ofeneingang sollen die Presshilfsmittel oder Gleitmittel des Pulvers ausgebrannt werden, ehe die Bauteile die Sinterzone des Ofens erreichen. Hier sind die Temperaturen noch niedrig, und der Wärmeübergang ist schlecht. Um die Wachse, Polymere oder Stearate vollständig auszutreiben, bedarf es bei traditionellen Ofenbauweisen deshalb einer Ausbrennzone mit einer Länge von 50 bis 100 % der Länge der Sinterzone. Um die Gleitmitteldämpfe nicht in die Sinterzone gelangen zu lassen, sind solche Ausbrennzonen gemuffelt, und der Schutzgasstrom aus der Sinterzone drückt die Gleitmitteldämpfe laminar gegen die Durchlaufrichtung zum Ofeneingang, wo sie in einem Flammenschleier verbrannt werden. Die Muffel ist elektrisch oder mit Gasbrennern extern beheizt. Hat das Schutzgas in der Hochtemperaturzone zu wenig brennbare Bestandteile, bildet sich kein stabiler Flammenschleier am Ofeneingang. Um die Auskondensation der Gleitmitteldämpfe im Kamin zu verhindern, wird an diesen Öfen ein Ringbrenner in den unteren Teil des Kamins eingebaut, in dem die Organik verbrannt wird. Dafür benötigt man bei kleinen Öfen etwa drei, bei großen Öfen ungefähr 5 Nm^3 Erdgas pro Stunde, dessen Energieinhalt verloren geht.

Die Länge konventioneller Ausbrennzonen ist für die Ofenaufstellung und die Ofenbedienung hinderlich. Bemühungen, hier kürzer zu bauen, verlangen besseren Wärmeübergang. In einer neueren Entwicklung wird zu diesem Zweck in die Muffel eine Zusatzheizung mit Infrarotstrahlern eingebaut, die bei 700–1.000 °C betrieben und deren Intensität mit Blenden geregelt wird. Ein anderes Konzept, das mit der Infrarotheizung kombiniert werden kann und an Bandöfen oft vorzufinden ist, besteht darin, den Energieinhalt des Schutzgases und der Gleitmitteldämpfe zum Heizen zu nutzen. Dazu wird die Ausbrennzone zu einer kurzen Brennkammer von etwa 1 bis 1,5 m Länge umgestaltet, in der mit oder ohne zusätzliche Erdgasbrenner unter Luftzufuhr alle Gleitmitteldämpfe sowie CO und H_2 turbulent verbrannt werden. Die Turbulenz der offenen Flammen führt zu einer schnellen Erwärmung des Sintergutes, die die Gleitmittel oberhalb von 200 °C verdampfen lässt, aber die Oberfläche des Materials oxidiert. Besteht die Schutzatmosphäre in der Sinterzone aus Endogas, reicht der hohe Heizwert von nominell 20,5 % CO und 40,9 % H_2 bei Endogas aus reinem Methan bzw. 23,7 % CO und 31,6 % H_2 bei Endogas aus Propan zusammen mit dem Heizwert der Gleitmitteldämpfe aus, die Ware ohne zusätzliche Heizung auf bis zu 600 °C aufzuheizen, wobei die Einzelheiten von der Dicke der aufzuheizenden Querschnitte abhängen. Im Vergleich mit einem konventionellen Ofen mit einer wasserstoffarmen N_2-H_2-Atmosphäre liefert dieses Ofenkonzept eine Energieeinsparung von 50 %. Die günstige Energiebilanz ist bei steigenden Energiekosten der Beweggrund für

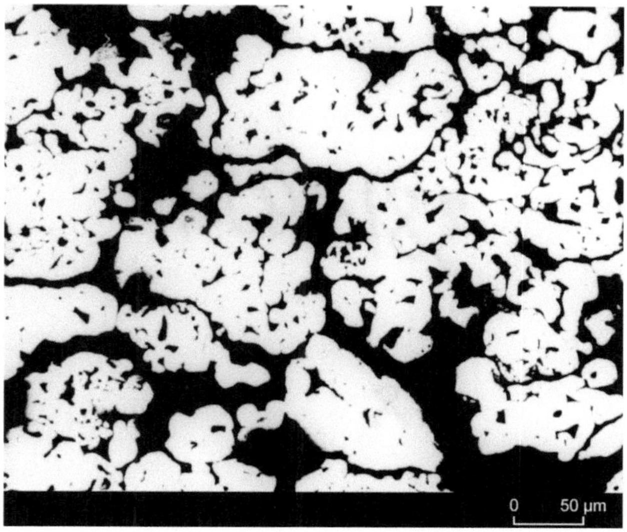

Abb. 5.41 Verlust des inneren Zusammenhalts bei einem geblähten Bauteil

die wieder ansteigende Beliebtheit von Endogasen. Die zur Entkohlung führende Oxidation der Bauteile in der Ausbrennzone wird in Endogasen mit geregeltem Kohlenstoffpegel vollständig kompensiert.

Anders sieht das mit N_2-H_2-Atmosphären aus, die nur geringe H_2-Mengen enthalten und damit auch geringe Heizwerte haben. In solchen Öfen bedarf es der zusätzlichen Erwärmung durch Erdgasbrenner, die mit einem Luftüberschuss Gleitmitteldämpfe und H_2-Anteile in der Brennkammer verbrennen und deren Verbrennungsgase das Sintergut genauso oxidieren wie in Schnellausbrennzonen, in denen H_2 und CO aus Endogas verbrannt werden. Auf jeden Fall wird die Gasmenge zur Befeuerung des Ringbrenners im Kamin eingespart. In N_2-H_2-Atmosphären müsste die Oxidation beim Ausbrennen durch höhere Graphitmengen im Pulver oder durch eine Kohlenstoffpegelregelung nach [LAUM09] ausgeglichen werden.

Ein Bestandteil der Dämpfe von Presshilfsmitteln, die in der Ausbrennzone ausdampfen, ist immer CO [DANN98]. Zwischen etwa 450 und 700 °C spaltet reines Eisen Kohlenmonoxid katalytisch auf, wobei der Kohlenstoff als Ruß auf der Bauteiloberfläche, aber auch im Bauteilinneren ausgefällt wird. Die Rußbildung im Inneren der noch nicht versinterten Presslinge kann die Pulverpartikelchen auseinander drücken und das Gefüge blätterteigartig aufblähen. Der innere Zusammenhalt geht verloren, und es kommt nicht zur Versinterung in der Hochtemperaturzone des Ofens. Die Abb. 5.41 und 5.42 geben dazu ein Beispiel. Die Trennung der Partikelchen hat hier offenbar bei so tiefen Temperaturen stattgefunden, dass sich noch keine Sinterbrücken bilden konnten. Zur Vermeidung von Blähschäden muss die katalytisch aktive Reineisenoberfläche der Bauteile bis zu Temperaturen von etwa 550 bis 600 °C unwirksam gemacht werden. Dies gelingt recht sicher, wenn man der Ausbrennzone an der richtigen Stelle einen Sauerstoffträger zugibt, der aber nicht in die Hochtemperaturzone verschleppt werden soll. In Schnellausbrennzo-

Abb. 5.42 Rissfläche eines geblähten Bauteils ohne gebrochene Sinterbrücken

nen mit ihren hohen Anteilen an CO_2 und H_2O wird der Blähschaden, von seltenen Ausnahmen abgesehen, unterdrückt. In gemuffelten konventionellen Ausbrennzonen braucht man eine andere Lösung, z. B. kleine Luftmengen, die man für schwere Bauteile mit langsamer Aufheizung mehr in den hinteren Teil der Ausbrennzone, für leichte und schnell aufheizende Teile eher in den vorderen Teil einspeist, so dass die Bauteile zwischen 450 und 550 °C geringfügig oxidiert sind.

Luft ist jedoch als Oxidationsgas schwer beherrschbar. Manche Hersteller leiten deshalb wassergesättigten Stickstoff mit Taupunkten um + 30 °C in die Muffel ein, vor allem bei Hochtemperaturöfen. Feuchter Wasserstoff erfüllt den gleichen Zweck, ist aber zu teuer. In einer Bauart ist oberhalb der Muffel der Ausbrennzone ein kleiner Endogasspalter angeordnet, in dem ein Kohlenwasserstoff mit einem Luftbeiwert von $\lambda \approx 0{,}4$ verbrannt wird. Verwendet man dazu Erdgas, entsteht dabei ein Gas mit ungefähr 12 % CO, 4 % CO_2, 20 % H_2, 10 % H_2O und etwa 54 % N_2. Dieses Gas wird durch die Muffeldecke im hinteren Drittel schräg nach vorne gerichtet auf die Bauteile geblasen und hat sich gegen Ruß und Blährisse in konventionellen Ausbrennzonen bewährt. Durch die hohen Anteile an CO und H_2 kommt es zu einem stabilen Flammenschleier am Ofeneingang, selbst wenn die Atmosphäre in der Hochtemperaturzone nur sehr geringe Wasserstoffmengen enthält. Ein Ringbrenner im Kamin wird nicht benötigt.

Rückkohlung oder Aufkohlung Bis vor etwa 30 Jahren wurde sehr viel in Endogas ohne Regelung des Kohlenstoffpegels gesintert. Nach einer japanischen Untersuchung [MASU91] sank die Bedeutung von Endogas zwischen 1976 und 1990 von 83 % auf 30 % aller Ofenatmosphären wegen der mangelhaften Konsistenz der Ergebnisse. Im gleichen Zeitraum stieg der Anteil an N_2-H_2-Schutzgasen von höchstens 3 % auf 55 %. In den Jahren nach 1990 setzte sich dieser Trend fort, weil sich ungeregeltes Endogas ohne sehr gut ausgebildetes Fachpersonal in der Reproduzierbarkeit der Sinterergebnisse als unbe-

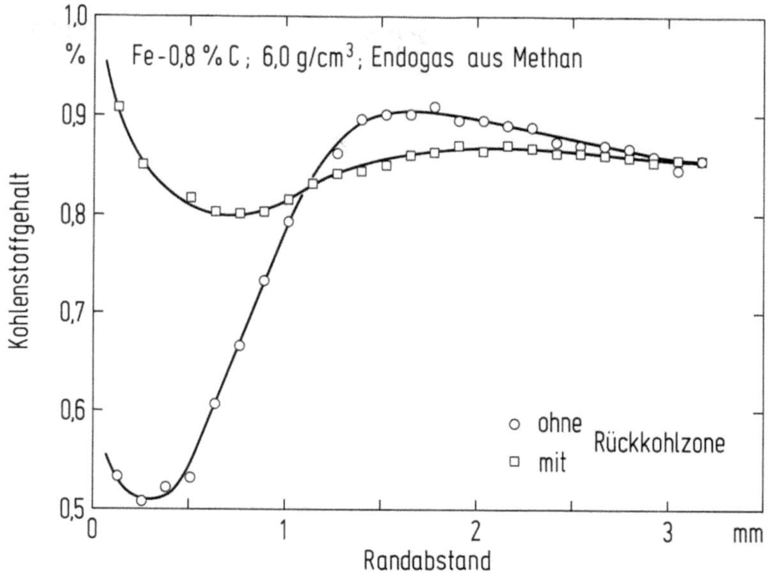

Abb. 5.43 Kohlenstoffgehalt in einem Fe-C-Stahl in Abhängigkeit vom Randabstand nach einer Sinterung in ungeregeltem Endogas mit und ohne Rückkohlung [KAUF73]

herrschbar erwies. Heute werden nach einer eigenen Stichprobe schätzungsweise 85 % aller Bandöfen in Europa mit N_2-H_2-Schutzgas betrieben, wobei der maximale H_2-Gehalt 10 % beträgt.

Bei C-haltigen Stählen führte ungeregeltes Endogas zu Oberflächen, die bis zur Unkenntlichkeit entkohlt waren, oder zu großen Rußmengen, die sich in der Kühlzone auf den Ofenbändern und den Bauteilen niederschlugen, wenn mit größeren Mengen an Kohlenwasserstoffzusätzen zur Sinteratmosphäre der Entkohlung entgegengewirkt wurde. Eine Möglichkeit, ohne große Mengen Ruß beim Abkühlen akzeptable Oberflächen einzustellen, war eine zusätzliche Ofenzone, die zwischen Sinterzone und Kühlstrecke geflanscht wurde [KAUF73] und in der bei Temperaturen von 850 °C bis 900 °C mit ungeregeltem Endogas der verloren gegangene C-Gehalt der Oberfläche wieder ersetzt wurde. Endogas, das bei 1.120 °C einen Kohlenstoffpegel von ungefähr 0,15 % C haben möge, hat nach den Abb. 5.8 bis 5.12 bei 900 °C etwa die Rußgrenze bei $a_C = 1$ erreicht und wirkt stark aufkohlend. Dadurch werden entkohlte Bauteile oberflächlich innerhalb mäßiger Zeiten im Durchlauf rückgekohlt. Ein Beispiel für den C-Verlauf unterhalb einer Sinteroberfläche nach dem Durchlaufen eines Bandofens ohne und mit Rückkohlung gibt Abb. 5.43 aus [KAUF73]. Ohne Rückkohlung bleibt die Entkohlung durch die Sinteratmosphäre bis zu mehr als 1 mm Randabstand messbar, mit Rückkohlung ist der oberflächliche C-Verlust weitgehend ausgeglichen. (Die Diffusionswege beim Ent- und Rückkohlen in Abb. 5.43 sind dichteabhängig. Mit steigender Bauteildichte sind die Effekte weniger markant ausgeprägt.) In Europa sind nur wenige Endogasöfen mit Rückkohlungszone gebaut worden.

Der Gedanke, Bauteile aus der Sinterhitze mit einem hoch CO-haltigen Gas, z. B. geregeltem Endogas, in einer separaten Ofenzone aufzukohlen, um sie dann im Ofendurch-

Abb. 5.44 Schnellkühlzone mit Wärmetauschern und Umwälzung, schematisch

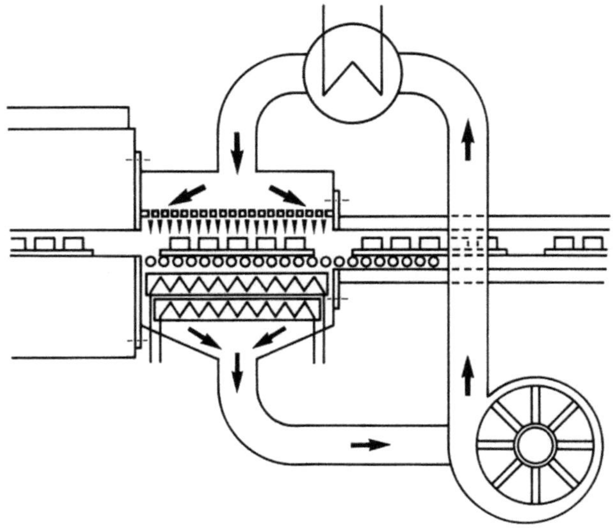

lauf abzuschrecken, wurde aber aufgegriffen, um eine getrennte Einsatzhärtung nach dem Sintern einzusparen. Für den Transport der Teile werden bei dieser Technik Sinterträger benötigt. Nach dem Aufkohlen bei konstanter Temperatur wird bevorzugt jeweils ein Sinterträger in eine Gasschnellkühlzone verfrachtet, um die aufgekohlte Oberfläche martensitisch oder bainitisch umzuwandeln. Das Gefüge nach der γ-α-Umwandlung wird über die Abkühlintensität eingestellt. Die Ofengase trennt man zwischen Hochtemperaturzone, Aufkohlungszone und Abschreck- oder Schnellkühlzone mit mechanischen Schleusen, die bei hohen Temperaturen aber nicht beliebt sind. Strömungstechnische Atmosphärentrennung mit gezielten Querschnittsverengungen zwischen den Ofenzonen und kleinen Druckdifferenzen beim Einspeisen der Gase in die einzelnen Zonen sind wartungsärmer.

Schnellkühlung und Kühlzone Im Markt setzt sich seit einiger Zeit ein Trend zur martensitisch oder bainitisch umwandelnden Abkühlung kohlenstoffhaltiger Stähle aus der Sinterhitze durch, um mit höheren Festigkeiten neue Anwendungen zu bedienen oder um die Kosten für Wärmebehandlungen zu sparen. Deshalb können auf Kundenwunsch Sinteröfen aller Bauarten für die Formteilfertigung mit einer Schnellkühlung hinter der Sinterzone oder – soweit vorhanden – hinter der Aufkohlungszone ausgestattet werden. Dabei wird die Ware im Interesse hoher Abkühlgeschwindigkeiten auf Sinterträgern transportiert und in der Schnellkühlzone über ein Düsenfeld mit dem kalten Schutzgas des Ofens beaufschlagt. Nachdem das Gas das Abkühlgut überstrichen hat, wird es im Kreislauf in bis zu drei wassergekühlten Wärmetauschern rückgekühlt, Abb. 5.44. Anströmungsgeschwindigkeiten bis zu 25 m/s sind heute erreichbar, mit denen je nach Wasserstoffgehalt der Atmosphäre an Kleinteilen Abkühlgeschwindigkeiten im Temperaturbereich der γ-α-Umwandlung über 8 °C/s erzielt werden, an dickerwandigen Bauteilen 2–3 °C/s. Die umge-

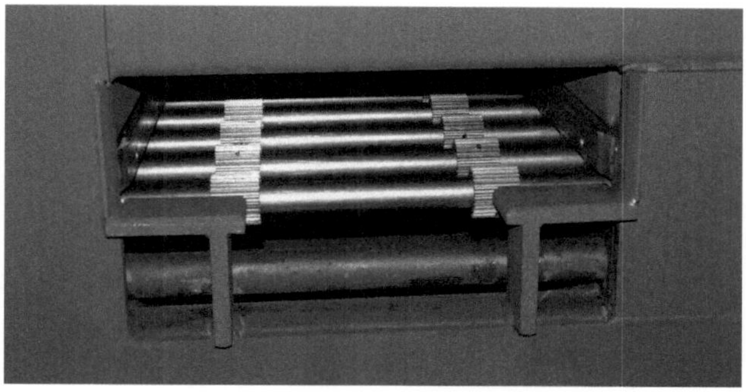

Abb. 5.45 Herdrollentransport in einer Schnellkühlzone vor dem Zusammenbau (Cremer)

wälzte Gasmenge, die mit Frequenzwandlern stufenlos gesteuert werden kann, beträgt bis zu 10.000 Nm³/h. Trotz dieser großen Gasumwälzungen soll es nicht zu einem übermäßigen Gasaustausch mit benachbarten Ofenzonen kommen, vor allem dürfen offene Bandöfen keine Luft ansaugen. Hierzu werden von den Herstellern ganz unterschiedliche Lösungen bevorzugt. Günstig zur gezielten Einstellung von bestimmten Gefügen sind entkoppelte Transportsysteme, z. B. durch zonenweise getrennte Antriebe. Ein Beispiel für einen Rollenherd in einer Schnellkühlzone gibt Abb. 5.45. In Öfen, die schnelle mit langsamen Bewegungen kombinieren können, lassen sich die einzelnen Ofenzonen durch mechanische Schleusen voneinander trennen.

Bei offenen Öfen ohne Schleusen wird der Zutritt von Luft durch geregelte oder gesteuerte Zusatzventilatoren weiter zum Ofenausgang hin sowie durch mechanische Klappen verhindert. Bei geregelten Zusatzventilatoren wird die Temperatur im Kamin über dem Ofenausgang als Regelgröße genutzt. Dazu bedarf es eines Flammenschleiers auch am Ofenausgang. An vielen Öfen wird jedoch auf einen Flammenschleier am hinteren Ofenende verzichtet, stattdessen ist dort ein dichter Faservorhang installiert, um Schutzgas zu sparen, so dass die Temperatur als Regelsignal nicht zur Verfügung steht.

Öfen mit Schnellkühlung erlauben – gegebenenfalls in Kombination mit einer Aufkohlungszone – sehr flexible Wärmebehandlungszyklen, soweit der Stahl und die Wandstärken der Bauteile sich bei den gegebenen Abkühlgeschwindigkeiten für martensitische oder bainitische Umwandlung eignen. Zur Vervollständigung der Wärmebehandlungskette in der Abkühlzone bedarf es dazu einer Anlasszone, mit der sich angelassener Martensit mit hoher Härte und Verschleißfestigkeit, Bainit mit hoher Härte und Zähigkeit sowie Anlassbeständigkeit bis über 400 °C oder Vergütungsgefüge mit einer guten Kombination aus Festigkeit und Zähigkeit einstellen lässt. Speziell bei bainitischer Gefügeumwandlung muss man nach dem Abschrecken schnell auf die Temperatur isothermer Haltebedingungen umsetzten können. Der Rest der Abkühlzone dient nur noch der Abkühlung in die Nähe der Raumtemperatur, um die Teile handhaben zu können.

Die Wärmetauscher von Schnellkühlzonen versotten, auch wenn das Schutzgas der Hochtemperaturzone nur aus N_2 und H_2 besteht. Zum schnellen Tausch muss die Schnellkühlzone deshalb seitliche Öffnungen haben, durch die die Wärmetauscher zur Reinigung mit geringem Aufwand entnommen und wieder installiert werden können.

Der Aufwand an Überwachungs-, Steuer- und Regelelektronik für multifunktionale Sintersysteme ist nicht zu unterschätzen.

5.5 Fehler beim Sintern

Blährisse Dem Arbeitsgang Sintern werden zahlreiche Fehlermöglichkeiten zugerechnet, die sich aber bei genauerem Hinsehen oft als Probleme in vorgelagerten Fertigungsschritten herausstellen und beim Sintern erst sichtbar werden.

Ein Schaden, der des Öfteren im Sinterofen entsteht, sind die bereits erwähnten Blährisse, für die in Abb. 5.46 einige Beispiele gegeben sind. Nach dem Sintern sind die Bauteile lokal oder vollständig wie Blätterteig aufgegangen, enthalten zahllose kleine oder auch große Risse, und in schweren Fällen kann man das Gefüge in einzelne, nicht zusammenhängende Pulverpartikel zerkrümeln. Der Schaden tritt sporadisch auf. Bei Sinterungen im Bandofen sind die Bauteile entlang der Bandkanten besonders betroffen, bei Sinterungen im Hubbalkenofen treten die Zerstörungen meistens in den Oberflächenlagen der Sinterkästen auf, vor allem wenn die Teile aus dem abstützenden Granulat herausragen, besonders auch in den Kastenecken. Blährisse sind nicht von Los zu Los reproduzierbar, sondern lassen sich nur gelegentlich bei einzelnen Chargen beobachten. Bei höherer Vergrößerung erkennt man, dass die Oberfläche aufgeplatzt oder aufgerissen ist, Abb. 5.47. Im Gefüge ist der innere Zusammenhalt, der beim Pressen des Pulvers gebildet wurde, verloren gegangen, Abb. 5.41. Zwischen den Pulverpartikeln finden sich oft Flocken oder Anhäufungen von Ruß.

Durch die Ausscheidung von Ruß innerhalb des Presskörpers findet man bei Sintertemperaturen von mehr als 1.150 °C manchmal angeschmolzene Zonen, die mit lokal sehr hohen Kohlenstoffgehalten im Gefüge einhergehen, auch wenn der Stahl als Pulvermischung kohlenstofffrei war. Ein Beispiel für Anschmelzungen an einem nominell kohlenstofffreien Bauteil nach Hochtemperatursinterung ist in Abb. 5.48 gezeigt.

Abb. 5.46 Typische Schäden durch Blährisse

Abb. 5.47 Aufgeplatzte Oberfläche eines geblähten Bauteils

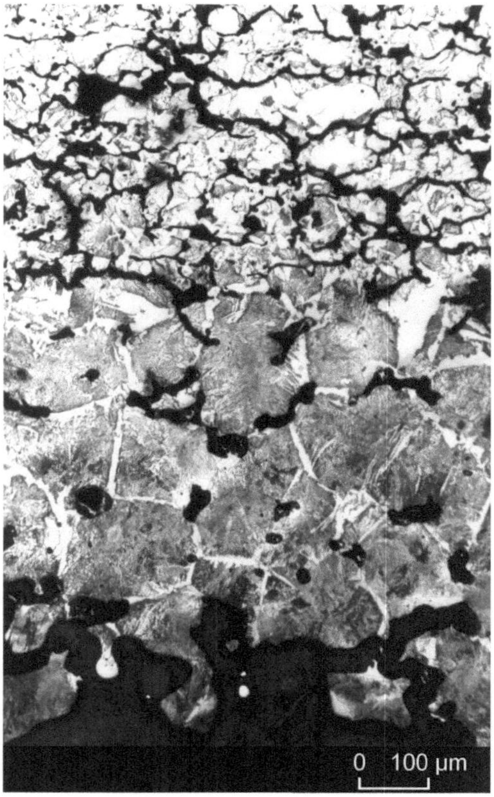

Abb. 5.48 Hoch kohlenstoffhaltige Anschmelzung bei einem kohlenstofffreien Teil mit Blähschaden nach Hochtemperatursinterung

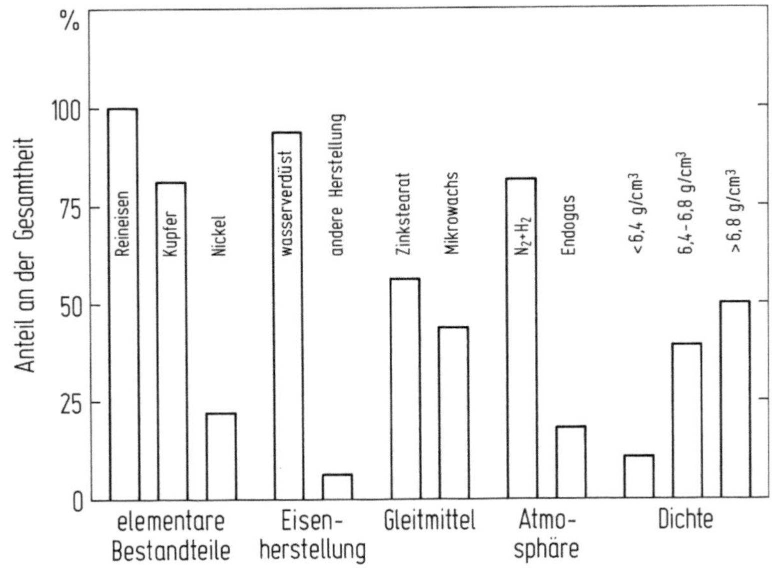

Abb. 5.49 Produktionsbedingungen beim Auftreten von Blährissen

In [TASK81] wurde gezeigt, dass der CO-Anteil von Endogasen im Temperaturbereich zwischen etwa 450 und 700 °C an metallisch blanken Eisenoberflächen katalytisch gespalten werden kann und Kohlenstoffausfällungen in Form von Ruß im Inneren poröser Bauteile sowie auf der Außenoberfläche verursacht. Die entstehende Rußmenge im Bauteilinneren ist dabei unter ungünstigen Bedingungen so groß, dass sie den nur mechanisch verhakten Partikelverband des Grünlings sprengt. Dies geschah in [TASK81] auch an Grünlingen, die kein Gleitmittel enthielten, so dass als einzige Kohlenstoffquelle nur der CO-Gehalt des Schutzgases identifiziert wurde. Begünstigt wurde die Rußausfällung durch katalytisch aktive Zinkoxidrückstände, wenn als Schmiermittel Zinkstearat eingesetzt wurde, durch hohe Gehalte an Wasserstoff in der Atmosphäre, durch langsame Aufheizgeschwindigkeiten und durch hohe Pressdichte. Die Spaltung des Kohlenmonoxids ließ sich unterbinden oder abmildern durch hohe Aufheizgeschwindigkeit, durch Zusätze von Wasserdampf, Kohlendioxid, Schwefelwasserstoff (H_2S) oder Schwefeldioxid (SO_2) zum Schutzgas, durch hohen Sauerstoffgehalt des Pulvers und durch Eisensulfidzusätze zum Pulver. Mikrowachs und Lithiumstearat statt Zinkstearat als Gleitmittel wirkten sich ebenfalls günstig aus.

Beobachtungen aus der Praxis belegen, dass die katalytische Spaltung von CO aus der Schutzgasatmosphäre nicht die einzige Quelle für Rußausfällungen und sich daraus ergebende Blährisse ist. In Abb. 5.49 sind die relativen Häufigkeiten von Produktionsbedingungen beim Auftreten von Blährissen aus mehr als 30 Einzelfällen zusammengestellt. An allen Fällen war reines Eisen beteiligt, und zwar in erster Linie wasserverdüstes Reineisen, kein einziges Mal wurden Blährisse bei einem fertiglegierten Stahlpulver z. B. für Pulverschmiederohlinge beobachtet. Bei 56 % der erfassten Schäden war Zinkstearat als

Schmiermittel verwendet worden, in 82 % aller Fälle enthielt das Schutzgas kein Kohlenmonoxid, sondern bestand nur aus N_2-H_2-Gemischen. Jeweils zur Hälfte traten die Schäden oberhalb und unterhalb der Dichte von 6,8 g/cm^3 auf. Viele dieser Beobachtungen spiegeln das ganz normale Produktionsspektrum wider, z. B. bei den eingesetzten Schutzgasen oder beim Einfluss der Dichte. Nicht repräsentativ für den normalen Produktionsalltag zum Zeitpunkt der Erhebung war die Verwendung von Zinkstearat als Schmiermittel und die Verwendung von wasserverdüstem Pulver. Damit bleibt festzuhalten, dass Zinkstearat und wasserverdüstes Reineisen, im Gegensatz zu anderem Reineisen oder fertiglegiertem Stahlpulver, die Bildung von Blährissen begünstigen. Der Ruß resultiert unter Produktionsbedingungen jedoch nicht aus dem CO-Anteil des Schutzgases, sondern aus den Spaltprodukten des verdampften Gleitmittels, zu denen immer auch CO gehört [DANN98]. Die hohe katalytische Aktivität von wasserverdüstem Reineisen im Vergleich mit Schwammeisenpulver muss damit auf die sehr geringen Sauerstoffgehalte von wasserverdüstem Reineisen nach der abschließenden Reduktionsglühung zurückgeführt werden.

Reines Zinkstearat und zinkstearathaltige andere Presshilfsmittel bilden vor allem an großquerschnittigen, schweren Teilen oxidische Flecken auf der Bauteiloberfläche, die von einer katalytischen Spaltung des flüssigen Gleitmittels etwa an metallischen Kupferpartikelchen herrühren. Die Oxidbildung ist bei der Aufheizung möglich, weil im vorderen Teil des Ofens noch ein relativ hoher Sauerstoffpartialdruck herrscht. Zur Vermeidung von Blährissen durch die katalytische CO-Spaltung an ZnO sollte Zinkstearat als Gleitmittel gemieden werden.

Einige Begleitumstände können Blährisse fördern: Pulver, die frisch aus der Fertigung nur kurze Zeit nach der Reduktionsglühung verarbeitet werden, verursachen eher Schäden als die gleichen Pulver, die längere Zeit gelagert wurden, weil während der Lagerung die Oberflächenoxidation des Reineisens voranschreitet. Presswerkzeuge, die verschlissen sind, rauhen die Bauteiloberfläche auf, so dass die Oxide der Pulverpartikelchen verschmiert werden und neue, frische Eisenoberfläche erzeugt wird. Nach kurzer Lagerung vor dem Sintern kann sich nur wenig neues Oxid bilden, wodurch das Risiko für Blährisse steigt. Ähnlich wirkt auch Schmiermittelmangel.

Zur Vermeidung von Blährissen gilt es, die metallisch blanke katalytisch aktive Reineisenoberfläche bis zu Temperaturen von etwa 550 bis 600 °C unwirksam zu machen oder das Gebiet niedriger Temperaturen sehr schnell zu durchfahren. Da die Oxidreduktion bei hohen H_2-Gehalten und niedrigen Taupunkten in der Atmosphäre bei niedrigeren Temperaturen beginnt und schneller abläuft, hilft es bereits, den Wasserstoffanteil im Schutzgas zu senken. Relativ sicher kann man Blährisse vermeiden, wenn die Bauteile bereits unter 450 °C leicht oxidiert sind.

Kohlenstoffhaltige Stähle verlieren beim Sintern nach dem Ausbrennen mit Oberflächenoxidation immer etwas mehr Kohlenstoff durch karbothermische Oxidreduktion oberhalb von etwa 850 °C als Stähle, die ohne größere Oxidation konventionell ausgebrannt werden. Dieser erhöhte C-Verlust beim Sintern kann soweit erforderlich durch eine größere Menge Graphit im Pulver kompensiert werden.

Zugaben von Eisensulfid oder anderen Schwefelträgern zum Pulver oder von SO_2 oder H_2S zur Ofenatmosphäre sind eher nicht zu empfehlen, weil H_2S, das aus FeS oder SO_2 mit dem Wasserstoff der Atmosphäre entsteht, alle nickelhaltigen Ofenbaustoffe schädigt und zu sehr kurzen Bandlebensdauern führt.

Auf- und Abkohlung Eigentlich sollen die Gleitmittel nach dem Aufschmelzen unterhalb von 200 °C bei der weiteren Erwärmung bis 750 °C rückstandsfrei verdampfen. Völlig frei von Rückständen gelingt das jedoch nicht, auch nicht bei zinkstearatfreien Gleitmitteln. Kohlenstofffreie Pulver enthalten nach dem Sintern in N_2-H_2-Atmosphären stets einen geringen C-Gehalt von 0,02 bis 0,05 %, der nach dem Sintern als Korngrenzenzementit vorliegt. Die genauen Werte hängen von der Atmosphäre und der Sintertemperatur ab, wobei hohe Stickstoffgehalte und niedrige Sintertemperatur den C-Gehalt erhöhen. Für viele Anwendungen mag die geringe Aufkohlung durch das Gleitmittel unbedeutend sein. Bei nominell rostfreien Stählen oder bei weichmagnetischen Bauteilen können sich diese Werkstoffveränderungen aber sehr störend auswirken.

Durch Wechselwirkung zwischen Bauteiloberfläche und Sinteratmosphäre kann es zu Gefügeveränderungen kommen, z. B. können kohlenstoffarme oder -freie Stähle in N_2-H_2-Gemischen mit einem Zusatz an Kohlenwasserstoff aufkohlen oder kohlenstoffhaltige Stähle in Atmosphären mit hohem Taupunkt entkohlen. Besonders Endogas ohne einen Zusatz von Kohlenwasserstoff ist wegen seiner Reaktionsfreudigkeit aufgrund hoher Anteile an CO und H_2, wie in Abb. 5.12 gezeigt wurde, sehr geeignet, C-haltige Stähle oberflächlich zu entkohlen. Ein Beispiel ist in Abb. 5.50 angeführt. Hier wurden identische Proben aus Fe-1,5 % Cu-0,6 % C in unterschiedlichen Produktionsöfen bei 1.120 °C gesintert und anschließend in Schwingversuchen geprüft [ZAFA07a]. Die beiden linken Bilder zeigen Oberflächen- und Kerngefüge nach einer Sinterung bei 1.120 °C in 95 % N_2 und 5 % H_2. Härtemessungen und dem geringen Anteil an nicht angeätztem ferritischen Gefüge nach zu urteilen, muss die Schutzgasatmosphäre einen kleinen Anteil an Kohlenwasserstoff gehabt haben, denn die Oberfläche enthält mehr Kohlenstoff als das Gefüge im Inneren des Querschnitts. Die Härte betrug 152 HBW 2,5/62,5 und die Biegewechselfestigkeit dieser Proben 176 N/mm^2. Auf der rechten Seite in Abb. 5.50 sind Oberflächen- und Kerngefüge des gleichen Werkstoffs nach einer Sinterung bei 1.120 °C in Endogas ohne zusätzlichen Kohlenwasserstoff wiedergegeben. Unmittelbar an der Oberfläche kann man kaum noch kohlenstoffhaltige Bestandteile erkennen, hier liegt eine Entkohlung unter 0,1 % C vor. Das Kerngefüge ist für beide Sinterungen gleich. Die Oberflächenhärte der entkohlten Proben betrug nur 111 HBW 2,5/62,5. Die Biegewechselfestigkeit der entkohlten Proben, die einen Querschnitt von 5 x 7 mm hatten, war auf 134 N/mm^2 gefallen, also um ca. 25 %. Kohlenstoffneutral gesinterter Stahl gleicher Dichte und chemischer Zusammensetzung hatte Härten von etwa 140 HBW 2,5/62,5 und Biegewechselfestigkeiten von ungefähr 150 N/mm^2.

Wechselwirkung von Stickstoff mit Chromstählen Eine andere Wechselwirkung zwischen Sintergut und Schutzgasatmospäre findet man bei nominell rostfreien Stählen mit

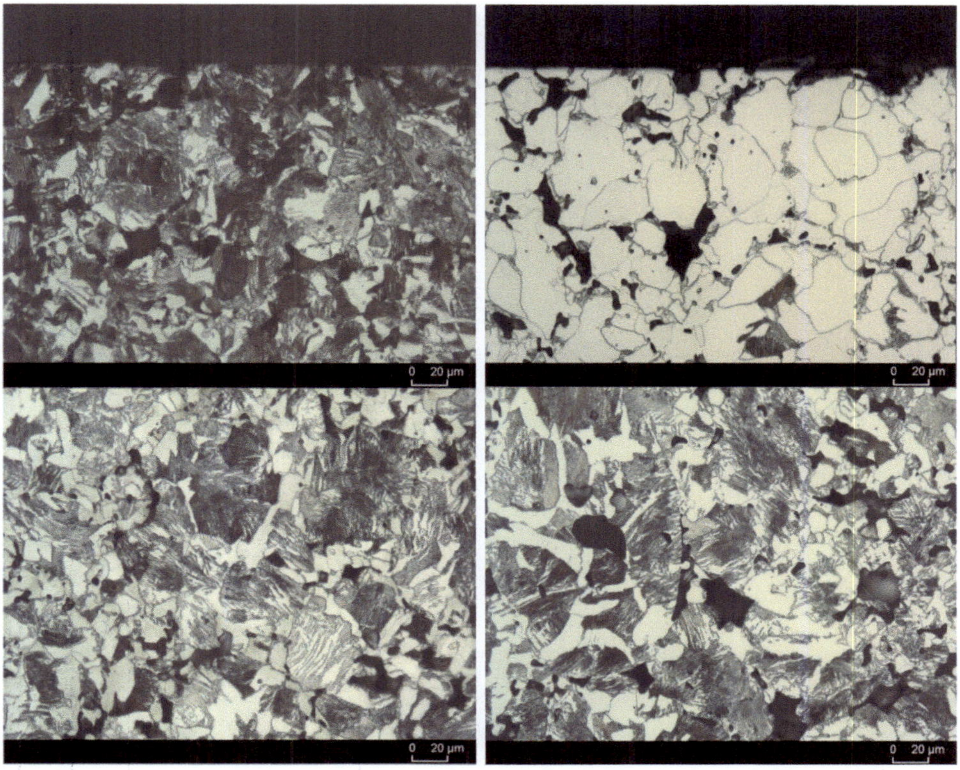

Abb. 5.50 Fe-1,5 % Cu-0,6 % C, *links* gesintert in 95 % N_2 + 5 % H_2 bei 1.120 °C, *rechts* gesintert in Endogas ohne Zusatz eines Kohlenwasserstoffs; *oben* Rand, *unten* Kern; Dichte ca. 6,95 g/cm³

hohem Chromgehalt, die in Mischgasen aus N_2 und H_2 gesintert werden. Der Chromgehalt des Stahls spaltet bei Temperaturen oberhalb von 700 bis 750 °C die Stickstoffmoleküle der Atmosphäre, so dass Stickstoffatome in den Stahl eindiffundieren können. Die Diffusionsgeschwindigkeit von Stickstoffatomen ist dabei ähnlich groß wie die von Kohlenstoffatomen, so dass dünnere Querschnitte vollständig durchsticken können. Die Löslichkeit von Stickstoff in rostfreien Stählen ist bei hohen Temperaturen sehr groß, was am Beispiel rostfreier Cr-Ni-Stähle in Abb. 5.51 anhand experimenteller Daten dargestellt ist. (Eine Einführung in die Besonderheiten der Formteilfertigung rostfreier Stähle wird in [ASM98, KLAR07] gegeben).

Abhängig von der genauen chemischen Zusammensetzung liegt die maximale Stickstofflöslichkeit zwischen etwa 1.050 bis 1.100 °C. Tendenziell senken hohe Nickelgehalte und hohe Wasserstoffanteile in der Atmosphäre die Stickstoffaufnahme des Stahls. Kühlt man den Werkstoff nach der Sinterung normal ab, kann der hohe Stickstoffgehalt nicht in Lösung gehalten werden, sondern scheidet Chromnitride vom Typ Cr_2N aus dem übersättigten Gefüge aus. Diese Ausscheidungsreaktion bei der Abkühlung bildet außer Nitriden auf den Kongrenzen ein streifiges Gefüge aus Stahl- und Chromnitridlamellen. Ein

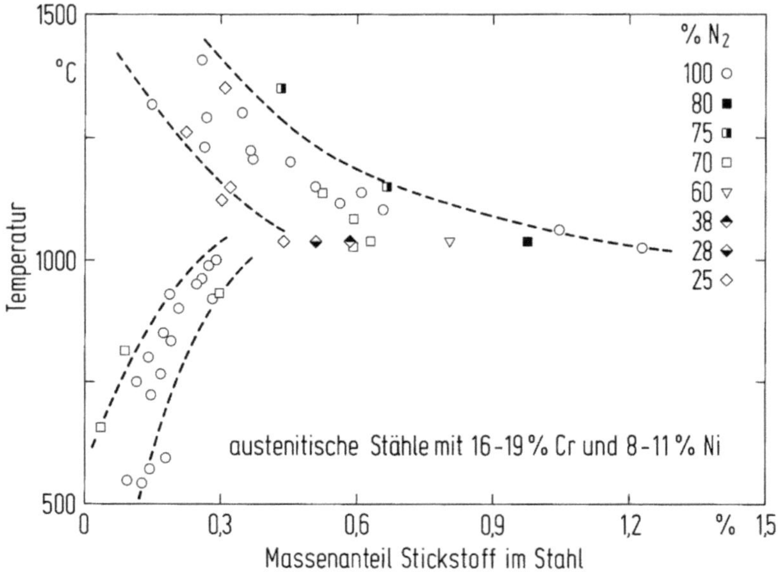

Abb. 5.51 Stickstoffgehalte in Cr-Ni-Stählen nach Glühungen in N_2-H_2-Mischgasen und Löslichkeitsgrenze unterhalb von 1.000 °C

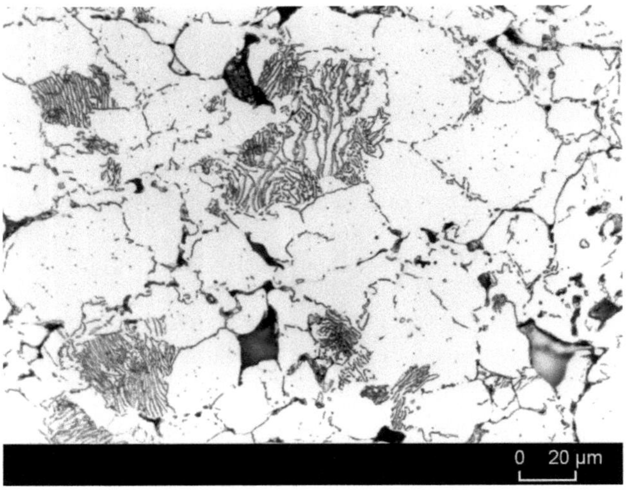

Abb. 5.52 Sinterstahl mit etwa 17 % Cr, 11 % Ni und 2,5 % Mo nach einer Sinterung bei 1.200 °C in einer Atmosphäre aus 70 % N_2 und 30 % H_2 mit lamellaren Cr_2N-Ausscheidungen; Stickstoffgehalt 0,71 %

entsprechendes Gefügebild ist in Abb. 5.52 wiedergegeben. Die streifigen Gefügeanteile werden wegen ihres Aussehens manchmal als Stickstoffperlit bezeichnet. Werkstoffe mit diesem Gefüge sind nicht mehr rostfrei, sondern bieten nur einen sehr eingeschränkten Korrosionsschutz. Mit Abkühlgeschwindigkeiten von 10 °C/s lassen sich Nitridausscheidungen unterdrücken, mit 1 °C/s kann man die Bildung von Chromnitriden auf die Korngrenzen beschränken [FRIS92]. Da das Chromnitrid Cr_2N eine sehr hohe Härte hat, sind solche Stähle allerdings überaus verschleißfest, weshalb man für manche Anwendungsfälle Gefügezustände wie in Abb. 5.52 gezielt einstellt. Mit nickelfreien rostfreien Stählen, die

Abb. 5.53 Querschliff durch eine oberflächliche Anschmelzung an einem hochtemperaturgesinterten Bauteil aus einem Chromstahl mit 17 % Chrom; durch punktuellen Kontakt mit einem kohlenstoffabgebenden Partikelchen ist lokal die eutektische Temperatur überschritten worden, und es haben sich grobe Chromkarbide gebildet

sich sehr schlecht verpressen lassen, erreicht man trotz geringerer Dichte bei gleichem Pressdruck meist höhere Härten als mit den austenitischen Cr-Ni-Stählen, weil Stähle ohne Nickel bei gleichem Chromgehalt auf höhere Stickstoffgehalte aufgestickt werden. Cr_2N geht bei einer Glühung nach dem Sintern wieder in Lösung. Deshalb kann man Stählen mit Stickstoffperlit durch eine Vakuumglühung oberhalb von etwa 950 °C einen Teil des Stickstoffs wieder entziehen, soweit das erforderlich sein sollte. Bei Vakuumglühungen unter hoher Temperatur verliert die Stahloberfläche Chrom durch Verdampfung, wenn das Vakuum zu gut ist, da Chrom als Element einen relativ hohen Dampfdruck hat. Deshalb muss man entsprechende Glühungen unter einem Teildruck von etwa 0,1 bis 1 mbar durchführen. Sollen rostfreie Stähle beim Sintern ihre Rostfreiheit behalten, empfiehlt sich reinster Wasserstoff mit niedrigem Taupunkt als Atmosphäre in einem Hochtemperaturofen, der ausschließlich unter Wasserstoff betrieben wird.

Anschmelzen mit Kohlenstoff beim Hochtemperatursintern Eine Besonderheit beim Hochtemperatursintern sind Anschmelzungen der Werkstückoberfläche im Kontakt mit Kohlenstoff oberhalb von ungefähr 1.150 °C. Deshalb sind z. B. unbeschichtete Graphitplatten als Sinterträger für Eisen und Stahl bei höheren Temperaturen nicht geeignet. Anschmelzungen brauchen aber nicht durch flächigen Kontakt ausgelöst zu werden, der Schaden kann auch durch punktuellen Kontakt mit kohlenstoffhaltigen Substanzen im abstützenden Granulat des Sinterkastens verursacht sein. Ein Beispiel gibt Abb. 5.53. Hier ist in der Oberfläche eines nominell kohlenstofffreien Stahls mit 17 % Chrom ein kleiner Krater entstanden. Das Material, das mit Kohlenstoff in Kontakt war, ist aus dem teilflüssigen Zustand zu fast vollständiger Dichte versintert. Am Kraterboden sind chromreiche Karbide ausgeschieden.

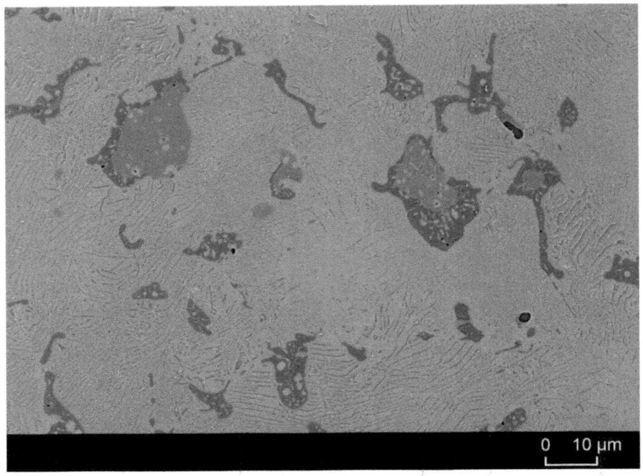

Abb. 5.54 Anschmelzung in hochtemperaturgesintertem Stahl mit 17 % Chrom etwa 5 µm unterhalb des Kraterbodens mit dunkleren Chromkarbonitriden, die z. T. hellere Chromkarbide umlagern, in einer dichtgesinterten Matrix aus Stickstoffperlit; Rasterelektronenmikroskop, Rückstreuelektronen

Unter der mit groben Karbiden durchsetzten Zone schließt sich eine ausscheidungsfreie Schicht an, die nur etwa 13 % Chrom enthält, darunter liegt der poröse Grundwerkstoff. Die Matrix der karbidreichen Zone sowie der Grundwerkstoff bestehen aus sehr feinem Stickstoffperlit, weil das Bauteil in einer Mischung aus N_2 und H_2 gesintert und langsam abgekühlt wurde. Eine andere Schadensstelle am gleichen Werkstoff ist auszugsweise in Abb. 5.54 wiedergegeben. Auch dieses Bauteil wurde in einem Mischgas aus Stickstoff und Wasserstoff oberhalb von 1.200 °C gesintert. Die Morphologie der Karbide und Karbonitride sieht ganz anders als in Abb. 5.53 aus. Statt langer grober Karbidnester sind hier in einer dichtgesinterten Matrix aus Stickstoffperlit zweiphasige Einschlüsse entstanden, die aus einem Kern aus hellerem Chromkarbid und einem äußeren Saum aus Chromkarbonitrid bestehen. Gelegentlich findet man in angeschmolzenen Oberflächen auch kantige oder nadelige Karbide oder Karbonitride.

Zur Vermeidung des Schadens muss die Kohlenstoffquelle identifiziert und aus dem abstützenden Granulat im Sinterkasten ferngehalten werden. Verseuchtes Granulat muss in dünner Schüttung in einer kräftig entkohlenden Atmosphäre, z. B. in einem gemuffelten Bandofen, ausgebrannt werden, um vorhandenen Kohlenstoff zu CO und CO_2 abzubinden.

Delaminationen Ein Gefügefehler, der ähnlich wie Blährisse erst nach dem Sintern nachzuweisen ist, sind Delaminationen, die im Wesentlichen nur bei hohen Pressdichten beobachtet werden. Unter Delaminationen versteht man sehr feine Trennungen zwischen den ehemaligen Pulverpartikelchen senkrecht zur Pressrichtung, wie sie exemplarisch an einem ungeätzten Gefüge in Abb. 5.55 gezeigt sind. Diese Trennungen entstehen beim Ausformen und heilen bei normalen Sintertemperaturen nicht aus. Bei routinemäßiger metallographischer Präparation werden Delaminationen meist übersehen.

Da die sehr geringe Volumenzunahme durch Delaminationen vernachlässigbar ist, kann der Defekt durch archimedische Dichtemessung nicht nachgewiesen werden. Auch

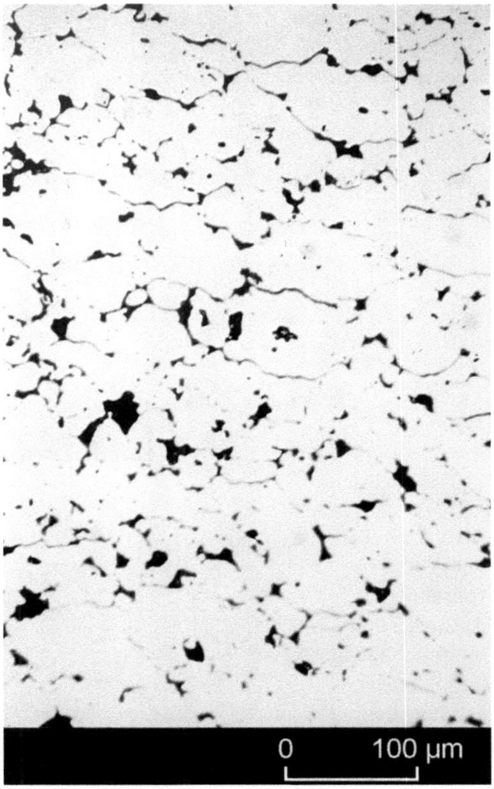

Abb. 5.55 Delaminiertes Gefüge nach dem Sintern bei 1.120 °C, bevorzugt in der Umgebung der äußeren Stirnflächenkanten

die Bauteilhärte wird durch Delaminationen nicht beeinträchtigt. Trotzdem entsprechen die mechanischen Eigenschaften wie Schwingfestigkeit [BEIS01b] oder Risszähigkeiten [GANE05] nicht den Werten, die man aufgrund des hohen Dichteniveaus glaubt, erwarten zu dürfen. Ein Beispiel, an dem man die mangelhafte Versinterung gut erkennen kann, ist in Abb. 5.56 gegeben. Obschon die Trennung nur etwa 1 µm aufklafft, kann der Spalt bei normaler Sinterung durch Diffusion nicht überbrückt werden, da 1 µm mehreren tausend Atomdurchmessern entspricht.

Wird bei hohen Sintertemperaturen der Materietransport pro Zeiteinheit sehr viel größer als bei einer normalen Bandofensinterung, können Delaminationen nach Abb. 5.57 von ihren Enden aus partiell oder vollständig zuwachsen. Dabei wird sehr viel Oberflächenenergie durch Verminderung der Gesamtoberfläche pro Volumeneinheit abgebaut, was auch zu einer generellen Porenverrundung führt, die mittels quantitativer Bildanalyse an metallographischen Schliffen gemessen werden kann. Die Morphologie von Poren im ebenen Schliff kann man durch einen so genannten Formfaktor F charakterisieren, der mit automatischen Bildanalysesystemen für jede einzelne Pore aus der Porenfläche A und dem Porenumfang P errechnet wird:

$$F = \frac{4\pi A}{P^2} \qquad (5.6)$$

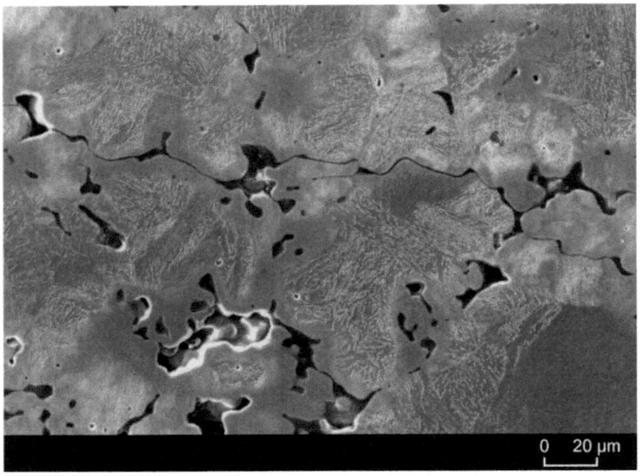

Abb. 5.56 Einzelne Delamination; Rasterelektronenmikroskop

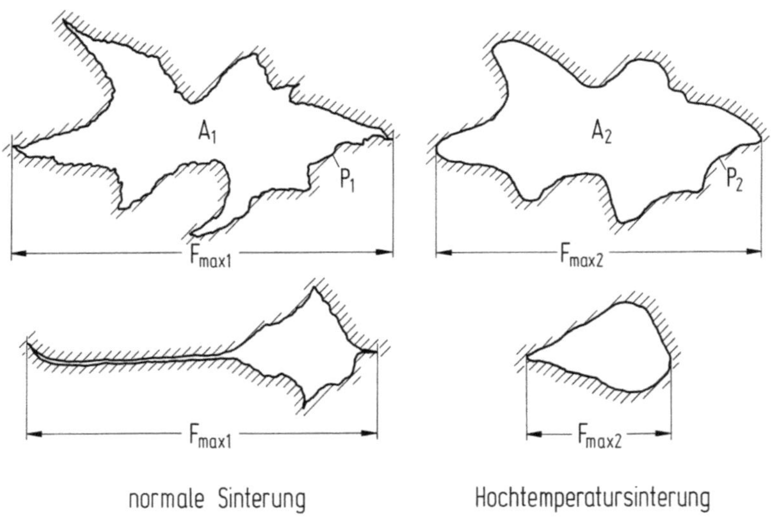

Abb. 5.57 Partielles oder vollständiges Ausheilen von Delaminationen und Porenverrundung bei Hochtemperatursinterung, schematisch

F strebt gegen Null für schlauchförmige Poren, wie Delaminationen sie darstellen, und nähert sich dem Wert Eins, wenn eine Pore Kreisform annimmt. Sintert man vergleichend delaminierte Grünlinge bei 1.120 und 1.280 °C, stellt man vor allem bei dem kleinen Anteil besonders großer Poren eine Zunahme des Formfaktors um mehr als den Faktor 2 fest. Dieser Anstieg ist hochgradig auf die Ausheilung von Delaminationen bei der hohen Sintertemperatur zurückzuführen.

Die Größe von Poren kann bildanalytisch durch die größte Länge zwischen parallelen Porentangenten beschrieben werden, eine Größe, die oft als „maximaler Feret F_{max}" bezeichnet wird und im Englischen anschaulich „caliper pore size" (Messchieberporengröße) heißt.

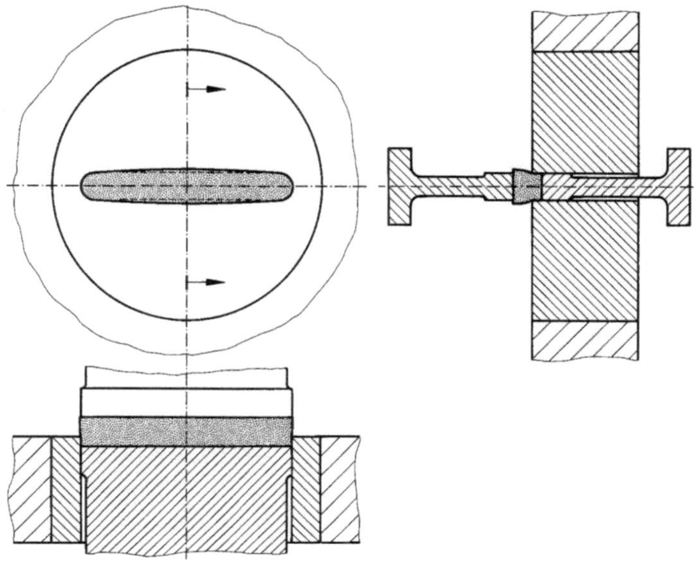

Abb. 5.58 Elastisches Werkzeugverhalten beim Ausstoßen eines stabförmigen Bauteils mit Oberstempelauflast

Vergleicht man einen Stahl – mit oder ohne Delaminationen – nach Bandofen- und Hochtemperatursinterung bildanalytisch nach Abb. 5.57, haben die wenigen besonders großen Poren, die die Schwingfestigkeit bestimmen, des hochtemperaturgesinterten Werkstoffs systematisch kleinere F_{max}-Werte als die großen Poren des normal gesinterten Stahls. In delaminierten Zuständen lässt sich das durch Ausheilen von Delaminationen bei hohen Temperaturen einfach erklären, der Sachverhalt trifft aber durch Porenverrundung auch an nicht delaminierten Gefügen zu. Diese Beobachtung ist insofern bemerkenswert, als bei der Hochtemperatursinterung die mittlere Porengröße zunimmt, weil sehr viele kleine Poren, die bei 1.120 °C erhalten bleiben, bei 1.280 °C zusintern, ohne dass sich dadurch die Dichte wesentlich ändern würde.

Die Entstehung von Delaminationen sei anhand der Abb. 5.58 und 5.59 erläutert: Matrizen von stabförmigen Bauteilen weiten sich senkrecht zur Stabachse unter der großen seitlichen Kraft, die aus der radialen Druckverteilung über die Langseiten resultiert, je nach Pressdruck um mehrere zehntel Millimeter auf. Beim Ausformen unter der geringen Oberstempelauflast oder ohne Oberstempelauflast erscheint der Grünling deutlich breiter als das unbelastete Werkzeug. Da die Matrize bei Wegnahme der Oberstempelkraft zum Teil zurückfedert, dehnt sich der Grünling beim Ausformen radial dort am meisten, wo das Werkzeug unter Pressdruck am weitesten ausgebaucht war. Beim Passieren der Matrizenoberkante geht durch die radialen Maßunterschiede der Zusammenhalt des gepressten Partikelverbundes durch Überschreiten der lokalen Grünfestigkeit zum Teil verloren, auch wenn die Pressdichte nicht besonders hoch war.

Delaminationen an rotationssymmetrischen Bauteilen beobachtet man vorwiegend bei sehr hohen Pressdichten, Abb. 5.59. Die Matrize wird gleichmäßig radial aufgeweitet, und

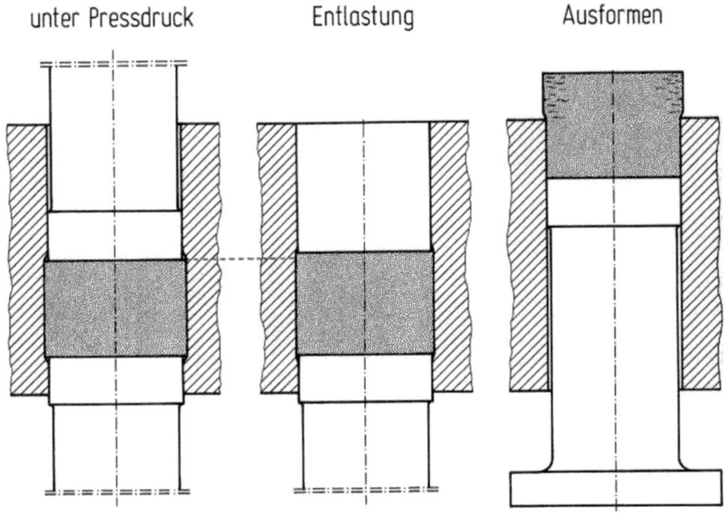

Abb. 5.59 Aufweitung von Bauteilen beim Ausstoßen von Teilen, die zu sehr hohen Dichten gepresst wurden

zwar umso mehr, je mehr man sich der theoretischen Dichte der Mischung aus Pulver und Gleitmittel annähert. Ist die porenfreie Dichte der Mischung erreicht, kann bei Rücknahme der Oberstempellast die radiale Rückfederung der Matrize den Grünling nur axial entgegen der Pressrichtung längen. Beim Ausformen federt der Grünling zusätzlich radial auf, und in den Außenzonen kommt es zu Delaminationen, besonders entlang der Stirnseiten, in ungünstigen Fällen über den ganzen Bauteilumfang.

Gelegentlich beobachtet man Delaminationen bereits bei Pressdichten unter 7,0 g/cm^3, z. B. an Pulvern mit geringer Pressbarkeit. Oberhalb von 7,3 g/cm^3 Grünlingsdichte finden sich fast immer entlang der stirnseitigen Kanten Delaminationen, auch bei Pulvern ohne Gleitmittel, die mit Matrizenschmierung verpresst wurden. Eine gewisse Abhilfe oder Minderung der Beschädigung erzielt man mit einer hohen Oberstempelauflast beim Ausformen, die aber die Radialmaße des Bauteils verändern kann.

Öl auf der Matrizenplatte Gefügefehler, die sich manchmal bis zu makroskopischen Löchern entwickeln, können durch Öl auf der Matrizenplatte hervorgerufen werden, z. B. infolge kleiner Leckagen an hydraulischen Greifern. Staubige Feinanteile des Pulvers, etwa Graphit, Eisenphosphid, feine Nickelpartikelchen und Mangansulfid, werden in Öltropfen festgehalten und akkumuliert. Im laufenden Betrieb bildet sich daraus auf Dauer ein schwärzlicher, ölfeuchter Schlamm. Teile dieser Masse werden in unregelmäßigen Abständen vom Füllschuh erfasst, über die Matrize geschoben und können ins Werkzeug fallen. Beim Sintern geht der Graphit, je nach vorhandener Menge, teilweise oder vollständig in Lösung oder kann bei Hochtemperatursinterung Anschmelzungen verursachen. Auch Fe_3P im Schlamm führt je nach Konzentration und Sintertemperatur zu Anschmelzungen. Zurück bleiben sehr kohlenstoffreiche Zonen, in extremen Fällen Löcher, die abhängig von den Pulverbestandteilen z. B. große Mengen an ungelöstem Graphit, Anhäufungen

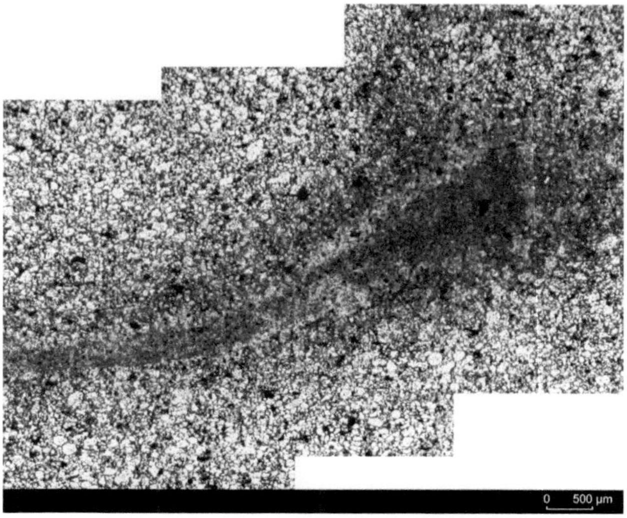

Abb. 5.60 Kohlenstoffreiche Zone mit vielen feinen Partikelchen; der Fehler entstand durch Öl auf der Matrizenplatte infolge eines leckenden hydraulischen Greifers

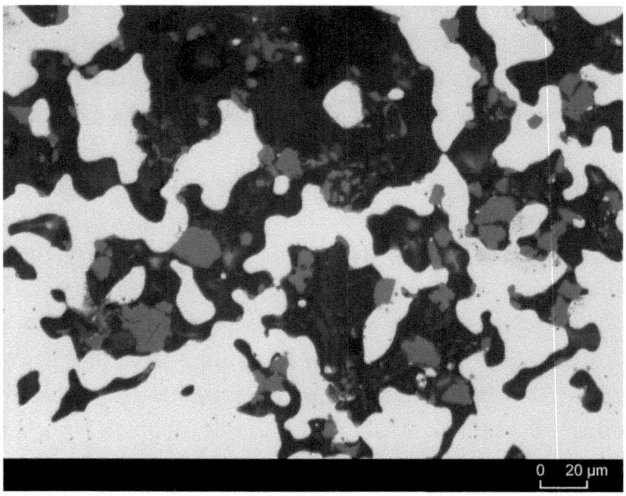

Abb. 5.61 Ausschnitt aus Abb. 5.60 mit hoher Anreicherung von Mangansulfid

von Mangansulfid oder hohe Gehalte an Nickelpartikelchen aufweisen. Ein Beispiel gibt Abb. 5.60.

Man erkennt im Schliff einer entsprechenden Schadensstelle eine hoch aufgekohlte Zone, die mit dem Kohlenstoff aus dem Graphit des ölhaltigen Schlamms legiert ist. An der am schlimmsten betroffenen Stelle in Abb. 5.61 ist das Gefüge aufgelockert, lokal ist die Dichte viel geringer als in der Umgebung des Fehlers, weil der ursprünglich hier vorliegende Graphit im umgebenden Eisen während der Sinterung in Lösung gegangen ist. Das Pulver enthielt Mangansulfid, das sich an der Schadensstelle in hoher Konzentration als mittelgrauer Gefügebestandteil findet. Enthalten die verpressten Werkstoffe elementar

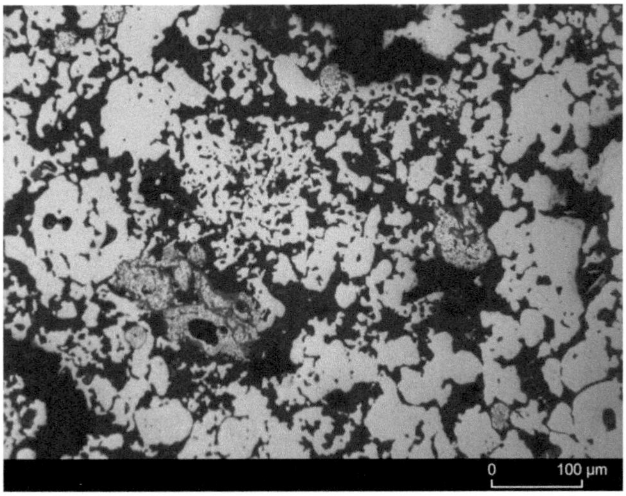

Abb. 5.62 Feinporige Schwammeisenstruktur ohne oder mit geringem Kohlenstoffgehalt durch Rostklümpchen im Pulver

zugemischtes Karbonylnickel und Graphit, besteht die Umgebung der Defekte aus Härtegefüge. Die hohen Konzentrationen von Nickelpartikelchen in diesem Fehler lassen sich nicht mit Standardätzmitteln anätzen. Oft bildet sich in den beeinträchtigten Gebieten Korn- und Partikelgrenzenzementit, da der lokale Kohlenstoffgehalt 0,8 % überschreitet.

Rost im Pulver Manchmal entwickelt sich auf der Oberfläche von Pulver, das über lange Zeiträume in unverschlossenen Behältern gelagert wurde, ein Anflug von Rost, und infolgedessen können Rostpartikelchen bei der Verarbeitung ins Bauteil gelangen. Rost besteht aus verschiedenen Eisenhydroxiden, die beim Sintern je nach Temperatur, Zeit, Atmosphäre und Kohlenstoffgehalt des Stahls teilweise oder vollständig reduziert werden. An der Stelle des ehemaligen Rostklümpchens, das gewöhnlich aus mehreren agglomerierten Eisenpartikelchen zusammengesetzt ist, verbleibt im Bauteil nach dem Sintern ein im Schliffbild sichtbarer Fleck mit erhöhter Porosität. Das Eisen der Umgebung ist durch karbothermische Reduktion der Hydroxide, soweit Kohlenstoff vorhanden war, völlig entkohlt. Aus dem Rost ist dabei ein feinporiger Eisenschwamm entstanden, und je nach Reduktionsbedingungen können noch Reste von Oxiden im Gefüge verbleiben. Abbildung 5.62 gibt dazu ein Beispiel, bei dem ein Fe-Cu-C-Stahl bei 1.120 °C in einer Atmosphäre aus 90 % N_2 und 10 % H_2 gesintert wurde. Der Wasserstoff der Atmosphäre und der C-Gehalt des Stahls haben bei der gegebenen Zeit-Temperatur-Kombination nicht ausgereicht, den gesamten Rost zu Eisen zu reduzieren. An einigen Stellen sind noch Oxidreste zu erkennen.

Sulfidbildung Kommen Sinterteile mit größeren Mengen Schwefel in Berührung, bilden sich im Gefüge Sulfide. Welche Sulfide entstehen, hängt davon ab, welche Elemente im Stahl vorhanden sind. Enthält der Stahl Kupfer, wird sich zunächst Kupfersulfid Cu_2S bilden, da die freigesetzte Wärmemenge bei der Bildung von Cu_2S größer ist als die bei

Abb. 5.63 Gefüge unter oberflächlichen Eindellungen. Die Poren sind mit Kupfer- und Eisensulfid gefüllt

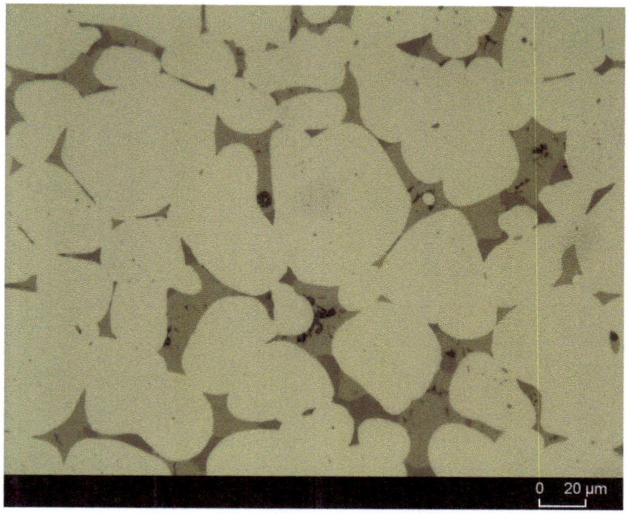

der Bildung von Eisensulfid FeS. Ist das gesamte Kupfer im Stahl verbraucht, aber immer noch reaktionsfähiger Schwefel vorhanden, wird auch FeS gebildet. Kupfer im Kontakt mit Schwefel hat eine niedrigste Schmelztemperatur von 813 °C, Eisen schmilzt bei Berührung mit Schwefel bei 988 °C an. Dadurch kommt es im Bauteil zum Sintern mit flüssiger Phase, was bei größeren Schwefelmengen zu Eindellungen, Einfallstellen in der Oberfläche oder zum Schrumpfen des ganzen Bauteils führt. Die Oberfläche befallener Teile hat einen besonderen Glanz, der sich von der matt-rauen Sinteroberfläche intakter Teile unterscheidet. Scharfe Kanten sind nach dem Sintern verrundet. Im Gefüge sind die Poren mit Sulfiden gefüllt, Abb. 5.63. Als Quelle für Schwefel kann Molybdändisulfid MoS_2 in Frage kommen, das in manchen Betrieben als Zusatz zu Fetten und Ölen verwendet wird. Versehentlich kann Schmierstoff, z. B. beim Auswaschen von Werkzeugen, Kontakt zu verpresstem Pulver bekommen. MoS_2 ist bei höheren Temperaturen nicht beständig und zerlegt sich in Molybdän, das den Stahl legiert, und Schwefel, der mit der Umgebung reagiert. Dies geschieht übrigens auch beim Sintern von Bronzelagern, denen MoS_2 als Festschmierstoff zugegeben wird. Während der Sinterung wird auch in der Bronzematrix MoS_2 zersetzt, Mo löst sich als Legierungselement in der Bronze, und aus Kupfer und Schwefel wird Cu_2S gebildet. Da auch Cu_2S ein guter Festschmierstoff ist, bleibt die Funktion des Lagers erhalten, allerdings zu einem vergleichsweise hohen Preis.

Maßverzüge Dem Sintervorgang werden immer wieder Verzüge der Bauteile angelastet, für die man keine Erklärungen glaubt finden zu können. Ursache für ungleichmäßige Maßänderungen, die im Sinterschritt sichtbar werden, sind aber gewöhnlich nicht unzureichende Temperaturverteilung oder unerklärliche Werkstoffveränderungen, sondern Entmischung im Pulvertrakt und dort besonders beim Füllen von solchen zugemischten Legierungsbestandteilen, die Einfluss auf Wachstum und Schrumpf haben, oft in Kombination mit Dichteungleichmäßigkeiten. Den größten Einfluss auf unsystematische Maß-

Abb. 5.64 Ovalität beim Sintern durch Kupferentmischungen, Fe-2,5 % Cu; vorne und hinten im Mittel etwa 2,6–2,65 % Cu, *rechts* und *links* ca. 2,1–2,2 % Cu

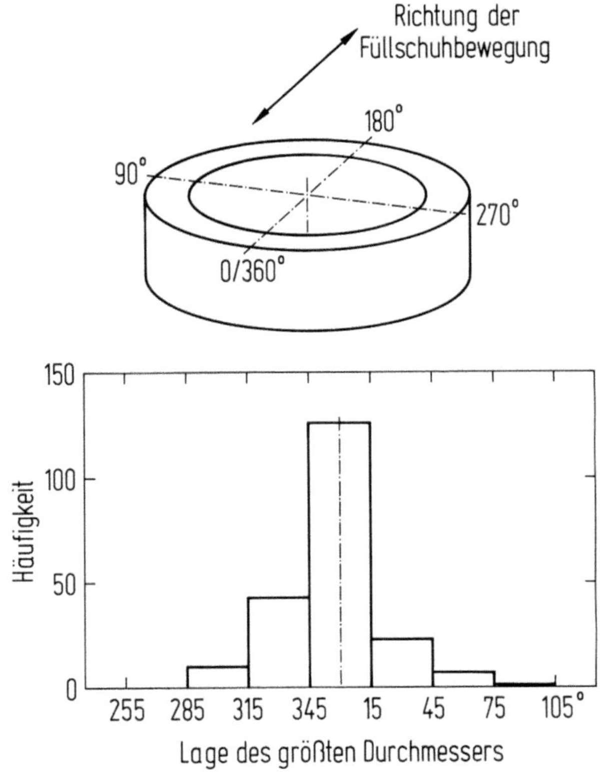

schwankungen nach dem Sintern haben elementares Kupfer, Nickel und Eisenphosphid im zugemischten Zustand, dabei spielt Kupfer die Hauptrolle. Einen Auszug aus mehreren Untersuchungen mit einem wasserverdüsten Reineisenpulver, dem 2,5 % Hymod-Kupfer und 1 % Mikrowachs zugemischt waren, geben die Abb. 5.64 und 5.65 nach Daten aus [RAPP91, KASC92, BETA92, BRAU97]. Dabei wurden Ringe mit ∅ 60 mm Außendurchmesser, ∅ 45 mm Innendurchmesser und 15 mm Höhe auf Produktionspressen mit ungefähr 400 Hub/h gepresst. Nach dem Sintern bei 1.120 °C in einem industriellen Bandofen wurde die Unrundheit nach Betrag und Position relativ zur Füllschuhbewegung vermessen. Zu diesem Zweck war in der Stirnseite des Oberstempels eine Markierung vorgesehen. Nach Abb. 5.64 lag bei etwa 65 % aller Ringe der größte Ringdurchmesser innerhalb von ± 15° um die Richtung der Füllschuhbewegung. An den Positionen 0°, 90°, 180° und 270° wurden ebene Flächen an den Ringdurchmesser gefräst und spektroskopisch die lokalen Kupfergehalte gemessen. Dabei wurden im Mittel – bei großer Streuung – systematische Kupferanreicherungen vorne und hinten in den Lagen 0° und 180° und systematische Kupferverarmungen rechts und links in den Positionen 90° und 270° festgestellt.

Der Beobachtung, dass größter Kupfergehalt und größter Außendurchmesser systematisch auf der gleichen Achse liegen, folgten zahlreiche Versuchsvarianten, die in Abb. 5.65 zusammengefasst sind. Zu jeder Bedingung wurden 1.001 Ringe ohne Unterbrechung ge-

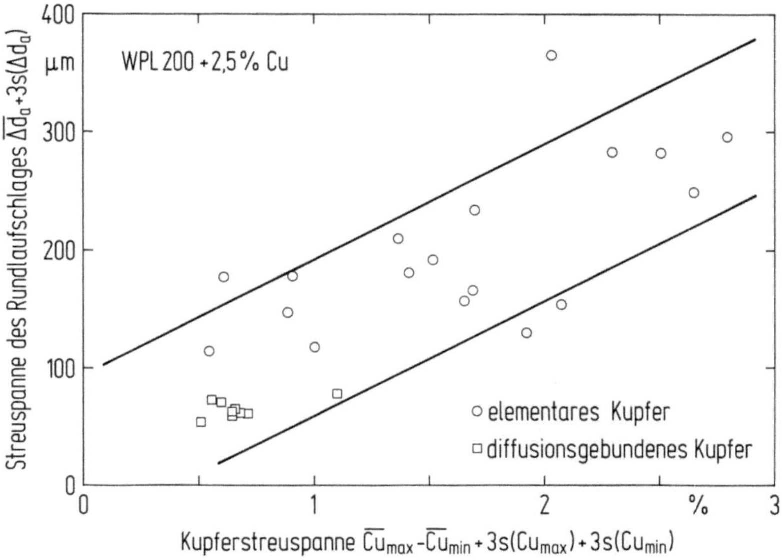

Abb. 5.65 Zusammenhang zwischen der Kupferstreuspanne und der Streuung des Rundlaufs

presst, gewogen, nummeriert und gesintert. Jeder fünfzigste Ring wurde spektroskopisch analysiert, so dass pro Versuchsserie zwanzig Ringe vermessen wurden. Aus den Analyseergebnissen wurden Mittelwert und Standardabweichung des jeweils kleinsten und größten Kupfergehaltes errechnet und daraus eine Kupferstreuspanne

$$\overline{Cu}_{max} + 3s(Cu_{max}) - [\overline{Cu}_{min} - 3s(Cu_{min})]$$

bestimmt. ($\overline{Cu}_{max}$: Mittelwert der maximalen Kupfergehalte in je 20 Ringen; $s(Cu_{max})$: Standardabweichung der maximalen Kupfergehalte, $\overline{Cu}_{min}$: Mittelwert der minimalen Kupfergehalte in je 20 Ringen; $s(Cu_{min})$: Standardabweichung der minimalen Kupfergehalte). Der Kupferstreuspanne wurde die Streuspanne der Durchmesserdifferenz des Außendurchmessers

$$\overline{\Delta d}_a + 3s(\Delta d_a)$$

gegenübergestellt. ($\overline{\Delta d}_a$: Mittlere Differenz zwischen größtem und kleinstem Außendurchmesser an je 20 Ringen; $s(\Delta d_a)$: Standardabweichung der Außendurchmesserdifferenz). Die Außendurchmesserdifferenz wurde automatisch durch Messung des Rundlaufschlags bestimmt. Nach Abb. 5.65 besteht ein klarer Zusammenhang zwischen Ovalität und Kupferentmischung. Bei großer Kupferstreuspanne gehen die Ovalitäten bis zu 0,5 % des Außendurchmessers. Damit lässt sich kein Präzisionsteil wirtschaftlich fertigen. Die Ergebnisse in Abb. 5.65 erfassen nicht die mittlere systematische Maßänderung beim Sintern, die bei der Auslegung der Matrizenmaße vorgehalten werden muss, sondern nur den unsystematischen Streuungsanteil der Wiederholgenauigkeit, der der mittleren Maßänderung überlagert ist.

Die geringsten Entmischungen und Ovalitäten stellten sich stets mit Kupfer ein, das an Reineisenpulver durch eine Diffusionsglühung angebunden war, eine wirtschaftliche Lösung ergab sich durch Pulver mit 20 % angebundenem Kupfer. Solche Meisterpulver stehen im Markt zur Verfügung und sind auch in Fertigmischungen erhältlich.

Vergleichbare Untersuchungen, allerdings in viel geringerem Umfang, wurden auch mit Eisen-Graphit-Mischungen angestellt, ergaben jedoch vernachlässigbare Auswirkungen auf die Reproduzierbarkeit der Maßänderung beim Sintern.

5.6 Verfahrenskombinationen beim Sintern

Kupferinfiltration Mit dem Sinterschritt lassen sich manchmal Arbeitsgänge kombinieren, die zu kostengünstigen Bauteilen besonders komplexer Geometrie oder Werkstoffen mit außergewöhnlichen Eigenschaften führen. Am bekanntesten, wenn auch in Europa nicht sonderlich verbreitet, ist die Infiltration offener Poren mit Kupferwerkstoffen, die bei der Aufheizung zum Sintern schmelzen, die oxidfreie Stahloberfläche benetzen und durch Kapillarkräfte in die Poren von der Oberfläche weggesaugt werden. Das kann das gesamte Bauteil betreffen oder mit kleinen Mengen Infiltriermittel lokal angewandt werden, um das Bauteil dort zu verstärken, wo mechanische Schwachstellen vorliegen. Die angebotene Infiltriermittelmenge ist mitentscheidend für den Grad der Porenfüllung. Allerdings ist die lokale Infiltration nicht geeignet, vorhandene Pressrisse zu kaschieren. Pressrisse öffnen sich durch Infiltration und werden auch für ungeübte Augen besser sichtbar.

Zum Infiltrieren mit Kupferwerkstoffen können aus entsprechenden Pulvern Grünlinge gepresst werden, die auf den Stellen platziert werden, die zum Infiltrieren vorgesehen sind. Eine Alternative sind vorkonfektionierte Spiralen aus Drähten mit geeigneter chemischer Zusammensetzung oder Drahtabschnitte. Wenn reines Kupfer oder handelsübliche Messinglegierungen als Infiltrat verwendet werden, löst der aufschmelzende Werkstoff die Stahloberfläche bis zur Sättigung der Schmelze mit Eisen an und hinterlässt dort markante Erosionsnarben, die gegebenenfalls die Funktion des Bauteils beeinträchtigen können. Dann muss die Oberfläche spanend nachgearbeitet werden. Spezielle Anbieter haben Legierungen entwickelt, die über Mangan- und Eisenzusätze im fertiglegierten Zustand so eingestellt sind, dass die Bauteiloberfläche nicht durch Anlösung beschädigt wird. Nachteilig ist bei diesen Rezepturen meist ein schwärzlicher oxidischer Rückstand auf der Oberfläche, der durch einen Reinigungsarbeitsgang entfernt werden muss.

Wenn die Infiltratmenge so auf die offene Porosität abgestimmt ist, dass nach dem Sintern alle durchgängigen Poren abgeschlossen sind, erhält man gas- und flüssigkeitsdichte Bauteile, die im Betrieb sehr hohen Drücken ausgesetzt werden können. Diese Mengenabstimmung muss die Maßänderung beim Sintern berücksichtigen. Wird der Grünling direkt infiltriert, kommt es beim Aufschmelzen und der anschließenden Umverteilung zu großem Wachstum der linearen Abmessungen bis zu mehreren Prozent, da das Volumen der Bauteile um mehr als 5 % zunehmen kann. Das große Wachstum beim Aufschmelzen des Infiltrats wird möglich, weil sich bei den niedrigen Temperaturen vor dem Schmelzen noch kein stabiles Stahlskelett durch massive Sinterbrücken hat entwickeln können. Die wenigen feinen Stahl-Stahl-Bindungen werden vom Infiltriermittel aufgelöst und die benachbarten Pulverteilchen auseinander gedrückt. Damit vergrößern sich vorhandene Poren, zu deren Füllung dann eine zusätzliche Menge an Infiltrat erforderlich wird. Ist die Menge an Infiltriermittel zu groß, verbleibt auf der Oberfläche überschüssiger Kupferwerkstoff, der je nach Funktion spangebend abgearbeitet werden muss. Vollständig infiltrierte Bauteile können bei Kalibrierarbeitsgängen nur gerichtet, nicht verdichtet werden.

Kann man das große Wachstum bei der Direktinfiltration nicht in Kauf nehmen, muss man zunächst den Stahl normal sintern und dann mit den aufgelegten Infiltratkörpern ein zweites Mal durch den Ofen schicken. Dabei stellt sich dichteabhängig ebenfalls ein gewisses Wachstum ein, das vor allem bei hohen Pressdichten wesentlich geringer ausfällt als bei der Direktinfiltration. Von Nachteil sind bei diesem Vorgehen die hohen Kosten. Eine Stärkung des Stahlskeletts vor dem Aufschmelzen des Infiltrats erreicht man aber auch durch einen Phosphorzusatz von 0,15 bis 0,25 % zum Grundpulver. Dies stellt einen Kompromiss dar und ermöglicht die Direktinfiltration mit mäßigem Wachstum beim Sintern und erträglichen Zusatzkosten. Günstig wirkt sich auch Kohlenstoff im Stahl auf die Stärkung des Stahlskeletts aus.

Ein ganz anderer Ansatz, infiltrierte Werkstoffe ohne einen Infiltrationszusatz herzustellen, lässt sich mit fertiglegierten Eisen-Kupfer-Pulvern praktizieren, die z. B. mit 20 % Cu angeboten werden. Durch das Legieren in der Schmelze besteht das Pulver aus einer kupfergesättigten Eisenphase und einer eisengesättigten Kupferphase, da die Sättigungsgrenzen beider Basiselemente bei 20 % Kupfer weit überschritten sind. Bei 1.096 °C beginnt die Kupferbasisphase aufzuschmelzen und hat bei 1.120 °C einen Schmelzeanteil von etwa 13 % erreicht, der unverändert erhalten bleibt, solange die Temperatur nicht sinkt. Durch die sehr schnelle Diffusion in Schmelzen schrumpft das Material zu im Wesentlichen voller Dichte. Die linearen Maßänderungen erhält man aus der dritten Wurzel des Verhältnisses aus Press- und Sinterdichte, die als porenfrei angenommen werden kann. Das bedeutet auch, dass halbwegs maßhaltige Teile mit diesem Verfahren nur zu erreichen sind, wenn die Dichteverteilung im Grünling sehr gleichmäßig und reproduzierbar ist. Fertiglegierte Pulver mit 20 % Kupfer haben schlechte Pressbarkeit.

Gewöhnlich strebt man beim klassischen Infiltrieren Dichten von etwa 7,4 bis 7,5 g/cm^3 an, also keineswegs volle Dichte, selten findet man Werte von 7,6 g/cm^3. Ein typisches Gefüge, das noch größere Restporen enthält, zeigt Abb. 5.66. Die Kupfermenge ist deutlich größer als der Sättigungsgehalt im Eisen, so dass noch viel ungelöster Kupferwerkstoff im Gefüge zu erkennen ist, der bis zu seiner Sättigungsgrenze mit Eisen legiert ist. Die Festigkeit der kupferreichen Phase ist erheblich geringer als die des Stahls. Deshalb entsprechen die mechanischen Eigenschaften nicht den Werten, die man von kupferfreiem oder niedrig kupferhaltigem Stahl gleicher Dichte erwarten dürfte. Große Poren bleiben beim Infiltrieren bevorzugt ungefüllt, da große Kapillarkräfte nur von feinen Poren ausgeübt werden. Darüber hinaus wird die Benetzung und damit die Infiltration mit Kupferbasisschmelzen durch Ruß oder unreduzierte Oxide sehr behindert. Ein Indikator für mangelhafte Infiltra-

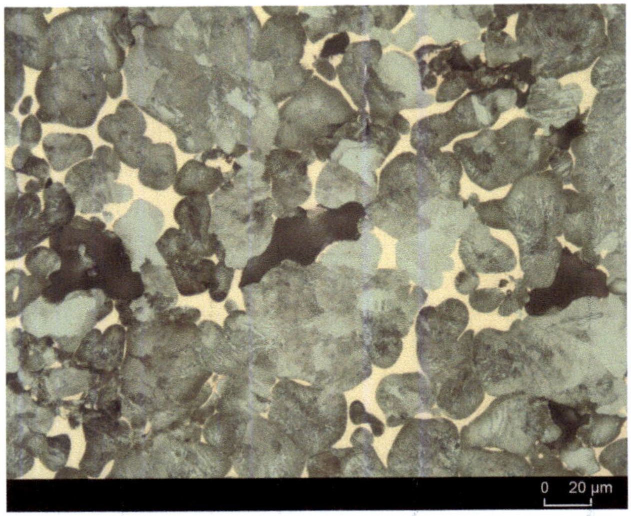

Abb. 5.66 Infiltriertes Gefüge eines Stahls mit 0,7 % C; besonders die größeren Poren sind nicht mit Infiltriermittel gefüllt, weil die Kapillarkräfte großer Poren gering sind

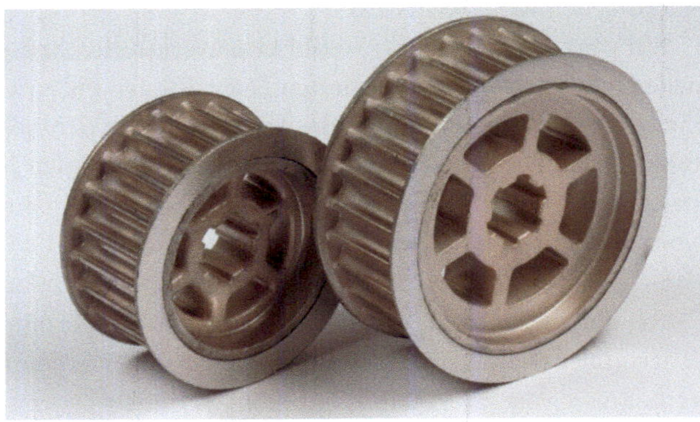

Abb. 5.67 Beim Infiltrieren angelötete Bordscheibe an Zahnriemenrädern (Gates)

tion aufgrund unzureichender Benetzung sind erstarrte Schmelzekügelchen auf der Oberfläche der Bauteile nach dem Sintern.

Infiltrierte Bauteile haben höhere elektrische und Wärmeleitfähigkeiten als nicht infiltrierte Stähle gleicher Dichte und Ausgangszusammensetzung. Die Zerspanungseigenschaften werden erheblich verbessert, und infiltrierte Bauteile lassen sich hartlöten, ohne dass das Lot durch die Kapillarkräfte der Poren im Porenraum verschwindet. Zum Galvanisieren ist keine Vorbehandlung durch Kunststofftränken nötig. Beim Einsatzhärten erhält man, falls die Oberfläche nicht mit Kupferresten bedeckt ist, sehr gut definierte Einhärtetiefen, muss aber sehr viel länger aufkohlen als bei porösen Stählen, weil die Porosität geschlossen ist, durch die im porösen Stahl die aufkohlenden Gase ins Bauteilinnere gelangen.

In Abb. 5.67 sind infiltrierte Bauteile ohne überschüssiges Infiltrat und ohne Oberflächenerosion zu sehen. In diesem Fall wurde mit dem Infiltrieren des Bauteils eine aus Eisenpulver gepresste Bordscheibe an den Stahlgrundkörper ohne separaten Arbeitsgang

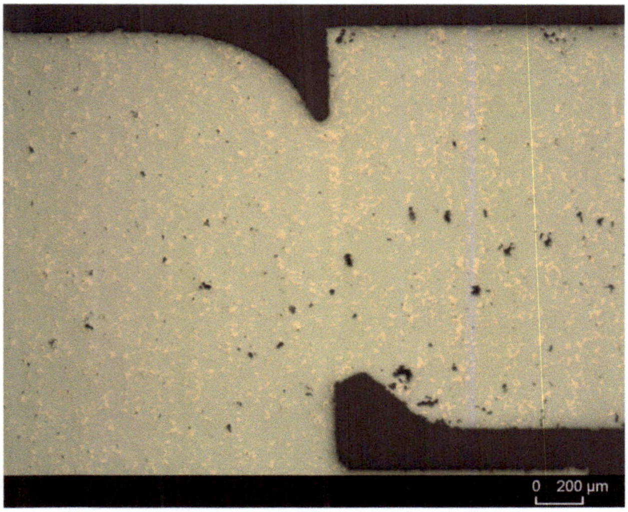

Abb. 5.68 Schliff durch die Fügestelle eines Zahnriemenrades aus Abb. 5.56; der Spalt zwischen Bordscheibe und Zentriernabe ist gut mit Infiltriermittel überbrückt

angelötet und zum Teil infiltriert. Einen Querschliff durch die Fügestelle zeigt Abb 5.68. Die Qualität der Lötung ist einwandfrei. Wenn eine Komponente also ohnehin z. B. aus Festigkeitsgründen infiltriert werden muss, sollte man immer an die Möglichkeit dieser sehr kostengünstigen Fügetechnik für komplexere Bauteile denken.

Sinterlöten Ein anderer Arbeitsgang, der manchmal mit dem Sinterschritt kombiniert wird, ist das Sinterlöten, bei dem zwei Grünlinge oder ein Grünling und ein koventionelles Bauteil stoffschlüssig gefügt werden. Mit herkömmlichen Hartloten kann man Bauteile mit offener Porosität nicht verbinden, weil das Lot beim Aufschmelzen wie ein Infiltriermittel in die Kapillaren der Poren weggesaugt wird. Deshalb benutzt man spezielle Aktivlote, die komplex legiert sind und als Basis Kupferwerkstoffe verwenden. Die chemische Zusammensetzung des Lotes muss so eingestellt sein, dass beim Anlösen von Eisen durch das flüssige Lot die Solidustemperatur des jetzt eisenhaltigen Lotes über die Sintertemperatur hinaus ansteigt. Dieser Mechanismus ist meistens an die Bildung von intermetallischen Phasen aus Lotgrundwerkstoff und Eisen gekoppelt. Da intermetallische Phasen inhärent spröde sind, besitzen Sinterlötnähte keine größere Verformbarkeit. Wenn im Kontakt mit Eisen die Anschmelztemperatur auf Werte oberhalb der Sintertemperatur angehoben wird, werden die Poren dort geschlossen, wo flüssiges Lot hingelangt.

Damit kann sich das Lot allmählich innerhalb des Lötspaltes ausbreiten und einen Verbund herstellen. Nach Abb. 5.69 erstreckt sich der Porenverschluss nur über wenige Pulverpartikeldurchmesser. Der Lötspalt muss beim Sinterlöten wesentlich breiter bleiben als beim konventionellen Hartlöten, wo üblicherweise Werte um 50 µm besonders vorteilhaft sind, der Grundwerkstoff aber kaum angelöst wird. Aus diesen Gründen muss die Lotmenge beim Sinterlöten größer sein als beim konventionellen Hartlöten. Aus der metallurgischen Wirkungsweise erschließt sich, dass Sinterlotwerkstoffe nur bei einer Sin-

Abb. 5.69 Sinterlötnaht zwischen zwei Sinterteilen mit geschlossener Porosität in der Umgebung der Naht

tertemperatur funktionieren, meist 1.120 °C. Ein Lot, das für 1.120 °C ausgelegt ist, wäre bei 1.200 °C so weit verflüssigt, dass es im Porenraum verschwände.

Sinterlotwerkstoffe werden als pressfertige Pulver angeboten und normalerweise zu zylindrischen Stopfen gepresst, die in Bohrungen der zu fügenden Grünlinge eingelassen werden. Konstruktiv wird der flächige Stirnstoß bevorzugt. Hauptanwendungsgebiet der Sinterlöttechnik sind Planetenträger, Hydraulikkomponenten oder andere komplex hinterschnittene Fügeteile. Das Verfahren wird in den USA und in Japan gängiger angewandt als in Europa.

Schwell-Schrumpf-Sintern Ebenfalls zum Verbinden von Grünlingen während des Sinterns dient das so genannte Schwell-Schrumpf-Sintern oder Sinterfügen. Dabei platziert man axiale Zapfen oder Naben eines Grünlings oder eines konventionellen Bauteils in Durchbrüche oder Bohrungen eines anderen Grünlings. Die chemische Zusammensetzung der Bauteile muss so abgestimmt sein, dass der radiale Montagespalt zwischen Zapfen und Bohrung beim Sintern überbrückt wird. An gemeinsamen Berührungspunkten beginnt die Versinterung. Die Spaltüberbrückung erreicht man, indem man den Zapfenwerkstoff auf Wachstum oder das Bauteil mit der Bohrung auf Schrumpf legiert oder beides kombiniert. Dazu reicht es oft schon, mäßige Unterschiede in den Kupfer- und Kohlenstoffgehalten der Bauteile einzustellen [COHR96, ASAK03, TAKA04]. Für größere Montagespalte gibt man Kupfer für erhöhtes Wachstum und Nickel oder Phosphor für Schrumpf in die Pulvermischungen.

Aus den Maßen nach dem Sintern der beiden nicht zusammengesteckten Grünlinge kann man eine hypothetische Überdeckung bestimmen, die die Festigkeit der Naht sehr beeinflusst, Abb. 5.70. Gute Ausdrückfestigkeiten von sintergefügten Verbunden stellen sich bei hypothetischen Überdeckungen von mehr als 0,4 % ein, die in vielen Fällen aber

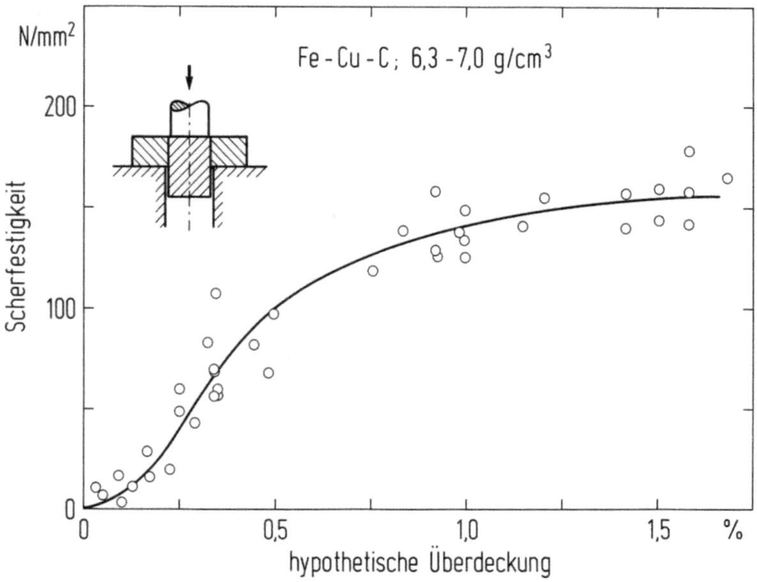

Abb. 5.70 Ausdrückfestigkeiten von Schwell-Schrumpf-Verbindungen aus Fe-Cu-C-Stahl in Abhängigkeit von der hypothetischen Überdeckung

Abb. 5.71 Diffusionsverbund durch Schwell-Schrumpf-Sintern zweier Grünlinge

gar nicht benötigt werden. Dampfbehandeln steigert die Festigkeit weiter. Festigkeitssteigernd wirkt auch eine lokale Infiltration, falls nicht durch ungeschickte Platzierung des Infiltriermittels die Bohrung bei Direktinfiltration wächst.

Einen Überblick über eine Sinterfügenaht gibt Abb. 5.71. Über die Grenze hinweg sind Pulverpartikelchen zusammengewachsen. Vor allem in Japan werden einige hochbelastete und geometrisch komplexe Bauteile durch Sinterfügen in Großserie gefertigt. Ein Beispiel gibt Abb. 5.72.

Abb. 5.72 Sintergefügte Planetenträger (Hitachi Powdered Metals)

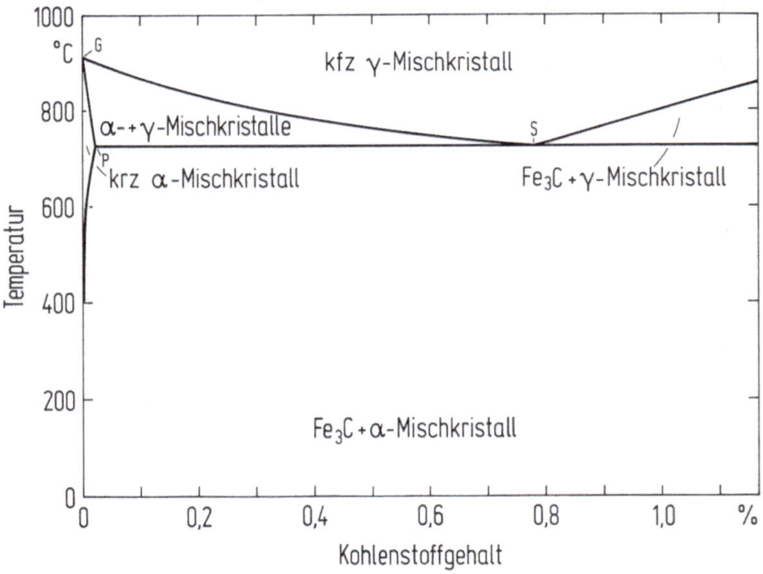

Abb. 5.73 Linke untere Seite des Zustandsdiagramms Eisen-Kohlenstoff

Sinterhärten Grundlage für das Verständnis der Gefüge von Eisen und Stahl sowie für die Vorgänge bei der Wärmebehandlung dieser Werkstofffamilie ist das binäre Zustandsdiagramm Eisen-Kohlenstoff, Abb. 5.73, von dem für das Sinterhärten jedoch nur der linke Teil bis etwa 1 % Kohlenstoff von Belang ist. Auch Temperaturen oberhalb der Sintertemperatur interessieren hier nicht.

Sinterhärten unterscheidet sich nicht grundsätzlich vom konventionellen Härten von Stählen. Prinzipiell möchte man einen mit Kohlenstoffatomen angereicherten kubisch-

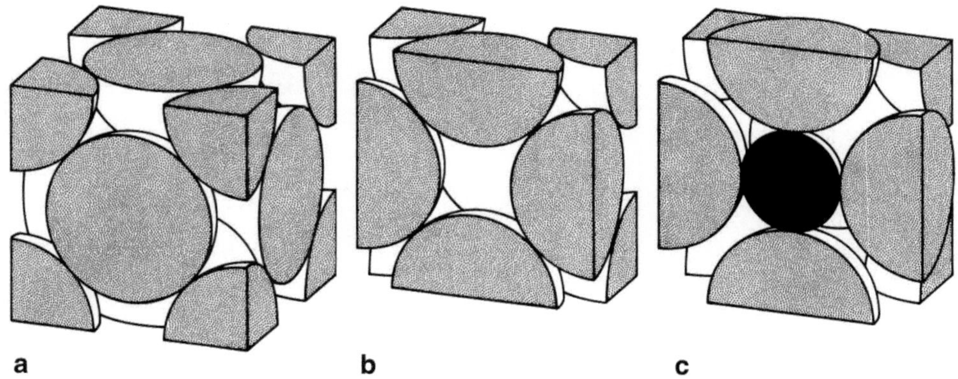

Abb. 5.74 **a** Elementarzelle des kubisch-flächenzentrierten (kfz) γ-Eisens, das in reinem Eisen zwischen 911 und 1.392 °C vorliegt, **b** Halbierender Schnitt durch die kfz Elementarzelle, um die große Oktaederlücke im Zentrum freizulegen, **c** Einbau eines Kohlenstoffatoms in die Oktaederlücke einer kfz Elementarzelle des Eisens; die sechs umgebenden Eisenatome müssen im kfz Gitter nur wenig aus ihrer Gleichgewichtslage wegrücken, um ein Kohlenstoffatom aufzunehmen

flächenzentrierten (kfz) austenitischen Gefügezustand bei einer gezielten Abkühlung in die tetragonal verzerrte martensitische kubischraumzentrierte (krz), eventuell auch in die bainitische, Tieftemperaturmodifikation des Eisens umwandeln. Um Martensit bilden zu können, muss man so schnell abkühlen, dass vor Erreichen der beginnenden Martensitbildung, der so genannten Martensitstarttemperatur M_S, weder Eisen- noch Kohlenstoffatome ihre Plätze im kfz Gitter durch Diffusion verlassen können. Beim konventionellen Härten glüht man zu diesem Zweck den Stahl im Zustandsfeld des homogenen kfz γ-Mischkristalls nach Abb. 5.73, um die Karbide, die bei tiefen Temperaturen praktisch den gesamten Kohlenstoffgehalt des Stahls enthalten, aufzulösen. Bei der Karbidauflösung oberhalb der Linie G-S in Abb. 5.73 werden die C-Atome freigesetzt und in der verhältnismäßig großen Oktaederlücke des kfz Gitters eingebaut, Abb. 5.74. Hier liegt ein Unterschied zum Sinterhärten, weil bei den hohen Sintertemperaturen und zu Beginn der Abkühlung der Werkstoff bereits im homogen austenitischen Zustand vorliegt und sich somit auch der gesamte Kohlenstoff in Lösung befindet.

Reicht die Abkühlgeschwindigkeit aus, Diffusion zu unterdrücken, müsste man eigentlich erwarten, dass die Phasenumwandlung von γ- in α-Eisen ausbleibt und dass der Austenitgehalt metastabil bei tiefen Temperaturen eingefroren wird. Es ist jedoch eine Besonderheit des Elementes Eisen, dass sich ohne spezielle Legierungsmaßnahmen die γ-α-Umwandlung nicht unterdrücken lässt. Unterhalb von M_S findet die Umwandlung diffusionslos durch eine massive Scherbewegung, an der sehr viele Atome gleichzeitig teilnehmen, mit Schallgeschwindigkeit statt. Dabei bleiben die C-Atome im krz Gitter zwangsgelöst, wodurch die krz Elementarzelle bis zum Zerreißen verzerrt wird. Das entstehende Gefüge ist sehr hart und spröde und wird Martensit genannt. Unmittelbar nach dem Abschrecken ist der Werkstoff bei höheren Kohlenstoffgehalten sehr rissanfällig. Deshalb wird der ab-

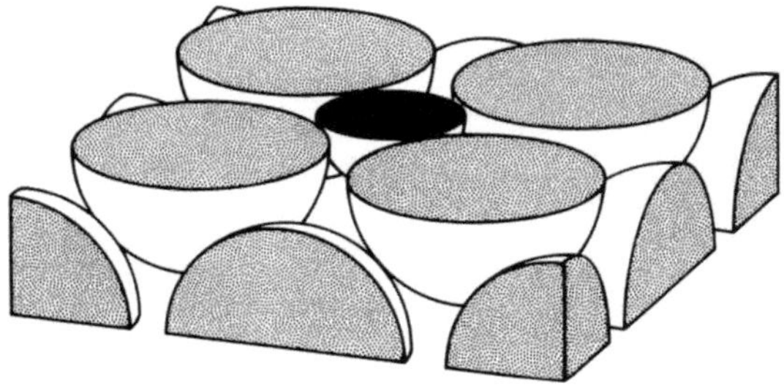

Abb. 5.75 Größte Lücke im krz α-Gitter zwischen den raumzentrierenden Atomen vier benachbarter Elementarzellen im Äquatorschnitt; in der horizontalen Schnittebene ist genügend Platz, ein C-Atom aufzunehmen

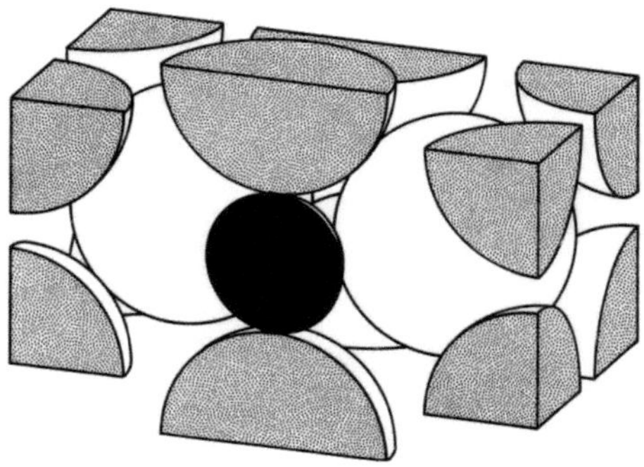

Abb. 5.76 Position der beiden Eckatome ober- und unterhalb des C-Atoms aus Abb. 5.75; in der vertikalen Schnittebene müssen zwei Eisenatome den gesamten Platzbedarf des C-Atoms akkommodieren

geschreckte Martensit gewöhnlich für eine Stunde bei etwa 175 bis 180 °C angelassen. Bei dieser Anlassbehandlung können sich die Kohlenstoffatome innerhalb der verzerrten Elementarzellen auf Plätzen anordnen, an denen die geringsten Verzerrungen auftreten. Die dafür erforderlichen Diffusionswege sind von der Größenordnung eines Atomdurchmessers. Die größte Lücke im α-Gitter liegt in der gemeinsamen Äquatorebene der raumzentrierenden Atome von vier benachbarten Elementarzellen, Abb. 5.75. Allerdings müssen die beiden Eckatome, die oberhalb und unterhalb des Kohlenstoffatoms liegen, sehr viel Platz machen, Abb. 5.76, um das C-Atom dort einbauen zu können. Während sich die Gesamtverzerrung zum Einbau eines C-Atoms in die Oktaederlücke des kfz γ-Kristalls gleichmäßig auf sechs flächenzentrierende Atome verteilt, Abb. 5.74, wird im krz α-Gitter die gesamte Verzerrung von nur zwei Atomen aufgebracht, die dafür sehr weit von ihren Gleichgewichtslagen wegrücken müssen. Die Verzerrung der Elementarzelle des α-Eisens durch zwangsgelöste Kohlenstoffatome im Martensit überträgt sich auf alle Atome der näheren Nachbarschaft, da Atome sich unter Druck nur sehr wenig komprimieren lassen. Deshalb werden auch die Außenabmessungen von Bauteilen bei der martensitischen Umwandlung etwas größer, so dass sich die Dichte – je nach Kohlenstoffgehalt im Stahl – um etwa 0,02–0,04 g/cm^3 verringert.

Welche Abkühlgeschwindigkeit benötigt wird, um diesen Effekt zu erreichen, hängt von der Legierungszusammensetzung des Stahls ab und wird in Zeit-Temperatur-Umwandlung-(ZTU-)Schaubildern dargestellt, die man z. B. aus der Längenänderung von Probestäbchen bei unterschiedlichen Abkühlbedingungen ermitteln kann. Das Prinzip und der

Abb. 5.77 **a** Längenänderung einer Stahlprobe mit 0,25 % C; 1,3 % Cr und 0,5 % Mo bei Aufheizung und Abkühlung [SCHU91], **b** Linke Seite des Fe-C-Zustandsdiagramms und Zeit-Temperatur-Kombinationen der Punkte beginnender Umwandlung aus Abb. 5.77a, schematisch

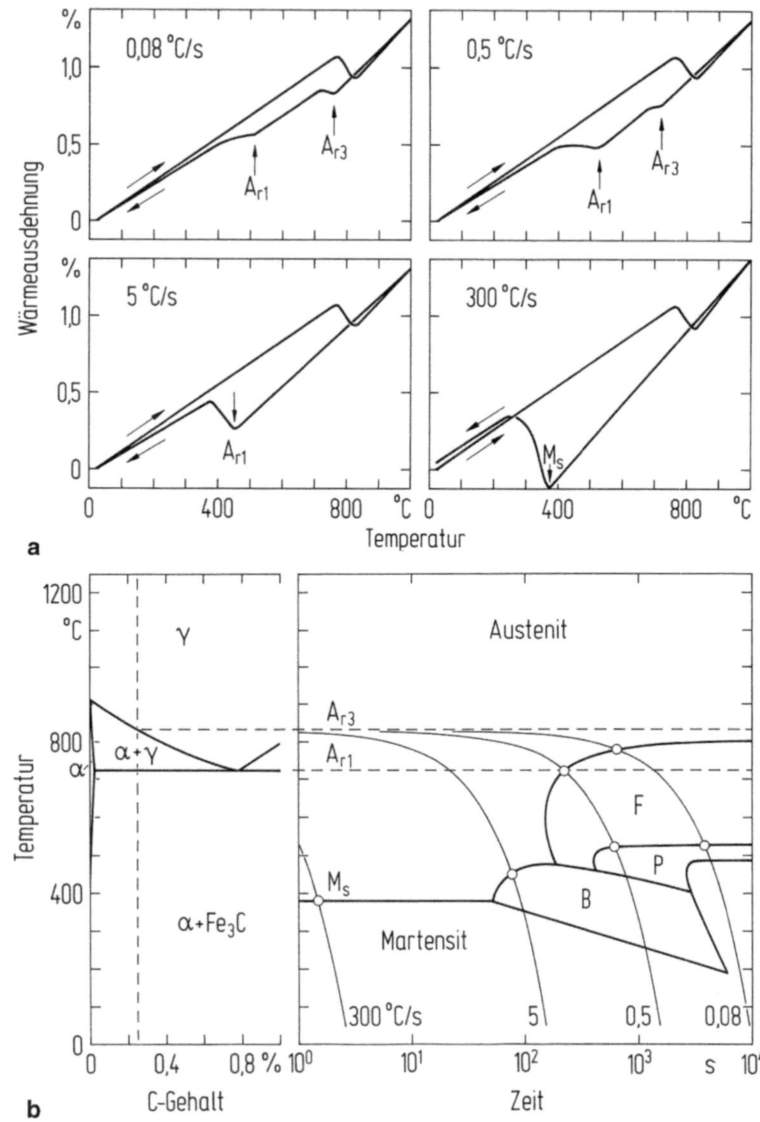

Zusammenhang mit dem Fe-C-Zustandsdiagramm ist in Abb. 5.77 schematisch skizziert [SCHU91]. Der Stahl enthielt 0,25 % C; 1,3 % Cr und 0,5 % Mo.

Die Proben wurden alle gleich langsam aufgeheizt. Die Abkühlgeschwindigkeiten sind mittlere Werte für das Temperaturintervall von 825 bis 370 °C. Bei sehr langsamer Abkühlung setzt die voreutektoide Ferritausscheidung, die nach dem Zustandsdiagramm in Abb. 5.73 mit dem Unterschreiten der Linie G-S bei ungefähr 830 °C beginnen sollte, bei ungefähr 780 °C ein, die eutektoide Umwandlung des noch vorhandenen γ-Eisens beginnt erst bei etwa 525 °C. Bei der Abkühlgeschwindigkeit von 0,5 °C/s schwächt sich die voreutektoide Ferritausscheidung schon ab, bei 5 °C/s ist sie vollständig unterdrückt,

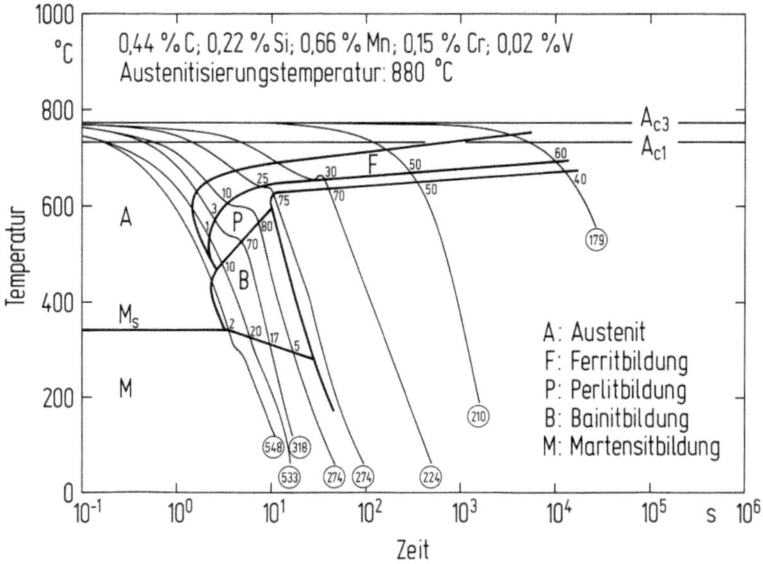

Abb. 5.78 Kontinuierliches ZTU-Diagramm für die eutektoide Umwandlung eines unlegierten Stahls mit 0,44 % Kohlenstoff

und das Gefüge wird bainitisch. Bei sehr rascher Abschreckung unterbleibt jegliche Karbidbildung, und der Stahl wandelt mit dem Unterschreiten der Martensitstarttemperatur M_S diffusionslos in das tetragonal verzerrte α-Gitter um. Aus den Punkten beginnender Umwandung, und bei hoher messtechnischer Auflösung aus den Endtemperaturen der Umwandlung, kann man, wie in Abb. 5.77 angedeutet, das ZTU-Diagramm des Stahls bei kontinuierlicher Abkühlung konstruieren. Die Buchstaben in den einzelnen Feldern bezeichnen die Gefüge, die während einer Abkühlung beim Durchlaufen des Feldes gebildet werden. Dabei stehen F für Ferrit, P für Perlit und B für Bainit. Stähle, die so schnell abgekühlt werden, dass die Abkühlkurve die Ferrit-, Perlit- und Bainitfelder nicht schneidet, wandeln sich aus dem unterkühlten Austenit in das Härtegefüge Martensit um. Dies ist der Zustand, den man beim Sinterhärten erreichen möchte.

Ein typisches ZTU-Diagramm für einen unlegierten Stahl gibt Abb. 5.78 [ATLA54]. In diesem Fall muss man in weniger als 1,5 s nach Durchlaufen von A_{r3} die Temperatur von 600 °C unterschreiten, um die voreutektoide Ferritausscheidung zu unterdrücken. Will man die Bainitbildung verhindern, muss man innerhalb von etwa 2 s unter 400 °C abgekühlt haben. Damit ist klar, dass unlegierte Stähle sich mit den gegebenen Ofenkühlungen nicht zum Sinterhärten eignen. Die eingekreisten Zahlen an den Abkühlkurven in Abb. 5.78 geben die Härte des Stahls in HV 30 an. Die Zahlenwerte entlang der Umwandlungskurven deuten an, wie viel Prozent des jeweiligen Gefüges sich beim Durchlaufen des Feldes gebildet haben. Im Beispiel wird also eine Stahlprobe, die nach etwa 100 s Raumtemperatur erreicht, zu 25 % aus Ferrit und 75 % Perlit bestehen und eine Härte von 274 HV 30 haben. Die Summe der Prozentsätze der Gefügeanteile addiert sich bei schnelleren Abkühlungen nicht zu 100 %. Die Differenz zu 100 % besteht aus Martensit und eventuell – vor allem bei nickelhaltigen oder hochlegierten Stählen – aus nicht umgewandeltem Restaustenit.

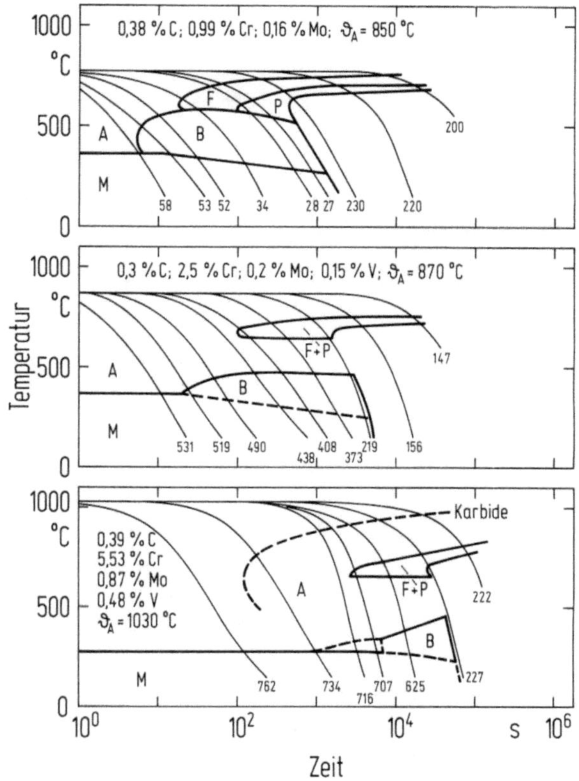

Abb. 5.79 Einfluss steigender Chromgehalte auf die eutektoide Umwandlung von untereutekoiden Stählen

Zum Sinterhärten bedarf es also spezieller Legierungselemente oder Kombinationen von Legierungselementen, die die Umwandlungen des Austenits zu Ferrit und Perlit oder zu Bainit in Richtung längerer Zeiten verschieben. Dieser Effekt sollte kräftig ausgeprägt sein, da die Porosität von Sinterstählen die Wärmeleitfähigkeit senkt und dickere Querschnitte poröser Strukturen langsamer abkühlen als gleich dicke porenfreie Werkstücke.

Ein Element, das die gewünschte Wirkung entfaltet, ist Chrom, das durch Nickel, Molybdän und höhere Kohlenstoffgehalte, in geringerem Maß auch durch Kupfer und Mangan unterstützt wird. Um durchgehend gehärtete Gefüge ohne Weichfleckigkeit zu erhalten, müssen die Legierungselemente gleichmäßig im Stahl verteilt, also am besten fertiglegiert sein. Der Einfluss des Legierungselementes Chrom auf die eutektoide Umwandlung bei kontinuierlicher Abkühlung geht aus Abb. 5.79 hervor [ATLA54]. Im Vergleich mit unlegiertem Stahl in Abb. 5.78 verzögert 1 % Cr den Beginn der voreutektoiden Ferritausscheidung um mehr als den Faktor 20, allerdings wird der Beginn der Bainitbildung dadurch nur wenig beeinflusst. Wird der Chromgehalt weiter gesteigert, wandert die Ferrit-Perlit-Nase zu höheren Zeiten, was durch Nickel und Molybdän verstärkt wird. Gleichzeitig verschiebt sich die Temperatur kürzester Ferrit-Perlit-Umwandlung von etwa 600 °C gegen 700 °C, während die Temperatur beginnender Bainitbildung sinkt. Bei nicht zu großen Querschnitten wandeln die Werkstoffe demnach bainitisch oder martensitisch um,

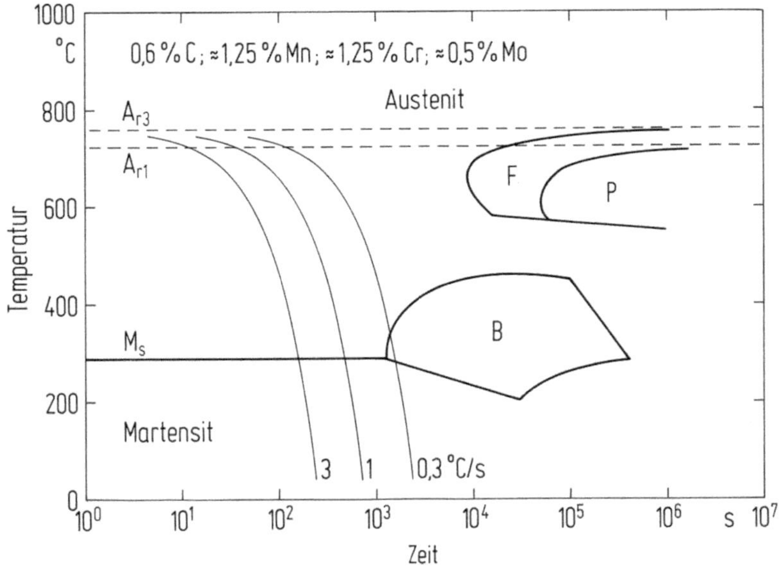

Abb. 5.80 ZTU-Diagramm für kontinuierliche Abkühlung von Stählen, die sich mit der heute verfügbaren Ofentechnik sinterhärten lassen, schematisch

ohne dass eine schroffe Abschreckung erforderlich wäre. Bei hohen Chromgehalten und langsamer Abkühlung kommt es zur Ausscheidung von Chromkarbiden auf den Austenitkorngrenzen, was die Zähigkeit beeinträchtigt.

Ähnlich wie Chrom, das als Legierungselement kostengünstig ist, jedoch im fertiglegierten Zustand die Pressbarkeit des Pulvers erheblich verschlechtert, wirkt auch das wesentlich teurere Molybdän, das für die Pressbarkeit viel weniger schädlich ist als Chrom. Schon mit Molybdängehalten unter 1 % und ausreichenden C-Gehalten werden die Ferrit- und Perlitnasen so weit zu langen Zeiten verschoben, dass sich ohne Schnellkühlung bainitsch-perlitische Gefüge einstellen lassen, was durch Nickel und Chrom unterstützt wird. Fertiglegiertes Nickel verschlechtert aber ähnlich wie Chrom die Pressbarkeit merklich. Feine elementare Zumischungen oder Zusätze von Legierungskonzentraten können bei einer Sintertemperatur von 1.120 °C ihre legierungstechnische Wirkung nur entfalten, wenn es vorübergehend, ähnlich wie bei Kupfer, zum Aufschmelzen der Zusätze kommt. Im festen Zustand reichen bei 1.120 °C die Diffusionsgeschwindigkeiten nicht zur Homogenisierung aus. Ein Ausweg kann die Sinterung bei hohen Temperaturen sein, ein anderer die Verwendung extrem feiner Zusätze. Das ZTU-Diagramm der eutektoiden Umwandlung des idealen Sinterhärtestahls müsste danach die Bedingungen in Abb. 5.80 erfüllen, falls nicht die Abkühlbedingungen in der Kühlzone des Sinterofens intensiviert werden können. Bei den Abkühlgeschwindigkeiten von – querschnittsabhängig – 1 bis 3 °C/s, die man mit Schroffkühlung heute erreicht, darf die Abkühlkurve die Ferrit-, Perlit- und Bainitfelder nicht durchlaufen, ehe die Martensitstarttemperatur M_S gekreuzt wird. Meistens wird diese Bedingung darauf hinauslaufen, dass entsprechende Werkstoffe beim Abkühlen ohne Schroffkühlung bainitisch umwandeln.

Die Problematik sinterhärtbarer Stähle liegt im Konflikt zwischen Pressbarkeit bei fertiglegierten Stählen – mit Ausnahme kleiner Mengen Mo – und Homogenisierung während der Sinterung bei Pulverzusätzen aus Legierungskonzentraten zu gut pressbarem Reineisenpulver. Weitere Gesichtspunkte sind die Reduktion sauerstoffaffiner Legierungszusätze und abrasiver Werkzeugverschleiß bei harten, z. B. karbidischen, Legierungskonzentraten. Auf diesem Gebiet wird derzeit weltweit sehr viel Entwicklungsarbeit geleistet.

5.7 Zusammenfassung

Beim Sintern von Formteilen muss zunächst das Gleitmittel ausgebrannt werden, ohne dass es zu Blährissen kommt und ohne dass sich Rückstände an der Bauteiloberfläche oder im Ofen bilden. Gleitmittelfreie Bauteile, z. B. isostatisch gepresste oder schüttgesinterte Bauteile sind in dieser Hinsicht unkritisch.

Beim weiteren Aufheizen müssen die Oxide der Pulverpartikelchen reduziert werden, weil Oxide Barrieren für die Diffusion darstellen. Bei niedrigen Temperaturen läuft die Oxidreduktion über den Wasserstoffanteil in der Atmosphäre, oberhalb von 850 °C vorwiegend karbothermisch, falls die Bauteile Kohlenstoff enthalten. Entscheidend für die Reduktion ist dabei nicht der Taupunkt des Schutzgases, sondern das Partialdruckverhältnis $p(H_2)/p(H_2O)$ bzw. $p(CO)/p(CO_2)$.

Während der Hochtemperaturphase im Sinterzyklus kommt es zum atomaren Stoffaustausch zwischen sich gegenseitig berührenden Partikelchen. Zum größten Teil durch Oberflächendiffusion und zu einem geringeren Teil durch Korngrenzendiffusion wachsen, von den Berührstellen ausgehend, unter Abbau von Oberflächenenergie Sinterbrücken. Die Querschnitte der Sinterbrücken oder -hälse bestimmen zusammen mit den Legierungsbestandteilen in den Sinterbrücken die Bauteileigenschaften.

Werkstoffe, die Legierungselemente in elementarer Form oder als Meisterlegierungen enthalten, beginnen, durch Volumendiffusion zu homogenisieren. Bei 1.120 °C kann nur das Legierungselement Kohlenstoff genügend weite Wege zurücklegen, um sich gleichmäßig im Stahl zu verteilen.

Legierungspartikel, die beim Sintern nicht aufschmelzen, lassen sich selbst bei hohen Sintertemperaturen nur homogenisieren, wenn sie im Ausgangszustand sehr fein, aber nicht agglomeriert sind. Legierungspartikel, die beim Sintern schmelzen, benetzen die ehemaligen Partikelgrenzen und drücken diese auseinander, so dass die Bauteile wachsen. Will man das Wachstum unterdrücken oder mildern, muss man die Sinterhalsbildung bei tiefen Temperaturen unterhalb der Schmelzebildung unterstützen, in Eisen z. B. mit Phosphor. Ist der Anteil an aufschmelzenden Gefügebestandteilen gering, verteilen sich die Legierungsatome nach dem Benetzen von Partikel- und Korngrenzen durch Volumendiffusion ins Innere des Basismetalls.

Sinterfehler, die wirklich durch den Sinterprozess entstehen, beruhen ausschließlich auf unerwünschten Wechselwirkungen des Bauteils mit der Umgebung. Sehr bekannt ist die Entkohlung der Bauteiloberfläche in Stickstoff-Wasserstoff-Atmosphären mit zu hohem Wasserdampfpartialdruck oder in Endogasatmosphären mit zu geringem Kohlenstoffpegel. Alternativ kann es zu unerwünschten Aufkohlungen von kohlenstofffreien oder kohlenstoffarmen Eisenwerkstoffen kommen, wenn N_2-H_2-Atmosphären ein zu hoher Gehalt an Kohlenwasserstoffen zum Trocknen des Schutzgases zugegeben wird. In stickstoffhaltigen Atmosphären sticken Stähle mit höheren Chromgehalten auf. Bei rostfreien Stählen geht dabei die Rostfreiheit verloren. Bei Hochtemperatursinterungen kann es im Kontakt mit reaktionsfähigem Kohlenstoff zu Anschmelzungen kommen.

Alle anderen Fehler, die mit dem Sintern in Verbindung gebracht werden, werden beim Sintern erst sichtbar, sind aber in vorgelagerten Arbeitsgängen oder im Pulver bereits angelegt. Beispiele sind Blährisse, bei denen das Gleitmittel an frischen Eisenoberflächen katalytisch gespalten wird, Fehler durch Verunreinigungen im Pulver wie Sulfidreste vom Waschen der Werkzeuge, Ölschlamm von der Matrizenplatte, Flitter aus der Oberfläche von Bauteilen mit unzureichendem Gleitmittel oder Rostklümpchen. Verzüge gehen bei normalen Sintertemperaturen fast immer auf das Konto von elementarem Kupfer, das sich beim Handhaben und besonders beim Füllen entmischt.

Der Arbeitsgang Sintern kann mit anderen Arbeitsgängen kombiniert werden, z. B. mit einer Kupferinfiltration oder mit dem Diffusionsfügen von Bauteilen, die im Grünzustand formschlüssig montierbar sein müssen, durch ihr Maßverhalten Montagespalte überbrücken und anschließend versintern. Diffusionsfügen kann durch eine geringe Menge Infiltrierlegierung wirkungsvoll unterstützt werden. Eine andere Fügetechnik für Grünlinge, die keinen Formschluss verlangt, ist das Sinterlöten mit speziellen Aktivloten, deren Schmelztemperatur im Kontakt mit Eisen über die Sintertemperatur ansteigt, so dass die Porosität in der unmittelbaren Umgebung des Lötspaltes versiegelt wird.

Mit Stählen, die so legiert sind, dass Ferrit-, Perlit- und Bainitbildung erst nach langen Zeiten beginnen, kann es bei den mäßigen Abkühlgeschwindigkeiten heutiger Öfen gelingen, während der Abkühlung aus der Sinterhitze martensitische Härtegefüge zu erzeugen. Ohne ungewöhnlich hohe Legierungsgehalte an Chrom, Nickel und Molybdän, assistiert von Mangan, Kupfer und weiteren Legierungelementen in Kombination mit Kohlenstoff, bedarf es einer Schroffkühlung in der Kühlzone, mit der vor allem das Temperaturgebiet zwischen etwa 850–350 °C schnell durchfahren wird, um martensitische Gefügezustände einzustellen.

6 Eigenschaften poröser Stähle

Mit Ausnahme der spezifischen Wärme, des Wärmeausdehnungskoeffizienten, der Curie-Temperatur und der Schmelztemperatur hängen die Eigenschaften poröser Sinterwerkstoffe von der Porosität ab. Eine quantitative Beschreibung dieser Porositätsabhängigkeit der Eigenschaft P liefert

$$\frac{P}{P_0} = \left(\frac{\rho}{\rho_0}\right)^m \tag{6.1}$$

(P: Eigenschaft; P_0: Eigenschaft bei voller Dichte; ρ: Dichte; ρ_0: Dichte des porenfreien Zustandes; m: Dichteexponent). Die Dichte des porenfreien Zustandes darf für viele niedriglegierte Stähle zu ungefähr 7,85 g/cm^3 angesetzt werden, Stähle mit Cu, Mo und 4 % Ni haben etwa 7,90 g/cm^3, austenitische Cr-Ni-Stähle ca. 7,95 g/cm^3, und ferritische Chromstähle mit 16–18 % Cr liegen bei 7,69 g/cm^3. Eine martensitische Härtung mit 0,5–0,6 % C verringert ρ_0 um etwa 0,03 g/cm^3. Liegen gemessene Eigenschaften P für unterschiedliche Dichten ρ vor, lassen sich bei bekanntem ρ_0 die Größen P_0 und m durch lineare Regression in doppellogarithmischen Koordinaten bestimmen. Bei entsprechenden Auswertungen stellt man fest, dass der Dichteexponent für bestimmte Eigenschaften recht charakteristische Werte annimmt, Abb. 6.1. Keine Eigenschaft ist direkt dichteproportional, am wenigsten weichen Temperatur- und Wärmeleitfähigkeit von der direkten Proportionalität ab, am stärksten Schlagarbeiten, die erst oberhalb von relativen Dichten von etwa 0,75 messbar werden, obschon nach DIN ISO 5754 für poröse Sinterwerkstoffe eine ungekerbte Probengeometrie von 55×10×10 mm genormt ist. Offenbar ist im Fall einer Schlagbeanspruchung die innere Kerbwirkung durch die Porosität so groß, dass bei niedrigen Dichten nur sehr wenig Schlagenergie absorbiert werden kann.

Neben der Abhängigkeit des Exponenten m von der betrachteten Eigenschaft lassen sich sekundäre, aber systematische Einflussgrößen ausmachen, die m mitbestimmen und die weniger gut bekannt sind. Hier sind die Sinterbedingungen und die Porengröße zu nennen. Hohe Sintertemperaturen ergeben kleinere Dichteexponenten als die Standardsinterung bei 1.120 °C. Ähnlich wirken Pulver, die zahlreiche kleine statt weniger großer

P. Beiss, *Pulvermetallurgische Fertigungstechnik*,

DOI 10.1007/978-3-642-32032-3_6,

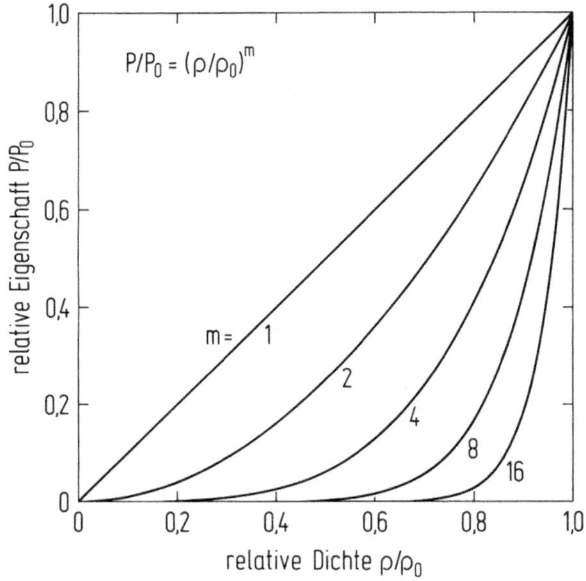

Wärmeleitfähigkeit	$1{,}5 \le m \le 3{,}5$
elastische Moduln	$2{,}5 \le m \le 4{,}5$
Schwingfestigkeiten	$3{,}5 \le m \le 5{,}5$
Schlagzähigkeit, ungekerbt	$m > 12$

Abb. 6.1 Abhängigkeit der Eigenschaften poröser Sinterwerkstoffe von der relativen Dichte

Poren im Gefüge zurücklassen. Geringere m-Werte zeigen überlegene Eigenschaften bei einer gegebenen Dichte an. Gl. 6.1 ist historisch zwar aus der experimentellen Beobachtung entstanden, wurde aber in der Folge mehr und mehr mit physikalischem Verständnis unterlegt, so dass man heute nicht mehr von einer empirischen Gleichung sprechen kann. Vor allem die grundlegende Herleitung des Dichteexponenten m für unterschiedliche Eigenschaften ist gut gesichert [BOCC94]. Der Einfluss der Sinterbedingungen kann mit dem Larson-Miller-Parameter P_S erfasst werden.

$$P_S = T(20 + \log t[h]) \tag{6.2}$$

(T: thermodynamische Temperatur; t: Sinterzeit bei der Temperatur T in Stunden). Lässt man die Dimension der Zeit unberücksichtigt, hat P_S die Dimension einer Temperatur. Für industrielle Sinterbedingungen von Eisen und Stahl sind Werte im Bereich $27.000\ K \le P_S \le 29.000\ K$ als normale Sinterung anzusehen, bei $P_S > 29.000\ K$ spricht man von Hochtemperatursinterung. Dieser Wert entspricht Sinterbedingungen von etwa 30 min bei 1.200 °C. Außer für Sonderzwecke wird Stahl nicht bei $P_S < 27.000\ K$ gesintert (1.120 °C, 14 min).

Auch für die Porengröße und -morphologie lassen sich Kenngrößen aus der quantitativen Bildanalyse der Porosität ableiten [BEIS09, ANDE10], dieses Arbeitsgebiet ist aber noch im Fluss, so dass darauf nur punktuell eingegangen wird.

6.1 Elastische Eigenschaften

Der E-Modul gesinterter Eisenwerkstoffe ist bis zu hohen Porositäten sehr gut in der Literatur belegt [MCAD51, ASM78, NIKO83, HAYN89, MOON89, HAYN90, KLUM92, PIOT92, YU92, YU93, DANN93, BOSS95, VKAM95, SAND96, STRE97, SAND99b, CASI00, HIRO01, HUAN01]. Einzelangaben speziell zum E-Modul finden sich in fast allen Untersuchungen mechanischer Eigenschaften von Sinterstählen, so dass ein vollständiger Überblick nicht möglich ist. Legierungseffekte machen sich erst bei sehr hohen Legierungsgehalten, z. B. bei ferritischen oder austenitischen rostfreien Stählen, bemerkbar und bleiben hier unberücksichtigt. Der Überfluss an Daten erlaubt es, zwischen wasserverdüsten und Schwammeisenpulvern sowie zwischen normalen Sinterbedingungen und Hochtemperatursinterungen zu unterscheiden. Wegen der geringeren Streuungen wurden Ergebnisse aus Ultraschallmessungen mechanisch ermittelten Messergebnissen vorgezogen. Aus den jeweiligen Regressionsrechnungen ergaben sich die folgenden Koeffizienten für Gl. 6.1 [BEIS03a].

	Schwammeisenbasispulver		Wasserverdüste Eisenbasispulver	
P_S, K	<29.000	>29.000	<29.000	>29.000
E_0, kN/mm²	230,6	231,5	212,4	221,6
m	3,329	3,279	3,520	3,354

Die Dichteexponenten sind für Stähle auf der Basis von Schwammeisen kleiner als für Stähle aus wasserverdüsten Pulvern. Bei hohen Sintertemperaturen mit $P_S > 29.000$ K ist der Exponent ebenfalls kleiner als bei normalen Sinterbedingungen $27.000\ \text{K} \le P_S \le 29.000$ K. Diese Unterschiede spiegeln die Porengröße und -morphologie wider. Allerdings liefert die Regressionsrechnung E-Moduln E_0 für den porenfreien Zustand, die nicht mit etabliertem Wissen übereinstimmen. Deshalb wurde ein Satz konsistenter isotroper Vielkristallwerte für den porenfreien Zustand aus den Einkristallauswertungen in [WAWR78] für 20 °C festgelegt:

E_0 = 211,60 kN/mm² (E-Modul)
G_0 = 82,15 kN/mm² (G-Modul)
K_0 = 166,33 kN/mm² (Kompressionsmodul)
λ_0 = 111,55 kN/mm² (Lamésche Konstante)
ν_0 = 0,28795 (Querdehnungszahl)

Für isotrope Vielkristalle sind nur zwei elastische Konstanten unabhängig voneinander, so dass jede andere elastische Größe aus zwei anderen berechnet werden kann, im Fall des E-Moduls z. B. aus

Tab. 6.1 Exponenten m und n zur Abschätzung von E-Modul und Gleitmodul aus Gl. 6.1 mit $E_0 = 211{,}6$ kN und $G_0 = 82{,}15$ kN

Pulvertyp	Sinterbedingungen	m	n
Schwammeisen	$27.000\ K \leq P_S \leq 29.000\ K$	3,0	2,84
Schwammeisen	$P_S > 29.000\ K$	2,9	2,84
Wasserverdüst	$27.000\ K \leq P_S \leq 29.000\ K$	3,5	3,34
Wasserverdüst	$P_S > 29.000\ K$	3,0	2,94

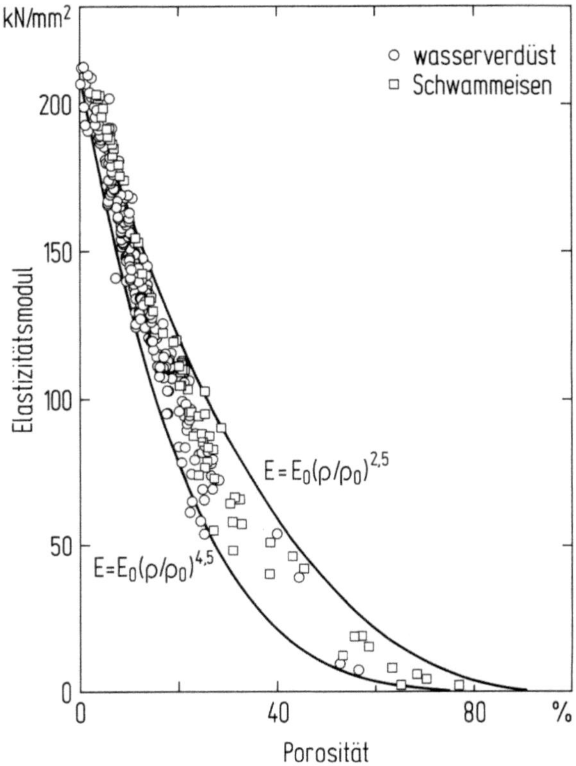

Abb. 6.2 Abhängigkeit des E-Moduls unlegierter und niedriglegierter Sinterstähle von der Porosität

$$
\begin{aligned}
E &= 2G(1+\nu) \\
&= \frac{9KG}{(3K+G)} \\
&= \frac{G(3\lambda+2G)}{(\lambda+G)} \\
&= 3K(1-2\nu) \\
&= \frac{9K(K-\lambda)}{(3K-\lambda)} \\
&= \frac{\lambda(1+\nu)(1-2\nu)}{\nu}
\end{aligned}
\tag{6.3}
$$

Akzeptiert man als Obergrenze für den porenfreien Zustand den Wert $E_0 = 211{,}60$ kN/mm², erhält man bestangepasste Exponenten m nach Tab. 6.1, mit denen man den E-Modul zu jeder Fertigungsbedingung abschätzen kann.

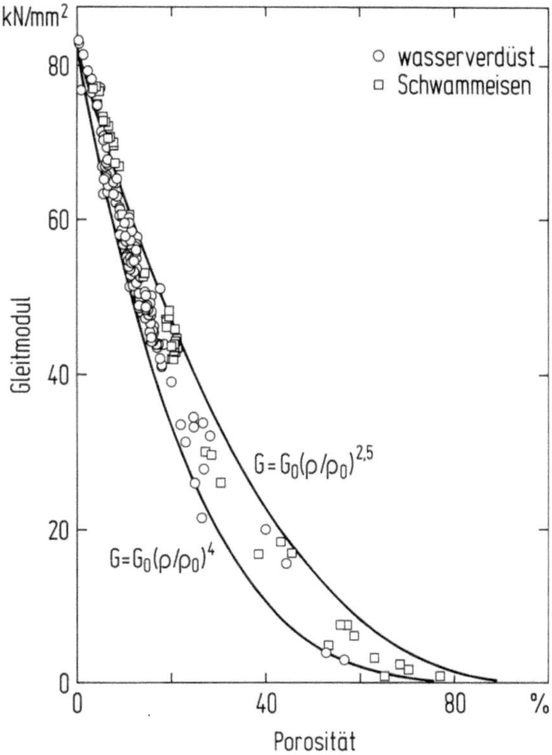

Abb. 6.3 Abhängigkeit des Gleitmoduls von der Porosität für unlegierte und niedriglegierte Stähle

In Abb. 6.2 sind alle Werte ohne Unterscheidung über der Porosität aufgetragen. Man erkennt tendenziell höhere Werte für Werkstoffe auf Schwammeisenbasis. Mechanisch gemessene Werte liegen stets in der Nähe der unteren Streubandbegrenzung. Bei hohen Dichten liegen viele Daten oberhalb des Streubandes, so dass man den E-Modul mit $E_0 = 211{,}60\ \mathrm{kN/mm^2}$ und m nach Tab. 6.1 leicht unterschätzt. In [HAYN90] wird dieser Effekt mit dem Übergang von offener zu abgeschlossener Porosität in Verbindung gebracht, der oberhalb von etwa $\rho/\rho_0 \approx 0{,}93$ eintritt. Für praktische Belange braucht diese Abweichung von Gl. 6.1 nicht berücksichtigt zu werden.

Am genauesten und mit der geringsten Messwertstreuung lässt sich der Gleitmodul messen, weil er nur von einer Schallgeschwindigkeit abhängt.

$$G = \rho v_t^{\,2} \tag{6.4}$$

(v_t: transversale Schallgeschwindigkeit) Experimentelle Ergebnisse sind in Abb. 6.3 über der Porosität aufgetragen [HAYN89, MOON89, HAYN90, YU92, VKAMP95, STRE97, SAND99b, HIRO01]. Das Streuband ist erkennbar enger als das für den E-Modul. Bei hohen Dichten wird auch der Gleitmodul mit Gl. 6.1 unterschätzt. Für den Gleitmodul liegen nicht genügend Daten für eine Unterscheidung des Dichteexponenten nach Basispulver oder Sintertemperatur vor. Deshalb wird von der Tatsache Gebrauch gemacht, dass nur zwei elastische Konstanten von isotropen Vielkristallen unabhängig voneinander sind, um einen Dichteexponenten für den Gleitmodul zu gewinnen. Dazu wird die Dich-

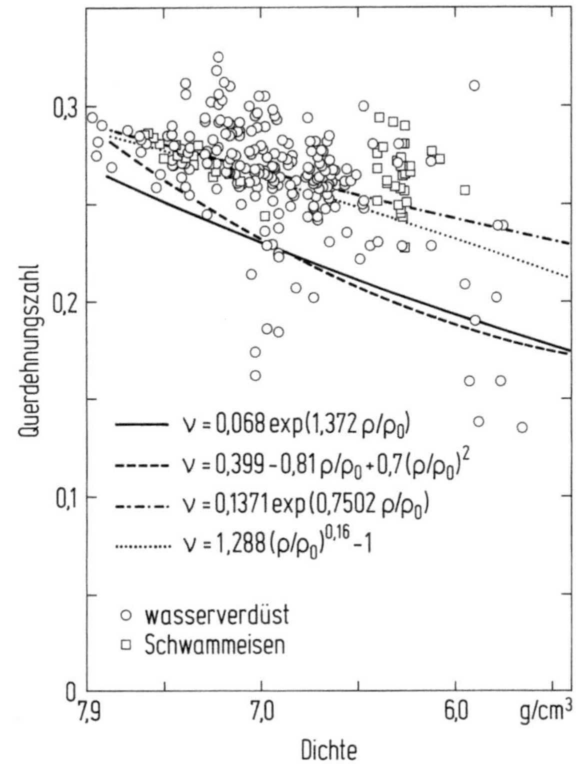

Abb. 6.4 Gemessene Querdehnungszahlen und beschreibende Gleichungen

teabhängigkeit der Querdehnungszahl ν zunächst nach Daten aus [HAYN89, MOON89, HAYN90, MARR92, YU92, YU93, YU95, VKAM95, STRE97] in Abb. 6.4 betrachtet und mit verschiedenen Empfehlungen zur Abschätzung von ν verglichen [HAYN81, MOSC84, VKAM95]. Die älteren Schätzungen stimmen nicht gut mit gemessenen Werten überein, insgesamt ist die Streuung hoch. In [YU95] wurde gezeigt, dass Querdehnungszahlen aus Ultraschalluntersuchungen mit einer Sender-Empfänger-Anordnung in der Konsistenz der Ergebnisse Werten aus Resonanzverfahren weit überlegen waren. Deshalb wurden Querdehnungszahlen aus mechanischen Messungen und aus Ultraschall-Resonanzmessungen von der Auswertung ausgeschlossen und nur Impuls-Echo- und Sender-Empfänger-Ergebnisse weiter verfolgt. Nach [KRAU86] erhält man die Querdehnungszahl aus der longitudinalen, v_l, und der transversalen Schallgeschwindigkeit v_t zu

$$\nu = \frac{0{,}5\, v_l^2 - v_t^2}{v_l^2 - v_t^2} \tag{6.5}$$

Da hier Differenzen von quadrierten Messergebnissen dividiert werden, machen sich bereits kleine Messfehler in großen Streuungen bemerkbar.

Besonders die Daten aus [SAND99b], die den Dichtebereich von etwa 30 % auf 80 % Porosität ausweiteten, erlaubten eine Trennung in normale und Hochtemperatursinterung. Für isotrope vielkristalline Werkstoffe gilt

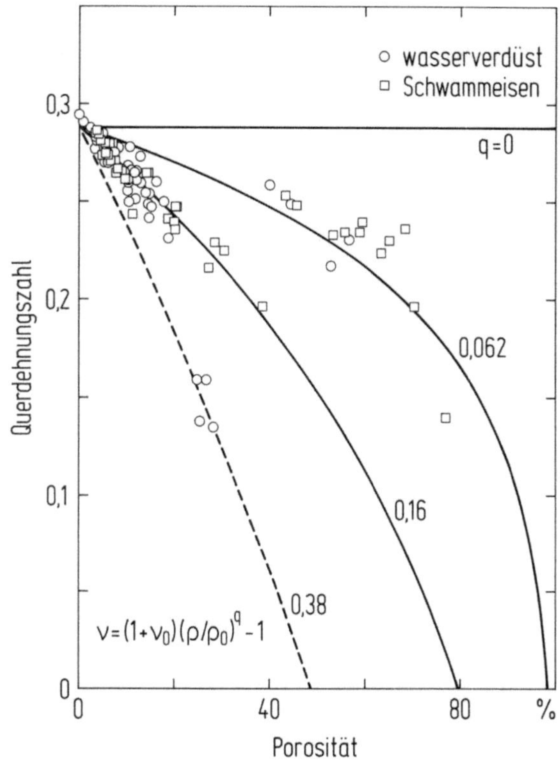

Abb. 6.5 Querdehnungszahlen aus Ultraschallmessungen mit Sender-Empfänger- oder Impuls-Echo-Verfahren

$$\frac{E}{G} = 2(1 + \nu) \tag{6.6}$$

Weiterhin soll Gl. 6.1 für E und G anwendbar sein, also

$$E = E_0 \left(\frac{\rho}{\rho_0}\right)^m \quad und \quad G = G_0 \left(\frac{\rho}{\rho_0}\right)^n.$$

Setzt man diese Beziehungen in Gl. 6.6 ein, folgt

$$\frac{E_0}{G_0} \cdot \left(\frac{\rho}{\rho_0}\right)^{m-n} = 2(1 + \nu). \tag{6.6}$$

Mit $E_0/G_0 = 2(1 + \nu_0)$ und $m - n = q$ erhält man

$$1 + \nu = (1 + \nu_0) \cdot \left(\frac{\rho}{\rho_0}\right)^q \tag{6.7}$$

Daraus ergibt sich mit Ausnahme einiger Daten aus [HAYN89] bei Dichten unter 6 g/cm^3 ein konsistentes Bild, Abb. 6.5. Wäre m=n, hinge die Querdehnungszahl nicht von der Dichte ab. Diese Annahme wird aber experimentell nicht gestützt, da die Querdehnungszahl ganz offensichtlich mit zunehmender Porosität abfällt. Die Mehrzahl alle Ergebnisse aus normalen Sinterbedingungen wird im Mittel mit m − n = q = 0,16 brauchbar be-

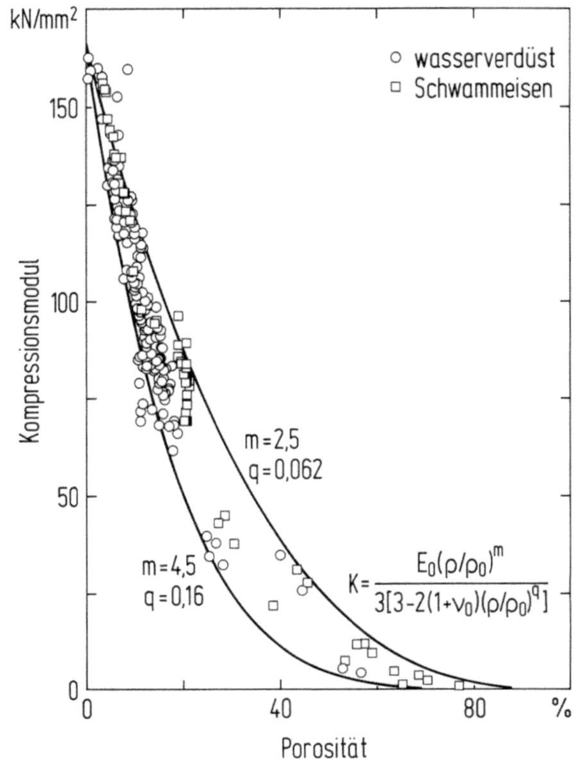

Abb. 6.6 Abhängigkeit des Kompressionsmoduls von der Porosität für unlegierte und niedriglegierte Sinterstähle

schrieben. Die Werte aus Hochtemperatursinterungen folgen eher einem Verlauf, der mit q=0,062 beschrieben werden kann. Ein so hoher Wert wie q=0,38, der die Querdehnungszahlen aus [HAYN89] für Dichten unter 6 g/cm^3 gut abbilden würde, wird durch die Fülle der anderen Ergebnisse nicht bestätigt. Eine Unterscheidung zwischen wasserverdüstem und Schwammeisenpulver kann streuungsbedingt nicht getroffen werden. Damit können die Dichteexponenten n für den Gleitmodul festgelegt werden, indem die Exponenten für den E-Modul in Tab. 6.1. um 0,16 bzw. 0,06 vermindert werden. Diese Werte sind ebenfalls in Tab. 6.1 aufgeführt. Die Dichteabhängigkeit des Gleitmoduls ist demnach weniger stark ausgeprägt als die des E-Moduls, eine Beobachtung, die bereits in [BOCC86] erwähnt wurde. Der Kurvenverlauf nach Gl. 6.7 ist mit dem Exponenten q=0,16 in Abb. 6.4 wiedergegeben. Demnach ist die Dichteabhängigkeit der Querdehnungszahl erheblich geringer als in früheren Auswertungen angenommen.

Kennt man m, n und q, kann man zu jeder Kombination zweier bekannter elastischer Größen den Kompressionsmodul K errechnen.

$$K = \frac{2G(1+\nu)}{3(1-2\nu)} = \frac{EG}{3(3G-E)} = \frac{E}{3(1-2\nu)}$$

Die Daten aus [HAYN89, MOON 89, HAYN90, YU92, YU93, VKAM95, STRE97, SAND99b] wurden entsprechend ausgewertet, aus den drei Einzelwerten wurden Mittelwerte gebildet und über der Porosität in Abb. 6.6 dargestellt. Die obere und die untere Grenzkurve wurden mit den Extremwerten der Exponenten aus Abb. 6.2 und Abb. 6.5 berechnet. Mit ganz wenigen Ausnahmen liegen die errechneten Kompressionsmoduln zwischen den errechneten Grenzen. Zur konkreten Berechnung werden die Exponenten nach Tab. 6.1 empfohlen, für normale Sinterbedingungen wird $q=0{,}16$ angesetzt, für Hochtemperatursinterung $q=0{,}06$.

Genauso kann man bei bekannten E, G, K und ν die Laméсche Konstante berechnen, für die es dann sechs Bestimmungsgleichungen gibt. Die Mittelwerte aller sechs Rechenergebnisse fügen sich auch hier in ein Streuband, das mit $m=4{,}5$ und $q=0{,}16$ bzw. $m=2{,}5$ und $q=0{,}062$ eingegrenzt werden kann. Für konkrete Berechnungen sei auf Tab. 6.1 verwiesen.

6.2 Kennwerte des Zugversuchs und Härte von Formteilwerkstoffen

Härten von Sinterteilen mit Poren sind bei gleicher Härte der Mikrostruktur sehr von der Dichte am Messort abhängig. Übliche Messmethoden sind die Verfahren nach Brinell z. B. mit einem Kugeldurchmesser von ∅ 2,5 mm und 613 N bzw. 1839 N Belastung, nach Vickers mit Lasten von 98 N oder 294 N und nach der Rockwell-B-Skala für ungehärtete Bauteile sowie nach den Rockwell-A- und -C-Skalen für gehärtete Zustände, für die auch Vickersmessungen in Betracht kommen. In keinem Fall ist das Ergebnis poröser Werkstoffe mit einem metallurgisch gleichwertigen porenfreien Gefüge vergleichbar. Deshalb ist die Härte eines porösen Stahls alleine ohne Informationen zum Gefüge nicht ausreichend, um z. B. das Verschleißverhalten zu beurteilen.

Nach DIN EN ISO 2740 sind die Geometrien für Zugversuchsproben mit Sinteroberfläche festgelegt. Für matrizengepresste Formteilwerkstoffe sind zwei Probestäbe genormt, die bei leichter Taillierung im engsten Querschnitt eine Breite von 5,65 mm und eine Dicke von 5 bis 6,5 mm haben. Am Übergangsradius zum Einspannkopf soll die Probenbreite 5,9 mm betragen. Durch die Taillierung von 5,65 auf 5,9 mm Breite wird der Probenbruch in der Mitte der Messlänge erzwungen. Die Längen zwischen den beginnenden Übergangsradien sind 32 und alternativ 45 mm. Zugversuchsproben für den Metallpulverspritzguss haben Kreisquerschnitte zwischen ∅ 3,8 mm und ∅ 5,8 mm innerhalb der Messlänge, insgesamt sind drei unterschiedliche Abmessungen vorgegeben. Die Einspannköpfe sind löffelförmig ausgeführt.

Ergebnisse aus Zugversuchen und Härtewerte für die unterschiedlichsten Werkstoffe finden sich in zahllosen Veröffentlichungen. Angaben zur Dichteabhängigkeit finden sich eher in den einschlägigen Normen wie DIN 30910, DIN ISO 5755 oder MPIF Standard 35 sowie in Firmenprospekten der Hersteller. Die beste Zusammenstellung systematisch erarbeiteter Daten liefert [CASI00]. Dort findet sich für viele – meist etablierte – Stähle der Formteilfertigung der Einfluss der Dichte auf die Kennwerte des Zugversuchs, die

Härte und vereinzelt auf weitere mechanische oder physikalische Kennwerte aus experimentellen Untersuchungen. Eine weitere Quelle für mechanische Eigenschaften ist die „global powder metallurgy porperty database" der drei großen internationalen Fachverbände EPMA (European Powder Metallurgy Association), MPIF (Metal Powder Industries Federation) und JPMA (Japan Powder Metallurgy Association). Dieser Datenfundus ist frei und kostenlos zugänglich unter www.pmdatabase.com. Aus [CASI00] wurden, soweit genügend Daten vorhanden sind, die 0,2-%-Dehngrenze $R_{p0,2}$, die Zugfestigkeit R_m und die Vickershärte mit Gl. 6.1 ausgewertet. Dabei zeigte sich, dass die Dichteexponenten m eigenschaftsspezifisch von der Art des Eisenbasispulvers geprägt sind. Generell sind die Dichteexponenten bei Stählen aus Schwammeisenpulver niedriger als bei Stählen aus wasserverdüsten Pulvern. Ein Einfluss der Sintertemperatur ist nicht zu erkennen, allerdings liegen dazu nur begrenzte Datenmengen vor. Die Dichteexponenten wurden gruppenweise zu Mittelwerten zusammengefasst und sind in den Ergebnistabellen aufgeführt. Zugfestigkeit und Härte haben weitgehend gleiche Dichteexponenten, die durchweg höher liegen als die der 0,2-%-Dehngrenze. Als Referenzdichte für berechnende Abschätzungen wurde nicht die Dichte des porenfreien Zustandes ρ_0 gewählt, weil die Eigenschaft P_0 bei ρ_0 aus den Messergebnissen durch eine weite Extrapolation gewonnen wird. Stattdessen wurde als Referenzdichte der Wert 7,0 g/cm³ verwendet, der meistens von den Messergebnissen eingegabelt wird, so dass die Eigenschaft bei der Referenzdichte interpolativ ermittelt werden kann. Damit lautet Gl. 6.1

$$P(\rho) = P(7,0\,g/cm^3) \cdot (\rho/7,0\,g/cm^3)^m$$

P(7,0 g/cm³) und die zugehörigen mittleren Dichteexponenten sind in den Tab. 6.2, 6.3, 6.4 aufgelistet. In den Tabellen wurden die folgenden Abkürzungen verwendet: DA: Ammoniakspaltgas; Endo: Endogas; 90/10: 90 % Stickstoff plus 10 % Wasserstoff; H_2: nominell reiner Wasserstoff; N: normale Sinterbedingungen mit 27.000 K $\leq P_S \leq$ 29.000 K, HT: Hochtemperatursinterung mit $P_S \geq$ 29.000 K. Spätere Werkstoffentwicklungen wurden von Seiten des Pulverherstellers, der [CASI00] herausgab, nicht mehr mit dem gleichen Aufwand dokumentiert. Dadurch sind für neuere Werkstoffe Angaben wie in den Tab. 6.2, 6.3, 6.4 nur punktuell möglich.

6.3 Schwingfestigkeit von Sinterstählen

Der größte Teil aller Bauteile aus Sinterstählen ist zyklischen Beanspruchungen ausgesetzt. Deshalb muss man bei der Auslegung einer Komponente das Verhalten bei schwingender Belastung zumindest abschätzen können. Diesem Verlangen wurde in der Normung bereits früh Rechnung getragen. In DIN ISO 3928 sind Geometrien für Proben mit Sinteroberfläche und für Rundproben mit spanend hergestellten Oberflächen genormt. Proben mit Sinteroberfläche werden gepresst und gesintert. Die Probenbreite an der engsten Stelle ist 5 mm, die Höhe soll zwischen 5 und 6,5 mm liegen. Spezifiziert sind eine un-

Tab. 6.2 0,2-%-Dehngrenze, Zugfestigkeit und Härte von elementar gemischten oder diffusionslegierten Stählen bei der Dichte von 7,0 g/cm³

Legierungsgehalte, Gew.-%					ρ_0, g/cm³	Schutzgas	Sintertemperatur	$R_{p0,2}$, N/mm²		R_m, N/mm²		Härte, HV10	
Cu	Ni	Mo	P	C				Schwammeisen	wasserverdüst	Schwammeisen	wasserverdüst	Schwammeisen	wasserverdüst
								m = 3,23	m = 3,50	m = 3,66	m = 4,29	m = 3,69	m = 4,35
–	–	–	–	–	7,85	DA, H_2	N	94	85	195	187	60	46
–	–	–	–	–	7,85	DA, H_2	HT	107	92	213	191	62	48
–	–	–	–	0,2	7,85	Endo	N	170	155	258	238	87	82
–	–	–	–	0,3–0,4	7,85	Endo	N	190	169	277	268	99	91
–	–	–	–	0,5	7,85	Endo	N	212	184	298	300	112	100
–	–	–	–	0,6–0,7	7,85	Endo	N	239	198	337	326	124	110
–	–	–	–	0,8	7,85	Endo	N	267	224	380	373	137	128
1,0	–	–	–	–	7,85	DA	N	147	146	238	233	74	62
1,5–2,0	–	–	–	–	7,85	DA	N	195	198	278	272	87	76
2,5–3,0	–	–	–	–	7,85	DA, H_2	N	233	216	311	283	93	81
3,5–4,0	–	–	–	–	7,85	DA, H_2	N	281	234	355	297	101	85
4,5	–	–	–	–	7,85	DA, H_2	N	311	244	383	305	105	86
–	1,0	–	–	–	7,85	DA	N	123	103	221	208	66	55
–	1,0	–	–	–	7,85	DA	HT	136	110	241	212	72	57
–	2,0	–	–	–	7,85	DA	N	152	121	249	229	73	64
–	2,0	–	–	–	7,85	DA	HT	166	129	270	232	82	67
–	2,5–3,0	–	–	–	7,85	DA	N	179	138	274	248	80	72
–	2,5–3,0	–	–	–	7,85	DA	HT	194	145	296	250	90	75
–	–	–	0,3	–	7,85	DA, H_2	N	218	194	326	309	90	95
–	–	–	0,4–0,5	–	7,85	DA, H_2	N	259	237	354	355	116	109
–	–	–	≈ 0,6	–	7,85	DA, H_2	N	265	300	366	412	120	128
1,0	–	–	–	0,2	7,85	Endo	N	224	193	299	289	103	104
1,5–2,0	–	–	–	0,2	7,85	Endo	N	273	230	337	335	116	124

Tab. 6.2 (Fortsetzung)

Legierungsgehalte, Gew.-%					ρ_0, g/cm³	Schutzgas	Sinter-tempe-ratur	$R_{p0,2}$, N/mm²		R_m, N/mm²		Härte, HV10	
Cu	Ni	Mo	P	C				Schwamm-eisen	wasser-verdüst	Schwamm-eisen	wasser-verdüst	Schwamm-eisen	wasser-verdüst
								m = 3,23	m = 3,50	m = 3,66	m = 4,29	m = 3,69	m = 4,35
2,5–3,0	–		–	0,2	7,85	Endo	N	315	264	379	361	129	133
3,5–4,0	–	–	–	0,2	7,85	Endo	N	369	318	445	387	150	142
≥ 4,5	–	–	–	0,2	7,85	Endo	N	408	352	485	410	157	154
2,0	–	–	–	0,3–0,4	7,85	Endo	N	315	282	402	408	135	146
3,5–4,0	–	–	–	0,3–0,4	7,85	Endo	N	430	378	508	454	163	158
2,0	–	–	–	0,5	7,85	Endo	N	352	327	464	470	154	165
3,5–4,0	–	–	–	0,5	7,85	Endo	N	476	428	561	512	176	172
2,5–3,0	–	–	–	0,6	7,85	Endo	N	421	397	537	540	172	186
2,0	–	–	–	0,6–0,7	7,85	Endo	N	376	360	512	518	167	180
3,5–4,0	–	–	–	0,6–0,7	7,85	Endo	N	507	463	597	556	185	184
≥ 4,5	–	–	–	0,6–0,7	7,85	Endo	N	544	491	619	560	188	182
–	–	–	0,3	0,1–0,15	7,85	Endo	N	283	263	379	380	120	128
–	–	–	0,45	0,1–0,2	7,85	Endo	N	322	299	431	412	141	136
–	–	–	0,45	0,3–0,4	7,85	Endo	N	–	322	–	446	–	151
–	–	–	0,45	0,5	7,85	Endo	N	443	356	557	497	169	165
–	–	–	0,6	0,05	7,85	Endo	N	339	–	448	–	146	–
–	–	–	0,6	0,12–0,17	7,85	Endo	N	–	339	–	456	–	148
2,5	2,5	–	–	–	7,85	DA	N	262	229	345	329	105	102
2,5	2,5	–	–	–	7,85	DA	HT	284	245	366	336	113	101
2,5	2,5	–	–	0,2	7,85	Endo	N	303	279	413	404	147	139
2,5	2,5	–	–	0,3–0,4	7,85	Endo	N	360	335	464	453	157	151
2,5	2,5	–	–	0,5	7,85	Endo	N	416	392	511	505	167	165
2,5	2,5	–	–	0,6–0,7	7,85	Endo	N	461	441	549	549	176	176

Tab. 6.2 (Fortsetzung)

Legierungsgehalte, Gew.-%					ρ_0, g/cm³	Schutzgas	Sintertemperatur	$R_{p0,2}$, N/mm²		R_m, N/mm²		Härte, HV10	
Cu	Ni	Mo	P	C				Schwamm-eisen	wasser-verdüst	Schwamm-eisen	wasser-verdüst	Schwamm-eisen	wasser-verdüst
								m = 3,23	m = 3,50	m = 3,66	m = 4,29	m = 3,69	m = 4,35
1,5	1,75	0,5	–	0,5–0,6	7,85	Endo	N	402	408	592	592	181	196
1,5	4,0	0,5	–	–	7,90	DA, 90/10	N	–	232	–	356	–	105
1,5	4,0	0,5	–	0,2	7,90	90/10	N	–	279	–	506	–	144
1,5	4,0	0,5	–	0,3–0,4	7,90	90/10	N	–	312	–	562	–	167
1,5	4,0	0,5	–	0,5	7,90	90/10	N	–	386	–	669	–	216
1,5	4,0	0,5	–	0,5	7,90	Endo	N	401	443	699	688	205	206
1,5	4,0	0,5	–	0,7–0,9	7,90	90/10	N	–	382	–	573	–	227
1,5	4,0	0,5		0,2	7,90	90/10	HT	–	340	–	565	–	168
1,5	4,0	0,5	–	0,5	7,90	Endo,90/10	HT	–	442	–	727	–	259

Tab. 6.3 0,2-%-Dehngrenze, Zugfestigkeit und Härte von Stahl mit 1,5 % Molybdän und elementaren oder diffusionslegierten Zusätzen bei einer Dichte von 7,0 g/cm³

Legierungszusätze, Gew.-%				ρ_0, g/cm³	Schutzgas	Sintertemperatur	$R_{p0,2}$, N/mm² m = 3,50	R_m, N/mm² m = 4,29	Härte, HV10 m = 4,35
Cu	Ni	P	C						
–	–	–	–	7,85	DA	N	132	217	61
–	–	–	–	7,85	DA	HT	146	231	65
–	–	–	0,2	7,85	Endo	N	195	307	126
–	–	–	0,2	7,85	90/10	HT	295	430	121
–	–	–	0,3–0,4	7,85	Endo	N	276	395	139
–	–	–	0,3–0,4	7,85	90/10	HT	349	490	141
–	–	–	0,6–0,7	7,85	Endo	N	427	560	167
–	–	–	0,6–0,7	7,85	90/10	HT	452	603	180
0,5–1,5	–	–	–	7,85	DA	N	167	257	75
0,5–1,5	–	–	–	7,85	DA	HT	198	264	77
–	–	0,45–0,6	–	7,85	DA	N	281	370	108
1,0	–	–	0,2	7,85	Endo	N	347	464	146
1,0	–	–	0,2	7,85	90/10	HT	388	512	145
1,0	–	–	0,3–0,4	7,85	Endo	N	402	525	161
1,0	–	–	0,3–0,4	7,85	90/10	HT	424	560	160
1,0	–	–	0,6–0,7	7,85	Endo	N	505	640	189
0,5–1,5	–	–	0,6–0,7	7,85	90/10	HT	487	648	188
2,0	–	–	0,2	7,85	Endo	N	399	523	154
2,0	–	–	0,3–0,4	7,85	Endo	N	445	593	172
2,0	–	–	0,5	7,85	Endo	N	492	666	192
2,0	–	–	0,6	7,85	Endo	N	511	691	188
–	2,0	–	0,5	7,85	Endo	N	482	639	186
–	2,0	–	0,8	7,85	Endo	N	504[a]	669[a]	199[a]
2,0	4,0	–	0,2	7,90	DA	N	454	646	165
2,0	4,0	–	0,2	7,90	DA	HT	508	766	192
2,0	4,0	–	0,3–0,4	7,90	DA	N	495	768	214
2,0	4,0		0,3–0,4	7,90	DA	HT	578	926	248
2,0	4,0		0,5	7,90	DA	N	523	866	244
2,0	4,0		0,5	7,90	DA	HT	652	1072	299

[a] Nach dem Sintern bei 200 °C angelassen

Tab. 6.4 0,2-%-Dehngrenze, Zugfestigkeit und Härte von Stählen, die mit Ausnahme von Kohlenstoff aus fertiglegierten Pulvern hergestellt wurden, bei einer Dichte von 7,0 g/cm³

Legierungszusätze, Gew.-%					ρ_0, g/cm³	Schutzgas	Sinter-temperatur	$R_{p0,2}$, N/mm² m=3,50	R_m, N/mm² m=4,29	Härte, HV10 m=4,35
Cr	Ni	Mo	Si	C						
–	1,9	0,55	–	–	7,85	DA	N	164	230	68
–	1,9	0,55	–	–	7,85	DA	HT	168	241	69
3,0	–	0,5	–	0,1	7,82	90/10	N	265	416	148
3,0	–	0,5	–	0,2	7,82	90/10	N	396	591	191
3,0	–	0,5	–	0,3	7,82	90/10	N	496	709	228
3,0	–	0,5	–	0,4	7,82	90/10	N	566	773	261
3,0	–	0,5	–	0,5	7,82	90/10	N	605	782	289
12	–	–	0,8	–	7,72	DA	N	372	387	335
12	–	–	0,8	–	7,72	DA	HT	474	556	318
12	–	–	0,8	–	7,72	H_2	HT	176	286	87
18	–	–	0,8	–	7,69	DA	N	162	204	320
18	–	–	0,8	–	7,69	DA	HT	227	417	–
18	–	–	0,8	–	7,69	H_2	HT	178	253	178
18	10	–	0,8	–	7,95	DA	N	389	468	152
18	10	–	0,8	–	7,95	DA	HT	380	492	142
18	10	–	0,8	–	7,95	H_2	HT	185	353	89
17	12	2,2	0,8	–	7,95	DA	N	352	436	146
17	12	2,2	0,8	–	7,95	DA	HT	357	480	137
17	12	2,2	0,8	–	7,95	H_2	HT	180	325	90

gekerbte Stundenglasprobe mit seitlichen Radien von 30 mm, eine mild gekerbte Probe mit seitlichen Einkerbungen von 60° Öffnungswinkel und einem Kerbradius von 0,9 mm Radius sowie eine scharf gekerbte Probe gleicher Geometrie mit einem Kerbradius von 0,45 mm Kerbradius, für die es allerdings weltweit kein Presswerkzeug gibt. Bei den gespanten Proben werden eine Stundenglasprobe mit einem Taillenradius von 35 mm und einem Durchmesser an der engsten Stelle von ∅ 4,76 mm für Umlaufbiegung und eine kurze Rundprobe mit ∅ 6,25 mm und 11 mm Messlänge für Axialversuche unterschieden. Daneben gibt es zahlreiche andere Geometrien, die z. B. von Pulver- oder Teileherstellern für Schwingfestigkeitsuntersuchungen verwendet werden. In Europa wird überwiegend in Flachbiegung mit Sinteroberfläche geprüft, in den USA und in Japan bevorzugt man die Umlaufbiegeprüfung mit der gespanten Rundprobe. Axialversuche oder Untersuchungen unter Torsion sind eher selten. Bei Axialversuchen mit Rechteckquerschnitten muss man mit großer Sorgfalt spannen, um verfälschende Biegemomente aus der Einspannung zu vermeiden. Die Ausrichtung der Proben in den Spannmitteln und Brüche der Einspannköpfe können ausgesprochen problematisch sein. Z. Zt. wird ISO 3928 von einer weltweiten Arbeitsgruppe neu gefasst.

Die Schwingfestigkeit ist keine einfache Materialkenngröße, die mit einem einzigen Zahlenwert belegt werden könnte, weil sie von vielen verschiedenen unabhängigen Variablen abhängt. Zahlenvergleiche sind deshalb nur unter präzise vorgegebenen Bedingungen sinnvoll, die Gesichtspunkte wie Art der Belastung, überlagerte statische Lastanteile, Probengröße oder Oberflächenzustand sowie Versuchsdurchführung und -auswertung berücksichtigen müssen. Speziell für Sinterteile müssen außerdem die Dichte, die Art des Grundpulvers mit seinen Auswirkungen auf die Porosität, die Sinterzeit und -temperatur, die Chemie der Schutzatmosphäre und die Beeinträchtigung der Oberfläche durch Arbeitsgänge nach dem Sintern, z. B. durch Kalibrieren, Zerspanung, Entgraten oder Dampfbehandlung als unabhängige Variablen gesehen werden. Die Zerspanung beeinträchtigt die Oberfläche gewöhnlich bis zu einer Tiefe von 50 μm durch lokale Verdichtung, Kaltverfestigung und Druckeigenspannungen, Effekte also, die die Schwingfestigkeit alle verbessern. Leider ist aber die Reproduzierbarkeit zerspanter Oberflächen nicht besonders gut, so dass Umlaufbiegeversuche hauptsächlich die Streuung der Ergebnisse erhöhen. Ähnliches erlebt man mit gespanten Kerben, die gewöhnlich höhere Schwingfestigkeiten liefern als geometrisch gleiche Kerben, die gepresst wurden [SONS81, SONS84].

Weiterhin gibt es Hinweise, dass auch die Prüffrequenz einen Einfluss ausübt, selbst wenn keine korrosiven Umgebungsbedingungen vorliegen, etwa bei Frequenzen im Ultraschallbereich oder bei sehr langsam wechselnden Belastungen.

Die Literatur über die Ermüdung metallischer Sinterwerkstoffe wurde mehrmals unter verschiedenen Blickwinkeln zusammengefasst [KRAV67, HAYN70, ONOD83, BEIS87, HADR97, SARI01]. Da Sinterbauteile meistens über lange Zeiten schwingender Beanspruchung ausgesetzt sind, werden hier nur so genannte Dauerfestigkeiten betrachtet, obschon aus Versuchen bis zu sehr hohen Schwingspielzahlen seit langem bekannt ist, dass auch jenseits der Grenzschwingspielzahl nach Norm die ertragbare Spannungsamplitude mit steigender Zahl der Lastwechsel weiter abfällt.

Da Prüfungen bis zur weltweit für Stähle einheitlich genormten Grenzschwingspielzahl von 10^7 Lastwechseln sehr viel Zeit beanspruchen, hat es viele Bemühungen gegeben, die Gesamtzeit zur Ermittlung eines Schwingfestigkeitswertes zu verkürzen, z. B. indem die Grenzschwingspielzahl, für die man das Dauerfestigkeitsniveau für erreicht hält, von 10^7 auf $2 \cdot 10^6$ zurücknahm, oder auch durch Verringerung der Probenzahl innerhalb einer Versuchsserie. Dadurch und durch einige andere verkürzende Maßnahmen wird die Verlässlichkeit der Ergebnisse deutlich gemindert, so dass die Resultate unterschiedlicher Arbeiten oft nicht wirklich vergleichbar sind.

In Anlehnung an die überwiegende Mehrheit der verfügbaren Informationen werden die herrschenden Kräfte und Momente sowie die belasteten Querschnitte benutzt, um eine nominelle Spannung zu berechnen.

Die allgemeinste Form der Lastaufbringung ist die Axialbelastung, die es erlaubt, die statischen Mittelspannungen vom positiven in den negativen Bereich hinein zu variieren, Abb. 6.7. Oft wird die Mittelspannung aber nicht ausdrücklich genannt, sondern indirekt durch das Verhältnis aus Unter- und Oberspannung $\sigma_U/\sigma_O = R$ wiedergegeben, weil während der Versuche nicht die Mittelspannung, sondern R konstant gehalten wird.

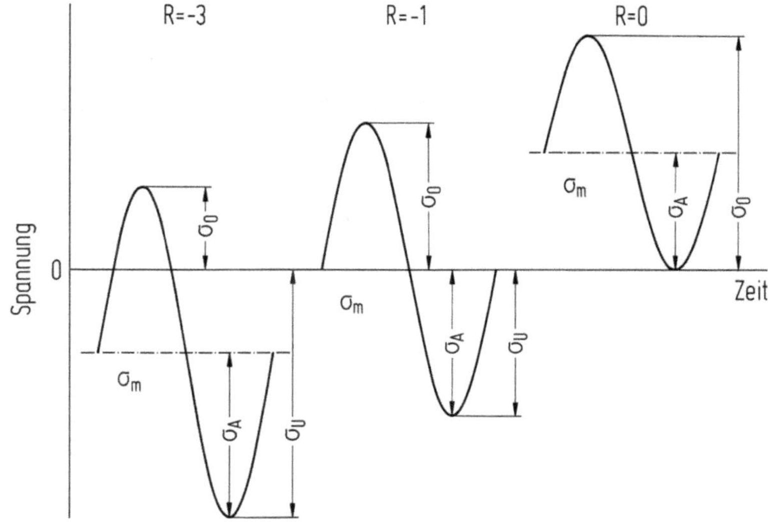

Abb. 6.7 Zur Definition des Spannungsverhältnisses R

6.4 Einfluss der Dichte auf die Wechselfestigkeit im Sinterzustand

In diesem Abschnitt werden nur reine Wechselfestigkeiten mit der Mittelspannung Null von ungekerbten Proben bei einer Bruchwahrscheinlichkeit von 50 % betrachtet. Die Versuchsführung und Auswertung fast aller Untersuchungen erlauben ohnehin kaum, andere Bruchwahrscheinlichkeiten zu errechnen, weil die statistische Absicherung fehlt.

Mehrere Untersuchungen beschäftigten sich mit der Schwingfestigkeit von Reineisen, das in nicht aufkohlenden Atmosphären gesintert und nicht wärmebehandelt wurde. Die Abhängigkeit der Dauerfestigkeit von der Dichte und der Einfluss von Grundpulver und Sintertemperatur lassen sich am ehesten an Flachbiegeergebnissen ablesen [BANK70, MEDR71, LIND73, RODZ80, ONOD83, BEIS87, LEDO89, BEIS01b, BEIS03b], die in den Abb. 6.8 und 6.9 miteinander verglichen sind. Geschwärzte Messpunkte stehen hier wie in den folgenden Bildern für Hochtemperatursinterung bei 1.200 °C oder höheren Temperaturen, offene Symbole sollen normale Sinterbedingungen bei etwa 1.120 °C anzeigen. Offenbar wird die Festigkeit in den meisten Fällen durch die höhere Sintertemperatur deutlich angehoben. Über weite Dichtebereiche liefert Schwammeisen höhere Dauerfestigkeiten als wasserverdüstes Pulver, weil die zahlreichen kleinen Poren von Werkstoffen aus Schwammeisen bei gleicher Dichte weniger innere Kerbwirkung verursachen als die weniger zahlreichen größeren Poren in wasserverdüstem Sintereisen.

Ein Zusatz von etwa 1 bis 2 % Cu hebt nach Abb. 6.10 die Dauerfestigkeit im Vergleich mit reinem Eisen um ungefähr 50 % an [WIES64, ZAPF66, ONOD83, SONS84, SONS85 SONS89, SMK90, SONS90, ZAFA07a]. Als Ausgleichskurve eignet sich zur Abschätzung typischer Werte – wie bei allen anderen mechanischen Eigenschaften – Gl. 6.1 mit einem Exponenten von $m \approx 5$. Für viele Fälle reichen diese sehr einfachen Angaben bereits aus,

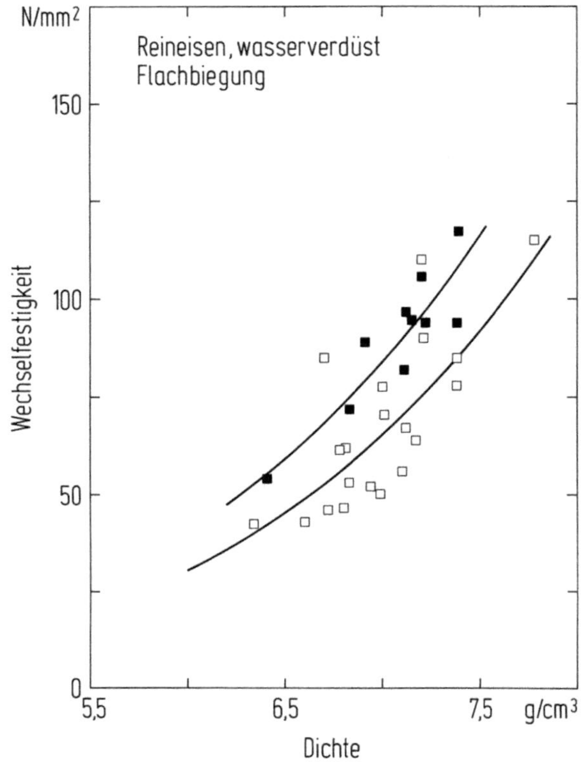

Abb. 6.8 Flachbiegeergebnisse von wasserverdüstem Reineisen

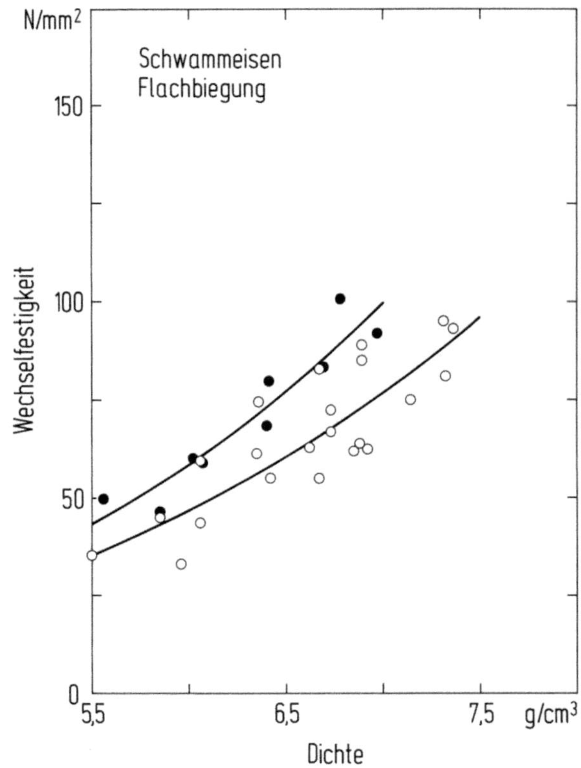

Abb. 6.9 Flachbiegeergebnisse mit Schwammeisen

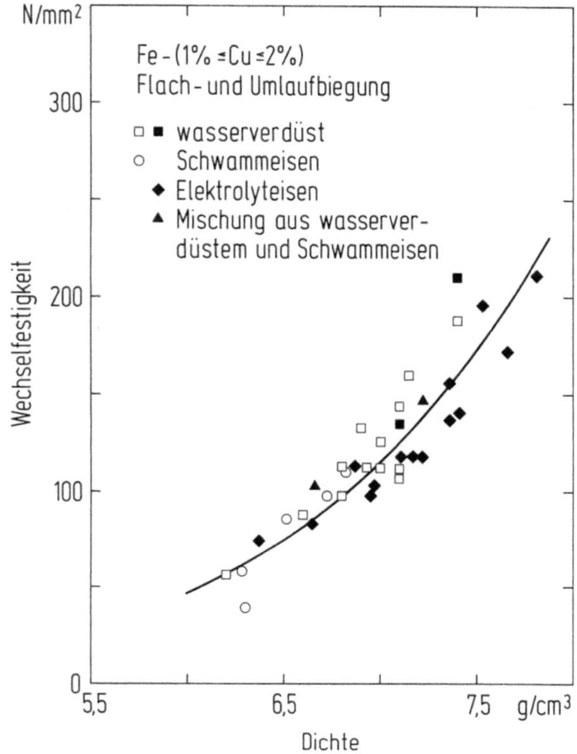

Abb. 6.10 Biegewechselfestigkeit von kohlenstofffreien Fe-Cu-Legierungen

um von der Schwingfestigkeit bei einer gegebenen Dichte auf den unbekannten Erwartungswert bei einer anderen Dichte zu schließen, für die keine Messwerte vorliegen.

Eine weitere Steigerung auf Werte, die im allgemeinen Maschinenbau bereits als sehr interessant gewertet werden können, erhält man durch einen Kohlenstoffzusatz zu Fe-Cu-Legierungen. Ergebnisse aus Umlaufbiegeversuchen sind in Abb. 6.11 wiedergegeben, wobei die Zahlenwerte hierfür vorwiegend aus nicht europäischen Quellen stammen [ONOD83, BHAM88, O'BRI88, LIN94a, CHRI95, RUTZ96, SAND96, CIMI97, SAND97, SARI97, SARI99, AGAK00, AGAK01], weil die Umlaufbiegeprüfung an Sinterwerkstoffen in Europa keine größere Bedeutung erlangt hat. Der Ausgleichskurve zufolge kann man bei 7,0 g/cm^3 Dichte bereits eine Umlaufbiegewechselfestigkeit von 200 N/mm^2 erwarten, die Streuung ist jedoch unbefriedigend.

Ein Beispiel für Zug-Druck-Wechselfestigkeit gibt Abb. 6.12 anhand der gleichen Werkstoffgruppe [SONS81, SONS84, BHAM88, SONS89, KLUM92, CHER94, BIAL97, SAND97, BERG99, PALM99]. Eingetragen sind hier auch Ergebnisse, die mit geringer Prüffrequenz gewonnen wurden. Allgemein liegen axiale Dauerfestigkeiten unter den Werten aus Biegeversuchen. Bei 5 Hz stellen sich merklich niedrigere Festigkeiten ein als bei den üblichen Prüffrequenzen. Damit reicht die Spanne der Messergebnisse bei einer Dichte von 7,0 g/cm^3 von etwa 90 bis 160 N/mm^2 für nominell gleichen Werkstoff. Es ist selbstverständlich, dass man mit einer so großen Unsicherheit nicht arbeiten kann. Jedenfalls

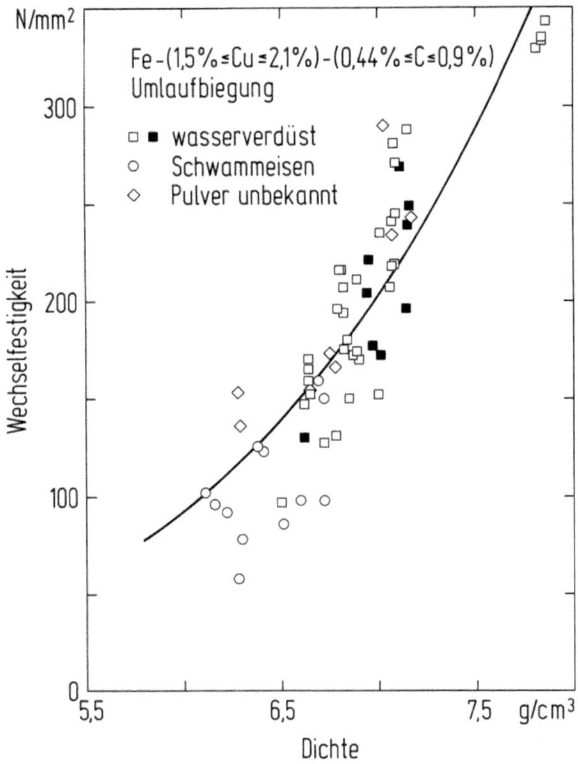

Abb. 6.11 Umlaufbiegewechselfestigkeit von Fe-Cu-C-Werkstoffen

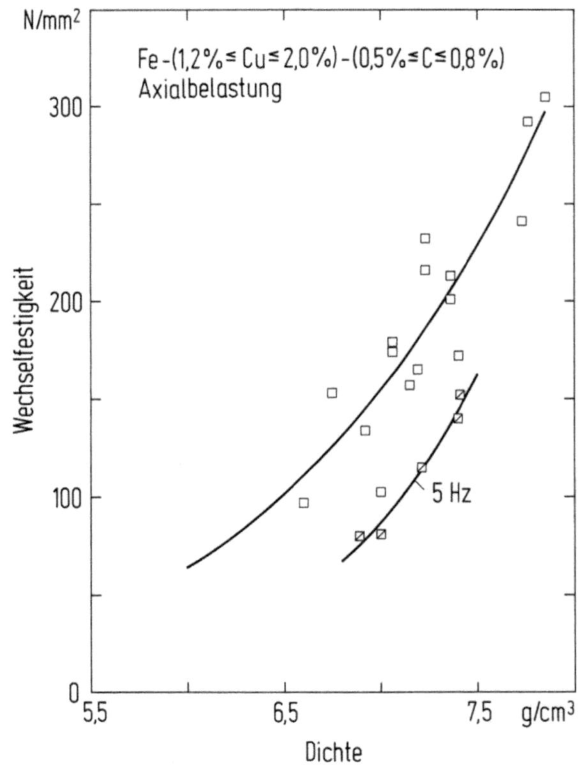

Abb. 6.12 Zug-Druck-Wechselfestigkeit von Fe-Cu-C-Werkstoffen

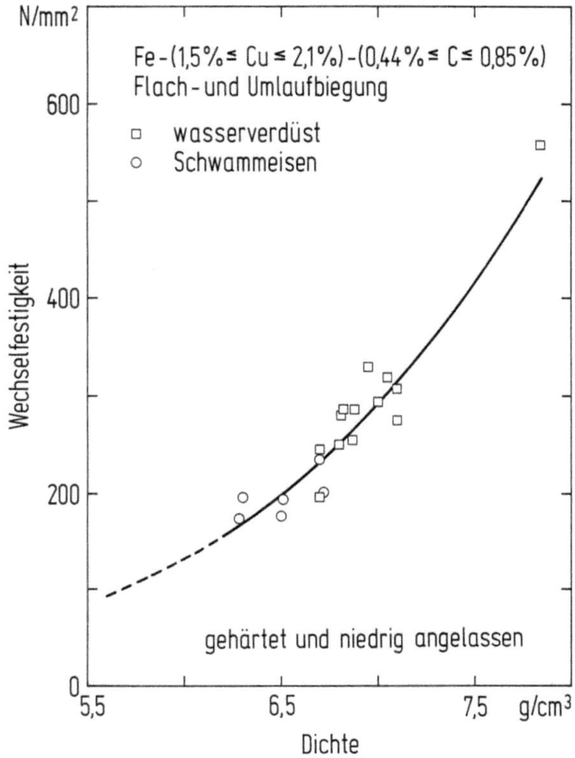

Abb. 6.13 Biegewechselfestigkeit von Fe-Cu-C-Stählen nach Härten und Anlassen bei niedrigen Temperaturen

zeigt Abb. 6.12 aber, dass die Schwingfestigkeit nicht unabhängig von der Frequenz zu sein scheint, obschon nichts über korrosive Zusatzbelastungen in den Arbeiten berichtet wird.

Für die Werkstoffgruppe der Fe-Cu-C-Stähle sind gelegentlich auch Schwingfestigkeiten im gehärteten und niedrig angelassenen Zustand zu finden [ONOD83, SONS84, LIN94a, SAND96, SAND97, ZAFA07b], die in Abb. 6.13 über der Dichte aufgetragen sind. Der prozentuale Festigkeitsgewinn durch die Wärmebehandlung beträgt über den gesamten Dichtebereich im Vergleich mit Abb. 6.11 etwa 55 %.

Über unlegiertes Eisen, Fe-C-Stähle, Fe-Cu-Stähle und Fe-Cu-C-Stähle liegen so zahlreiche Einzelergebnisse aus Biegeschwingversuchen vor, dass die Biegewechselfestigkeit ungekerbter Proben für konstante Dichte in Abhängigkeit von der chemischen Zusammensetzung angegeben werden kann, Abb. 6.14. Der Auswertung lagen etwa 700 Einzelwerte zugrunde, aus deren Dichteabhängigkeit nach Gl. 6.1 die Biegewechselfestigkeit bei der Dichte von 7,0 g/cm^3 interpoliert wurde. Diese Werte wurden durch den Ansatz

$$\sigma_{bw}(7{,}0\,\mathrm{g/cm^3}) = A(Cu + B)^C \cdot (K + D)^E \cdot (K \cdot Cu + F)^G \tag{6.8}$$

beschrieben. (Cu: Kupfergehalt in %; K: Kohlenstoffgehalt in %; A–G: Freiwerte) Die Koeffizienten A–G wurden durch multiple Ausgleichsrechnung bestimmt, Tab. 6.5. Der Korrelationskoeffizient betrug 0,971. Mit den Zahlenwerten aus Tab. 6.5 liefert Gl. 6.8 die

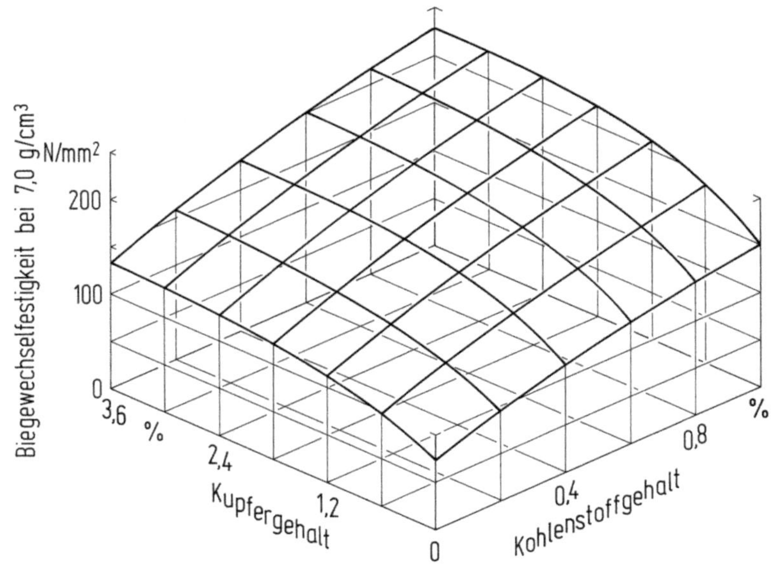

Abb. 6.14 Einfluss von Kupfer- und Kohlenstoffgehalt auf die Biegewechselfestigkeit von Fe-Cu-C-Stählen bei einer Dichte von 7,0 g/cm³

Tab. 6.5 Koeffizienten in Gl. 6.8

Koeffizient	A	B	C	D	E	F	G
Zahlenwert	411	0,531	0,324	0,244	0,425	11,0	−0,39

Biegewechselfestigkeit von Fe-Cu-C-Stählen im Wesentlichen aus wasserverdüsten Pulvern. Gl. 6.1 ergibt mit einem Dichteexponenten von $m \approx 5$ sehr gute Schätzwerte über den gesamten Dichtebereich von etwa 5,5 g/cm³ bis zur porenfreien Dichte von ca. 7,85 g/cm³, soweit der Werkstoff nicht delaminiert ist. Delaminierte Gefüge lassen die axiale und die Biegeschwingfestigkeit um 10–20 %, bei Torsion bis 35 % gegenüber dem rechnerischen Erwartungswert abfallen [DALG09, ZAFA11a].

Wie in 5.5 gezeigt wurde, führen höhere Kupfergehalte in elementaren Mischungen zu Verlusten in der Wiederholgenauigkeit von Dimensionen nach dem Sintern. Deshalb werden für höhere Schwingfestigkeiten statt Fe-Cu-C-Stählen eher Werkstoffe auf Reineisenbasis mit 4 % Ni, 1,5 % Cu und 0,5 % Mo eingesetzt, in denen die metallischen Legierungselemente während einer Diffusionsglühung in Form feiner elementarer Zusätze an das Eisenpulver angebunden werden. Mit Kohlenstoffgehalten von etwa 0,5 bis 0,7 % entwickelt sich in der Abkühlphase nach dem Sintern je nach Abkühlgeschwindigkeit bei diesen Stählen bereits ein höherer Gefügeanteil an Martensit und Bainit, wodurch dem Material eine hohe Festigkeit und meist noch messbare Bruchdehnung in Zugversuchen verliehen wird. Für diese spezielle Legierung gibt es deshalb mehr Untersuchungsergebnisse als für jeden anderen Sinterstahl.

In Abb. 6.15 sind Flachbiegeergebnisse von kohlenstofffreien Versionen zusammengestellt [SMK81, BIAL97, DALG01, BEIS01b]. Bei höheren Sintertemperaturen, die sich allgemein als vorteilhaft erweisen, fällt auf, dass die Werte aus [SMK81] auf Schwammeisenbasis niedriger ausfallen als Ergebnisse aus [BEIS01b] mit dem gleichen Pulver. Dieser Unterschied liegt in der Sintertemperatur begründet: In [SMK81] wurde bei 1.200 °C, in [BEIS01b] bei 1.280 °C gesintert. Bei 1.200 °C kommt es offenbar noch nicht zu der

Abb. 6.15 Biegewechselfestigkeit von kohlenstofffreiem Fe-Ni-Cu-Mo-Stahl

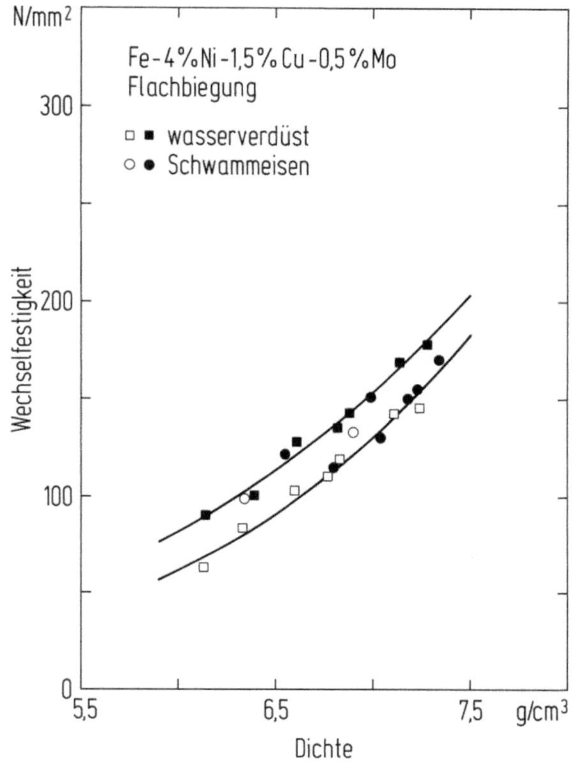

vergleichsweise homogenen Verteilung von Nickel und Molybdän, die mit 1.280 °C erreicht wird. Deshalb werden diese Legierungselemente weniger festigkeitssteigernd wirksam, und die so erhaltenen Biegewechselfestigkeiten liegen eher im Streubereich der bei 1.120 °C gesinterten Versionen.

Besonders große Streuung findet sich bei den Flachbiegeergebnissen des kohlenstoffhaltigen Stahls [LIND88, SONS89, ENGD90, ENGS94, ENGS97, LANG97, MÅRS97, MÅRS98, D'ARM99, RODZ99, BEIS11] in Abb 6.16. Im Dichtebereich zwischen 7,0 und 7,1 g/cm^3 finden sich zahlreiche Messergebnisse zwischen etwa 150 und 265 N/mm^2. Wie erwähnt, hängt bei diesem Werkstoff die Festigkeit bereits merklich von der Abkühlgeschwindigkeit nach dem Sintern ab, ebenso können sich Verfälschungen durch Entkohlung beim Sintern in zu nasser Atmosphäre ergeben. Beide Effekte haben hier wohl eine Rolle gespielt. In einem Ringversuch, dem insgesamt 154 Einzelproben zugrunde lagen, wurde eine gewichtete mittlere Flachbiegewechselfestigkeit von 220 N/mm^2 bei 7,08 g/cm^3 gefunden [MÅRS97]. In [ABDA01] wird bei einer Abkühlgeschwindigkeit von 0,5 °C/s mit einer Dichte von 6,97 g/cm^3 ein Wert von 210 N/mm^2 angegeben, mit 1,0 °C/s und 7,11 g/cm^3 stellten sich 264 N/mm^2 ein. Die besonders niedrigen Werte in Abb. 6.16 beruhen damit wahrscheinlich auf entkohlender Sinterung, weil sie auf dem Festigkeitsniveau des kohlenstofffreien Stahls in Abb. 6.15 liegen.

Auch die Umlaufbiegefestigkeiten nach [O'BRI88, MELL88, TAKA92, ENGS94, RUTZ96, SAND97, SEME99, TREM00, YOSH01] streuen bei diesem Stahl unbefriedigend

Abb. 6.16 Biegewechselfestigkeit von Fe-Ni-Cu-Mo-Stahl mit etwa 0,6 % C

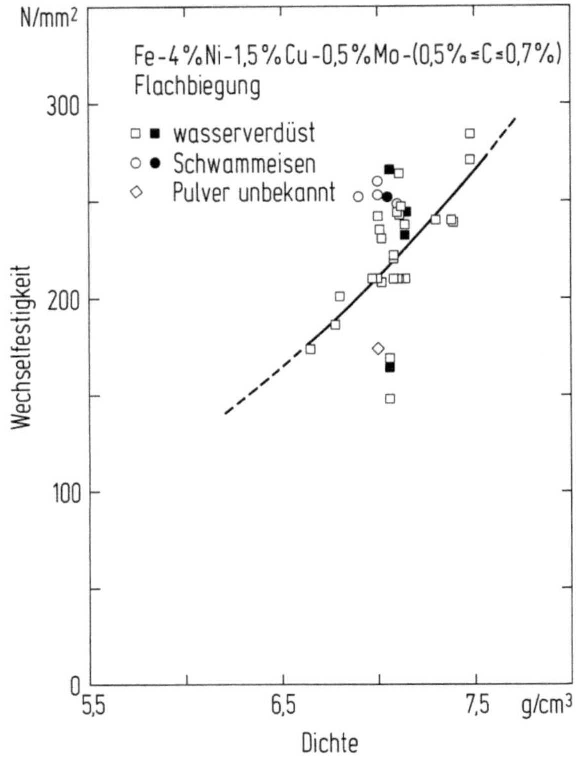

stark, Abb. 6.17. Das allgemeine Festigkeitsniveau liegt ähnlich wie für Flachbiegung, so dass Flach- und Umlaufbiegung gemeinsam ausgewertet werden können. Auffällig in Abb. 6.17 ist der Einfluss hoher Sintertemperatur. Normalerweise erwartet man eine Verbesserung der Werte, hier scheint aber eine Verschlechterung eingetreten zu sein. Dabei wird oft vergessen, dass ältere Hochtemperatursinteröfen gewöhnlich langsamer abkühlen als normale Bandöfen; und da der fragliche Stahl in seiner Festigkeit von der Abkühlgeschwindigkeit abhängt, muss bei langsamer Abkühlgeschwindigkeit mit Einbußen gerechnet werden. Werte für die Abkühlgeschwindigkeiten finden sich in den angegebenen Quellen allerdings nicht zur Genüge, um den Effekt sicher zu belegen.

In Abb. 6.18 sind Axialwerte nach [SONS89, ENGS94, MÅRS97, D'ARM99, BERG96, BERG99, ENGS00, ENGS01] dargestellt. Die geringen Festigkeiten beruhen ähnlich wie in Abb. 6.16 mutmaßlich auf entkohlenden Sinterbedingungen und sind nicht repräsentativ. Vergleicht man den Axialwert aus dem erwähnten Ringversuch [MÅRS97] mit dem Flachbiegewert, erhält man bei 7,08 g/cm^3 mit 50 % Bruchwahrscheinlichkeit einen gewichteten Mittelwert von 194 N/mm^2 auf der Basis von 213 Einzelproben. Dies entspricht einer Minderung von etwa 12 % bei Axialbelastung im Vergleich mit Flachbiegung.

Vereinzelt liegen auch Schwingfestigkeiten von neueren Werkstoffen mit höherem Festigkeitsniveau vor. Ein größerer Datenfundus, aus dem man auf die Dichteabhängigkeit schließen könnte, fehlt hierzu aber noch weitgehend.

Abb. 6.17 Umlaufbiegewechselfestigkeit des gleichen Stahls wie in Abb. 6.16

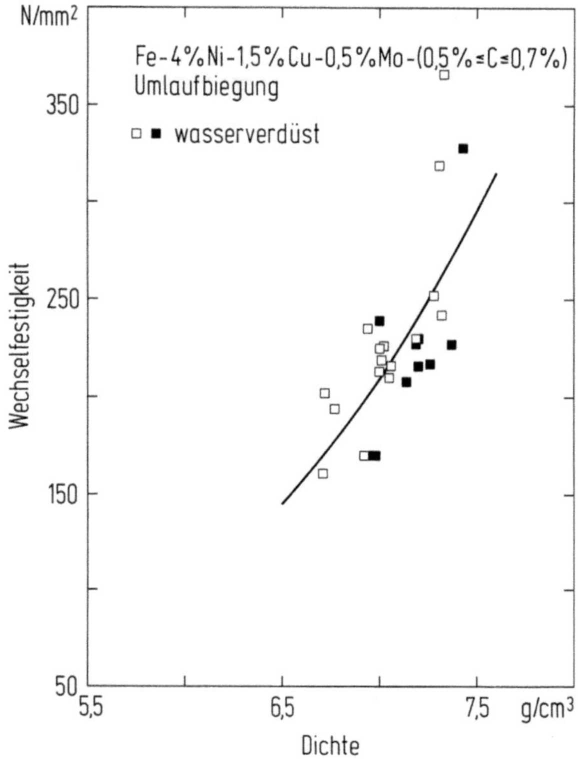

Abb. 6.18 Zug-Druck-Wechselfestigkeit des gleichen Stahls wie in den Abb. 6.16 und 6.17

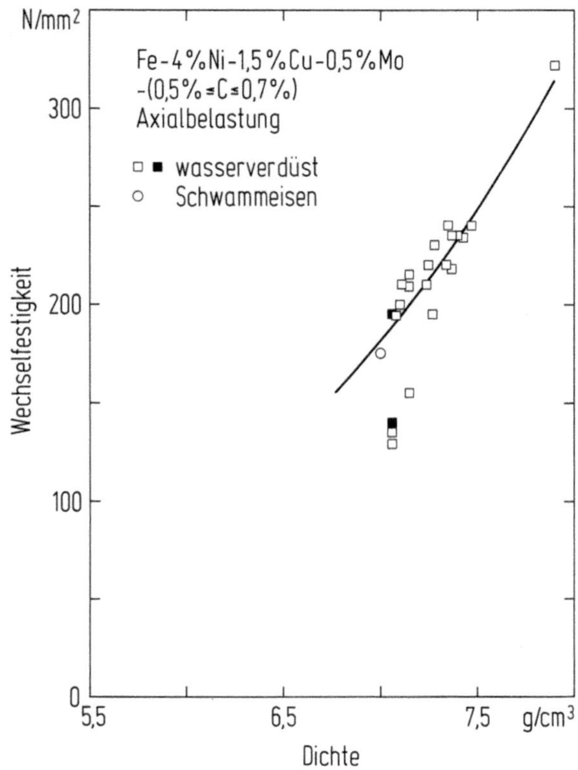

Tab. 6.6 Wechselfestigkeit (R = −1) ungekerbter Proben bei einer Dichte von 7,0 g/cm³ und zugehöriger Dichteexponent m für gemischte und diffusionsgebundene Zusätze

Cu %	Ni %	Mo %	P %	C %	Grundpulver	Sintertemperatur	Belastungsart	σ_w bei 7,0 g/cm³, N/mm²	Dichteexponent m
–	–	–	–	–	Sch	N	FB	75	3,59
–	–	–	–	–	Sch	N	ULB	120	4,40
–	–	–	–	–	Sch	HT	FB	113	3,79
–	–	–	–	–	wv	N	FB	67	5,05
–	–	–	–	–	wv	N	Ax	71	6,74
–	–	–	–	–	wv	HT	FB	85	4,50
–	–	–	–	0,1–0,3	Sch, wv	N	FB	97	4,95
1,0–2,0	–	–	–	–	Sch, wv	N, HT	FB, ULB	119	5,27
1,0–2,0	–	–	–	–	wv	N	Ax	108	4,29
>2,0–4,0	–	–	–	–	unb.	N	FB	165	6,38
–	1,9–2,5	–	–	–	Sch, wv	HT	FB	91	4,80
–	–	–	0,45	–	wv	N	FB, Ax	110	3,59
1,5	–	–	–	0,5–0,6	Sch, wv	N	FB, ULB	154	4,47
2,0	–	–	–	0,4–0,6	Sch, wv	N	ULB	208	5,00
2,0	–	–	–	0,7–0,9	Sch, wv	N, HT	FB, ULB	206	5,77
3,0–3,5	–	–	–	0,4–0,9	wv	N	ULB	209	5,41
1,5–2,1	–	–	–	0,49–0,85	wv	HT	Ax	155	5,68
1,5–2,1	–	–	–	0,44–0,85	Sch, wv	N	FB, ULB	292[a]	5,13[a]
2,0	2,5	–	–	–	wv	HT	Ax	129	4,99
1,5–2,0	2,0–2,5	–	–	–	wv	HT	FB	136	5,49
–	1,68–3,0	–	–	0,48–0,8	wv	N, HT	FB, ULB	156	6,68
–	4,0	–	–	0,48–0,5	wv, Elek	N	ULB	185	5,32
1,5	1,75–1,94	0,5	–	–	Sch	N, HT	FB	166	5,87
1,0–2,0	1,75–4,0	-	–	0,4–0,8	Sch, wv	N	FB, ULB	181	6,30

Tab. 6.6 (Fortsetzung)

Cu %	Ni %	Mo %	P %	C %	Grundpulver	Sintertemperatur	Belastungsart	σ_w bei 7,0 g/cm^3, N/mm^2	Dichteexponent m
1,5	4,0	0,5	–	–	wv	N	FB	130	4,56
1,5	4,0	0,5	–	–	Sch, wv	HT	FB	153	4,06
1,34–1,6	1,75	0,45–0,55	–	0,5–0,6	Sch, wv	N, HT	FB, ULB	215	6,62
1,5	4,0	0,5	–	0,5–0,7	Sch, wv	N, HT	FB, ULB	216	3,32
1,5	4,0	0,5	–	0,5–0,7	wv	N	Ax	184	4,48

[a] Gehärtet und bei niedrigen Temperaturen angelassen

Tab. 6.7 Wechselfestigkeit (R = −1) ungekerbter Proben bei einer Dichte von 7,0 g/cm³ und zugehöriger Dichteexponent m für Stähle mit mindestens einem fertiglegierten Legierungselement

Mo %	Cr %	Ni %	Cu %	Mn %	C %	Sintertemperatur	Belastungsart	σ_w bei 7,0 g/cm³, N/mm²	Dichteexponent m
0,3–0,7	≤0,15	0,25–0,5	≤2,0[a]	≤0,35	0,38–1,0	N	FB, ULB	200	5,76
0,25–0,75	≤0,1	1,8–2,1	-	≤0,4	≈0,5	N	FB, ULB	225	6,11
0,85	–	–	–	≤0,2	0,4–0,6	N, HT	ULB	215	5,46
0,85	–	2,0[a]	–	≤0,2	0,4–0,6	N, HT	ULB	195	6,34
1,5	–	-	–	≤0,2	0,4–0,6	N, HT	FB	172	5,66
1,5	–	-	≤2,0[a]	≤0,2	0,4–0,6	N	Ax	181	3,89
1,5	–	2,0[a]	–	≤0,2	0,4–0,64	N	FB	206	4,03
1,5	–	4,0[a]	≤2,0[a]	≤0,2	0,4–0,65	N	FB	239	3,83
1,5	–	4,0[a]	≤2,0[a]	≤0,2	0,5–0,7	N	Ax	221	3,94
0,2	1,5	-	–	≤0,2	0,7–0,8	N	FB, ULB	236[b]	3,94
0,5	3,0	-	–	≤0,2	0,4	N	Ax	205[b]	4,59

[a] Elementar beigemischt oder diffusionsgebunden
[b] Abkühlgeschwindigkeit unter 1 °C/s

In den Tab. 6.6 und 6.7 sind die Wechselfestigkeiten bei 7,0 g/cm³ zusammen mit den Dichteexponenten m für Gl. 6.1 zusammenfassend für einige Werkstoffe aufgelistet, um Schwingfestigkeiten bei anderen Dichten abschätzen zu können. Die Werte in Tab. 6.6 und 6.7 wurden durch Ausgleichsrechnung bestimmt. Zugrunde liegen Literaturangaben zur so genannten Dauerfestigkeit aus sehr unterschiedlichen Untersuchungen, deren Zuverlässigkeit oft nicht überprüft werden kann und die häufig nicht als systematisch angelegte Arbeiten anzusehen sind. Die Streuung der Ergebnisse kann auf unzureichender Probenzahl pro Versuchsreihe, auf Mängeln der Messeinrichtungen, auf verschiedenen Herstellbedingungen und Auswerteverfahren oder auf metallurgischen Effekten, etwa Randentkohlung, beruhen. Systematische Untersuchungen, die hohen Ansprüchen an die Datenqualität genügen, sind nur in Ausnahmefällen verfügbar. Ein mittlerer Dichteexponent für Wechselfestigkeiten liegt bei etwa $m \approx 5$. Die Heterogenität der Primärdaten erlaubt es gewöhnlich nicht, zwischen normaler Sinterung und Hochtemperatursinterung oder zwischen Schwammeisen- und wasserverdüstem Basispulver zu unterscheiden.

Folgende Abkürzungen wurden verwendet: Sch: Schwammeisenpulver; wv: wasserverdüst; unb.: unbekannt; Elek: Elektrolyteisenpulver; N: normale Sinterbedingungen 27.000 K $\leq P_S \leq$ 29.000 K, HT: Hochtemperatursinterung $P_S >$ 29.000 K; FB: Flachbiegung; ULB: Umlaufbiegung; Ax: Axialbelastung. Mangansulfid als zerspanungserleichternder Zusatz wurde bis zu 0,5 % MnS vernachlässigt, da die Wirkung auf Schwingfestigkeiten nicht ausgeprägt ist und in der allgemeinen Streuung untergeht. Soweit nicht anders vermerkt, beziehen sich die Angaben in den Tab. 6.6 und 6.7 auf den Sinterzustand nach einer Abkühlung mit weniger als 1 °C/s im Temperaturbereich der γ-α-Umwandlung. Die Pulver aus fertiglegierten Stählen der Tab. 6.7 zielen meistens auf hochfeste bainitische und martensitische Gefüge im Sinterzustand. Deshalb hängen die Festigkeitswerte empfindlich von der Abkühlgeschwindigkeit ab. Der Kohlenstoffgehalt ist stets zugemischt, um die Pressbarkeit nicht zu sehr zu beeinträchtigen. Neben den aufgeführten Materialien gibt es zahllose weitere fertiglegierte Sinterstähle, deren Schwingfestigkeiten jedoch unzureichend belegt sind.

6.5 Einfluss von statischen Mittelspannungen

Die Spannungsamplitude σ_A, die ein Material bei der Grenzschwingzahl von 10^7 ertragen kann, hängt u. a. davon ab, welche statischen Beanspruchungen der zyklischen Belastung überlagert sind. Zu den statischen Mittelspannungen gehören auch Eigenspannungen, die durch die Schwingbeanspruchung nicht abgebaut werden. Mit verschiedenen Mittelspannungen erhält man die Abhängigkeit der ertragbaren Ausschlagsspannung σ_A von der Mittelspannung als Kurvenzug im so genannten Haigh-Diagramm. Um den Einfluss von Mittelspannungen auf die ertragbare Ausschlagsspannung abschätzen zu können, werden gewöhnlich Dauerfestigkeiten bei zwei verschiedenen Mittelspannungen σ_m gemessen, etwa $\sigma_A(R=-1)$ und $\sigma_A(R=0)$, aus denen der Steigungsbetrag der Ausschlagsspannung über der Mittelspannung berechnet wird, für das Beispiel also $[\sigma_A(R=-1)-\sigma_A(R=0)]/\sigma_A(R=0)$. Diese Größe wird als Mittelspannungsempfindlichkeit bezeichnet. Schematisch ist dies in Abb. 6.19 dargestellt. Nimmt man an, dass der Kurvenzug der Ausschlagsspannung näherungsweise linear sei, gilt mithin (Abb. 6.19)

$$M = tan\,\alpha = \frac{\sigma_A(R=-1)}{\sigma_A(R=0)} - 1 \tag{6.9}$$

Dabei kann man zwei Grenzfälle unterscheiden, zwischen denen reale Mittelspannungsempfindlichkeiten liegen müssen. Einerseits könnte man sich vorstellen, dass ein Werkstoff gar nicht auf die statische Komponente der Belastung reagiert. Dann wäre $M=0$. Andererseits wäre denkbar, dass eine konstante materialspezifische Spannungssumme $\sigma_A+\sigma_m$ zum Versagen führt, unabhängig davon, wie hoch der statische oder der zyklische Anteil im Einzelnen ist. Dann wäre $M=1$, was dem Versagensverhalten ideal spröder Materialien entspräche. Meist wird die Höhe der Mittelspannungsempfindlichkeit mit der Zugfestigkeit assoziiert: Werkstoffe mit hoher Zugfestigkeit haben gewöhnlich hohe M-Werte, solche mit geringer Zugfestigkeit niedrige. Ein Beispiel für dieses generelle Verhalten geben die Abb. 6.20 und 6.21. Bei niedriger Dichte und ohne Kohlenstoff zeigt der Stahl nur einen geringen Unterschied zwischen τ_A $(R=-1)$ und τ_A $(R=0)$. Mit Kohlenstoff und höherer Dichte, also höherer Festigkeit, wird die Kluft zwischen τ_A $(R=-1)$ und τ_A $(R=0)$ prozentual erheblich größer. Trotzdem ist die Festigkeit alleine nicht für die Mittelspannungsempfindlichkeit ausschlaggebend. Ganz allgemein haben sprödere Materialien unabhängig von der Festigkeit hohe M-Werte. Bisher ist es nicht gelungen, die Einflüsse von

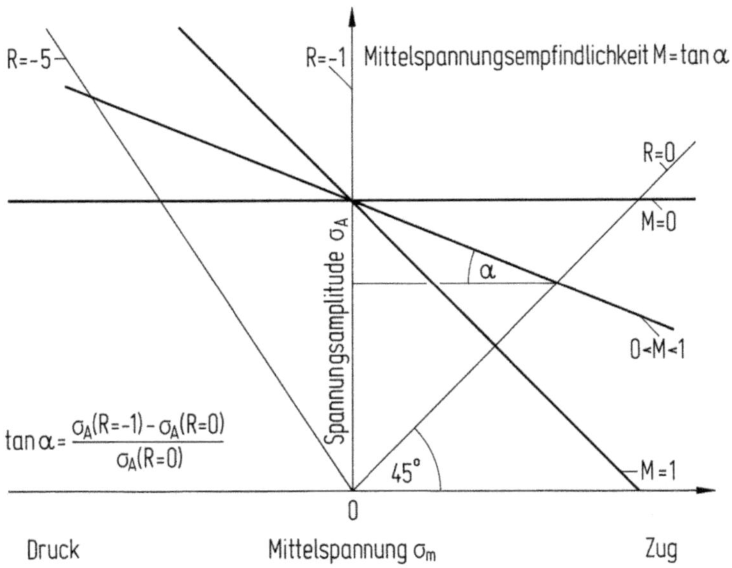

Abb. 6.19 Abhängigkeit der ertragbaren Spannungsamplitude σ_A von der Mittelspannung σ_m und Definition der Mittelspannungsempfindlichkeit M

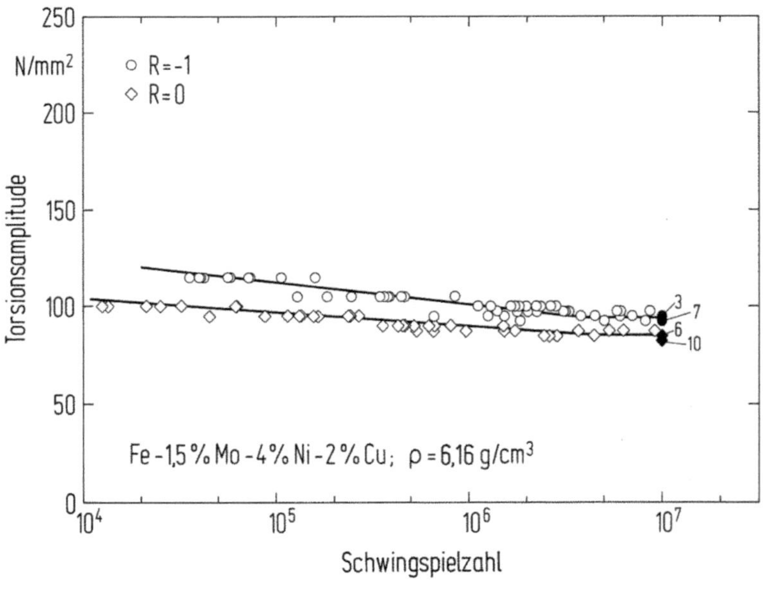

Abb. 6.20 Schwingverhalten eines kohlenstofffreien Stahls unter Torsion bei niedriger Dichte mit geringer Mittelspannungsempfindlichkeit

Festigkeit und Zähigkeit zu einer gemeinsamen Größe zusammenzufassen, mit deren Hilfe die Mittelspannungsempfindlichkeit unterschiedlicher Werkstoffe brauchbar abgeschätzt werden könnte. Man behilft sich damit, Gruppen von Werkstoffen ähnlichen Verhaltens zu bilden, für die dann spezifische Schätzregeln gelten sollen. Diese Vorgehensweise lässt sich auch für Sinterstähle noch nicht vermeiden. Dazu seien zunächst zwei Wöhlerkurven mit unterschiedlichem Spannungsverhältnis R in doppellogarithmischen Koordinaten betrachtet, Abb. 6.22. In dieser Art der Darstellung kann man den Zeitfestigkeitsast der Kurven durch die Gleichung

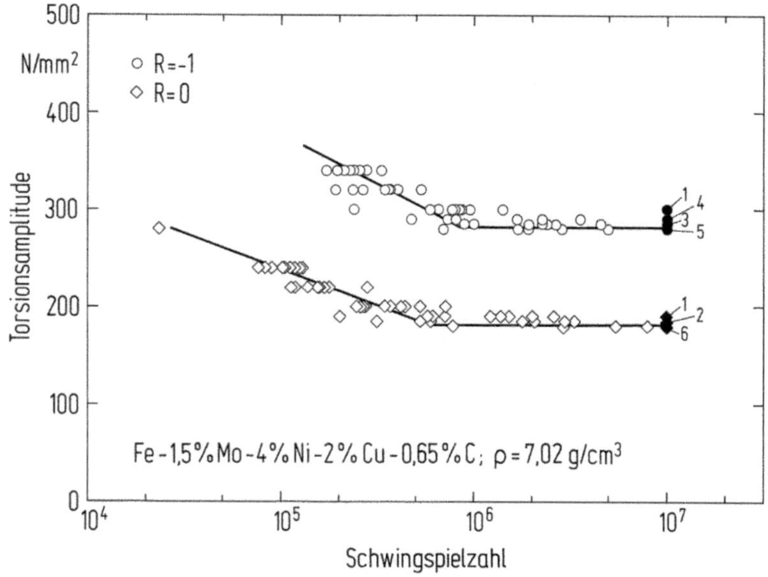

Abb. 6.21 Schwingfestigkeit des gleichen Stahls wie in Abb. 6.20 mit 0,65 % C bei höherer Dichte

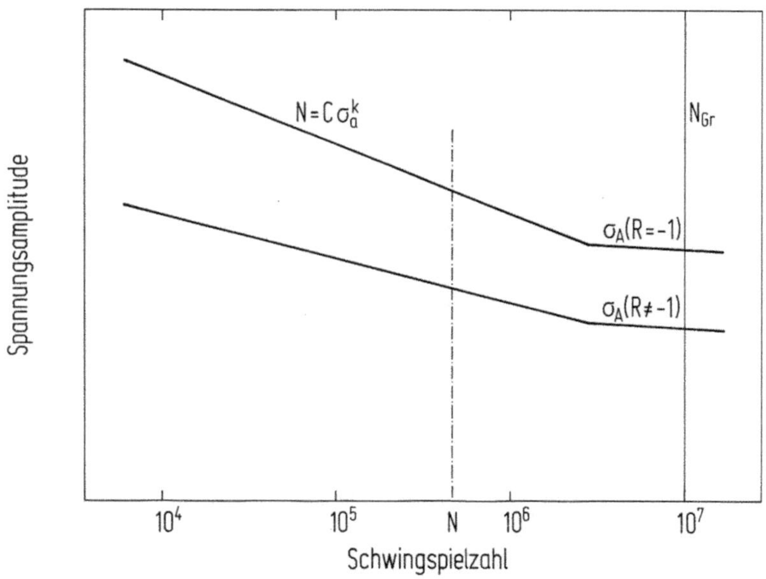

Abb. 6.22 Wöhlerkurven mit R=−1 und R≠−1 im doppellogarithmischen Netz, schematisch

$$N = C\sigma_a^k \tag{6.10}$$

beschreiben. (N: Schwingspielzahl bis zum Bruch; C: Abszissenabschnitt bei $\log\sigma_a = 0$; σ_a: Spannungsamplitude im Zeitfestigkeitsgebiet; k: Steigung der Zeitfestigkeitsgeraden). Die beiden Kurven in Abb. 6.22 gehorchen dann [KLUB03]

$$N_1 = C_1[\sigma_a(R = -1)]^{k1} \quad und \quad N_2 = C_2[\sigma_a(R \neq -1)]^{k2}$$

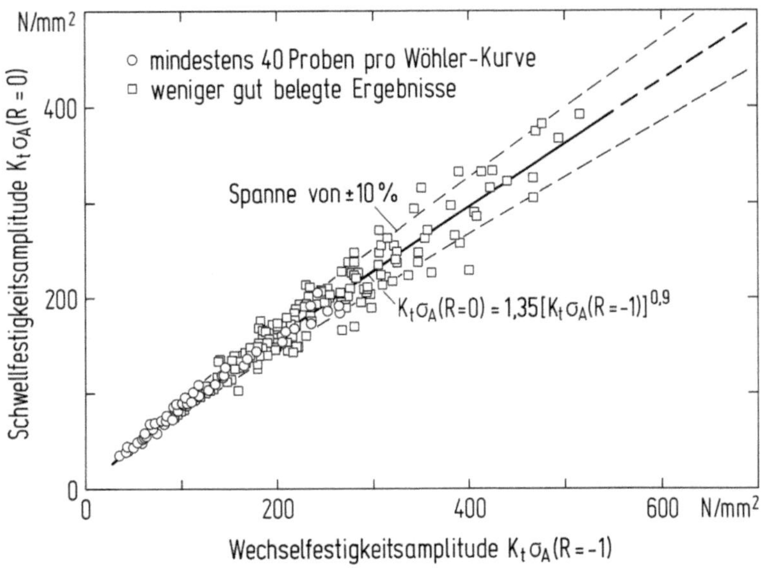

Abb. 6.23 Verhältnis zwischen örtlichen Schwell- und Wechselfestigkeitsamplituden nach Gl. 6.12 für Sinterstähle ohne harte Gefügebestandteile

Bei gleicher Schwingspielzahl $N=N_1=N_2$ gilt

$$C_1[\sigma_a(R=-1)]^{k1} = C_2[\sigma_a(R\neq -1)]^{k2} \quad oder$$
$$\sigma_a(R\neq -1) = (C_1/C_2)^{1/k2}[\sigma_a(R=-1)]^{k1/k2}$$

Setzt man

$$(C_1/C_2)^{1/k2} = K \quad und \quad k_1/k_2 = q \quad folgt \quad \sigma_a(R\neq -1) = K[\sigma_a(R=-1)]^q \tag{6.11}$$

Nimmt man weiterhin an, dass die Knickschwingspielzahlen beider Wöhlerkurven ungefähr gleich seien, gilt Gl. 6.11 auch für so genannte Dauerfestigkeiten σ_A bei der Grenzschwingspielzahl

$$\sigma_A(R\neq -1) = K[\sigma_A(R=-1)]^q, \tag{6.11a}$$

ohne dass sich die Koeffizienten K und q ändern. Gl. 6.11a behält ihre Gültigkeit auch für die lokale elastische Spannungsspitze $K_t\sigma_A$ gekerbter Proben, wenn sich die Kerbschärfe durch die Formzahl K_t (früher α_k) charakterisieren lässt:

$$K_t\sigma_A(R\neq -1) = K[K_t\sigma_A(R=-1)]^q \tag{6.12}$$

Am ehesten liegen Wertepaare für R=−1, was als Referenz dienen soll, und R=0 vor. Eine entsprechende Auswertung findet sich in [BEIS08] und ist für Materialien ohne martensitische oder größere Mengen bainitischer Gefügebestandteile in Abb. 6.23 dargestellt. Vor allem bei geringer Probenzahl pro Wöhlerkurve wird die Streuung um die Ausgleichs-

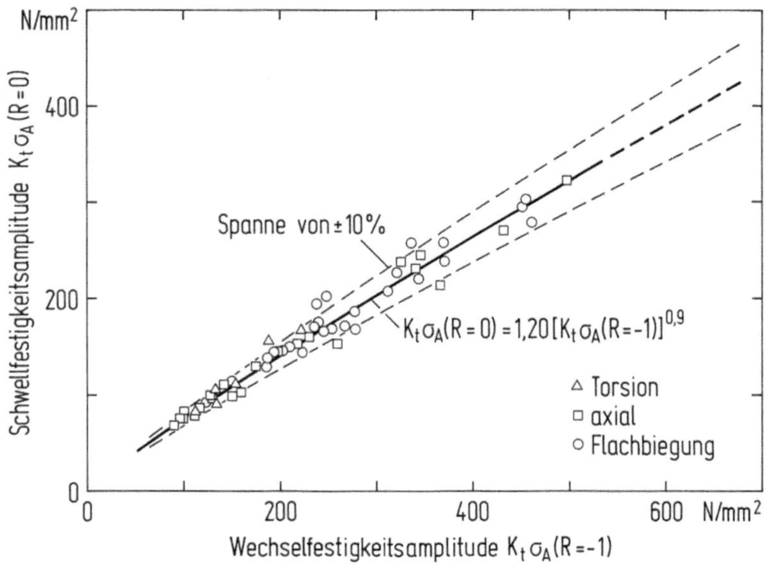

Abb. 6.24 Verhältnis zwischen örtlichen Schwell- und Wechselfestigkeitsamplituden nach Gl. 6.12 für Sinterstähle mittlerer Festigkeit ohne größere Martensitanteile im Gefüge

kurve nach Gl. 6.12 mit K = 1,35 und q = 0,90 größer und kann eine Spanne von ± 10 % überschreiten. Bei besserer statistischer Absicherung bleibt die Streuung gering. Eine ähnliche Darstellung für mittelfeste Sinterstähle mit bainitischem Gefüge oder heterogenem ferritisch-perlitisch-bainitischem Gefüge mit geringen Martensitanteilen wurde in [ZAFA11a] vorgestellt und ist, ergänzt um einige neuere Ergebnisse sowie um Angaben aus der Literatur für die gleiche Stahlgruppe, in Abb. 6.24 wiedergegeben. Der Exponent q = 0,9 ist für beide Stahlgruppen gleich, der Vorfaktor K sinkt bei den höherfesten Stählen von 1,35 auf 1,20. Mit Gl. 6.12 erhält man aus Gl. 6.9 die Mittelspannungsempfindlichkeit zu

$$M = K^{-1}[K_t\sigma_A(R = -1)]^{1-q} - 1 \qquad (6.13)$$

wenn man für R ≠ −1 die Schwellfestigkeitsamplitude bei R = 0 einsetzt

Demnach ist für die mittelfesten Stähle die Mittelspannungsempfindlichkeit um etwa 12,5 % größer als für Stähle ohne harte Gefügebestandteile. Speziell für die Gruppe der mittelfesten Stähle lassen sich ansatzweise aus laufenden Untersuchungen ähnliche Aussagen wie in Abb. 6.24 auch für die Spannungsverhältnisse R = −5 und R = 0,5 gewinnen, Abb. 6.25. Keiner der Wöhler-Kurven, auf denen die Abb. 6.24 und 6.25 beruhen, lagen mehr als 30 Proben pro Kurve zugrunde. Das mag die Breite des Streubandes erklären. Die Koeffizienten K und q sind in Tab. 6.8 zusammengefasst. Im Laufe weiterer Untersuchungen werden sich mit zunehmender Datenfülle besonders für R = −5 die Koeffizienten sicherlich noch leicht verschieben. Trotzdem besteht mit Gl. 6.12 und den R-abhängigen Koeffizienten ein Instrument, mit dessen Hilfe punktweise jedes beliebige Haigh-Diagramm alleine aus der Kenntnis der Wechselfestigkeit dieser Stahlgruppe konstruiert werden kann. Dies ist in Abb. 6.26 exemplarisch demonstriert. Für ferritisch-perlitische Stähle nach Abb. 6.23 sind solche Aussagen derzeit nicht möglich, da ein ausreichender Datenfundus nur für das Spannungsverhältnis R = 0 vorliegt. Bei im Wesentlichen martensiti-

Abb. 6.25 Abhängigkeit der örtlich ertragbaren Ausschlagsspannung bei R=−5 und R=0,5 von der Wechselfestigkeit für die gleiche Stahlgruppe wie in Abb. 6.24

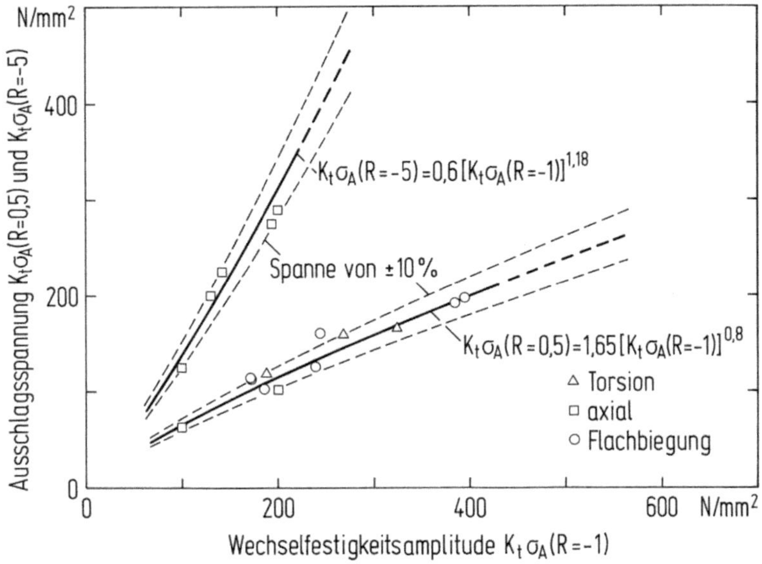

Tab. 6.8 Koeffizienten K und q in Gl. 6.12 für verschiedene Spannungsverhältnisse R bei mittelfesten Sinterstählen ohne größere Martensitanteile im Gefüge

Spannungsverhältnis R	−5	−1	0	0,5
Vorfaktor K	0,6	1	1,2	1,65
Exponent q	1,18	1	0,9	0,8
Dichteexponent m	5,9	5,0	4,5	4,0

Abb. 6.26 Synthetisches Haigh-Diagramm für mittelfeste Stähle nach Gl. 6.12 mit den Koeffizienten aus Tab. 6.8

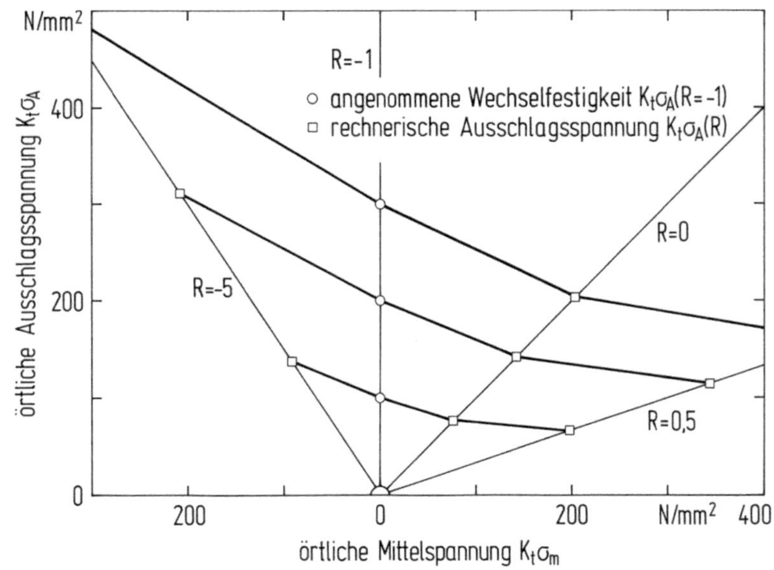

schen Stählen oder einsatzgehärteten Sinterstählen ist die Datenlage nicht so gut. Hinweise finden sich in [SONS92, LIPP00, SEYE05, WASS05, ZAFA07b), doch ist die Streuung der Messergebnisse für eine sinnvolle Auswertung zu groß. Tendenziell wird die Mittelspannungsempfindlichkeit gehärteter Stähle noch größer als die der mittelfesten Stähle. Poröse Sinterstähle reagieren somit bei positiven Mittelspannungen mit einem deutlich größeren Abfall der ertragbaren Spannungsamplitude als porenfreie Stähle. Bei Druckmittelspannungen kann man hingegen eine leicht progressive Zunahme der ertragbaren Ausschlagsspannung verzeichnen.

In [BEIS08] wurde gezeigt, dass der Dichteexponent m in Gl. 6.1 für Schwingfestigkeiten vom Spannungsverhältnis R nach Gl. 6.14 abhängt:

$$m(R) = m(R = -1) \cdot q(R) \tag{6.14}$$

Nimmt man an, dass der Exponent m für Wechselfestigkeiten bei ungefähr 5,0 liegt, erhält man für abweichende Spannungsverhältnisse die Werte, die als letzte Zeile in Tab. 6.8 aufgeführt sind und für mittelfeste Stähle gelten.

6.6 Einflüsse von Belastungsart, Kerben und hochbelastetem Volumen

Die Wechselfestigkeiten in den Abb. 6.8–6.18 beruhen auf ungekerbten Probengeometrien, wie sie in DIN ISO 3928 spezifiziert sind. Reale Bauteilgeometrien weichen davon fast immer erheblich ab und sind eher von Querschnittsübergängen und unterschiedlichen Wandstärken geprägt, deren Beanspruchung von Höhe und Richtung der äußeren Belastungen abhängt. Um das Bauteilversagen zu verstehen, sei angenommen, dass die Poren in Sinterstählen eine Defektdispersion in einem gegebenen Volumen darstellen. Die Defektgröße möge einer kontinuierlichen Verteilung folgen, so dass nur wenige Defekte die Größe haben, die zur Auslösung eines wachstumsfähigen Risses bei einer gegebenen Spannung notwendig ist. Wird das Volumen, in dem eine hohe Werkstoffbeanspruchung herrscht, kleiner und kleiner - z. B. aufgrund scharfer Kerben –, sinkt auch die Wahrscheinlichkeit, dass das betrachtete Volumen einen der wenigen großen rissauslösenden Defekte enthält. In scharfen Kerben kann es daneben beim Überschreiten der elastisch ertragbaren Spannung zu einer plastischen Stützwirkung kommen. Örtlich konzentrierte Dehnungen mit den einhergehenden elastisch-plastischen Spannungen müssen deshalb nicht unbedingt zur Rissbildung führen. Ein Ansatz, die Überlebenswahrscheinlichkeit $P_Ü$ einer solchen Konfiguration mathematisch auszudrücken, ist die Weibull-Gleichung [WEIB51, WEIB59]

$$P_{Ü} = exp\left[-\frac{V}{V_{ref}}\left(\frac{K_t\sigma_A - \Delta\sigma_A}{\sigma_{Aref}}\right)^n\right] \tag{6.15}$$

($P_Ü$: Überlebenswahrscheinlichkeit; V: hochbelastetes Volumen; V_{ref}: Referenzvolumen, z. B. 1 mm^3; σ_A: nominelle Schwingfestigkeit; K_t: Formzahl; $K_t\sigma_A$: örtlich ertragbare

Schwingfestigkeit; $\Delta\sigma_A$: Spannungsamplitude, unterhalb derer kein Versagen mehr auftritt; σ_{Aref}: ertragbare Spannungsamplitude, wenn das hochbelastete Volumen gleich dem Referenzvolumen ist; n: Weibull-Exponent)

Aus Gl. 6.15 kann zu jeder Überlebenswahrscheinlichkeit $P_Ü$ eine Beziehung zwischen der örtlich ertragbaren Schwingfestigkeit $K_t\sigma_A$ und dem hochbelasteten Volumen abgeleitet werden. Besonders einfach wird dies, wenn man die Überlebenswahrscheinlichkeit $P_Ü = e^{-1}$ wählt, was mit $\approx 0{,}368$ genügend nah bei der in experimentellen Untersuchungen oft angegebenen Wahrscheinlichkeit von 0,50 liegt. Für $P_Ü = e^{-1}$ liefert Gl. 6.15

$$\frac{K_t\sigma_A - \Delta\sigma_A}{\sigma_{Aref}} = \left(\frac{V}{V_{ref}}\right)^{-1/n} \tag{6.16}$$

Zusätzlich kann man die Dichteabhängigkeit von Schwingfestigkeiten nach Gl. 6.1 einbeziehen und erhält

$$K_t\sigma_A = \left[\Delta\sigma_{A0} + \sigma_{A0ref}\left(\frac{V}{V_{ref}}\right)^{-1/n}\right] \cdot \left(\frac{\rho}{\rho_0}\right)^m \tag{6.17}$$

Der Index 0 zeigt an, dass die entsprechenden Größen im porenfreien Zustand gemeint sind. Um mit Gl. 6.17 arbeiten zu können, muss man nominelle Schwingfestigkeiten σ_A mit gekerbten und ungekerbten Proben unterschiedlicher Dichte messen. Verschiedene Belastungsarten ändern dabei nur das hochbelastete Volumen und die Formzahl. Es gibt also keinen grundsätzlichen Unterschied zwischen Torsion, Axial- und Biegebelastung. Die Formzahl und das hochbelastete Volumen müssen für jede Probengeometrie und Belastungsart mit finiten Elementen berechnet werden. Dazu bedarf es einer quantitativen Definition des hochbelasteten Volumens. Poröse Sinterstähle haben vergleichsweise geringe makroskopische Bruchdehnungen und -einschnürungen im Zugversuch und gelten deshalb als eher spröde Werkstoffe. Deshalb nimmt man außer bei sehr hohen Dichten die Normalspannungshypothese als gültiges Versagenskriterium an. Ausschlaggebend ist demnach die Größe der ersten Hauptnormalspannung σ_I für das Versagen. Als hochbelastetes Volumen kann man dann das Volumen werten, das um den Ort der Spannungsspitze σ_{Imax} von einer Hülle mit der Ausdehnung $f \cdot \sigma_{Imax}$ mit $f < 1$ umschlossen wird. Für f wurden in der Vergangenheit Werte von 0,95 [KUGU61], 0,9 [SONS93, HÄRK10] oder 0,8 [BISH03] verwendet. Akzeptiert man $f = 0{,}9$, kann das hochbelastete Volumen in einer FE-Rechnung z. B. nach der Vorgehenswese in Abb. 6.27 bestimmt werden. Zuerst werden in einem Submodel, das den Ort von σ_{Imax} umschließt, alle Knoten identifiziert, die die Bedingung

$$\sigma_{IKnoten} \geq 0{,}9\sigma_{Imax} \tag{6.18}$$

erfüllen. Kennt man von jedem Element die Anzahl der Knoten n_{Knoten}, die Gl. 6.18 erfüllen, erhält man den Beitrag dieses Elementes V_f zum hochbelasteten Volumen V_{90} aus

$$V_f = V_{Element} \cdot \frac{n_{Knoten}}{8} \tag{6.19}$$

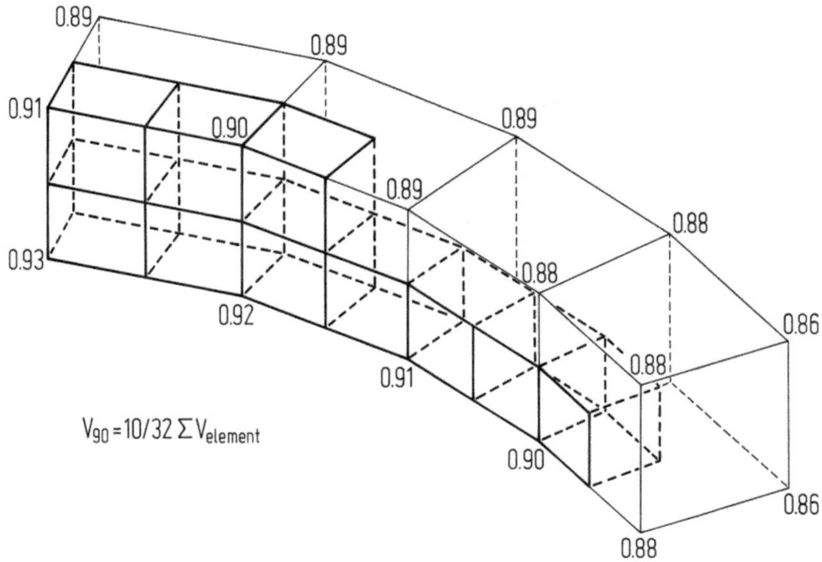

Abb. 6.27 Eine mögliche Berechnung des hochbelasteten Volumens bei Hexaederelementen

Abschließend werden alle V_f aufsummiert und ergeben V_{90}. Besonders bei steilen Spannungsgradienten muss das Netz iterativ verfeinert werden, bis V_{90} einen konvergenten Wert annimmt. Einige Schwingfestigkeiten von gekerbten und ungekerbten Proben bei konstantem Spannungsverhältnis R sind für zwei mittelfeste Stähle in den Abb. 6.28–6.31 wiedergegeben [BEIS11, ZAFA11b]. Die Koeffizienten $\Delta\sigma_{A0}$, σ_{A0ref}, m und n aus Gl. 6.17 wurden durch multiple Regression errechnet und sind in Tab. 6.9 aufgeführt. Die eingeklammerten Datenpunkte wurden nicht in die Regressionsrechnung einbezogen, weil die zugehörigen Proben delamiert waren oder als Fehlmessungen interpretiert wurden. Mit zunehmendem Volumen an Daten würden sich die Koeffizienten noch ändern, da sich bei solchen Zusammenhängen erst bei einer großen Zahl von Messergebnissen Konvergenz einstellt. Alle Schwingfestigkeiten der Abb. 6.28–6.31 wurden z. B. nach Gl. 6.1 mit dem Exponenten m nach Tab. 6.9 auf einheitliche Dichte normiert. Der Exponent m als Regressionskoeffizient folgt aber offensichtlich nicht den allgemeinen Regeln, die im Abschnitt über den Einfluss von Mittelspannungen aufgestellt wurden. Das beruht auf der Messwertstreuung, die bei höchstens 30 Proben pro Wöhlerkurve noch für Inkonsistenzen sorgt. Regressionskoeffizienten haben primär keine interpretierbare Bedeutung. Erst wenn durch eine große Datenmenge Konvergenz erlangt ist, entstehen aus Regressionen allgemein brauchbare Regeln. Dieser Zustand ist in den Abb. 6.28–6.31 noch nicht erreicht, in denen die Schwingfestigkeit für 50 % Überlebenswahrscheinlichkeit bei 10^7 Lastwechseln aufgetragen ist.

Nach Gl. 6.17 setzt sich die Schwingfestigkeit additiv aus einem asymptotischen volumenunabhängigen und einem volumenabhängigen Anteil zusammen, die beide von der Dichte abhängen. Die Einflüsse von Kerben, Probengröße und Belastungsart bei konstantem Spannungsverhältnis R gehen in die rechnerisch ertragbare Spannungsamplitude nur über das hochbelastete Volumen ein. Damit ist Gl. 6.17 der Schlüssel zur Bemessung von

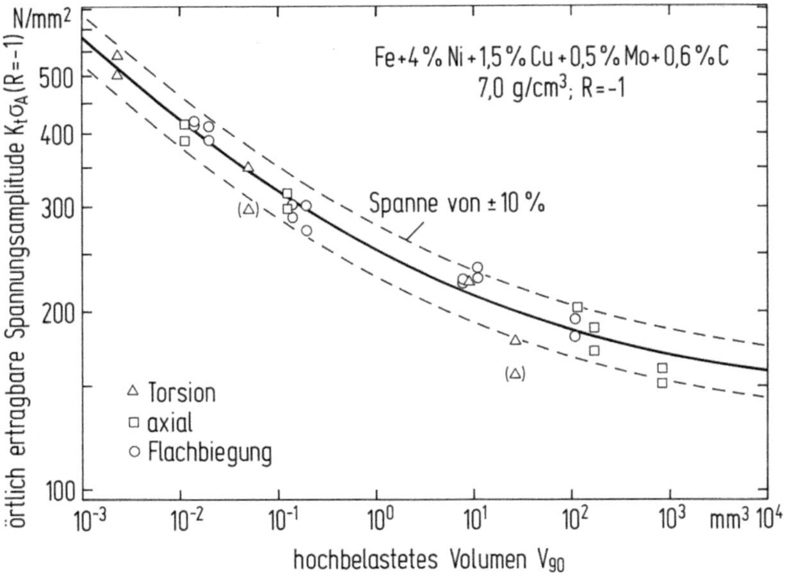

Abb. 6.28 Schwingfestigkeit als Funktion des hochbelasteten Volumens bei 50 % Bruchwahrscheinlichkeit und R=−1, normiert auf 7,0 g/cm³ Dichte, für einen Stahl, dessen metallische Legierungselemente durch eine Diffusionsglühung an ein wasserverdüstes Reineisenpulver angebunden waren

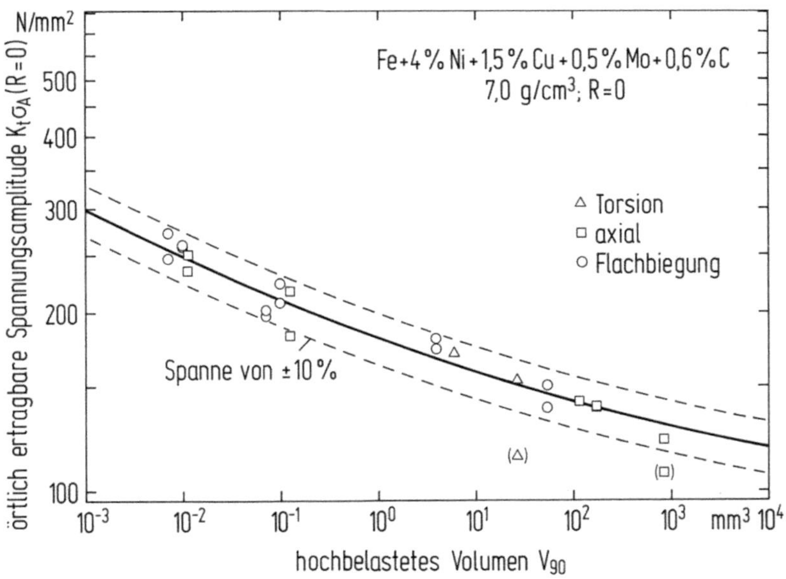

Abb. 6.29 Schwingfestigkeit bei R=0 für den gleichen Stahl wie in Abb. 6.28

Bauteilen. Zu diesem Zweck berechnet man mit finiten Elementen die größte lokale Spannung nach einem geeigneten Versagenskriterium unter einer Einheitsbelastung und erhält den Lastübertragungsfaktor, der das Verhältnis aus lokaler Werkstoffbeanspruchung und äußerer Last ist. Ebenso errechnet man das hochbeanspruchte Volumen um den Ort der

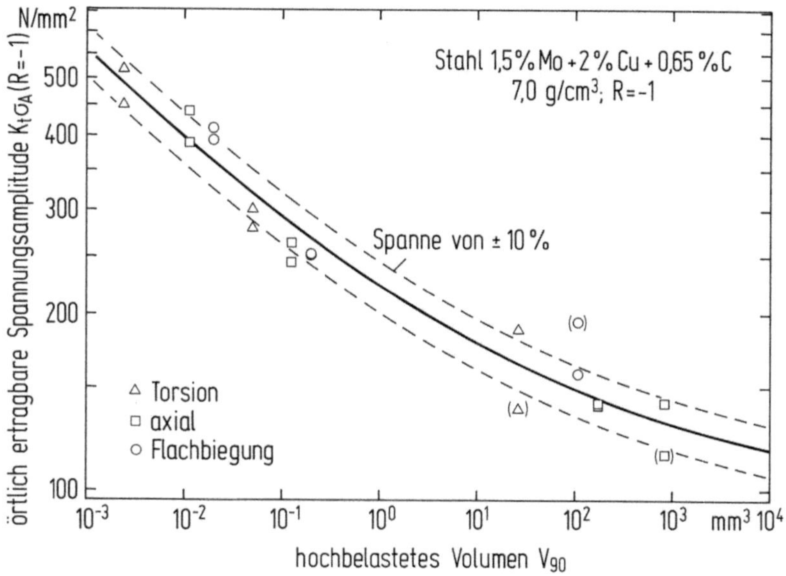

Abb. 6.30 Schwingfestigkeit als Funktion des hochbelasteten Volumens bei 50 % Bruchwahrscheinlichkeit und R=−1, normiert auf 7,0 g/cm³ Dichte, für einen fertiglegierten Stahl mit 1,5 % Molybdän, dem die anderen Legierungselemente elementar zugemischt waren

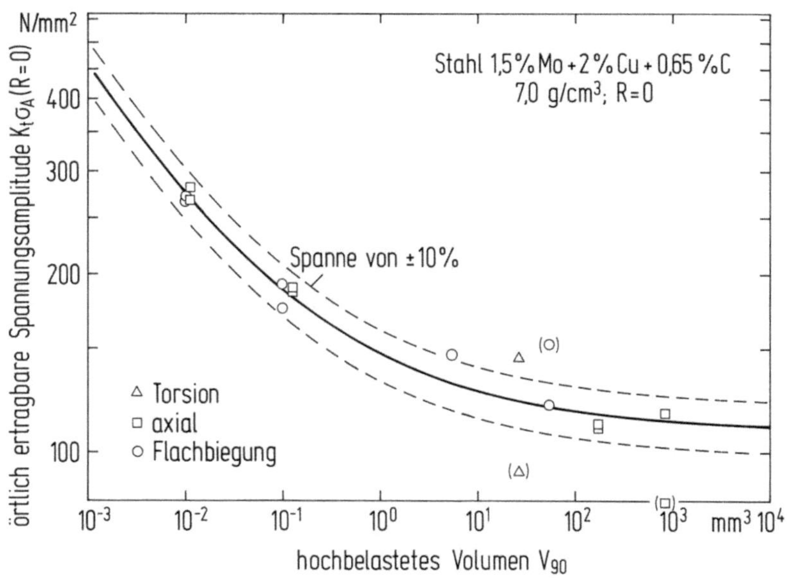

Abb. 6.31 Schwingfestigkeit bei R=0 für den gleichen Stahl wie in Abb. 6.30

Tab. 6.9 Koeffizienten aus Gl. 6.17 für die Stähle der Abb. 6.28–6.31

Stahl	R	$\Delta\sigma_{A0}$ N/mm²	σ_{A0ref} N/mm²	−1/n	m
Fe −4 % Ni	−1	240,9	196,9	−0,1958	4,492
−1,5 % Cu −0,5 % Mo −0,6 % C	0	174,6	191,4	−0,1174	5,825
Stahl 1,5 %	−1	181,8	251,0	−0,1850	5,778
Mo −2 % Cu −0,65 % C	0	227,4	79,0	−0,3216	6,421

höchsten Spannung. Kennt man das hochbelastete Volumen, liefert Gl. 6.17 die ertragbare Spannungsamplitude. Der Quotient aus ertragbarer Spannungsamplitude und Lastübertragungsfaktor ist die äußere Belastungsamplitude, die mit einer Wahrscheinlichkeit von 50 % nach 10^7 Lastwechseln zum Versagen führt. Diese Berechnungsmethode wurde vereinzelt an komplexen Bauteilen mit hoher Treffsicherheit angewandt [AMOS10].

6.7 Thermophysikalische Eigenschaften

Die thermophysikalischen Eigenschaften sind nur zum Teil von der Porosität eines Werkstoffs anhängig, können aber vom Kristallgitter oder von der chemischen Zusammensetzung beeinflusst werden. Deshalb sei zunächst der porenfreie Zustand betrachtet, ehe in einem zweiten Schritt poröse Strukturen behandelt werden.

Wärmeausdehnung und Dichte Über die dichteunabhängige Wärmeausdehnung von Eisenwerkstoffen liegt umfangreiches Datenmaterial vor [RICH73, TOUL75, RICH83, SEW92], auch über poröse Stähle ist gelegentlich berichtet worden [LIN94b, BOCC01, DANN10]. Zur Beschreibung der Wärmeausdehnung eines Stoffes innerhalb eines Temperaturintervalls ohne Phasenumwandlungen bedient man sich meistens des mittleren linearen Wärmeausdehnungskoeffizienten $\overline{\alpha}_{\vartheta 1 \div \vartheta 2}$, der aus dem differentiellen Wärmeausdehnungskoeffizienten α durch Mittelwertbildung errechnet wird. Die Abmessung $l(\vartheta_2)$ eines isotropen Körpers ergibt sich dann aus der Abmessung $l(\vartheta_1)$ bei der Bezugstemperatur ϑ_1 nach

$$l(\vartheta_2) = l(\vartheta_1)[1 + \overline{\alpha}_{\vartheta 1 \div \vartheta 2}(\vartheta_2 - \vartheta_1)] \tag{6.20}$$

Als Bezugstemperatur ϑ_1 wird oft 20 °C oder ein anderer nahe bei Raumtemperatur liegender Wert gewählt.

Ebenfalls häufiger anzutreffen ist die Beschreibung von $l(\vartheta_2)$ durch ein Polynom [TOUL75],

$$l(\vartheta_2) = l(\vartheta_1)[1 + A_1(\vartheta_2 - \vartheta_1) + A_2(\vartheta_2 - \vartheta_1)^2 + \ldots ..] \tag{6.21}$$

wobei die A_i die Koeffizienten aus einer Ausgleichsrechnung sind.

Der differentielle Wärmeausdehnungskoeffizient α ist definiert als

$$\alpha = \frac{1}{l}\frac{dl}{d\vartheta} \tag{6.22}$$

oder

$$\int_{\vartheta_1}^{\vartheta_2} \alpha(\vartheta)d\vartheta = \int_{l(\vartheta_1)}^{l(\vartheta_2)} \frac{dl}{l} = ln\frac{l(\vartheta_2)}{l(\vartheta_1)}$$

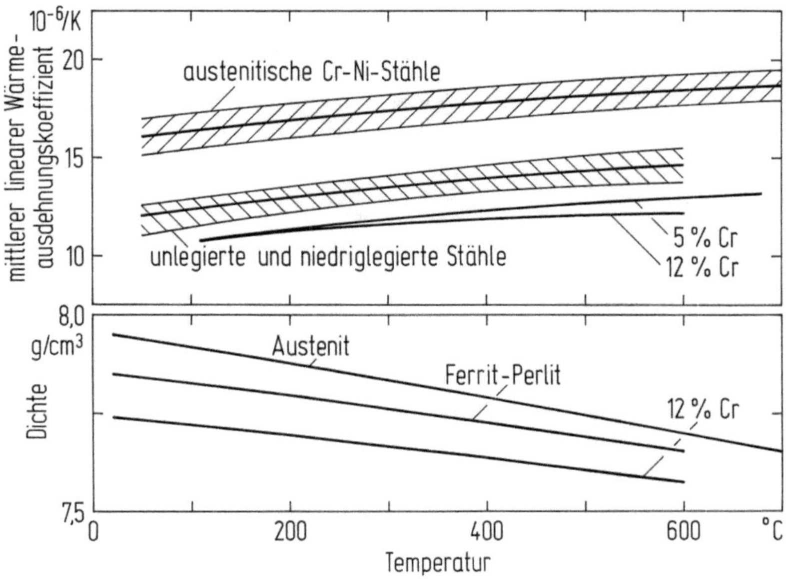

Abb. 6.32 Dichteunabhängiger mittlerer linearer Wärmeausdehnungskoeffizient verschiedener Stähle und daraus resultierende Dichte porenfreier Stähle

Auch dazu beschreibt man α gewöhnlich durch ein Polynom mit den Koeffizienten B_i und erhält

$$l(\vartheta_2) = l(\vartheta_1)\exp\left[B_1(\vartheta_2 - \vartheta_1) + B_2\left(\vartheta_2^2 - \vartheta_1^2\right) + \ldots..\right] \tag{6.23}$$

Kennt man $l(\vartheta_2)$ und die Dichte des Materials bei der Bezugstemperatur $\rho(\vartheta_1)$, die einfach zu messen ist, ergibt sich die Temperaturabhängigkeit der Dichte $\rho(\vartheta)$

$$\frac{\rho(\vartheta_2)}{\rho(\vartheta_1)} = \left[\frac{l(\vartheta_1)}{l(\vartheta_2)}\right]^3 \tag{6.24}$$

Einige Daten zum mittleren linearen Ausdehnungskoeffizienten mit der Bezugstemperatur $\vartheta_1 = 20$ °C sind in Abb. 6.32, im Wesentlichen nach den Messergebnissen in [RICH83], zusammengestellt. Die austenitischen Cr-Ni-Stähle haben bei Raumtemperatur um etwa $4 \cdot 10^{-6}$/K, bei 600 °C um etwa $3 \cdot 10^{-6}$/K höhere Ausdehnungskoeffizienten als un- oder niedriglegierte Stähle. Chrom als Legierungselement in ferritischen oder martensitischen Stählen verringert die Wärmeausdehnung um etwa $0{,}5 \cdot 10^{-6}$/K bei 3 % Cr, um ungefähr $2 \cdot 10^{-6}$/K bei 12 % Cr und um ca. $2{,}5 \cdot 10^{-6}$/K bei 17 % Cr [RICH73, TOUL75, SEW92, LIN94b, BEIS01a]. Niedriglegierte Stähle mit Kohlenstoffgehalten von etwa 0,8 % haben um ca. $1 \cdot 10^{-6}$/K niedrigere Ausdehnungskoeffizienten als reines Eisen. Martensitische Stähle zeigen beim ersten Aufheizen Unstetigkeiten in der Wärmeausdehnungskurve während des Martensitzerfalls [LIN94b].

Nach [RICH83] erhält man für unlegierte und niedriglegierte Stähle mit mittleren C-Gehalten einen guten Schätzwert für den mittleren linearen Wärmeausdehnungskoeffizienten unterhalb von 600 °C aus

$$\overline{\alpha}_{20\,°C \div \vartheta} = (11{,}4 + 8{,}23 \cdot 10^{-3}\ \vartheta - 4{,}8 \cdot 10^{-6}\ \vartheta^2) \cdot 10^{-6}/°C \tag{6.25}$$

Ebenfalls nach [RICH83] gilt für austenitische Cr-Ni-Stähle näherungsweise bis 700 °C

$$\overline{\alpha}_{20\,°C \div \vartheta} = (15{,}8 + 6{,}1 \cdot 10^{-3}\ \vartheta - 2{,}6 \cdot 10^{-6}\ \vartheta^2) \cdot 10^{-6}/°C \tag{6.26}$$

Wegen der größeren Wärmeausdehnung sinkt die Dichte austenitischer Stähle prozentual um einen größeren Betrag als die von ferritisch-perlitischen Stählen, wenn man die Temperatur erhöht.

Wahre spezifische Wärmekapazität Auch die spezifische Wärme, die meistens als Temperaturfunktion der wahren – nicht als mittlere innerhalb eines Temperaturintervalls – spezifischen Wärmekapazität angegeben wird, ist dichteunabhängig, da der Luftgehalt in der Porosität von Sinterstählen bei der Erwärmung vernachlässigt werden kann. Alle Umwandlungen in Werkstoffen sind von einer Wärmetönung gekennzeichnet. Dadurch ergibt sich in der Temperaturabhängigkeit der spezifischen Wärme stets eine Unstetigkeit, wenn eine Umwandlung auftritt. Dies trifft nicht nur für Phasenumwandlungen zu, sondern gilt auch für Ordnungsumwandlungen oder die magnetische Umwandlung, wie sie bei kubisch-raumzentrierten Eisenwerksstoffen bei der Curie-Temperatur ϑ_C abläuft. Wegen der Schwierigkeiten bei Messungen über Unstetigkeitsstellen hinweg hören die meisten experimentellen Untersuchungen unterhalb der Curie-Temperatur auf, die für reines Eisen bei 769 °C liegt. Der Umgang mit der Zusatzenergie für den Verlust des Ferromagnetismus beim Aufheizen ist nicht eindeutig klar [PEPP84, DANN10], wenn aus Dichte, spezifischer Wärme und Temperaturleitfähigkeit Wärmeleitfähigkeiten berechnet werden sollen. Die Curie-Temperatur wird zudem durch Legierungselemente verändert z. B. in Chromstählen, bei denen mit geringem Cr-Gehalt von 3 % ein Anstieg auf 780 °C, bei höheren Gehalten von 17 % hingegen ein Abfall auf 680 °C beobachtet wird. Da für den Verlust des Ferromagnetismus beim Aufheizen bereits weit unterhalb der Curie-Temperatur ein großer zusätzlicher Energiebeitrag aufzubringen ist, ist die Datenlage bei ferritisch-perlitischen Stählen oberhalb von 600 °C spärlich [RICH73, RICH83, RICH84a, SEW92] und unsicher. Für die umwandlungsfreien austenitischen Stähle gibt es hingegen zahlreiche Messergebnisse bis über 1.000 °C. Dabei zeigt sich, dass durch geringe Gehalte an Legierungselementen die spezifische Wärme niedriglegierter Stähle kaum beeinflusst wird. Tabelle 6.10 gibt minimale und maximale Werte der wahren spezifischen Wärme von ferritischen Stählen nach [TOUL70a, RICH73, RICH83, RICH84a, SEW92, BEIS01b] und von austenitischen Stählen nach [TOUL70a, RICH73, RICH83, RICH84b, SEW92, BEIS98] an. Wegen der fehlenden magnetischen Umwandlung ist die Differenz zwischen Größt- und Kleinstwert bei den austenitischen Stählen viel kleiner als bei den ferritischen. Diese Differenz wird bei den ferritischen Stählen durch die legierungsabhängigen Unterschiede der Curie-Temperatur verursacht und lässt sich minimieren, indem man die spezifische Wärme als Funktion der auf die absolute Curie-Temperatur bezogenen Temperatur T/T_C betrachtet (T: thermodynamische Temperatur). Vor allem Chrom als Legierungs-

Tab. 6.10 Wahre spezifische Wärmekapazität von Eisenwerkstoffen in J/(kgK)

Temperatur °C	Ferritische Stähle		Austenitische Stähle	
	min.	max.	min.	max.
20	446	488	463	505
100	468	512	482	520
200	502	550	506	537
300	540	594	527	557
400	584	646	547	577
500	643	724	567	595
600	714	868	586	615

Abb. 6.33 Wahre spezifische Wärmekapazität ausgewählter Stähle

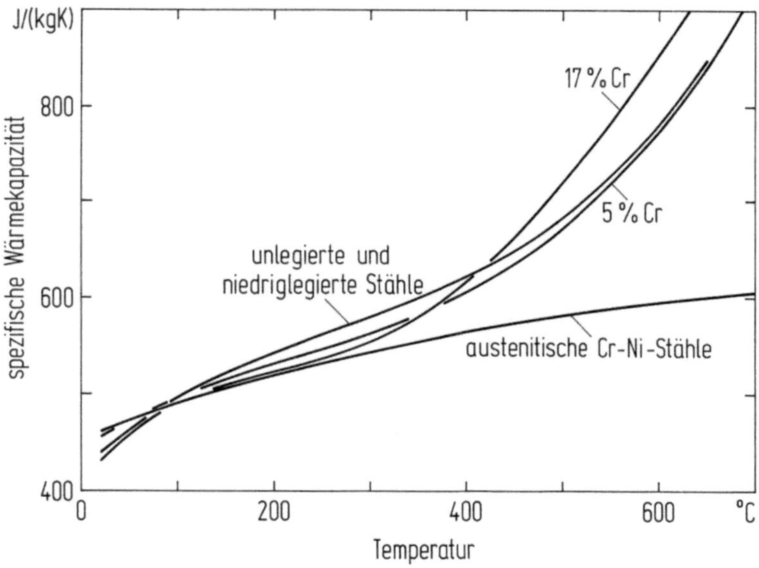

element verändert die Curie-Temperatur merklich und trägt zu den Unterschieden bei. Exemplarisch ist dies in Abb. 6.33 gezeigt.

Innerhalb begrenzter Temperaturintervalle ist es üblich, die wahre spezifische Wärme als Polynom auszudrücken:

$$c_p = a + b\vartheta + c\vartheta^2 + d\vartheta^3 \tag{6.27}$$

Tabelle 6.11 enthält die Koeffizienten zu Gl. 6.27 für einige Stähle, um c_p in J/(kgK) abschätzen zu können. Die Daten stammen teilweise aus [RICH83].

In Abb. 6.34 ist der Verlauf der wahren spezifischen Wärmekapazität c_p für einen ferritischen Chromstahl mit 16,1 % Cr und 1,33 % Si nach Hochtemperatursinterung in reinem Wasserstoff beim Überschreiten der Curie-Temperatur ϑ_C zusammen mit einigen Literaturangaben aus [TOUL70a] für ähnliche Stähle wiedergegeben. Zwischen etwa 400 °C und ϑ_C=680 °C steigt c_p steil an, um jenseits von ϑ_C abrupt abzufallen. Diese Unstetigkeit bei ϑ_C ist der Grund, weshalb in der Vergangenheit für ferritische Stähle kaum spezifische

Tab. 6.11 Koeffizienten zu Gl. 6.27 für ausgewählte Stähle

	a	b	c	d	Gültig bis °C
unlegierte und legierte Stähle, ±14 J/(kgK)	422	0,931	$-2{,}14 \cdot 10^{-3}$	$2{,}64 \cdot 10^{-3}$	650
austenitische Stähle, ±12 J/(kgK)	454	0,388	$-3{,}22 \cdot 10^{-4}$	$1{,}10 \cdot 10^{-7}$	1000
5 % Cr, ±20 J/(kgK)	444	0,631	$-1{,}42 \cdot 10^{-3}$	$2{,}135 \cdot 10^{-6}$	700
7–14 % Cr, ±20 J/(kgK)	447	0,483	$-7{,}95 \cdot 10^{-4}$	$3{,}028 \cdot 10^{-6}$	700
17 % Cr	407	1,315	$-6{,}033 \cdot 10^{-3}$	$1{,}343 \cdot 10^{-5}$	670

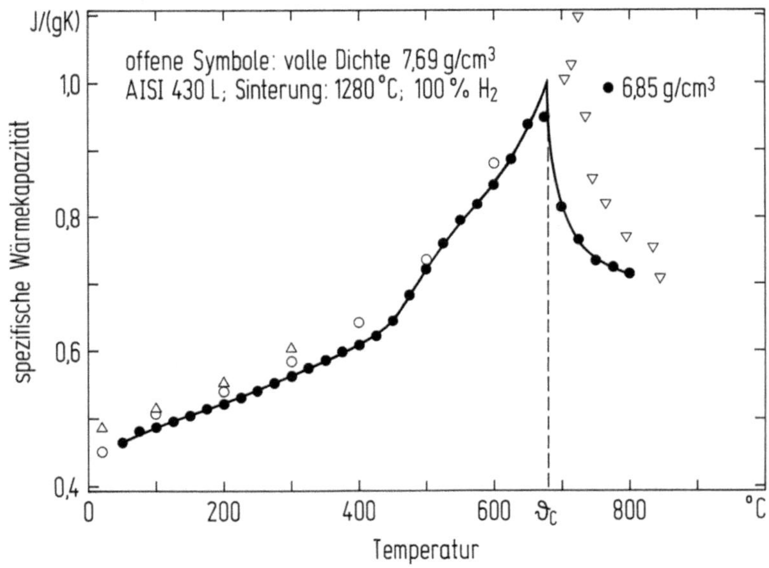

Abb. 6.34 Wahre spezifische Wärmekapazität eines ferritischen Stahls mit 16,1 % Cr und 1,33 % Si beim Überschreiten der Curie-Temperatur bei $\vartheta_C = 680$ °C

Wärmen oberhalb von 650 °C gemessen wurden. Weitere Unstetigkeiten im Temperaturverlauf der spezifischen Wärme ergeben sich aus dem Martensitzerfall beim ersten Aufheizen gehärteter Stähle.

Temperaturleitfähigkeit Während die Wärmeausdehnung und die spezifische Wärme nicht von der Dichte und nur wenig von der chemischen Zusammensetzung abhängen, wird die Temperaturleitfähigkeit a metallischer Werkstoffe erheblich vom Legierungszustand und von der Dichte beeinflusst. Zusätzlich ergeben sich Unstetigkeiten in der Temperaturabhängigkeit bei Umwandlungen aller Art, auch bei der magnetischen Umwandlung. Deshalb kennt man die Temperaturleitfähigkeit ferritischer Stähle oberhalb von 600 °C nur unzureichend.

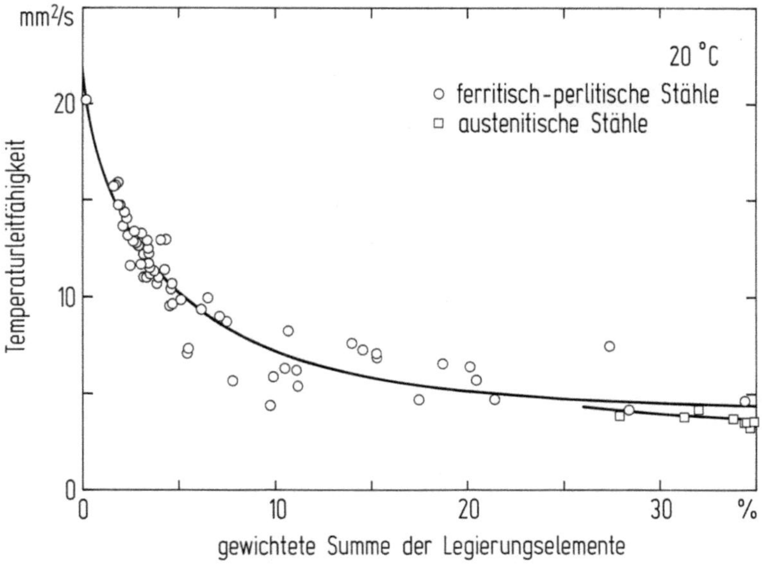

Abb. 6.35 Temperaturleitfähigkeit unterschiedlicher porenfreier Stähle in Abhängigkeit vom Legierungsgehalt nach Gl. 6.28 bei Raumtemperatur

Für Abschätzungen reicht es, den Einfluss von Legierungselementen zu einer Legierungssumme ΣLE nach Gl. 6.28 zusammenzufassen [BEIS03c]:

$$\begin{aligned}\sum \mathrm{LE} = {} & 10(\%\mathrm{B}) \\ & + 4(\%\mathrm{C} + \%\mathrm{N}) \\ & + 2(\%\mathrm{Si} + \%\mathrm{P} + \%\mathrm{S}) \\ & + 1(\%\mathrm{Mn} + \%\mathrm{Cr} + \%\mathrm{Ni} + \%\mathrm{Co} + \%\mathrm{V} + \%\mathrm{Cu} + \%\mathrm{Al} + \%\mathrm{Ti} + \%\mathrm{As}) \\ & + 0{,}5(\%\mathrm{Mo} + \%\mathrm{Nb}) \\ & + 0{,}33(\%\mathrm{W})\end{aligned} \tag{6.28}$$

Exemplarisch ist in den Abb. 6.35 und 6.36 die Abhängigkeit der Temperaturleitfähigkeit porenfreier Stähle von der Legierungssumme nach Gl. 6.28 dargestellt. Die Daten stammen aus [SEW92, ROHL96]. Die chemische Zusammensetzung der meisten Stähle aus [SEW92] findet sich in [RICH83]; soweit keine Analysen vorlagen, wurde der Mittelwert der genormten Analysespanne der Stähle zur Auswertung herangezogen. Weitere Temperaturleitfähigkeiten sind in [TOUL73] zusammengestellt. Zur mathematischen Beschreibung des Zusammenhangs mit dem Legierungszustand eignet sich eine Abklingkurve nach Gl. 6.29

$$a_o = a_1 + (a_{Fe} - a_1) exp\left[-\left(\frac{\sum LE}{C_1}\right)^{k1}\right] \tag{6.29}$$

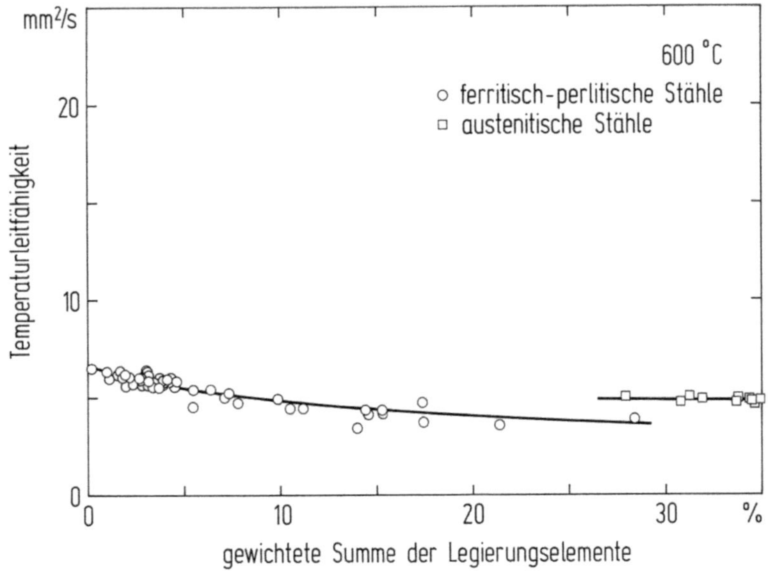

Abb. 6.36 Temperaturleitfähigkeit unterschiedlicher porenfreier Stähle in Abhängigkeit vom Legierungsgehalt nach Gl. 6.28 bei 600 °C

(a_0: Temperaturleitfähigkeit des porenfreien Zustandes; a_1: Temperaturleitfähigkeit bei sehr hohen Legierungsgehalten; a_{Fe}: Temperaturleitfähigkeit von reinem porenfreien Eisen; C_1, k_1: Regressionskoeffizienten). Die Koeffizienten in Gl. 6.29 sind in Tab. 6.12 zusammengefasst. Die Gl. 6.28 und 6.29 sind in Kombination mit Tab. 6.12 bei bekannter chemischer Zusammensetzung eines Stahls gut geeignet, die Temperaturleitfähigkeit des porenfreien Werkstoffs brauchbar abzuschätzen. Ferritische und austenitische Stähle haben bei hohen Gehalten an Legierungselementen leicht unterschiedliche Temperaturleitfähigkeiten. In der Umgebung der Raumtemperatur ist der Legierungseinfluss viel stärker ausgeprägt als bei hohen Temperaturen unterhalb der Curie-Temperatur, auch die Streuung der Messwerte ist bei niedrigen Temperaturen viel größer.

Dem Legierungseffekt ist der Einfluss der Porosität überlagert. Bei einem austenitischen Stahl, der 16,7 % Cr, 12,3 % Ni, 2,43 % Mo und 0,83 % Si enthielt und teils in reinem Wasserstoff, teils in 70 % N_2 plus 30 H_2 bei 1.280 °C gesintert worden war, ergaben sich nach Abb. 6.37 im Wesentlichen bis 800 °C linear mit der Temperatur ansteigende Temperaturleitfähigkeiten [BEIS98], die mit sinkender Dichte abfallen. Das Material, das der Mischgasatmosphäre ausgesetzt war, hatte bei gleicher Dichte um etwa 5 % geringere Temperaturleitfähigkeiten als das in H_2 gesinterte, weil der Werkstoff im N_2-haltigen Schutzgas mit langsamer Abkühlung 0,66 % Stickstoff aufgenommen hatte. Damit ist nach Gl. 6.28 die Legierungssumme größer als beim H_2-gesinterten Stahl.

Für einen ferritschen Chromstahl mit 16,1 % Cr und 1,33 % Si sind Temperaturleitfähigkeiten in Abb. 6.38 aufgeführt, die mit steigender Temperatur bis zur Curie-Temperatur kontinuierlich abfallen, darüber wieder ansteigen. Ähnlich wie bei dem austenitischen Stahl in Abb. 6.37 verringert fallende Dichte die Temperaturleitfähigkeit. Die Ergebnisse für die vergleichbar legierten konventionellen Stähle stammen aus [LAND63, TOUL73,

Tab. 6.12 Koeffizienten zu Gl. 6.29

Temperatur °C	Ferritische Stähle				Austenitische Stähle		
	a_{Fe} (mm^2/s)	a_1 (mm^2/s)	C_1 %	k_1	a_1 (mm^2/s)	C_1 %	k_1
20	21,7	4,1	4,65	0,715	3,00	7,68	0,791
100	18,4	3,9	5,95	0,732	3,20	7,39	0,731
200	15,5	3,7	7,96	0,754	3,45	7,04	0,657
300	13,0	3,5	9,54	0,775	3,70	6,69	0,582
400	10,7	3,3	11,50	0,797	3,95	6,34	0,507
500	8,6	3,1	13,57	0,819	4,20	5,98	0,433
600	6,7	2,9	15,75	0,840	4,45	5,63	0,358

Abb. 6.37 Temperaturleitfähigkeit des porösen austenitischen Sinterstahls 1.4404 nach Sinterung in Wasserstoff oder N_2-H_2-Mischgas

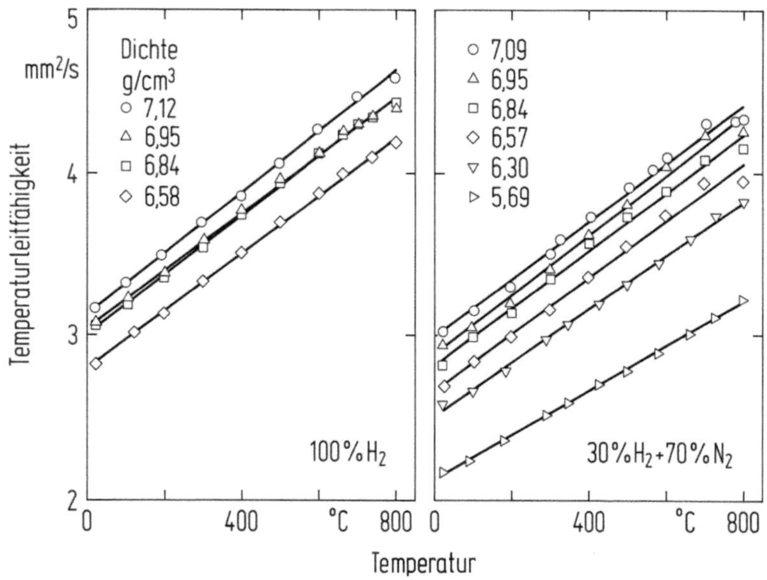

BRAN79, SEW92, ROHL96]. Prinzipiell ähnlich wie in Abb. 6.38 sehen auch die Temperaturleitfähigkeiten gewöhnlicher, niedriger legierter poröser Sinterstähle in [DANN10] aus, doch wurden die Messwerte in Abständen von 100 °C unter Aussparung der Curie-Temperatur bestimmt, so dass die Unstetigkeit an dieser Stelle geglättet wird.

Wärmeleitfähigkeit Die Wärmeleitfähigkeit λ wird heute meistens aus dem Produkt von Dichte, spezifischer Wärmekapazität und Temperaturleitfähigkeit ermittelt:

$$\lambda(\vartheta) = \rho(\vartheta) \cdot c_p(\vartheta) \cdot a(\vartheta) \tag{6.30}$$

Den ausgeprägten Einfluss von Legierungselementen unterhalb der Curie-Temperatur auf die Wärmeleitfähigkeit porenfreier Stähle gibt Abb. 6.39 nach Daten aus [TOUL70b,

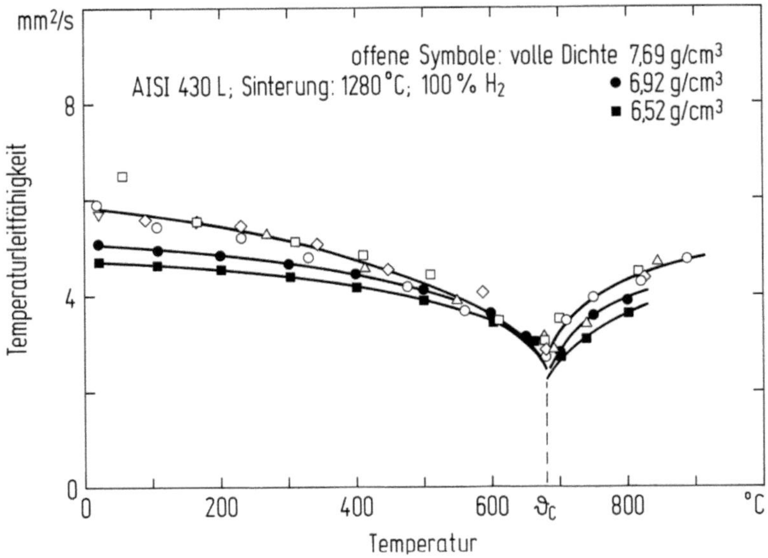

Abb. 6.38 Temperaturleitfähigkeit eines gesinterten Chromstahls mit 16,1 % Cr und 1,33 % Si und vergleichbarer porenfreier Stähle beim Überschreiten der Curie-Temperatur

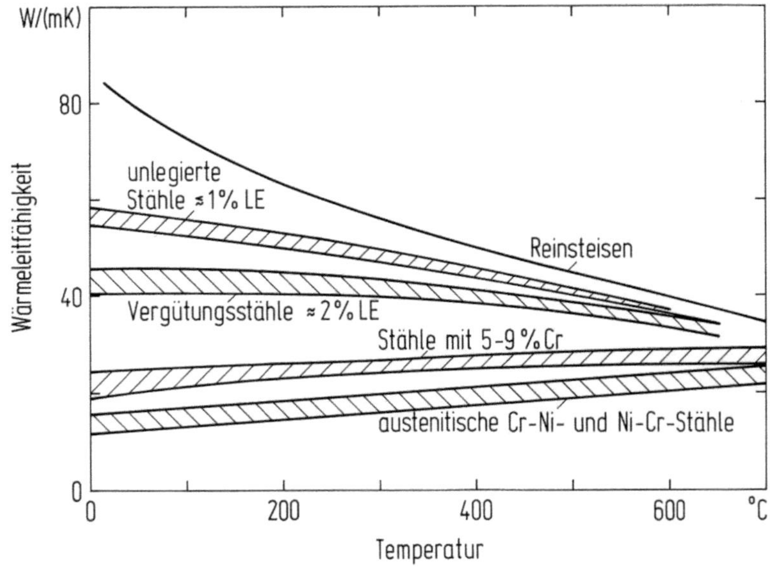

Abb. 6.39 Wärmeleitfähigkeit von porenfreiem Eisen und verschiedenen Stählen

RICH83] wieder. Für Eisen höchster Reinheiten wurden bei 0 °C Werte zwischen 84 und 94 W/(mK) berichtet, die jedoch bei geringsten Mengen an Verunreinigungen in technischen Werkstoffen und mit steigender Temperatur drastisch abfallen. Den Legierungseinfluss auf die Wärmeleitfähigkeit λ_0 porenfreier Stähle kann man wie bei der Temperaturleitfähigkeit durch eine gewichtete Legierungssumme nach Gl. 6.28 erfassen und durch eine Abklingkurve beschreiben:

$$\lambda_0 = \lambda_1 + (\lambda_{Fe} - \lambda_1) \exp\left[-\left(\frac{\sum LE}{C_2}\right)^{k2}\right] \tag{6.31}$$

Tab. 6.13 Koeffizienten zu Gl. 6.31

Temperatur °C	λ_{Fe} W/(mK)	λ_1 W/(mK)	C_2 %	k_2
20	83,5	13,0	4,5	0,66
100	72,6	14,1	6,0	0,71
200	63,8	15,1	7,5	0,77
300	56,8	16,9	8,6	0,80
400	50,2	18,2	9,6	0,81
500	44,4	19,6	10,6	0,82
600	39,7	21,0	11,6	0,82

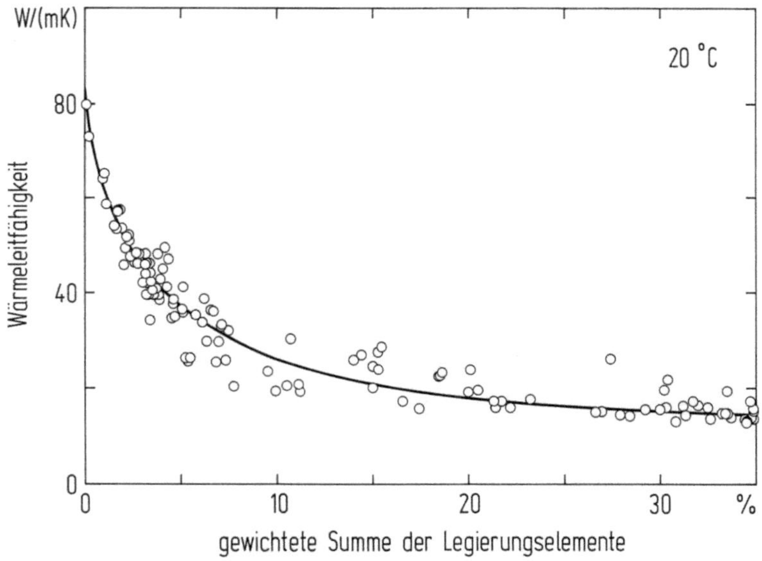

Abb. 6.40 Wärmeleitfähigkeit unterschiedlicher porenfreier Stähle in Abhängigkeit vom Legierungsgehalt nach Gl. 6.28 bei Raumtemperatur

Tabelle 6.13 enthält die Koeffizienten λ_{Fe}, λ_1, C_2 und k_2 nach Auswertungen von Daten aus [SEW92, ROHL96]. Die chemische Zusammensetzung der Werte aus [SEW92] wurde aus [RICH83] übernommen, bei fehlenden Angaben wurde mit den Mittelwerten der genormten Legierungsspannen gerechnet. Zusätzliche Ergebnisse sind in [TOUL70b] enthalten. Beispiele für die Legierungsabhängigkeit der Wärmeleitfähigkeit λ_0 im porenfreien Zustand von Stählen geben die Abb. 6.40 und 6.41. Auch hier ist die Streuung bei Raumtemperatur größer als bei höheren Temperaturen unterhalb der Curie-Temperatur. Bei hohen Legierungsgehalten ist eine Unterscheidung zwischen ferritischen und austenitischen Gefügen streuungsbedingt nicht gerechtfertigt.

Für die Berechnung der Wärmeleitfähigkeit $\lambda(\vartheta)$ nach Gl. 6.30 setzt man die Einzelfunktionen $\rho(\vartheta)$, $c_p(\vartheta)$ und $a(\vartheta)$ normalerweise über den gesamten betrachteten Temperaturbereich oder abschnittsweise als Polynome an. Für austenitische Stähle erhält man dabei Kurven ohne Unstetigkeiten, wie sie z. B. für den Stahl 1.4404 mit 16,7 % Cr, 12,3 % Ni, 2,43 % Mo und 0,83 % Si nach den Daten der vorangegangenen Abschnit-

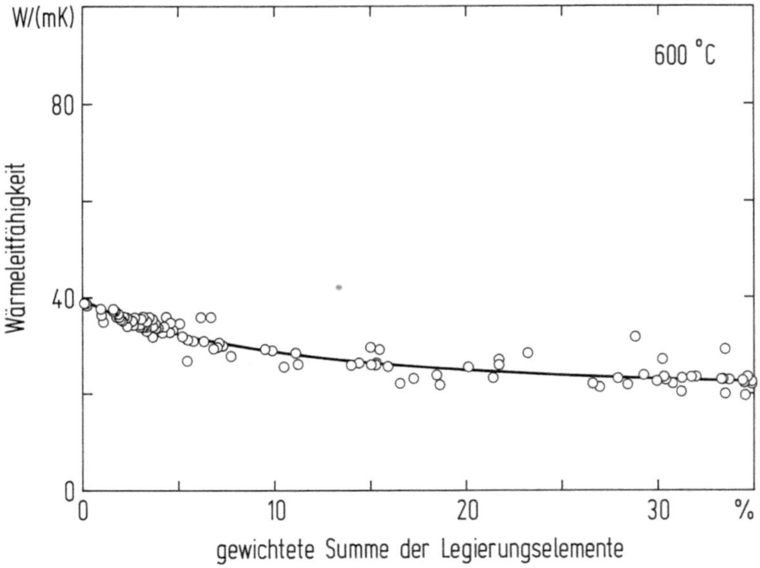

Abb. 6.41 Wärmeleitfähigkeit von porenfreien Stählen in Abhängigkeit vom Legierungsgehalt nach Gl. 6.28 bei 600 °C

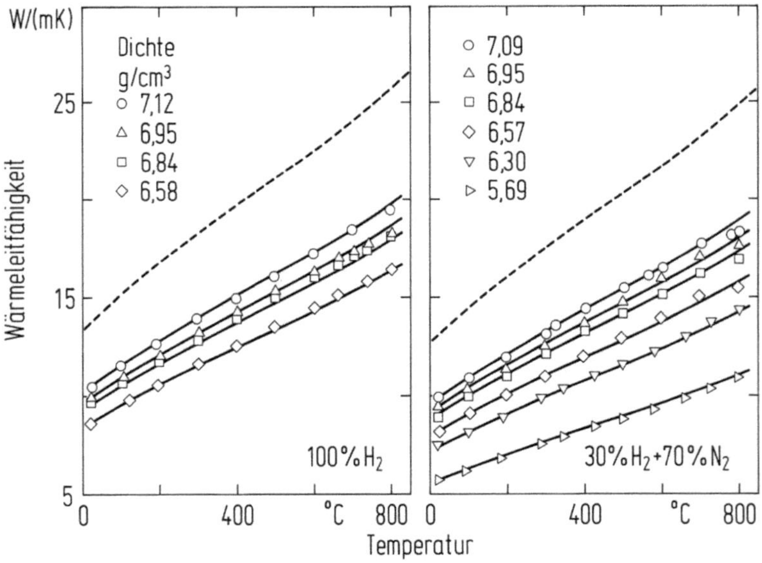

Abb. 6.42 Wärmeleitfähigkeit des porösen austenitischen Sinterstahls 1.4404 nach Sinterung in Wasserstoff oder N_2-H_2-Mischgas

te in Abb. 6.42 für unterschiedliche Dichten dargestellt sind. Die Wärmeleitfähigkeit des porenfreien Stahls ist gestrichelt eingetragen. Für den Vergleich mit den Versionen, die in N_2-H_2-Atmosphäre bei 1.280 °C gesintert wurden, wurde die Temperaturleitfähigkeit des hypothetischen porenfreien Vergleichswerkstoffs mit 0,66 % Stickstoff zu 95 % des Wertes des stickstofffreien konventionellen Stahls angenommen. Das Polynomprodukt nach Gl. 6.30 beschreibt die Einzelergebnisse über den gesamten untersuchten Temperatur- und Dichtebereich mit sehr geringen Abweichungen.

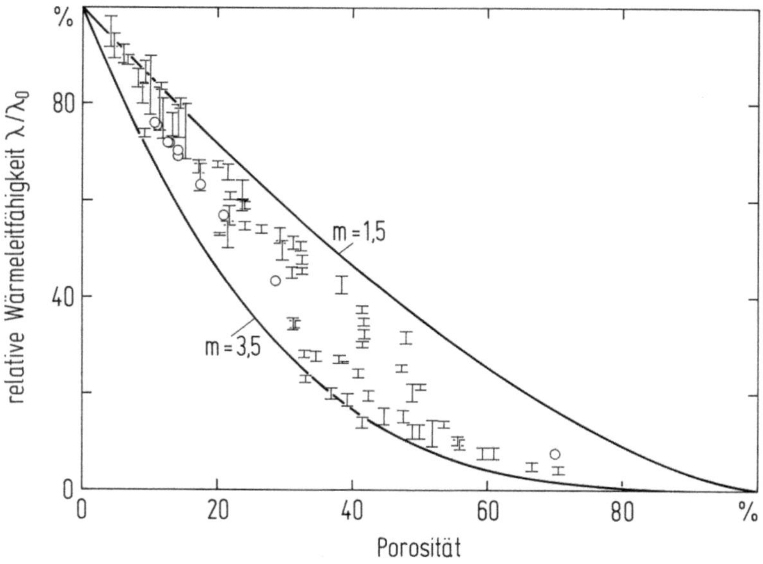

Abb. 6.43 Temperaturunabhängige Dichteabhängigkeit der Wärmeleitfähigkeit von porösen Eisenwerkstoffen in normierter Darstellung nach Gl. 6.1

Bei ferritischen Stählen gelingt diese Multiplikation nach Gl. 6.30 nur außerhalb eines gewissen Abstandes von der Curie-Temperatur. In einer Umgebung von etwa ± 100 °C um ϑ_C muss die Auflösung bei der Messung von c_p und a wesentlich erhöht werden, wenn Unstetigkeiten im Kurvenzug der Wärmeleitfähigkeit vermieden werden sollen. Dieser Aufwand wird gewöhnlich nicht getrieben. Alternativ müsste man die Funktionen $c_p(\vartheta)$ und $a(\vartheta)$ zweckentsprechend glätten oder andere Methoden zur Messung der Wärmeleitfähigkeit einsetzten. Bis zu Temperaturen von 600 °C ist Gl. 6.30 jedoch gut geeignet, die Wärmeleitfähigkeit auch von Sinterstählen zu berechnen, soweit man die Temperaturleitfähigkeit kennt oder nach den Gl. 6.28 und 6.29 mit Tab. 6.12 abschätzt. Für die letztere Möglichkeit muss man zusätzlich die Abhängigkeit der Wärmeleitfähigkeit von der Dichte $\lambda(\rho)$ kennen.

Für die Dichteabhängigkeit der Wärmeleitfähigkeit poröser Stoffe wurde in [NIKO83] aus stereologischen Gründen ein Zusammenhang nach Gl. 6.1 hergeleitet.

$$\frac{\lambda}{\lambda_0} = \left(\frac{\rho}{\rho_0}\right)^m$$

Der Dichtexponent m hängt empfindlich von der Porenmorphologie ab und kann in weiten Grenzen variieren. Die prinzipielle Eignung von Gl. 6.1 wurde in [NIKO83] umfangreich belegt. Aus dieser Dokumentation wurden die Ergebnisse von Eisenwerkstoffen entnommen und zusammen mit Werten aus [KOH73, BEIS98, RACA98, BEIS01a, DANN10] in Abb. 6.43 dargestellt. Aus [DANN10] wurde nur ein Stahl ausgewertet, für den mit mehreren Dichten Messungen durchgeführt wurden, so dass λ_0 und m aus einer Ausgleichsrechnung ermittelt werden konnten. Wie in anderen Arbeiten erwies sich m dabei als temperaturunabhängig. Die Fehlerbalken ergeben sich als Streuspanne der Quotienten

λ/λ_0 für unterschiedliche Temperaturen, wobei λ_0 oft durch Extrapolation auf porenfreie Dichte bei einer Regressionsanalyse gewonnen werden muss, weil für die chemischen Zusammensetzungen vieler Sinterstähle die Wärmeleitfähigkeit im porenfreien Zustand nicht verfügbar ist. Die Dichteexponenten von Formteilwerkstoffen liegen bei $m \approx 2{,}4$ für austenitischen rostfreien Stahl [BEIS98], $m \approx 2{,}0$ für ferritischen rostfreien Stahl [BEIS01a] und $m \approx 1{,}9$ für einen niedriglegierten Stahl mit 0,85 % Mo und 0,3 % C [DANN10]. Möchte man den Aufwand nicht treiben, Wärmeleitfähigkeiten bei mehreren Dichten zu messen, um λ_0 zu gewinnen, kann man λ_0 aus Gl. 6.28, 6.31 und den Koeffizienten aus Tab. 6.13 abschätzen. Eine Überprüfung zeigte, dass mit dieser Schätzung außer bei Raumtemperatur alle Ergebnisse bis 600 °C aus [DANN10] mit einer Genauigkeit von etwa ±10 % berechnet werden können, wenn man als Exponenten $m = 2$ ansetzt. Für viele Belange reicht das aus. Sinngemäß ist die Berechnung von Wärmeleitfähigkeiten auf Temperaturleitfähigkeiten übertragbar. Wegen der Proportionalität von Wärme- und Temperaturleitfähigkeit muss die Temperaturleitfähigkeit den gleichen Dichteexponenten haben wie die Wärmeleitfähigkeit. Abschätzungen der Temperaturleitfähigkeit bei voller Dichte, a_0, sind mit Gl. 6.28, 6.29 und Tab. 6.12 möglich.

6.8 Schwerpunkte

Die Eigenschaften poröser Sinterwerkstoffe sind, von wenigen Ausnahmen wie Wärmeausdehnung und spezifischer Wärme abgesehen, dichteabhängig. Die Dichteabhängigkeit lässt sich durchgängig durch eine Potenzfunktion nach Gl. 6.1 ausdrücken, deren Exponent von der Porenmorphologie und damit von den Sinterbedingungen und vom Grundpulver des Werkstoffs mitbestimmt wird. Grundsätzlich gilt, dass viele kleine – statt weniger großer – und rundere Poren geringere Dichtexponenten liefern. Vor allem bei niedrigeren Dichten bedeuten geringere Dichteexponenten günstigere Eigenschaften. Bei höheren Dichten sind die Vorteile vieler kleiner runder Poren oft nicht mehr sichtbar, da sich bei hohen Dichten, unabhängig von Grundpulver oder Porenverrundung, Konvergenz der Eigenschaften einstellen muss. Für die elastischen Eigenschaften liegt ausreichend Datenmaterial vor, um die Effekte aus Grundpulver und Sinterbedingungen unterscheiden zu können, teilweise auch für die Kennwerte des Zugversuchs und die Härte, meistens aber nicht für Schwingfestigkeiten oder thermophysikalische Eigenschaften.

Der Dichteexponent m hängt außer vom Gefüge von der betrachteten Eigenschaft selber ab und kann sehr verschiedene Werte annehmen, z. B. für

- magnetische Sättigungsinduktion $m \approx 1$
- Wärme- und Temperaturleitfähigkeit $m \approx 2$
- E- und G-Modul $2{,}8 \le m \le 3{,}5$
- 0,2-%-Dehngrenze $3 \le m \le 4$
- Zugfestigkeit und Vickers-Härte $3{,}5 \le m \le 4{,}5$
- Bruchdehnung, Stähle auf Schwammeisenbasis $3 \le m \le 6$

- Bruchdehnung, Stähle aus wasserverdüsten Pulvern $4 \leq m \leq 10$
- Zug-Druck- und Biegewechselfestigkeit $4{,}5 \leq m \leq 5{,}5$
- ungekerbte Schlagarbeit, Schwammeisen $7 \leq m \leq 10$
- ungekerbte Schlagarbeit, wasserverdüst $10 \leq m \leq 20$

In vielen Arbeiten werden Eigenschaften als lineare Dichtefunktionen angenähert. Das kann man innerhalb enger Dichteintervalle gutheißen, da man zu guten Ergebnissen bei interpolierenden Schätzungen kommt. Bei Extrapolation liegt man mit linear angenommenen Dichteabhängigkeiten auf der sicheren Seite, nutzt aber das Potenzial des Werkstoffs nicht aus.

Dadurch, dass in der Formteilfertigung ständig neue Werkstoffe kreiert werden, reicht meist die Zeit für eine umfassende Charakterisierung der Gebrauchseigenschaften nicht mehr aus. Deshalb muss man auf Verfahren zurückgreifen können, mit denen die Eigenschaften mit geringem Aufwand begründet abgeschätzt werden können. Dazu sollten die Ausführungen im voranstehenden Kapitel anregen.

7 Zum Abschluss

Dieser Text ist bei weitem keine umfassende Darstellung pulvermetallurgischer Rohstoffe und ihrer Herstellung, Formgebungs- und Sinterverfahren, Werkstoffe und Fertigungsschritte. Bei der ungeheuren Fülle unterschiedlicher Aspekte wäre eine solche Übersicht nur von einem großen Kollektiv vielseitig spezialisierter Autoren zu erarbeiten. Zu einer Reihe von Einzelthemen gibt es jedoch vertiefende Monographien, auf die man zurückgreifen kann, etwa zu den Grundlagen des Sinterns [GEGU73, EXNE78, SCHA92, GERM96], zu einzelnen Fertigungstechniken wie Pulverschmieden [KUHN90], Metallpulverspritzguss [GERM97] oder Formgebung und Verdichtung bei hohen Temperaturen [BOSE03], zu Werkstoffen der Pulvermetallurgie allgemein [UPAD00b] und speziellen Werkstoffen wie Hartmetallen [SCHE88, KOLA94, BROO98, SPRI02], Eisen und Stahl, [ŠALA95, HÖGA97, GERM98b] oder rostfreien Stählen [KLAR07] und Bearbeitungsschritten [ŠALA05]. Daneben gibt es zahlreiche Einführungen und teilweise regelrecht enzyklopädische Übersichten, die den Begriff Pulvermetallurgie im Titel tragen. Mit dem vorliegenden Beitrag sollen den vorhandenen Zusammenfassungen des Arbeitsgebietes speziell unter dem Gesichtspunkt der Fertigungstechnik und der Gebrauchseigenschaften einige Ergänzungen zur Seite gestellt werden, die die Formteilfertigung von Stahlbauteilen betreffen. Die Arbeitsgänge nach dem Sintern, auf die keine Fertigung verzichten kann, wurden bewusst nicht behandelt, denn sie unterscheiden sich von den Arbeitsgängen mit porenfreien Werkstoffen nur dadurch, dass man immer den Einfluss der Porosität berücksichtigen muss. Auch auf eine Darstellung der Werkstoff- und Eigenschaftsnormung wurde nicht eingegangen. In Europa befinden sich diese Themen im Fluss und hinken den aktuellen Entwicklungen der Technik immer hinterher. Eine befriedigende, logisch nachvollziehbare Normung auf diesem Gebiet gibt es weltweit nicht. Der Anwender ist deshalb in den meisten Fällen auf die Unterlagen der Hersteller und die unmittelbare Zusammenarbeit mit den Projektabteilungen der Industrie angewiesen, um zu kostengünstigen und innovativen Bauteilen zu kommen, die die Möglichkeiten der Technik ausschöpfen.

P. Beiss, *Pulvermetallurgische Fertigungstechnik*,
DOI 10.1007/978-3-642-32032-3_7, © Springer-Verlag Berlin Heidelberg 2013

Literatur

[ABDA01] Abdalla, G.: Einflüsse der Zugabe von Legierungselementen und Pulvercharakteristika auf das Sinterverhalten und die mechanischen Eigenschaften von anlegiertem Pulver Distaloy; Dr.-Ing. -Diss., RWTH Aachen, 2001

[ABE98] Abe, T., Hashimoto, H., Um, T., Park, Y. H., Sun, Z. M.: Shape Forming Sintering of TiAl for Automobile Valve by Plasma Sintering Method; Proc. 1998 PM World Congr. Granada, Vol. 5, S. 437–444; EPMA, Shrewsbury, 1998

[AGAK00] Agaki, N., Kawai, S., Satoh, M., Seki, Y.: Machinability and Fatigue Properties of a Pre-Alloyed, Free Cutting Steel Powder; Adv. Powder Metall. & Particulate Mat. - 2000, Proc. CD, S. 6/17-6/23; MPIF, Princeton, NJ, 2000

[AGAK01] Agaki, N., Haas, M., Sato, M., Seki, Y.: Tensile, Machinability, and Fatigue Properties of Pre-Alloyed Free Cutting Steel Powder; Adv. Powder Metall. & Particulate Mat. - 2001; Proc. CD, S. 6/40-6/49; MPIF, Princeton, NJ, 2001

[ALMA98] Alman, D. E., Hawk, J. A.: Binder-Assisted Extrusion; in ASM Handbook, Vol. 7: Powder Metal Technologies and Applications, S. 365–375; ASM International, Materials Park, Ohio, 1998

[AMAN96] Amano, N., Inoue, K., Sugimoto, M., Yukiyoshi, T.: Development of Multi-Level Techniques for the Compaction of Complicated Sintered Parts; Sumitomo Electric Industries Techn. Rev. No. 41, Jan. 1996, S. 54–60

[AMOS10] Amos, D., Delarbre, P., Lipp, K., Kaufmann, H.: Reliable Component Fatigue Design Applying Appropriate Cyclic Properties; Proc. 2010 PM World Congr. Florenz, Vol. 3, S. 301–308; EPMA, Shrewsbury, 2010

[ANDE04] Andersen, O., Studnitzky, T., Bauer, J.: Direct Typing - a New Method for the Production of Cellular P/M Parts; Proc. 2004 PM World Congr. Wien, Vol. 4, S. 182–187; EPMA, Shrewsbury, 2004

[ANDE10] Andersson, M., Larsson, M.: Linking pore size to the fatigue performance of sintered steels; Proc. 2010 PM World Congr. Florenz, Vol. 3, S. 343–350; EPMA, Shrewsbury, 2010

[ANNA88] Annavarapu, S., Apelian, D., Lawley, A.: Processing Effects in Spray Casting of Steel Strip; Metall. Trans. 19 A (1988), S. 3077–3086

[ARNH89] Arnhold, V., Hummert, K., Baumgarten, J., Brockmann, G.: High Performance Aluminum for Automotive Applications; Adv. Powder Metall. - 1989, Vol. 2, S. 201–212; MPIF/APMI, Princeton, NJ, 1989

[ASAK03] Asaka, K., Arakawa, T., Sato, M., Komatsu, T.: Development of Motor Rotor Core for Hybrid Vehicle by Sinter Diffusion Bonding; Hitachi Powdered Metals Techn. Rep. 2, (2003), S. 51–58

P. Beiss, *Pulvermetallurgische Fertigungstechnik*,
DOI 10.1007/978-3-642-32032-3,

[ASLU90] Aslund, C., Tingskog, T.: High Volume Production of Stainless and Nickel Alloy Pipe and Bar from Gas Atomized Powder; Adv. Powder Metall. - 1990, Vol. 1, S. 575–582; MPIF/APMI, Princeton, NJ, 1990

[ASM78] Metals Handbook, 9th Ed., Vol. 1: Properties and Selection: Irons and Steels, S. 338; ASM, Materials Park, Ohio, 1978

[ASM98] ASM Handbook: Vol. 7: Powder Metal Technologies and Applications, S. 774–785, 828–833, 978–1005; ASM International, Materials Park, Ohio, 1998

[ATLA54] Atlas zur Wärmebehandlung der Stähle: Band 1; Verlag Stahleisen, Düsseldorf, 1954

[AZZI06] Azzi, L., Thomas, Y.: Binder-Lubricants for Ferrous Powder Metallurgy; US-Patent-Anmeldung 2006/0165549 vom 27.07.2006

[BANK70] Bankowski, R. S., Feilbach, W. H.: Fatigue Behavior of Sintered Iron Powder; Int. J. Powder Metall. 6 (1970) 3, S. 23–37

[BARB98] Barber, J. P., Bauer, D., Chelluri, B., Jandeska, W. F., Grady T., Score, D., Cadle, T., Mandel, T.: Dynamic Magnetic Compaction (DMC) Technology for High Density / Net Shape Powder Metal Components; Proc. 1998 PM World Congr. Granada, Vol. 2, S. 8–14; EPMA, Shrewsbury, 1998

[BARI89] Barin, I.: Thermochemical Data of Pure Substances; VCH Verlagsgesellschaft, Weinheim, 1989

[BAUE96] Bauer, J., Bauer, A.: Verfahren zur Herstellung von Formkörpern mit vorbestimmter Porenstruktur; Europ. Patent EP 0 627 983 vom 09.10.1996

[BEAN97] Beane, A., Beane, G., Lashmore, D. S.: Cold forming extends the reach of PM; Met. Powder Rep. 52 (1997), S. 18–23

[BEIS83] Beiss, P.: PM Methods for the Production of High Speed Steels; Met. Powder Rep. 38 (1983), S. 185–194

[BEIS87] Beiss, P.: Fatigue Strength of Sintered Steels; Met. Powder Rep. 42 (1987), S. 243–249

[BEIS88] Beiss, P., Wähling, R.: Toughness Comparison between Vacuum Sintered plus Forged PMS T15 and Conventional Tool Steels; Modern Developm. Powder Metall., Vol. 19, S. 281–304; MPIF/APMI, Princeton, NJ, 1988

[BEIS98] Beiss, P., Kutsch, U., Jäger, H. J., Schmitz, F., Maier, H. R.: Thermal Conductivity of Sintered Stainless Steel 316L; Proc. 1998 PM World Congr. Granada, Vol. 3., S. 425–435; EPMA, Shrewsbury, 1998

[BEIS01a] Beiss, P.: Thermophysical Properties of a Ferritic Stainless Steel; Proc. 2000 PM World Congr. Kyoto, Vol. 2, S. 989–993; Jpn. Soc. Powder & Powder Metall., Tokyo, 2001

[BEIS01b] Beiss, P., Dalgiç, M.: Structure Property Relationships in Porous Sintered Steels; Materials Chemistry and Physics 67 (2001), S. 37–42

[BEIS03a] Beiss, P.: Mechanische Eigenschaften von Sinterstählen; Pulvermetallurgie: Material - Prozess - Anwendung, Pulvermetallurgie in Wissenschaft und Praxis, Band 19, S. 3–24; Fachverband Pulvermetallurgie, Hagen, 2003

[BEIS03b] Beiss, P.: Effect of Mean Stresses on the Endurable Amplitude of Sintered Iron and Steel; Proc. Euro PM 2003, Valencia, Vol. 1, S. 363–368; EPMA, Shrewsbury, 2003

[BEIS03c] Beiss, P.: Structural Mass Production Parts; in Landolt-Börnstein, Group VIII, Vol. 2, Subvol. A: Powder Metallurgy Data, Part 1: Metals and Magnets; Springer-Verlag, Berlin Heidelberg New York, 2003

[BEIS08] Beiss, P.: Stress Controlled Fatigue Testing of Porous Sintered Steels - An Endless Task?; Adv. Powder Metall. & Particulate Mat. - 2008, Proc. CD, S. 11/60-11/83; MPIF, Princeton, NJ, 2008

[BEIS09] Beiss, P., Lindlohr, S.: Porosity Statistics and Fatigue Strength of Sintered Iron; Int. J. Powder Metall. 45 (2009) 2, S. 39–48

[BEIS11] Beiss, P., Zafari, A., Lipp, K., Baumgartner, J.: Fatigue Behavior of a Sintered Steel Containing 4 % Ni, 1.5 % Cu, 0.5 % Mo and 0.6 % C; Adv. Powder Metall. & Particulate Mat. - 2011, Proc. CD, S. 9/81-9/102; MPIF, Princeton, NJ, 2011

[BENJ81] Benjamin, J. S., Schelleng, R. D.: Dispersion Strengthened Aluminum - 4 Pct Magnesium Alloy Made by Mechanical Alloying; Metall. Trans. A12 (1981), S. 1827–1832

[BERG96] Bergmark, A.: Influence of MnS on the Fatigue Properties of Distaloy AE + 0.5 % C; Adv. Powder Metall. & Particulate Mat. - 1996, Vol. 4, , S. 13/161-13/166; MPIF/APMI, Princeton, NJ, 1996

[BERG99] Bergmark, A.: Materialdata för PM-Stål med Varierade Ytor och Geometrier; Jernkontoret, Stockholm, 1999

[BESH73] Beshers, D. N.: Diffusion of Interstitial Impurities; Diffusion - Papers Presented at a Seminar of the American Society for Metals, S. 209–240; American Society for Metals, Metals Park, Ohio, 1973

[BETA92] Betancor Keins, S.: Einfluss der Füllbedingungen und verschiedener Legierungstechniken auf das Maßverhalten von Sinterstahlformteilen; Unveröffentlicht, Krebsöge, 1992

[BHAM88] Bhambri, A., Pease III, L.F.: Mechanical Properties of P/F Connecting Rod Materials; Modern Developm. Powder Metall., Vol. 18, S. 155–181; MPIF/APMI, Princeton, NJ, 1988

[BIAL97] Biallas, G.: Zyklisches Verformungsverhalten und Mikrostruktur von Sintereisen und ausgewählten Sinterstählen; Fortschrittsber. VDI, Serie 5, No. 495; VDI-Verlag, Düsseldorf, 1997

[BISH03] Bishop, J. E., Fisher, J. B.: Application of a Stressed-Volume Fatigue Analysis Program to PM Components; Proc. 2003 Int. Conf. Automotive Fatigue Design & Applications, S. 26–33; hrsg. v. R. A. Chernenkoff u. W. A. Jandeska; Metal Powder Industry Federation, Princeton, NJ, 2003

[BLAC80] Black, H. L., Somerville, M., Schwertz, J.: Pulvermetallugisches Verfahren; Deutsche Auslegeschrift DE 29 13 623 vom 06.11.1980

[BLOE91] Bloemacher, M.: Mechanical Properties and Microstructures of Metal Injection Molded Parts Made with a New Binder Technique; Adv. Powder Metall. - 1991, Vol. 2, S. 75–84; MPIF/APMI, Princeton, NJ, 1991

[BOCC94] Boccacini, A. R.: Zur Abhängigkeit der mechanischen Eigenschaften zweiphasiger und poröser Werkstoffe von der Gefüge- und Porositätsstruktur; Dr.-Ing.-Diss., RWTH Aachen, 1994

[BOCC86] Bocchini, G. F.: The Influences of Porosity on the Characteristics of Sintered Materials; Int. J. Powder Metall. 22 (1986), S. 185–202

[BOCC87] Bocchini, G. F.: Influence of small die width on filling and compacting densities; Powder Metall. 30 (1987), S. 261–266

[BOCC01] Bocchini, G. F., Rivolta, B., Silva, G.: Thermal Expansion Behavior of PM Ferrous Materials; Adv. Powder Metall. & Paticulate Mat. - 2001, Proc. CD, S. 5/176-5/185; MPIF, Princeton, NJ, 2001

[BOCK71] Bockstiegel, G.: Tidsbehov för diffusionsutjämning av inhomogent fördelade legeringsämnen i en grundmetall; Interner Höganäs-Bericht R18/71; Höganäs, 1971; zitiert aus Höganäs Handbook for Sintered Components, Vol. 2: Production of Sintered Components; Höganäs, 1997

[BORT93] De Bortoli, S.: Density Distribution Measurements in Compacts; Vortrag EPMA Short Course Powder Consolidation, Bruneck, 1993

[BOS06] Bos, B., Fors, C., Larsson, T.: Industrial implementation of high velocity compaction for improved properties; Powder Metall. 49 (2006), S. 107–109

[BOSE03] Bose, A., Eisen, W. B.: Hot Consolidation of Powders & Particulates; MPIF, Princeton, NJ, 2003

[BOSS95] Bossert, J., Ondracek, G.: Betrachtungen zur Gefügesystematik; Mat.-wiss. u. Werkstofftech. 26 (1995), S. 560–568

[BRAM00] Bram, M., Buchkremer, H. P., Stöver, D.: Pulvermetallurgie von porösen Formkörpern - Herstellung, Eigenschaften, Anwendungen; Neue Produkte - Neue Märkte; Pulvermetallurgie in Wissenschaft und Praxis, Band 16, S. 47–67; VDI-Ges. Werkstofftechnik, Düsseldorf, 2000

[BRAM04] Bram, M., Buchkremer, H. P., Stöver, D.: Development of Porous Composite Membranes for Microfiltration Devices; Proc. 2004 PM World Congr. Wien, Vol. 4, S. 176–181; EPMA, Shrewsbury, 2004

[BRAN79] Brandis, H., und 15 Koautoren: X1CrNiMoNb 2842 (Remanit 4575) - als Superferrit ein neuer Sonderstahl mit hoher allgemeiner Korrosionsbeständigkeit, insbesondere für Beanspruchungen in chloridreichen Lösungen; Thyssen Edelst. Techn. Ber. 5 (1979), S.1-72

[BRAU97] Braun, V.: Untersuchung von Füllsystemen beim Pulverpressen; Diplomarbeit, RWTH Aachen, 1997

[BREW08] Brewin, P. R., Coube, O., Doremus, P., Tweed, J. H. (Hrsg.): Modeling of Powder Die Compaction; Springer-Verlag, London, 2008

[BROE07] Broeckmann, C.: Wear Resistant Composite Components Produced by HIP-Cladding; Proc. Euro PM 2007, Toulouse, Vol. 3, S. 249–254; EPMA, Shrewsbury, 2007

[BROO98] Brookes, K. J. A.: Hardmetals and Other Hard Materials, Third Edition; International Carbide Data, Hertfordshire, 1998

[BROO99] Brookes, K.: Konrad Friedrichs - carbide's 'Spin Doktor'; Met. Powder Rep. 54 (1999) Nov., S. 12–15

[BRUN82] Brunosson, G., Larsson, H. G.: Presse zum Kompaktieren oder Strangpressen; Deutsche Offenlegungschrift DE 31 15 470 vom 21.01.1982

[BUCH98] Buchkremer, H. P., Kuhstoss, A., Neumann, P., Arnhold, V., Stöver, D.: Processing and Characteristic Parameters of Filter Parts with Asymmetrical Porosity; Proc. 1998 PM World Congr. Granada, Vol. 5, S. 201–207; EPMA, Shrewsbury, 1998

[CADL01] Cadle, T. M., Mandel, J. H., Roskopf, P. R.: Dry Die Wall Lubrication; US-Patent 6,190,605 vom 20.02.2001

[CASI00] Casip Data Collection; Höganäs AB, Höganäs, 2000

[CAUS80] Causton, R. J., Dunkley, J. J.: Extrusion of Powder Metallurgy High-speed Steel; Hot Working and Forming Processes, S. 244–253; The Metals Society, London, 1980

[CHEN98] Chen, Z., Ikeda, K., Murakami, T., Takeda, T.: Forming of Metal-Ceramic Composite Pipes by Multi-Billet Extrusion Method; Proc. 1998 PM World Congr. Granada, Vol. 5, S. 79–84; EPMA, Shrewsbury, 1998

[CHER94] Chernenkoff, R. A., Hall, D. W., Mocarski, S., Pease III, L. F.: Con-rod powders reveal quality consistency; Metal Powder Rep. 49 (1994) Sept., S. 34–38

[CHRI95] Christian, K. D., German, R. M.: Relation Between Pore Structure and Fatigue Behavior in Sintered Iron-Copper-Carbon; Int. J. Powder Metall. 31 (1995) 1, S. 51–61

[CIMI97] Cimino, T. M., Rutz, H. G., Graham, A. H., Murphy, T. F.: The Effect of Microstructure on Fatigue Properties of Ferrous P/M Materials; Adv. Powder Metall. & Particulate Mat. - 1997, Vol. 2, S. 13/137-13/149; MPIF/APMI, Princeton, NJ, 1997

[CLYE76] S., Clyens, Al-Hassani, S. T. S.: The Compaction of Powder Metallurgy Bars Using High Voltage Electrical Discharges; Int. J. Mech. Sci. 18 (1976), S. 37–44

[COHR96] Cohrt, H., Hankowetz, L., Seibert, Th.: Joining of Die Pressed P/M Parts to Conventional Steels by Diffusion Bonding; Advances Powder Metall. & Particulate Mat. - 1996, Vol. 3, S. 11/237-11/251; MPIF/APMI, Princeton, NJ, 1996

[CONW98] Conway, J. J., Rizzo, F. J.: Hot Isostatic Pressing of Metal Powders; in ASM Handbook, Vol. 7: Powder Metal Technologies and Applications, S. 605–620; ASM International, Materials Park, Ohio, 1998

[CONW02] Conway, J. J., Nettleship, I., McAfee, R. J., Loehlein, E. S.: Experimental Validation of Ashby HIP 6.0 Model Using Interrupted HIP Cycles of P/M LC Astroloy; Adv. Powder Metall. & Particulate Mat. - 2002, Proc. CD, S. 9/121-9/130; MPIF, Princeton, NJ, 2002

[CORC97] Corcoran, T. S.: Moulding of Apertured Articles; Patenschrift EP 0 669 860 vom 02.07.1977

[DALG01] Dalgic, M., Lindlohr, S., Beiss, P.: Bending Fatigue Strength of Distaloy AE; Proc. Euro PM 2001, Nice, Vol. 3, S. 292–297; EPMA, Shrewsbury, 2001

[DALG09] Dalgic, M.: Zusammenhang zwischen der Porenmorphologie und der Schwingfestigkeit von Sinterstahl und Sintereisen, Dr.-Ing.-Diss., RWTH Aachen, 2009

[DANN93] Danninger, H., Jangg, G., Weiss, B., Stickler, R.: Microstructure and Mechanical Properties of Sintered Iron, Part II - Experimental study; Powder Metall. Int. 25 (1993), S. 170–173

[DANN98] Danninger, H., Gierl, C., Leitner, G., Jaenicke-Rössler, K.: Degassing during Sintering of Different Fe and Fe-0.8 % C Powder Compacts; Proc. 1998 PM World Congr. Granada, Vol. 2, S. 342–347; EPMA, Shrewsbury, 1998

[DANN03] Danninger, H., Leitner, G.: Entgasungs- und Reduktionsprozesse beim Sintern von Eisenwerkstoffen; Pulvermetallurgie: Material - Prozess - Anwendung, Pulvermetallurgie in Wissenschaft und Praxis, Band 19, S. 211–234; Fachverband Pulvermetallurgie, Hagen, 2003

[DANN06] Danninger, H.: Moderne Legierungssysteme für PM-Formteile - Konsequenzen für das Sintern; Pulvermetallurgie - Kompetenz und Perspektive, Pulvermetallurgie in Wissenschaft und Praxis, Band 22, S. 21–47; Fachverband Pulvermetallurgie, Hagen, 2006

[DANN09] Danninger, H., Vassileva, V., Gierl, C.: Atmosphere Effects on Sintering of Carbon-free Powder Compacts from Different Ferrous Powders; Proc. Euro PM 2009, Copenhagen, Vol. 3, S.227-232; EPMA, Shrewsbury, 2009

[DANN10] Danninger, H., Gierl, C., Gonzales, M. S., Schmidt, J., Specht, E.: Thermal Expansion and Thermal Conductivity of Sintered Steel - the Real Effect of the Porosity; Adv. Powder Metall. & Particulate Mat. 2010, Proc. CD, S. 10/1-10/12; MPIF, Princeton, NJ, 2010

[D'ARM99] D'Armas, H. D., Llanes, L., Altaba, B., Bas, J., Anglada, M.: Fatigue Life Behavior of a Sintered Steel: Heat Treatment Effects; Fatigue'99, Proc. 7th Int. Fatigue Congr., Vol. 3, S. 1823–1828; HEP/EMAS, Beijing, 1999

[DAVI90] Davidson, J. H., Raisson, G.: The Industrial Development of a New PM Superalloy for Critical High Temperature Aeronautical Turbine Components; Adv. Powder Metall. - 1990, Vol. 1, S. 563–573; MPIF/APMI, Princeton, NJ, 1990

[DAX83] Dax, F. R.: PM High-Speed Steels by the CAP Process; Met. Powder Rep. 38 (1983), S. 200–202

[DONA06] Donaldson, I. W., Dollmeier, K., Hanejko, F.: Properties of Carburized High Strength PM. Adv. Powder Metall. & Particulate Mat. - 2006, Proc. CD, S. 10/38-10/49; MPIF, Princeton, NJ, 2006

[DUER95] Duerdoth, P.: Compound Parts by Diffusion Bonding; Proc. 1995 Europ. Conf. Adv. PM Mat., S. 639–646; EPMA, Shrewsbury, 1995

[DUNK76] Dunkley, J. J., Causton, R. J.: P/M Extruded High Speed Steel; Powder Metall. Int. 8 (1976), S. 115–117

[DUNK03] Dunkley, J. J., Mais, B., Ruthardt, R.: Metal powders; in Landolt-Börnstein, Group VIII, Vol. 2, Subvol. A: Powder Metallurgy Data, Part 1: Metals and Magnets; Springer-Verlag, Berlin Heidelberg New York, 2003

[EBEN94] Ebenhöch, J., Hesse, W.: Injection molding of hardmetals using a polyacetal based binder system; Adv. Powder Metall. & Particulate Mat. - 1994, Vol. 4, S. 261–271; MPIF/APMI, Princeton, NJ, 1994

[ECKS69] Eckstein, H.-J.: Wärmebehandlung von Stahl - Metallkundliche Grundlagen; VEB Deutscher Verlag für Grundstoffindustrie, Leipzig, 1969

[EISE96] Eisen, W. B.: Mathematical Modelling of Hot Isostatic Pressing; Rev. Praticulate Mat. 4 (1996), S. 1–42

[ENGD90] Engdahl, P., Lindqvist, B., Tengzelius, J.: Fatigue Behaviour of PM Steels - Material Aspects; PM into the 1990's, Vol. 2, S. 144–154; The Institute of Metals, London, 1990

[ENGS94] Engström, U., Gunnemyr, M.: Fatigue properties of sintered steels; Proc. 1994 PM World Congr. Paris, Vol. 2, S. 811–814; Les éditions de physique, Les Ulis, 1994

[ENGS97] Engström, U., Johansson, B., Andersson, S.: Properties and Tolerances of Warm Compacted High Density PM Steels; Proc. Euro PM 97, München, S. 265–272; EPMA, Shrewsbury, 1997

[ENGS99] Engström, U., Johansson, B.: Sintered Products Having Improved Density; US-Patent 5,926,686 vom 20.07.1999

[ENGS00] Engström, U.: New High Performance PM Applications by Warm Compaction of Densmix Powder; Proc. Euro PM 2000, München, Materials and Processing, Trends for PM Components in Transportation, S. 123–130; EPMA, Shrewsbury, 2000

[ENGS01] Engström, U., Johansson, B.: Experience with Warm Compaction of Densmix Powders in the Production of Complex Parts; Proc. 2000 PM World Congr. Kyoto, Vol. 1, S. 536–539; Jpn. Soc. Powder & Powder Metall., Tokyo, 2001

[ENGS03] Engström, U., Klekovkin, A., Berg, S., Edwards, B., Frayman, L., Hinzmann, G., Whitehouse, D.: Efficient Low-Alloy Steels for High Performance Structural Applications; Adv. Powder Metall. & Particulate Mat. - 2003, Proc. CD, S. 7/68-7/79; MPIF, Princeton, NJ, 2003

[ENGS06] Engström, U., Hofecker, P., Milligan, D., O'Keefe, D.: Utilizing bonded mix technology to improve the dimensional consistency of complex, tightly toleranced PM components; Adv. Powder Metall. & Particulate Mat. - 2006, Proc. CD, S. 3/54-3/61; MPIF, Princeton, NJ, 2006

[ERNS92] Ernst, E.: Axiale Pressvorgänge in der Pulvermetallurgie; VDI-Verlag, Düsseldorf, 1992

[ERNS96] Ernst, E., Schmitt, R.: Produktionsgerechte Konstruktion in der axialen Pulverpresstechnik. Fertigungsoptimierung, Pulvermetallurgie in Wissenschaft und Praxis, Band 12, S. 55–80; DGM Informationsgesellschaft, Frankfurt, 1996

[ERNS02] Ernst, E., Beiss, P.: Fortschritte und Innovation in der Presstechnik; Pulvermetallurgie - Fortschritte in Prozessen und Funktionalität, Pulvermetallurgie in Wissenschaft und Praxis, Band 18, S. 91–102; Fachverband Pulvermetallurgie, Hagen, 2002

[EXNE78] Exner, H. E.: Grundlagen von Sintervorgängen; Gebrüder Bornträger, Berlin Stuttgart, 1978

[FEDR75] Fedrigo, R., Borrini, B., Garattini, V., Pino, G.: Method of and Press for Compacting Materials in Powder Form to Produce Pieces to be Sintered; Ital. Patent 1 395 180 vom 21.05.1975

[FERG84] Ferguson, B. L., Smith, O. D.: Ceracon Process; in Metals Handbook, Ninth Ed., Vol. 7: Powder Metallurgy, S. 537–541; ASM, Metals Park, Ohio, 1984

[FISC78] Fischmeister, H.: Isostatic Hot Compaction - a Review; Powder Metall. Int. 10 (1978), S. 119–123

[FORR97] Forrest, J., Price, R., Hanlon, D.: Manufacturing Clad Products by Spray Forming; Int. J. Powder Metall. 33 (1997) 3, S. 21–29

[FRIS92] Frisk, K., Johannsson, A., Lindberg, C.: Nitrogen pick up during sintering of stainless steel; Adv. Powder Metall. & Particulate Mat. -1992, Vol. 3, S. 167–179; MPIF/APMI, Princeton, NJ, 1992

[GANE05] Ganesan, P., Domşa, Ş., Beiss, P.: Fracture Toughness of PM Alloy Steels; Powder Metall. 48 (2005), S. 323–328

[GEGU73] Geguzin, Ja. E.: Physik des Sinterns; VEB Deutscher Verlag für Grundstoffindustrie, Leipzig, 1973

[GERM96] German, R. M.: Sintering Theory and Practice; John Wiley & Sons, New York, 1996

[GERM97] German, R. M., Bose, A.: Injection Molding of Metals and Ceramics; MPIF, Princeton, NJ, 1997

[GERM98a] German, R. M.: Powder Injection Molding; in ASM Handbook, Vol. 7: Powder Metal Technologies and Applications, S. 355–364; ASM International, Materials Park, Ohio, 1998

[GERM98b] German, R. M.: Powder Metallurgy of Iron and Steel; John Wiley & Sons, Inc., New York, 1998

[GEST84] Gestwa, J., Röhlig, R., Beiss, P.: New Applications of Cold Isostatic Pressing in Powder Metallurgy; Met. Powder Rep. 39 (1984), S. 17–22

[GIAM72] Di Giambattista, V. N.: Process for Compacting Metallic Powders; US-Patent 3,704,508 vom 05.12.1972

[GIAM80] Di Giambattista, V. N.: Forming P/M Parts by Consolidation at Atmospheric Pressure; Progr. Powder Metall., Vol. 34 & 35, S. 95–100; MPIF/APMI, Princeton, NJ, 1980

[GOET84] Goetzel, C. G.: Hot Pressing; in Metals Handbook, Ninth Ed., Vol. 7: Powder Metallurgy, S. 501–521; ASM, Metals Park, Ohio, 1984

[GÖRA81] Göransson, M., Larsson, H.-G., Hede, A.: Breakthrough in Special Steel Production by PM; Modern Developm. Powder Metall., Vol. 13, S. 307–324; MPIF/APMI, Princeton, NJ, 1981

[GÖRA83] Göransson, M., Larsson, H.-G., Hede, A.: Method of Special Steel Production via the STAMP Process; Met. Powder Rep. 38 (1983), S. 205–208

[GONI92] Gonia, D., Schneider, L.: Gesinterte Verbundbauteile für Schaltgetriebe; Beschichten und Verbinden in Pulvermetallurgie und Keramik, Pulvermetallurgie in Wissenschaft und Praxis, Band 8, S. 204–222; VDI-Verlag, Düsseldorf, 1992

[GOOD93] Good, H., Rauch, P.: Modulare Vorrichtung zum Pressformen und Kalibrieren von Werkstücken mit schraubenförmigen Konturen; Patentanmeldung EP 0 528 761 vom 24.02.1993

[GORM90] Gormanns, T., Radewahn, S., Solty, W.: Verfahren und Vorrichtung zur Herstellung von Fertigteilen als Verbundkörper aus pulverförmigen Werkstoffen; Offenlegungsschrift DE 39 17 277 vom 29.11.1990

[GRIG06] Grigoriev, E. G., Rosliakov A. V.: Electro Discharge Compaction of WC-Co Composite Material Containing Particles of Diamond; Adv. Powder Metall. & Particulate Mat. - 2006, Proc. CD, S. 8/41-8/45; MPIF, Princeton, NJ, 2006

[GRIM84] Grimm, J., Grimm, W.: Deutsches Wörterbuch, Band 16; Deutscher Taschenbuchverlag, München 1984

[GROH02] Grohowski, J. A., Strauss, J. T.: Effect of Atmosphere Pressure on Thermal Debinding Rate Behavior; Adv. Powder Metall. & Particulate Mat. - 2002, Proc. CD, S. 10/109-10/116; MPIF, Princeton, NJ, 2002

[GROZ98] Groza, J. R.: Field-Activated Sintering; in ASM Handbook, Vol. 7: Powder Metal Technologies and Applications, S. 583–589; ASM International, Materials Park, Ohio, 1998

[GUEY03] Gueydan, H., Blanchard, P.: Metal Powder Compression Tool; US-Patent 6,558,114 vom 06.05.2003

[GUYO01] Guyoncourt, D. M. M., Tweed, J. T., Gough, A., Dawson, J., Pater, L.: Constitutive data and friction measurements of powders using instrumented die; Powder Metall. 44 (2001), S. 25–33

[HADR97] Hadrboletz, A., Weiss, B.: Fatigue behaviour of iron based sintered material: a review; Int. Mat. Rev. 42 (1997), S. 1–44

[HAJA98] Hajaligol, M., Deevi, S. D., Lilly, A. C., Sikka, V. K., Scorey, C.: Manufacturing of Iron Aluminide Sheet Using PM Technology; Proc. 1998 PM World Congr. Granada, Vol. 2, S. 97–102; EPMA, Shrewsbury, 1998

[HAMA04] Hamakake, H., Kageyama, K., Fujii, S., Kimura, H., Omori, M., Inoue, A.: Magnetic Properties of Dust Cores Made of Nanocrystalline FeSiCuNbCrB Powders; Adv. Powder Metall. & Particulate Mat. - 2004, Proc. CD, S. 10/179-10/193; MPIF, Princeton, NJ, 2004

[HANE03] Hanejko, F. G.: Method of Lubricating a Die Cavity and Method of Making Metal-Based Components Using an External Lubricant; Patentschrift EP 1 289 698 vom 12.03.2003

[HANE07] Hanejko, F., King, P., Rawlings, A.: High Strength Powder Metallurgy Materials; Adv. Powder Metall. & Particulate Mat. - 2007, Proc. CD, S. 10/137-10/144; MPIF, Princeton, NJ, 2007

[HÄRK10] Härkegård, G., Halleraker, G.: Assessment of methods for prediction of notch and size effect at the fatigue limit based on test data by Böhm and Magin; Int. J. Fatigue 32 (2010), S. 1701–1709

[HARP82] Harper, S., Guyoncourt, D. M. M.: Conform Continuous Extrusion; Extrusion - Scientific and Technical Developments, S. 271–275; Deutsche Gesellschaft für Metallkunde, Oberursel, 1982

[HASH98] Hashimoto, H., Abe, T., Sato, H., Chauhan, S.: Synthesis of Gamma-Titanium Aluminide-Titanium Diboride-Titanium Aluminum Nitride Composite by Mechanical Alloying and Pulse Discharge Sintering; Proc. 1998 PM World Congr. Granada, Vol. 5, S. 472–477; EPMA, Shrewsbury, 1998

[HAYN70] Haynes, R.: Fatigue Behaviour of Sintered Metals and Alloys; Powder Metall. 13 (1970), S. 465–510

[HAYN81] Haynes, R.: The Mechanical Behaviour of Sintered Metals; Freund Publishing House, London, 1981

[HAYN89] Haynes, R., Egediege, J. T.: Effect of Porosity and Sintering Conditions on Elastic Constants of Sintered Irons; Powder Metall. 32 (1989), S. 47–52

[HAYN90] Haynes, R., Egediege, J. T.: Effect of Porosity on the Elastic Constants of Sintered Atomized Iron; PM into the 1990's, Vol. 2, S. 178–183; The Institute of Metals, London, 1990

[HEIK02] Heikkilä, I., Slycke, L., Sandberg, O.: Influence of Nitrogen Alloying on Galling Properties of PM Tool Steels; The Use of Tool Steels: Experience and Research, Vol. 1, S. 217–226; Karlstad University, 2002

[HEND01] Hendrickson, W., Luk, S.: Metallurgical Compositions Containing Binding Agent/Lubricant and Process for Preparing Same; US-Patent 6,280,683 vom 28.08.2001

[HICK06] Hicklen, E.S., Kuplen, S., Xu, K., Sun R.: Split die and method of production of compacted metal parts; Patentanmeldung EP 1 671 723 vom 21.06.2006

[HINZ93] Hinzmann, G., Nies, N., Radewahn, S.: Verfahren und Vorrichtung zum Herstellen von maßhaltigen Presslingen; Patentschrift EP 0 403 038 vom 15.09.1993

[HINZ99] Hinzmann, G.: Doppelmatrizentechnik zum Pressen von Hinterschneidungen; Pulvermetallurgische Formgebung im Wandel, Pulvermetallurgie in Wissenschaft und Praxis, Band 15, S. 77–82; VDI-Ges. Werkstofftechnik, Düsseldorf, 1999

[HIRO01] Hirose, N., Tanaka, S., Asami, J., Kohno, T.: The Effect of Porosity and Sintering Temperature on the Elastic Moduli of Sintered Irons; Proc. 2000 PM World Congr. Kyoto, Vol. 2, S. 1621–1624; Jpn. Soc. Powder & Powder Metall., Tokyo, 2001

[HOEG] Combined Carbon Content Standards; Poster der Hoeganaes Corp., Riverton, N. J

[HÖGA97a] N. N.: Höganäs Handbook for Sintered Components, Vol. 1: Material and Powder Properties; Höganäs AB, Höganäs, 1997

[HÖGA97b] N. N.: Höganäs Handbook for Sintered Components; Vol. 2: Production of Sintered Components; Höganäs AB, Höganäs, 1997

[HÖGA] Atlas of Microstructures - Ferrous Powder Metallurgy; Höganäs Metallurgy, Höganäs

[HUAN01] Huang, H.-N., Fujiki, A., Yang, J., Goto, M., Watanabe, T.: Young's Modulus of Sintered Materials for Structural Machine Parts; Proc. 2000 PM World Congr. Kyoto, Vol. 2, S. 1598–1601; Jpn. Soc. Powder & Powder Metall., Tokyo, 2001

[HUMM03] Hummert, K., Müller H., Spiegelhauer, C.: Spray Forming; in Landolt-Börnstein, Group VIII, Vol. 2, Subvol. A: Powder Metallurgy Data, Part 1, Metals and Magnet; Springer-Verlag, Berlin Heidelberg New York, 2003

[HUNT00] Hunt, W. H, Jr.: New Directions in Aluminum-Based P/M Materials for Automotive Applications; Int. J. Powder Metall. 36 (2000), 6, S. 51–60

[ICHI06] Ichikawa, J.: Development of High Strength Sinter-Forging Aluminum Alloy; Hitachi Powdered Metals Techn. Rep. 5 (2006), S. 21–27

[INCU97] Inculet, I. I., Brown, J. D., Castle, G. S., Hansen, P.: Powder Metallurgy Apparatus and Process Using Electrostatic Die Wall Lubrication; US-Patent 5,682,591 vom 28.10.1997 (EP 0 698 435 vom 28.2.1996)

[ISMA05] Ismail, M. H., Omar, M. A., Muhamad, N., Jumahat, A.: Study of Evolution of Pore Structure during Water Leaching Using PEG-PMMA Binder System; Adv. Powder Metall. & Particulate Mat. - 2005, Proc. CD, S. 4/62-4/71; MPIF, Princeton, NJ, 2005

[JAME98] James, B., McDermott, M. J., Powell, R. A.: Powder Forged Steel; in ASM Handbook, Vol. 7: Powder Metal Technologies and Applications, S. 803–827; ASM International, Materials Park, Ohio, 1998

[JOKI88] Jokinen, A.: Extrusion of High-Strength Aluminium P/M Alloys and Composites; Modern Developm. Powder Metall., Vol. 19, S. 547–563; MPIF/APMI, Princeton, NJ, 1988

[JÖNS92] Jönsson, B.: On Ferromagnetic Ordering and Lattice Diffusion - A Simple Model; Z. Metallkd. 83 (1992), S. 349–355

[KAIP89] N.N.: Kawasaki Atomized Iron Powders; Kawasaki Steel Corp., Tokyo, 1989

[KAJI06] Kajinic, A., Wojcieszynski, A. L., Sawford, M. K.: Microstructure and Mechanical Properties of a New CPM® Corrosion and Wear Resistant Tool Steel; Tooling materials and their applications from research to market, Vol. 1, S. 283–290; Politecnico di Torino, 2006

[KANE98] Kanetake, N., Maeda, E., Choh, T.: Development of Compressive Torsion-Forming of Metal Powders; Proc. 1998 PM World Congr. Granada, Vol. 5, S. 55–60; EPMA, Shrewsbury, 1998

[KASC92] Kasch, G.: Einfluss von Füllschuh und Legierungstechnik auf das Maßverhalten von Sinterstahl; Unveröffentlicht, Krebsöge, 1992

[KATA96] Katagiri, T., Yamamoto, M., Tajima, T., Shirasaki, S.: Powder Molding Press; US-Patent 5,498,147 vom 12.03.1996

[KAUF73] Kaufman, S. M.: Carbon Control During the Sintering of Iron; Powder Metall. Int. 5 (1973), S. 11–18

[KAWA93] Kawamura, Y., Sasamori, K., Inoue, A., Masumoto, T.: High-Strength Aluminum Alloys Produced by Extrusion of Amorphous Phase Powders in a Closed Processing

System; Proc. 1993 PM World Congr. Kyoto, Vol. 1, S. 594–597; Jpn. Soc. Powder & Powder Metall., Tokyo, 1993

[KAWA97] Kawamura, Y., Kato, H., Inoue, A., Masumoto, T.: Fabrication of Bulk Amorphous Alloys by Powder Consolidation; Int. J. Powder Metall. 33 (1997) 2, S. 50–61

[KEJZ05] Kejzelman, M., Skoglund, P., Vidarsson, H.: Method of Preparing Iron-Based Components by Compaction with Elevated Pressure; Patentschrift EP 1 554 071 vom 20.07.2005

[KELT84] Kelto, C. A.: Rapid Omnidirectional Compaction; in Metals Handbook, Ninth Ed., Vol. 7: Powder Metallurgy, S. 542–546; ASM, Metals Park, Ohio, 1984

[KIM00] Kim, Y. D., Chung, J. Y., Hong, S. S., Kim, J. S.: Consolidation of nanostructured Fe-Co powders by PECS process; Adv. Powder Metall. & Particulate Mat. - 2000, Proc. CD, S. 7/67-7/72; MPIF, Princeton, NJ, 2000

[KLAR07] Klar, E., Samal, P.: Powder Metallurgy Stainless Steels, Processing, Microstructures, and Properties; ASM International, Materials Park, Ohio, 2007

[KLEI04] Kleiner, S., Beffort, O.: Alternative Process for the Consolidation of Aluminium Based Metallic and Metal Matrix Composite P/M Parts; Proc. 2004 PM World Congr. Wien, Vol. 5, S. 174–179; EPMA, Shrewsbury, 2004

[KLUB03] Klubberg, F., Schäfer, H., Hempen, M., Beiss, P.: Empirical Relationship Between Pulsating and Fully Reversed Fatigue Strength Amplitude; Fatigue Damage of Materials – Experiment and Analysis, S. 355–365; WITPRESS, Southampton-Boston, 2003.

[KLUM92] Klumpp, S.: Quasistatisches und zyklisches Verformungsverhalten reiner und legierter Sintereisenwerkstoffe; Dr.-Ing.-Diss., TU Karlsruhe, 1992

[KNAC91] Knacke, O., Kubaschewski, O., Hesselmann, K.: Thermochemical Properties of Inorganic Substances; Springer-Verlag, Berlin Heidelberg New York, und Verlag Stahleisen, Düsseldorf, 1991

[KNOE95] Knoess, W., Schlemmer M.: Verfahren zur Herstellung von Pulverpresslingen hoher Dichte; Europ. Patentanmeldung EP 0 671 232 vom 13. 09. 1995

[KNÖS99] Knöss, W.: Schock-Verdichten; Pulvermetallurgische Formgebung im Wandel, Pulvermetallurgie in Wissenschaft und Praxis, Band 15, S. 107–116; VDI-Gesellschaft Werkstofftechnik, Düsseldorf, 1999

[KNOP84] Knopp, W. V., Duncan, W. R., Moses, A. J., Toaz, M. W.: Roll Compacting of Metal Powders; in Metals Handbook, Ninth Ed., Vol. 7: Powder Metallurgy, S. 419–443; ASM, Metals Park, Ohio, 1984

[KNÜW98] Knüwer, M., Weber, M.: Advanced Processing of Metal Profiles via Extrusion; Proc. 1998 PM World Congr. Granada, Vol. 2, S. 233–239; EPMA, Shrewsbury, 1998

[KOH73] Koh, J. C. Y., Fortini, A.: Prediction of Thermal Conductivity and Electrical Resistivity of Porous Metallic Materials; Int. J. Heat Mass Transfer 16 (1973), S. 2013–2022

[KOLA94] Kolaska, H.: Pulvermetallurgie der Hartmetalle; Fachverband Pulvermetallurgie, Hagen, 1994

[KOLD94] Koldewitz, M. M.: Weiterentwicklung des Nasspulvergießens durch verbesserte Prozessabläufe und Bereitstellung mechanischer Werkstoffkennwerte; Dr.-Ing.-Diss., RWTH Aachen, 1994

[KOND92] Kondoh, K., Kaji, T., Hayashi, T., Takeda, Y.: Al-Fe-X Alloys Consolidated by Powder Forging without Lateral Flow; Adv. Powder Metall. & Particulate Mat. - 1992, Vol. 2, S. 339–353; MPIF/APMI, Princeton, NJ, 1992

[KOND04] Kondo, M., Okajima, H., Takahashi, J.: Composite Powder Feeding Method and Composite Powder Filling Device, and Composite Powder Molding Method and Composite Powder Molding Device; US-Patentanmeldung 2004/0141871 vom 22.07.2004

[KRAU86] Krautkrämer, J., Krautkrämer, H.: Werkstoffprüfung mit Ultraschall, 5. Auflage, Springer-Verlag, Berlin Heidelberg New York Tokyo, 1986

[KRAV67] Kravic, A. F.: The Fatigue Properties of Sintered Iron and Steel; Int. J. Powder Metall. 3 (1967) 2, S. 7–13

[KRUG01] Krug, S.: Catalytic Binder Removal in Theory and Practice; Proc. Euro PM 2001, Nice, Vol. 3, S. 123–128; EPMA, Shrewsbury, 2001

[KUHN90] Kuhn, H. A., Ferguson, B. L.: powder forging; MPIF, Princeton, NJ, 1990

[KUGU61] Kuguel, R.: A Relation between Theoretical Stress Concentration Factor and Fatigue Notch Factor Deduced from the Concept of Highly Stressed Volume; Amer. Soc. Testing Mats. Proceedings 61 (1961), S. 732-748

[KUME01] Kume, H., Tsumori, F., Nishikawa, Y., Kakitsuji, A., Inamura, S., Miyamoto, H., Watanabe, T.: RIP (Rubber Isostatic Pressing) and Sintering of Alumina-Zirconia Composite Powder; Proc. 2000 PM World Congr. Kyoto, Vol. 1, S. 586–589; Jpn. Soc. Powder & Powder Metall., Tokyo, 2001

[KYOG00] Kyogoku, H., Tanbo, T., Komatsu, S., Watanabe, T., Yoshida, F., Sakuma, T., Iwata, U.: Thermo-Mechanical Properties of Ti-Ni Shape Memory Alloy Fabricated by Spark-Plasma Sintering; Adv. Powder Metall. & Particulate Mat. - 2000, Proc. CD, S. 9/45-9/56; MPIF, Princeton, NJ, 2000

[KYOG01] Kyogoku, H., Tanbo, T., Yokota, M., Komatsu, S., Yoshida, F., Sakuma, T., Iwata, U.: Influences of Composition on Thermo-Mechanical Properties on the Shape Memory Alloy Fabricated by Spark-Plasma Sintering; Adv. Powder Metall. & Particulate Mat. - 2001, Proc. CD, S. 7/1-7/9; MPIF, Princeton, NJ, 2001

[LACK04] Lackner, L.: Progress in Pressing Technology; Proc. 2004 PM World Congr. Wien, Vol. 1, S. 513–518; EPMA, Shrewsbury, 2004

[LAND63] Landolt-Börnstein, Zahlenwerte und Funktionen, 6. Auflage, IV. Band Technik, 2. Teil: Stoffwerte und Verhalten von metallischen Werkstoffen, Bandteil a, S. 141; Springer-Verlag, Berlin, Göttingen, Heidelberg, 1963

[LANG97] Lang, K.-H., Neubauer, A., Vöhringer, O., Mårs, O., Szabo, C.: Evaluation of the Ultimate Number of Cycles for Fatigue Testing of Some PM Steels; Proc. Euro PM 97, München, S. 257–264; EPMA, Shrewsbury, 1997

[LASH99] Lashmore, D. S., Beane, G. L.: Pulsed Pressurized Powder Feed System and Method for Uniform Particulate Material Delivery; US-Patent 5,897,826 vom 27.04.1999

[LAUM09] Laumen, C., Malas, A., Wiberg, S., Berg, S.: Advanced Carbon Control in Sintering Atmospheres; Proc. Euro PM 2009, Copenhagen, Vol. 3, S. 233–238; EPMA, Shrewsbury, 2009

[LEAT99] Leatham, A.: Spray Forming: Alloys, Products and Markets; Met. Powder Rep. 54 (1999), May, S. 28–37

[LEDO89] Ledoux, L.: Effets de la porosité et d'un traitement de surface - le traitment à la vapeur d'eau - sur les propriétés mécaniques statiques et cycliques du fer fritté; Thèse, École Centrale, Paris, 1989

[LEE04] Lee, H. R., Shu, G. J., Hwang, K. S.: Effect of Particle Size on the Debinding of PIM Parts; Adv. Powder Metall. & Particulate Mat. - 2004, Proc. CD, S. 4/147-4/153; MPIF, Princeton, NJ, 2004

[LEIT04] Leitner, G., Gestrich, T., Jaenicke-Rößler, K.: Sintern von Hartmetallen - Thermoanalytische Simulation; Pulvermetallurgie: Simulation - Gefüge - Bauteileigenschaften, Pulvermetallurgie in Wissenschaft und Praxis, Band 20, S. 97–115; Fachverband Pulvermetallurgie, Hagen, 2004

[LENK99] Lenk, R.: Heißgießen von Keramik und Hartmetall; Pulvermetallurgische Formgebung im Wandel, Pulvermetallurgie in Wissenschaft und Praxis, Band 15, S. 205–222; VDI-Ges. Werkstofftechnik, Düsseldorf, 1999

[LEWI91] Lewis, R. E., Lawley, A.: Spray Forming of Metallic Materials: An Overview; Proc. 1991 P/M Aerospace Defense Techn. Symp. Tampa, FA, S. 173–184; MPIF, Princeton, NJ, 1991

[LIET91] Lietzmann, K. D., Sack, R.: Formgebung pulvermetallurgischer Werkstoffe durch das P/M-Spritzgießen; Fortschritte bei der Formgebung in Pulvermetallurgie und Keramik, Pulvermetallurgie in Wissenschaft und Praxis, Band 7, S. 241–274; VDI-Verlag, Düsseldorf, 1991

[LIET95] Lietke, D.: Merkblatt 452 „Einsatzhärten"; Stahl-Informations-Zentrum, Düsseldorf, 1995

[LIN94a] Lin, S.-Y., Prucher, T., Freidhoff, T.: A Comparison of Tensile, Rotating Bending Fatigue and Axial Fatigue Test Results of P/M Alloys; Adv. Powder Metall. & Particulate Mat. - 1994, Vol. 7, S. 381–389; MPIF/APMI, Princeton, NJ, 1994

[LIN94b] Lin, S.-Y., Prucher, T.: Effects of Density, Chemical Composition, Processing Condition, and Temperature on the Coefficient of Thermal Expansion of Powder Metallurgy Alloys; Adv. Powder Metall. & Particulate Mat. - 1994, Vol. 7, S. 391–401; MPIF/APMI, Princeton, NJ, 1994

[LIND73] Lindskog, P.: The Effect of Phosphorus Additions on the Tensile, Fatigue, and Impact Strength of Sintered Steels Based on Sponge Iron Powder and High-Purity Atomized Iron Powder; Powder Metall. 16 (1973), S. 374–386

[LIND88] Lindqvist, B.: Influence of Microstructure and Porosity on Fatigue Properties of Sintered Steels; Modern Developm. Powder Metall., Vol. 21, S. 67–82; MPIF/APMI, Princeton, NJ, 1988

[LIND94] Lindner, K.-H., Sonsino, C. M.: Einfluß der Sinterzeit und -temperatur auf das Schwingfestigkeitsverhalten des diffusionslegierten Sinterstahls Fe - 4% Ni - 1,5 % Cu - 0,5 % Mo + 0,6 % C; Mat.-wiss. Werkstofftechn. 25 (1994), S. 227–234

[LIND01] Lindenau, R., Dollmeier, K., Kynast, W., Wahnschaffe, J.: Compacting Auxiliary Agent for Producing Sinterable Shaped Parts from a Metal Powder; US-Patent 6,224,823 vom 01.05.2001 (DE 197 52 993 vom 28.11.1997)

[LINK96] Link R., Vossen, K., Holthausen, M., Nies, N.: Vorrichtung zur Herstellung von Presskörpern; Patentschrift DE 44 28 842 vom 18.01.1996

[LIPP00] Lipp, K., Sonsino, C. M, Müller, G.: Hochfeste Sinterstähle - Einsatz hochfester umweltfreundlicher Sinterstähle für hochbelastbare Bauteile; FKM-Forschungshefte Nr. 252; Forschungskuratorium Maschinenbau, Frankfurt, 2000

[LUK95] Luk, S.: Metal Powder Compositions Containing Binding Agents for Elevated Temperature Compaction; US-Patent 5,429,792 vom 04.07.1995

[LÜLS95] Lülsdorf, P.: Verschleißschutz mit härtbaren PM-HIP-Werkstoffen auf Fe-Basis in Kunststoffverarbeitungsmaschinen; Mat.-wiss. Werkstofftechn. 26 (1995), S. 524–530

[MAIL02] Maili, I., Rabisch, R., Liebfahrt, W., Makovec, H., Putzgruber, E.: New Powder Metallurgy High Speed Steel with Excellent Hot Hardness; The Use of Tool Steels: Experience and Research, Vol. 1, S. 317–323; Karlstad University, 2002

[MAIR91] Mair, G.: Correlation between Axial Density and Friction in the Compaction and Ejection of PM Shapes; Met. Powder Rep. 46 (1991) Sept., S. 60–64

[MARK04] Markeli, W.: Latest Technology in Powder Compacting of Complex Geometries; Proc. 2004 PM World Congr., Wien, Vol. 1, S. 519–525; EPMA, Shrewsbury, 2004

[MARR92] Marra, M. P., Pease, L. F., Judge, W. Q.: Compressive Yield Strength and Poisson's Ratio Determination for MPIF Standard 35 P/M Structural Part Materials; Adv. Powder Metall. & Particulate Mat. - 1992, Vol. 4, S. 447–460; MPIF/APMI, Princeton, NJ, 1992

[MÅRS97] Mårs, O.: Round Robin Test of Fatigue Strength of Distaloy AE + 0.5 % C; Höganäs AB, Höganäs, 1997

[MÅRS98] Mårs, O.: Microstructural Effects on the Dynamic Behaviour of High Density Sintered Steels; Proc. 1998 PM World Congr. Granada, Vol. 2, S. 566–571; EPMA, Shrewsbury, 1998

[MART96] Martins, S. R., Misiolek, W. Z.: Consolidation of Particulate Materials in Extrusion; Rev. Particulate Mat. 4 (1996), S. 43–70

[MASU91] Masuhara, S., Kawai, S.: Effect of Oxygen on Dimensional Change; Adv. Powder Metall.-1991, Vol 4, S. 37–50; MPIF/APMI, Princeton, NJ, 1991

[MAY85] May, E.: Verfahrensgerechte Gestaltung von Sinterbauteilen; Powder Metall. Int. 17 (1985), S. 249–252 u. 307-308

[MCAD51] McAdam, G. D.: Some Relationships of Powder Characteristics to the Elastic Modulus and Shrinkage of Ferrous Sintered Compacts; J. Iron Steel Inst. 168 (1951), S. 346–358

[MCWI04] McWilliams, B., Zavaliangos, A., Klotz, B., Cho, K.: Towards the design and optimization of sintering aided by electric current for high melting point materials; Adv. Powder Metall. & Particulate Mat. - 2004, Proc. CD, S. 1/66-1/74; MPIF, Princeton, NJ, 2004

[MCWI07] McWilliams, B., Zavaliangos, A.: Multi-phenomena simulation of field assisted sintering; Adv. Powder Metall. & Particulate Mat. - 2007, Proc. CD, S. 1/76-1/82; MPIF, Princeton, NJ, 2007

[MEDR71] Medrikat, G.: Beitrag zur Dauerfestigkeitsuntersuchung von Sintereisen; Dr.-Ing.-Diss., TU Berlin, 1971

[MELL88] Mellanby, I. J., Moon, J. R.: The Fatigue Properties of Heat-Treatable Low Alloy, Powder Metallurgy Steels; Modern Developm. Powder Metall., Vol. 18, S. 183–195; MPIF/APMI, Princeton, NJ, 1988

[MENZ07] Menzel, R., Silbermann, M. T., Zippel, K.: Verfahren und Vorrichtung zum Pressen eines Formteils mit einem Querstempel; Offenlegungschrift DE 10.2005.038915 vom 22.03.2007

[MERK00] Merkle, B. D., Borton, J. M., Goldberger, W. M.: Development of the Electroconsolidation® Process; Adv. Powder Metall. & Particulate Mat. - 2000, Proc. CD, S. 3/93-3/101; MPIF, Princeton, NJ, 2000

[MOLIN10] Molins, C.: Persönliche Mitteilung, 2010

[MONG04] Mongeon, P.-E., Pelletier, S., Ziani, A.: Die Wall Lubrication Method and Apparatus; Patentschrift EP 1 230 054 vom 15.9.2004 (US-Patent 6,299,690 vom 09.10.2001)

[MOON89] Moon, J.R.: Elastic Moduli of Powder Metallurgy Steels; Powder Metall. 32 (1989), S. 132–139

[MOSC84] Mosca, E.: Powder Metallurgy, Criteria for Design and Inspection; Associazione Industrial: Metallurgici Meccanici Affini, Turin, 1984

[MURP07] Murphy, T.: Ferrous PM Metallography; Hoeganaes Corporation PM School; Cinnaminson, NJ, 2007

[MÜLL03] Müller, R.: Metal injection moulding; in Landolt-Börnstein Group, Vol. 2, Subvol. A: Powder Metallurgy Data, Part I: Metals and Magnets; Springer-Verlag, Berlin Heidelberg New York, 2003

[NAGA96] Nagata, T., Sugimoto M.: The Development of P/M Complicated Shape Helical Gears. SAE Techn. Paper Series No. 960278; SAE, Warrendale, PA, 1996

[NAKA06] Nakai, T., Kawase, K.: Powder Molding Die Apparatus and Method of Molding for Obtaining Powder Molding Product; US-Patentanmeldung 2006/0147570 vom 06.07.2006

[NAYA72] Nayar, H. S.: Strip Products via Particle Metallurgy; Powder Metall. Int. 4 (1972), S. 30–36

[NIES04] Nies, N., Peters D.: Trends in CNC Powder Compaction Presses; Proc. 2004 PM World Congr. Wien, Vol. 1, S. 501–506; EPMA, Shrewsbury, 2004

[NIKO83] Nikolopoulos, P., Ondracek, G.: Zur Porositätsabhängigkeit der Feldeigenschaften von Sintermetallen; Z. Metallkd. 74 (1983), S.49-52

[NEUM94] Neumann, F., Wyss, U.: Thermodynamische Grundlagen zum indirekten Messen des C-Pegels; Härterei-Techn. Mitt. 49 (1994), S. 255–263

[NN02] N. N.: Aluminum alloy sintered and forged with improved mechanical properties and wear resistant; Hitachi Powdered Metals Techn. Rep. 1 (2002), S. 56

[NOVO04] Novotnak, D. J., Lherbier, L. W.: Controlled Porosity Levels in PM Stainless Steel Tooling; Proc. 2004 PM World Congr. Wien, Vol. 5, S. 158–163; EPMA, Shrewsbury, 2004

[O'BRI88] O'Brien, R. C.: Fatigue Properties of P/M Materials; SAE Technical Paper Series No. 880165; SAE, Warrendale, PA, 1988

[ONOD83] Onoda, M.: Fatigue Strength of Sintered Structural Component Materials; Japan Powder Metallurgical Association, Tokyo, 1983 (in Japanisch)

[OZAK06] Ozaki, Y., Uenosono, S., Tagami, N., Kuwagi, K., Noda, R., Horio, M.: Experimental and Numerical Investigations of the Filling of Iron Powders; Adv. Powder Metall. & Particulate Mat. - 2006, Proc. CD, S. 3/35-3/46; MPIF, Princeton, NJ, 2006

[PALM99] Palma, E. S., Cagnoni, A.: Fatigue life prediction of sintered steels; Powder Metallurgy 42 (1999), S. 320–324

[PETT81] Pettersson, O.: Cylinder Liners Made by PM-Technique; Powder Metall. Int. 13 (1981), S. 40–43

[PEPP84] Pepperhoff, W.: Physikalische Eigenschaften; Werkstoffkunde Stahl, Band 1: Grundlagen, S. 401–433; (Autorenkollektiv); Springer-Verlag, Berlin Heidelberg New York Tokyo, und Verlag Stahleisen, Düsseldorf 1984

[PIET84] Pietsch, W., Sauthoff, G.: Diffusion; Werkstoffkunde Stahl, Band 1: Grundlagen, S. 77–96; (Autorenkollektiv); Springer-Verlag, Berlin Heidelberg New York Tokyo, und Verlag Stahleisen, Düsseldorf, 1984

[PIOT92] Piotrowski, A.: Untersuchungen zum Ermüdungsverhalten von Sintereisen und ausgewählter kupferlegierter Sinterstähle; Dr.-Ing.-Diss., Univ. Bremen, 1992

[POKR95] Pokross, C., Carr, A.: Development of AlBeMet® Extruded Products; Adv. Powder Metall. & Particulate Mat. - 1995, Vol. 3, S. 12/47-12/61; MPIF/APMI, Princeton, NJ, 1995

[PRAN61] Pranatis, A. L., Seigle, L.: Sintering of Wire Compacts; Powder Metallurgy, Proc. Int. Conf. New York, S. 53–73; (Hrsg. W. Leszynski); Interscience Publishers, New York - London, 1961

[PREG94] Pregowski, G., Miszkiewicz, L., Karczmarek, R., Szymborski, J.: On Gear Manufacturing by Use of P/M Rotopressing; Adv. Powder Metall. & Particulate Mat. - 1994, Vol. 6, S. 113–124; MPIF/APMI, Princeton, NJ, 1994

[PRIC84] Price, P. E., Kohler, S. P.: Hot Isostatic Pressing of Metal Powders; in Metals Handbook, Ninth Ed., Vol. 7: Powder Metallurgy, S. 419–443; ASM, Metals Park, Ohio, 1984

[QUIR02] Quirmbach, P., Schwartz, S., Dasbach, U., Petzoldt, F., Kramer, L.: Processing Parameters for a Continuous MIM-Production with an Aqueous Debinded 17-4PH-Feedstock; Adv. Powder Metall. & Particulate Mat. - 2002, Proc. CD, S. 10/284-10/294; MPIF, Princeton, NJ, 2002

[RACA98] Racaud, J. B.: Persönliche Mitteilung, 1998

[RADU98] Raduta, M.-S., Grötzschel, G., Kaschta, J., Rosiwal, S. M., Singer, R. F.: Fabrication and Properties of Injection Molded Hardmetal Parts by Use of a Pressure Die Casting Machine; Proc. 1998 PM World Congr. Granada, Vol. 3, S. 69–74; EPMA, Shrewsbury, 1998

[RAFF98] Raffeiner, T.: Continuous Furnaces; in ASM Handbook, Vol. 7,: Powder Metal Technologies and Applications, S. 453–457; ASM International, Materials Park, OH, 1998

[RAIS98] Raisson, G., Cauvin, D., Garcia, J. C., Buhle, J. P.: Production of High Performance Static Parts of Aeroengine by the Isoprec Process; Proc. 1998 PM World Congr. Granada, Vol. 5, S. 443–447; EPMA, Shrewsbury, 1998

[RAPP91] Rapp, H.: Untersuchung zur Maßhaltigkeit von Sinterteilen in Abhängigkeit von Legierungs- und Formfüllbedingungen; Unveröffentlicht, Krebsöge, 1991

[REDD98] Reddoch, T. W.: Pneumatic Isostatic Forging; in ASM Handbook, Vol. 7: Powder Metal Technologies and Applications, S. 638–641; ASM International, Materials Park, Ohio, 1998

[RICE86] Rice, E. R., Tengzelius, J.: Die filling characteristics of metal powders; Powder Metall. 29 (1986), S. 183–194

[RICH73] Richter, F.: Die wichtigsten physikalischen Eigenschaften von 52 Eisenwerkstoffen; Stahleisen - Sonderberichte, Heft 8; Verlag Stahleisen, Düsseldorf, 1973

[RICH83] Richter, F.: Physikalische Eigenschaften von Stählen und ihre Temperaturabhängigkeit; Stahleisen - Sonderberichte, Heft 10; Verlag Stahleisen, Düsseldorf, 1983

[RICH84a] Richter, F., Born, L.: Die spezifische Wärmekapazität von metallischen Werkstoffen - I. Teil: Ferritische, umwandlungsfähige Stähle; Arch. Eisenhüttenwes. 55 (1984), S.127–132

[RICH84b] Richter, F., Born, L.: Die spezifische Wärmekapazität von metallischen Werkstoffen - II. Teil: Austenitische Stähle; Arch. Eisenhüttenwes. 55 (1984), S. 159–162

[RICK82] Rickinson, B. A., Kirk, F. A., Davies, D. R. G.: CSD: New Horizons of Special Steels; Towards Improved Performance of Tool Materials, S. 73–77; The Metals Society, London, 1982

[ROBI02] Robinson, S. K.: Debinding Metal and Ceramic MIM Components in Batch Furnaces Using Vacuum/Controlled Atmospheres; Adv. Powder Metall. & Particulate Mat. - 2002, Proc. CD, S. 10/94-10/108; MPIF, Princeton, NJ, 2002

[ROHL96] Rohloff, H., Zastera, A.: Physikalische Eigenschaften gebräuchlicher Stähle; Verlag Stahleisen, Düsseldorf, 1996

[RODZ80] Rodziňák, D., Šlesár, M.: The Fatigue Curve of Sintered Iron and its Microstructural and Fractographic Interpretation; Powder Metall. Int. 12 (1980). S. 127–130

[RODZ99] Rodziňák, D., Dudrova, E.: Influenc of Surface Quality and Microstructure on Fatigue Behavior of Sintered Steels; Proc. Int. Conf. Deform. Fracture Struct. PM Mat., Vol. 2, S. 127–130; Inst. Mat. Res. Slovak Akad. Sci., Košice, 1999

[RUTZ92] Rutz, H. G., Luk, S.: Method of Making a Sintered Metal Component; US-Patent 5,154,881 vom 13.10.1992

[RUTZ95] Rutz, H. G, Hanejko, F. G.: High Density Processing of High Performance Ferrous Materials; Int. J. Powder Metall. 31 (1995), S. 9–17

[RUTZ96] Rutz, H., Murphy, T., Cimino, T.: The Effect of Microstructure on Fatigue Properties of High Density Ferrous P/M Materials; Adv. Powder Metall. & Particulate Mat. - 1996, Vol. 4, S. 13/375-13/389; MPIF/APMI, Princeton, NJ, 1996

[SAGA98] Sagawa, M., Nagata, N., Watanabe, T., Itatani, O.: Development of RIP (Rubber Isostatic Pressing) Technology for Powder Compaction; Proc. 1998 PM World Congr. Granada, Vol. 2, S. 103–108; EPMA, Shrewsbury, 1998

[SAGA01] Sagawa, M., Grinder, O.: Compaction of High Performance Materials Using the RIP (Rubber Isostatic Pressing) Technology; Proc. 2000 PM World Congr. Kyoto, Vol. 1, S. 590–593; Jpn. Soc. Powder & Powder Metall., Tokyo, 2001

[ŠALA95] Šalak, A.: Ferrous Powder Metallurgy; Cambridge International Science Publishing, Cambridge, 1995

[ŠALA05] Šalak, A., Selecká, M., Danninger, H.: Machinability of powder metallurgy steels; Cambridge International Science Publishing, Cambridge, 2005

[SAND96] Sanderow, H. I., Spirko, J. R.: The Mechanical Properties of Powder Forged Steels: Effect of Composition and Heat Treatment; Adv. Powder Metall. & Particulate Mat. - 1996, Vol. 4, S. 13/311-13/328; MPIF/APMI, Princeton, NJ, 1996

[SAND97] Sanderow, H. I., Spirko, J. R., Freidhoff, T. G.: Fatigue Properties of P/M Materials: Relationship of RBF and AF Results to Material-Processing Parameters; Adv. Powder Metall. & Particulate Mat. - 1997, Vol. 7; S. 13/117-13/135; MPIF/APMI, Princeton, NJ, 1997

[SAND99a] Sandberg, O., Hillskog, T.: Dimensional Stability in Service and Properties of Tool Steels for High Precision Tooling; Adv. Powder Metall. & Particulate Mat. - 1999, Vol. 3, S. 9/79-9/92; MPIF/APMI, Princeton, NJ, 1999

[SAND99b] Sander, C., Beiss P.: Elastische Eigenschaften von Sintereisen und -stahl; Proc. Materials Week 98, Vol. VI, Symp. 8: Metals, S. 113–119; MAT INFO Wiley VCH, Weinheim, 1999

[SARI97] Saritas, S., Varol, R., Dogan, C.: The Effects of Shot Peening on the Fatigue Properties of Steels; Proc. Euro PM 97, München, S. 196–203; EPMA, Shrewsbury, 1997

[SARI99] Saritas, S., Dogan, C., Varol, R.: Improvement of fatigue properties of PM steels by shot peening; Powder Metallurgy 42 (1999), S. 126–130

[SARI01] Saritas, S., James, W. B., Lawley, A.: Fatigue Properties of Sintered Steels: A. Critical Review; Proc. Euro PM 2001, Nice, Vol. 2, S. 272–285; EPMA, Shrewsbury, 2001

[SCHA88] Schaidl, H., Herren, D.: Presse zur Herstellung von gestuften maßhaltigen Pulverpresslingen aus keramischem Material u. dgl.; Patentschrift DE 31 42 126 vom 14.01.1988

[SCHA92] Schatt, W.: Sintervorgänge - Grundlagen; VDI-Verlag, Düsseldorf, 1992

[SCHA94] Schatt, W., Wieters, K.-P.: Pulvermetallurgie - Technologie und Werkstoffe; VDI-Verlag, Düsseldorf, 1994

[SCHE88] Schedler, W.: Hartmetall für den Praktiker; VDI-Verlag, Düsseldorf, 1988

[SCHM06] Schmidt, J., Weissgärber, T., Schubert, T., Kieback, B.: Spark Plasma Sintering of Intermetallics and Metal Matrix Composites; Adv. Powder Metall. & Particulate Mat. - 2006, Proc. CD, S. 9/85-9/94; MPIF, Princeton, NJ, 2006

[SCHR64] Schreiner, H.: Pulvermetallurgie elektrischer Kontakte; Springer-Verlag, Berlin/Göttingen/Heidelberg, 1964

[SCHR85] Schreiner, H.: Pulvermetallurgie von Werkstoffen der Elektrotechnik; Powder Metall. Int. 17, (1995), S. 301–305

[SCHU91] Schumann, H.: Metallographie, 13. Auflage; Deutscher Verlag für Grundstoffindustrie, Leipzig, 1991

[SCHW11] Schwartz, R.: Persönliche Mitteilung, 2011

[SEAR02] Sears, J. W., Xu, J.: Hot Isostatic Pressing (HIP) Model Developments for P/M Alloy 690N2; Adv. Powder Metall. & Particulate Mat. - 2002, Proc. CD, S. 1/61-1/70; MPIF, Princeton, NJ, 2002

[SEME99] Semel, F. J.: Ancorloy Premixes: Binder Treated Analogs of the Diffusion Alloyed Steels; Adv. Powder Metall. & Particulate Mat. - 1999, Vol. 2, part 7, S. 93–115; MPIF/APMI, Princeton, NJ, 1999

[SETH06] Sethi, G., Myers, N.S., German, R.M.: Full-Density via Dynamic Compaction. Adv. Powder Metall. & Particulate Mat. - 2006, Proc. CD, S. 3/14-3/23; MPIF, Princeton, NJ, 2006

[SEW92] Stahl-Eisenwerkstoffblatt SEW 310: Physikalische Eigenschaften von Stählen; Verlag Stahleisen, Düsseldorf, 1992

[SEYE05] Seyedi, S., Lang, K.-H., Löhe, D.: Einsatzgehärtete Sinterstähle - Verformungs- und Versagensverhalten einsatzgehärteter hochdichter PM-Stähle; FKM-Forschungshefte Nr. 288; Forschungskuratorium Maschinenbau, Frankfurt, 2005

[SHAW97] Shaw, L., Spiegelhauer, C.: Spray Forming Large Diameter Special Steel Billets; Int. J. Powder Metall. 33 (1997) 3, S. 31–36

[SHEW89] Shewell, D.: Persönliche Mitteilung, 1989

[SHIM96] Shimizu, T., Sano, T., Mochizuki, S., Fuchizawa, M.: A Debinding Method Using Supercritical CO_2 on MIM Process; Adv. Powder Metall. & Particulate Mat. - 1996, Vol. 5, S. 19/207-19/212; MPIF/APMI, Princeton, NJ, 1996

[SHIM98] Shimizu, T., Murakosi, Y., Sano, T.: Evaluations of Binder Systems for Supercritical Carbon-Dioxide Debinding Process; Proc. 1998 PM World Congr. Granada, Vol. 3, S. 103–108; EPMA, Shrewsbury, 1998

[SMIT98] Smith, P. R., Rosenberger, A., Shephard, M.: Microstructure and Properties of Tape Cast Second Generation Orthorhombic-based Titanium Aluminide Alloys; Proc. 1998 PM World Congr. Granada, Vol. 5, S. 448–453; EPMA, Shrewsbury, 1998

[SMK74] Kenndaten von verschiedenen Eisenpulvern und deren Einfluss auf die Presseigenschaften; unveröffentlicht, Sintermetallwerk Krebsöge, 1974

[SMK81] Sintermetallwerk Krebsöge, 1981, unveröffentlicht

[SMK90] Sintermetallwerk Krebsöge, 1990, unveröffentlicht

[SMYT92] Smyth jr., D. C., Halley, M. A.: Polymer coated powder heating and feeding system for a compacting press; Patentanmeldung EP 0 516 467 vom 29.05.1992

[SONS81] Sonsino, C. M.: Ermittlung anwendungsrelevanter Kenngrößen für Sintermetalle; Fraunhofer-Inst. Betriebsfestigkeit, FB 158, Darmstadt, 1981

[SONS84] Sonsino, C. M.: Schwingfestigkeit von verschiedenen Sinterstählen und Bemessungskriterien für gesinterte Bauteile; Fraunhofer-Inst. Betriebsfestigkeit, FB 170, Darmstadt, 1984

[SONS85] Sonsino, C. M., Schlieper, G., Huppmann, W. J.: How to Improve the Fatigue Properties of Sintered Steels by Combined Mechanical and Thermal Surface Treatments; Modern Developm. Powder Metall., Vol. 16, S. 33–48; MPIF/APMI, Princeton, NJ, 1985

[SONS89] Sonsino, C. M.: Einfluss sintertechnischer Grenzen für die Herstellung von schwingbeanspruchten Bauteilen aus Sinterstahl; Fraunhofer-Inst. Betriebsfestigkeit, FB 184, Darmstadt, 1989

[SONS90] Sonsino, C. M., Tengzelius, J., Schlieper, G.: Influence of As-Sintered Material Strength on the Improvment of Fatigue Behaviour by Surface Rolling; PM into the 1990's, Proc. Int. Conf. Powder Metall., London, 1990, Vol. 1, S. 497–508; The Institute of Metals, London, 1990

[SONS92] Sonsino, C. M., Schlieper, G.: Improvement of Mechanical Properties of Diffusion- and Prealloyed Sintered Steels by Heat Treatments; Powder Metall. Int. 24 (1992), S. 339–345

[SONS93] Sonsino, C. M.: Zur Bewertung des Schwingfestigkeitsverhaltens von Bauteilen mit Hilfe örtlicher Beanspruchungen; Konstruktion 45 (1993), S. 25–33

[SPRI02] Spriggs, G. E.: Hard Materials; in Landolt-Börnstein, Group VIII, Vol. 2, Subvol. A: Powder Metallurgy Data, Part 2: Refractory, Hard and Intermetallic Materials; Springer-Verlag, Berlin Heidelberg New York, 2002

[STAS99] Stasko, W., Dixon, R. B.: Tough and/or Wear Resistant PM Cold Work Tool Steels Containing 3-18 % Vanadium; Tool Steels in the Next Century, S. 733–741; Inst. f. Metallkunde u. Werkstoffprüfung, Leoben, 1999

[STER92] Sterzel, H.-J., Ter Maat, J. H. H., Ebenhoech, J., Meyer, M.: Thermoplastic Materials for the Production of Ceramic Moldings; US-Patent 5,145,900 vom 08.09.1992

[STER05] Sterkenburg, D., Troive, L.: Evaluation of Process Concepts for Manufacturing High-Density Multi-Level PM Components by High Velocity Compaction; Adv. Powder Metall. & Particulate Mat. - 2005, Proc. CD, S. 3/97-3/104; MPIF, Princeton, NJ, 2005

[STLA06] St.-Laurant, S., Thomas, Y., Azzi, L.: High Performance Lubricants for Demanding PM Applications. Adv. Powder Metall. & Particulate Mat. - 2006, Proc. CD, S. 3/1-3/13; MPIF, Princeton, NJ, 2006

[STOR98] Storström, H., Johansson, B.: Metal Powder Composition for Warm Compaction and Method for Producing Sintered Products; US-Patent 5,744,433 vom 28.04.1998

[STRE97] Strehl, R.: Tragfähigkeit von Zahnrädern aus hochfesten Sinterstählen; Dr.-Ing.-Diss., RWTH Aachen, 1997

[SUK01] Suk, M.-J., Min, K. H., Kim, Y. D., Moon, I.-H.: Synthesis of Al_2O_3/Cu Nanocomposites by Dispersion and Reduction of Cu Oxide; Adv. Powder Metall. & Particulate Mat. - 2001, Proc. CD, S. 9/42-9/47; MPIF, Princeton, NJ, 2001

[SUNA99] Sunamoto, K.: Sintering Method and Sintering Apparatus; Europ. Patentanmeldung EP 0 963 804 vom 15.12.1999

[SUZU07] Suzuki, H., Nishida, S.: Properties of New Segregation-Free Powder for High-Density Applications; Adv. Powder Metall. & Particulate Mat. - 2007, Proc. CD, S. 3/11-3/18; MPIF, Princeton, NJ, 2007

[TAKA92] Takata, J., Takigawa, H., Okamoto, S., Matsushita, T., Hanaoka, H.: Properties of High-Strength Sintered Steel Using Fine-Alloyed Powders; Adv. Powder Metall. & Particulate Mat. -1992, Vol. 5, S. 251–263; MPIF/APMI, Princeton, NJ, 1992

[TAKA95a] Takahashi, K.: Surface Defects and their Effects on Fatigue Properties of Powder Forged Steel (in Japanisch); Ph. D. Thesis, Tohoku Univ., 1995

[TAKA95b] Takahashi, S., Nakagawa, T.: Flow Compaction of Metal Powder Added with Wax; Proc. 1995 Europ. Conf. Adv. PM Mat., S. 597–604; EPMA, Shrewsbury, 1995

[TAKA04] Takaya, E., Asaka, K., Sato, M.: Planetary Carrier for Automobile Transmissions by Sinter-diffusion Bonding Process; Hitachi Powdered Metals Techn. Rep. 3 (2004), S. 44–47

[TASK81] Taskinen, A., Tikkanen, M. H., Bockstiegel, G.: Carbon Deposition in Iron P/M Compacts During the Delubrication Process; Modern Developm. in Powder Metall., Vol. 13, S. 3–25; MPIF/APMI, Princeton, NJ, 1981

[TAYL58] Taylor, H. G: Tool Design; Höganäs Iron Powder Handbook, Section D, Chapter 30; Höganäs-Billesholms AB, 1958

[TERM90] Ter Maat, J. H. H., Schuette, W., Sterzel, H.-J.: Verfahren zur Herstellung eines anorganischen Sinterformteils; Europ. Patentanmeldung EP 0 413 231 vom 07.08.1990

[THÜM93] Thümmler, F., Oberacker, R.: Introduction to Powder Metallurgy; The Institute of Materials, London, 1993

[TOKI07] Tokita, M.: Introduction to an Emerging Compaction Technology - Spark Plasma Sintering (SPS) Method and Systems; Adv. Powder Metall. & Particulate Mat. - 2007, Proc. CD, S. 9/133-9/144; MPIF, Princeton, NJ, 2007

[TOUL70a] Touloukian, Y. S., Buyco, E. H., Klemens, P. G.: Thermophysical Properties of Matter, Vol. 4: Specific Heat - Metallic Elements and Alloys, IFI / Plenum, New York-Washington, 1970

[TOUL70b] Touloukian, Y. S., Powell, R. W., Ho, C. Y., Klemens, P. G.: Thermophysical Properties of Matter, Vol. 1: Thermal Conductivity - Metallic Elements and Alloys; IFI / Plenum, New York-Washington, 1970

[TOUL73] Touloukian, Y. S., Powell, R. W., Ho, C. Y., Nicolaon, M. C.: Thermophysical Properties of Matter, Vol. 10: Thermal Diffusivity; IFI / Plenum, New York-Washington, 1973

[TOUL75] Touloukian, Y. S., Kirby, R. K., Taylor, R. E., Desai, P. D.: Thermophysical Properties of Matter, Vol. 12: Thermal Expansion; IFI / Plenum, New York-Washington, 1975

[TRÄF76] Träff, A., Skötte, P.: Isostatic Pressing of Ceramic Materials, Methods and Trends; Powder Metall. Int. 8 (1976), S. 65–68

[TREM00] Tremblay, L., Chagnon, F.: Effect of Sintering Temperature and Carbon Content on Static and Dynamic Properties of Diffusion-Bonded Steels; Adv. Powder Metall. & Particulate Mat. - 2000, Proc. CD, S. 5/109-5/123; MPIF, Princeton, NJ, 2000

[TSUR92] Tsuru, H., Nakagawa, T., Masuda, T.: Double Step Compaction of Multi-Level Components with the Electric Drive CNC Press; Adv. Powder Metall. & Particulate Mat. - 1992, Vol. 2, S. 173–183; MPIF/APMI, Princeton, NJ, 1992

[TSUR95] Tsuru, H., Nakagawa, T.: CNC Presses Open up New Possibilities for Powder Compacting - Overview of Current Developments in Japan; Proc. 1995 Europ. Conf. Adv. PM Mat., S. 29–36; EPMA, Shrewsbury, 1995

[UPAD00a] Upadhyaya, A., Fujiki, A.: Industrial PM research in good shape in Japan; Met. Powder Rep. 55 (2000), Jan., S. 24–28

[UPAD00b] Upadhyaya, G. S.: Sintered Metallic and Ceramic Materials - Preparation, Properties and Applications, John Wiley & Sons, Chichester, 2000

[VELT97] Veltl, G., Petzoldt, F.: New Developments in Warm Compaction; Proc. Euro PM 97, München, S. 36–43; EPMA, Shrewsbury, 1997

[VERV11] Vervoort, P.: Persönliche Mitteilung, 2011

[VIDA01] Vidarsson, H., Arvidsson, J.: Filling Capability of Powder Mixes; Proc. 2000 PM World Congr. Kyoto, Vol. 1, S. 413–416; Jpn. Soc. Powder & Powder Metall., Tokyo, 2001

[VIDA03] Vidarsson, H.: Lubricant for Metallurgical Powder Composition; US-Patent 6,605,251 vom 12.08.2003

[VKAM95] Van Kampen, G.: Zum Einfluss der Porosität und Prüftemperatur auf die Festigkeits- und Zähigkeitseigenschaften von Sinterstählen; Dr.-Ing.-Diss., RWTH Aachen, 1995

[WALL76] Wallis, P. B.: Atomised Powder - the Key to New Alloys; Powder Metall. Int. 8 (1976), S. 167–169

[WÄHL86] Wähling, R., Beiss, P., Huppmann, W. J.: Sintering behaviour and performance data of high speed steel components; Powder Metall. 29 (1986), S. 53–56

[WASS05] Wassenberg, R. B., Beiss, P.: Effect of Quenching and Tempering on the Fatigue Behaviour of Fe-1.5Mo-4Ni-2Cu-0.5C; Proc. Euro PM 2005, Prague, Vol. 1, S. 357–362; EPMA, Shrewsbury, 2005

[WASS08] Wassenberg, R. B., Drygalov, M., Beiss, P.: Effect of Die Material on Friction During Iron Powder Compaction; Proc. Int. Symp. Friction Wear and Wear Protection, S. 104–109; DGM und Wiley VCH, Weinheim, 2009

[WAWR78] Wawra, H.: Die Kröner-Grenzen der Elastizitätsmoduln technisch wichtiger Werkstoffe; Teil II: Zahlenwerte zur Temperaturabhängigkeit der Moduln der Elemente; Z. Metallkd. 69 (1978), S. 518–523

[WEIB51] Weilbull, W.: A Statistical Distribution Function of Wide Applicability; J. Appl. Mech. 18 (1951), S. 293–297

[WEIB59] Weilbull, W.: Zur Abhängikeit der Festigkeit von der Probengröße; Ingenieur-Archiv 28 (1959), S. 360–362

[WEST98] Westerlund, J., Bergman, C., Zimmermann, F.: Cost Effective HIPing of Steel Powders; Proc. 1998 PM World Congr. Granada, Vol. 2, S. 520–524; EPMA, Shrewsbury, 1998

[WEST99] Westin, L., Wisell, H.: Process Developments and Applications for New PM High-Speed Steels; Tool Steels in the Next Century, S. 525–535; Inst. f. Metallkunde u. Werkstoffprüfung, Leoben, 1999

[WEST02] Westcot, E. J., Binet, C., German, R. M.: In situ Monitoring of the Dimensional Changes and Mechanisms During Solvent Debinding; Adv. Powder Metall. & Particulate Mat. - 2002, Proc. CD, S. 10/137-10/146; MPIF, Princeton, NJ, 2002

[WIES64] Wiest, P.: Dauerfestigkeit von Sinterteilen und ihr Zusammenhang mit dem Herstellverfahren; Proc. Symp. Métall. des Poudres, Paris, S. 329–337; Éditions Métaux, Saint-Germain-en-Laye, 1964

[WING91] Wingefeld, G., Hassinger, W.: Process for Removing Polyacetal Binder from Molded Ceramic Greenbodies with Acid Gases; US-Patent 5,043,121 vom 27.08.1991

[WOJC99] Wojcieszynski, A. L., Dixon, R. B.: New Crucible Particle Metallurgy (CPM) High Speed Steel with 70-72 HRC Capability; Tool Steels in the Next Century, S. 509–517; Inst. f. Metallkunde u. Werkstoffprüfung, Leoben, 1999

[YAMA07] Yamada, Y., Mogi, M., Sato, K.: Examples and Future Prospects of High-Temperature Superconductor Products; Sumitomo Electric Industries Techn. Rev. No. 65, Oct. 2007, S. 51–59

[YOKO98] Yokota, M., Nagae, T., Nose, M.: Application of Pulse Current Pressure Sintering (PCPS) to Al Alloy Powders, its Sintering Mechanism and Application to Sintering of Complex Shaped Parts; Proc. 1998 PM World Congr. Granada, Vol. 2, S. 284–289; EPMA, Shrewsbury, 1998

[YOSH01] Yoshida, M., Tanaka, H., Fujiki, A., Aoki, T., Hasegawa, Y.: Development of High Fatigue Strength Material without Heat Treatment for High Stress Parts; Proc. 2000 PM World Congr. Kyoto, Vol. 1, S. 141–144; Jpn. Soc. Powder & Powder Metall., Tokyo, 2001

[YOSH02] Yoshihara, T., Sato, M., Masuda, T.: Method and Device for Manufacturing Powder Molded Body; Patentanmeldung EP 1 228 827 vom 07.08.2002

[YU92] Yu, C. J., Henry, R. J., Prucher, T., Parthasarati, S., Jo, J.: Resonant Frequency Measurements for the Determination of Elastic Properties of Powder Metallurgy Components; Adv. Powder Metall. & Particulate Mat. - 1992, Vol. 6, S. 319–332; MPIF/APMI, Princeton, NJ, 1992

[YU93] Yu, C. J., Prucher, T: Measuring Young's Modulus and Shear Modulus - A Comparison of Dynamic and Mechanical Techniques; Adv. Powder Metall. & Particulate Mat. - 1993, Vol. 1, S. 273–286; MPIF/APMI, Princeton, NJ, 1993

[YU95] Yu, C. J., Prucher, T., Darling, T., Migliori, A.: On the Measurement of Poisson's Ratio for PM Alloys; Adv. Powder Metall. & Particulate Mat. - 1995, Vol. 3, S. 9/65-9/76; MPIF/APMI, Princeton, NJ, 1995

[ZAFA07a] Zafari, A., Beiss, P.: Effect of Sintering Furnace on the Fatigue Strength of Fe-1.5 Cu-0.6 C; Adv. Powder Metall. & Particulate Mat. - 2007, Proc. CD, S. 5/86-5/94; MPIF, Princeton, NJ, 2007

[ZAFA07b] Zafari, A., Beiss, P.: Effect of Different Heat Treatments on the Fatigue Strength of Fe-Cu-C; Proc Euro PM 2007, Toulouse, Vol. 1, S. 175–180; EMPA, Shrewsbury, 2007

[ZAFA11a] Zafari, A., Lipp, K., Beiss, P.: Einfluss äußerer Kerben auf die Schwingfestigkeit von Sinterstahl, Abschlussbericht zu Forschungsvorhaben AVIF A253, Aachen, 2011

[ZAFA11b] Zafari, A., Beiss, P., Broeckmann, C., Lipp, K.: Assessing the Fatigue Strength of a Sintered Steel as Affected by the Highly Stressed Volume; Proc. Euro PM 2011, Barcelona, Vol. 1, S. 15–20; EPMA, Shrewsbury, 2011

[ZAPF66] Zapf, G.: Über die Dauerfestigkeit von Sinterwerkstoffen; Industrieanzeiger 88 (1966) S. 988–993, 1389–1393, 1499–1501

[ZHAO01] Zhao, L., Bram, M., Buchkremer, H. P., Stöver, D., Li, Z.: Development of a Graded Porous Metallic Filter for Microfiltration Using the Wet Powder Spraying Technique; Proc. Euro PM 2001, Nice, Vol. 1; S. 335–341; EPMA, Shrewsbury, 2001

Bezugsquellenverzeichnis

Hersteller von Sinter-Erzeugnissen

PM-Formteile
MIBA Sinter Holding GmbH & Co. KG
Dr. Mitterbauer-Str. 3
4663 Laakirchen/Österreich
Ansprechpartner Michael Niedersuess
Telefon 0043 7613 2541-3160
Telefax 0043 7613 2541-3162
e-mail: michael.niedersuess@miba.com
www.miba.com

SCHUNK SINTERMETALLTECHNIK GmbH
Rodheimerstr. 59
35452 Heuchelheim
Ansprechpartner Martin Hartmann
Telefon 0641 608-1942
Telefax 0641 608-1488
e-mail: martin.hartmann@schunk-group.com
www.sintermetalltechnik.com

Hersteller von Hartmetall

Magnetwerkstoffe
Boehlerit GmbH & Co. KG
Werk VI-Str. 100
8605 Kapfenberg/Schweiz
Ansprechpartner Karl Peiler
Telefon 0043 3862 300-534
Telefax 0043 3862 300-793
e-mail: karl.peiler@boehlerit.com
www.boehlerit.com

EXTRAMET AG
Rüttistr. 42
1716 Plaffeien/Schweiz
Ansprechpartner Bruno Suess
Telefon 0041 26 419 91-00
Telefax 0041 26 419 91-29
e-mail: sales@extramet.ch
www.extramet.ch

Hartmetall AG
Industriestr. 13
6285 Hitzkirch/Schweiz
Ansprechpartner Joseph Reiterer
Telefon 0041 41 919 91-00
Telefax 0041 41 919 91-99
e-mail: info@hartmetallag.ch
www.hartmertallag.ch

Hersteller von Metallpulvern

Eisen- und Stahlpulver
Höganäs GmbH
Grafenberger Allee 56
40237 Düsseldorf
Telefon 0211 99178-0
Telefax 0211 99178-35
e-mail: germany@hoganas.com
www.hoganas.com

NE-Metallpulver
ECKA Granules Germany GmbH
Eckastr. 1
91235 Velden

P. Beiss, *Pulvermetallurgische Fertigungstechnik*,
DOI 10.1007/978-3-642-32032-3, © Springer-Verlag Berlin Heidelberg 2013

Ansprechpartner Dr. Bernhard Mais
Telefon 09152 99211-800
Telefax 09152 99211-809
e-mail: d.lambert@ecka-granules.com
www.ecka-granules.com

Hochlegierte Pulver
ECKA Granules Germany GmbH
Eckastr. 1
91235 Velden
Ansprechpartner Dr. Bernhard Mais
Telefon 09152 99211-800
Telefax 09152 99211-809
e-mail: d.lambert@ecka-granules.com
www.ecka-granules.com

Höganäs GmbH
Grafenberger Allee 56
40237 Düsseldorf
Telefon 0211 99178-0
Telefax 0211 99178-35
e-mail: germany@hoganas.com
www.hoganas.com

Hersteller von Anlagen für Sintertechnik

Sinteröfen
ALD Vacuum Technologies GmbH
Wilhelm-Rohn-Straße 35
63450 Hanau
Telefon 06181 307-0
Telefax 06181 307-3290
e-mail: info@ald-vt.de
www.ald-vt.de

Sachverzeichnis

P. Beiss, *Pulvermetallurgische Fertigungstechnik*,
DOI 10.1007/978-3-642-32032-3, © Springer-Verlag Berlin Heidelberg 2013

MIX
Papier aus verantwortungsvollen Quellen
Paper from responsible sources
FSC® C105338

If you have any concerns about our products,
you can contact us on
ProductSafety@springernature.com

In case Publisher is established outside the EU,
the EU authorized representative is:
Springer Nature Customer Service Center GmbH
Europaplatz 3, 69115 Heidelberg, Germany

Printed by Libri Plureos GmbH
in Hamburg, Germany